PHYSIKALISCH=CHEMISCHE PROBLEME IN DER CHIRURGIE

VON

Dr. C. HÄBLER
PRIVATDOZENT FÜR CHIRURGIE IN WÜRZBURG

MIT 62 ABBILDUNGEN

BERLIN
VERLAG VON JULIUS SPRINGER
1930

ISBN-13: 978-3-642-98609-3   e-ISBN-13: 978-3-642-99424-1
DOI: 10.1007/978-3-642-99424-1

DEM ANDENKEN MEINER MUTTER
FRAU GERTRUD HÄBLER

Geleitwort.

Eine Reihe von Jahren ist nun schon vergangen, seit die physikalisch-chemischen Lehren und Untersuchungsmethoden in der inneren Medizin Eingang fanden und dann hier und da auch in chirurgischen Arbeiten zu erscheinen anfingen. Ich habe mir damals gesagt, daß eine chirurgische Klinik, welche auf diesem Gebiet mitarbeiten will, sich erst die sicheren Grundlagen verschaffen muß. Dank dem Entgegenkommen von Herrn Prof. Schade, dem unermüdlichen Vorkämpfer für physikalisch-chemisches Arbeiten in der Medizin, war es möglich, im Jahre 1924 einen schon vorher chemisch interessierten Assistenten, Dr. Häbler, auf neun Monate nach Kiel zu entsenden: dort hat er in täglichen Zusammenarbeiten sich die ganzen in Frage kommenden Arbeitsmethoden zu eigen machen können und physikalisch-chemisch denken gelernt — in der streng kritischen Art des Schadeschen Arbeitens. Dann gelang es, dank der Unterstützung des Bayr. Staatsministeriums, der Notgemeinschaft der Deutschen Wissenschaft, der Gesellschaft zur Förderung der Wissenschaften an der Universität Würzburg, nicht zuletzt einzelner privater Gönner, ein Laboratorium mit all den kostspieligen Apparaten für die physikalisch-chemischen Arbeitsmethoden an unserer Klinik zu errichten und die erforderlichen Hilfskräfte zu gewinnen, ein Laboratorium, welches heute in vier ansehnlichen Räumen untergebracht ist. Die dort heranwachsenden wissenschaftlichen Arbeiten des Verfassers regten andere Arbeiten von Assistenten und Doktoranden an. Wir haben allmählich gelernt, daß nicht nur die wissenschaftliche Forschung hier vor neuer Aufgabe steht, sondern daß auch praktisch, am Kranken, sich dauernd Arbeiten für dieses Laboratorium ergeben.

Vor allem aber sieht der Chirurg, je weiter er auch auf physikalisch-chemischem Gebiet arbeiten lernt, daß hier Aufklärungen sich finden, die mit unserem alten wissenschaftlichen Rüstzeug unmöglich sind. Von jeher hat auch die Chirurgie neue Methoden sich zu eigen gemacht: die histologischen, bakteriologischen, röntgenologischen Verfahren. Der junge Forscher in Chirurgie wird an der physikalischen Chemie nicht vorbei können — wer Häblers Buch liest, wird dies an einzelnen Abschnitten, z. B. dem Kapitel über die Wunde, über Knochen und Knorpel überraschend bestätigt finden. Aber mehr als bei anderen Untersuchungsmethoden ist ein Führer nötig. Ich habe Herrn Dr. Häbler, nachdem er in einer langen Tätigkeit als klinischer Assistent auch reichliche praktisch-chirurgische Erfahrungen gesammelt hat, für besonders geeignet gehalten, einen solchen Führer auf physikalisch-chemischem Gebiet für den chirurgischen Arbeiter zu schreiben. Möchte das Buch den Nutzen stiften, den ich davon erhoffe.

Würzburg, im April 1930.   Professor Fritz König.

Geleitwort.

Mit besonderer Freude erfülle ich dem Verfasser den Wunsch, ein Geleitwort zu seinem hier vorliegenden Werk „*Physikalisch-chemische Probleme in der Chirurgie*" zu schreiben. Es ist etwa ein Jahrzehnt verflossen, seit ich mich selbst bei der Niederschrift meines Buches „Die physikalische Chemie in der inneren Medizin" in einer weitgehend ähnlichen Lage befunden habe. Die mannigfachen Sorgen und schweren Zweifel, die den Verfasser in solcher Lage beschleichen, sind mir daher noch lebhaft in Erinnerung. Heute hat die physikalische Chemie schon in viele Fragen und Gebiete der Medizin Eingang gefunden. Dafür gibt ein beredtes Zeugnis die ganz außerordentliche Reichhaltigkeit von praktisch wichtigen physikochemischen Problemen der Chirurgie, welche dieses Buch meines Freundes und früheren Mitarbeiters in sehr geschickter Zusammenstellung und mit kritischer Sichtung dem Urteil der Fachgenossen unterbreitet. Daß Herr HÄBLER neben seinen praktisch-chirurgischen Pflichten sich experimentell stets aufs eifrigste mit physikochemischen Fragen beschäftigte, zeigt die stattliche Zahl der von ihm selbst oder von seinen Doktoranden herausgebrachten Arbeiten, die mit wertvollen Ergebnissen zum Teil in völliges Neuland einführten; dies zeigt aber auch der Umstand, daß nach seinen wohlerwogenen sachverständigen Angaben in der Würzburger chirurgischen Klinik unter der Leitung des um die Verbreitung physikochemischer Gedanken hochverdienten Direktors Geh. Rat Prof. Dr. FRITZ KÖNIG ein eigenes physikochemisches Laboratorium errichtet werden konnte.

Neuartige Hilfsmittel sind von der physikalischen Chemie erschlossen, die es dem Mediziner ermöglichen, das normale wie krankhafte Geschehen des Körpers bis zu tausendfach und noch weit kleineren Einheiten herab als bisher, d. h., wie die Fachsprache es nennt, bis zu den Kolloiden, Molekülen und Ionen, zu verfolgen. In Ergänzung und Weiterführung der Cellularpathologie ist hier ein neuer Zweig der medizinischen Wissenschaft, eine Molekularpathologie, im Werden. Noch kann über die Art der Entwicklung und die Reichweite der Ergebnisse keine Klarheit herrschen. Eines aber läßt sich schon heute mit voller Sicherheit sagen: Wofern die Entwicklung, wie es mir wünschenswert erscheint, dahin gehen sollte, daß dieses neue Wissensgebiet auch an anderen Universitäten ein eigenes Institut, wie heute bereits in Kiel, erhält, so ist doch daneben nie und nimmer die Mitarbeit in den Kliniken zu entbehren; im Gegenteil, die Ergebnisse werden um so wertvoller und praktisch anwendbarer sich gestalten, in je innigerem Konnex sie mit den Erfahrungen und Bedürfnissen am Krankenbett entstanden sind.

Möge das HÄBLERsche Buch hinausziehen, um in seiner angenehm lesbaren Form den Chirurgen ein Gesamtbild des bisher Vorliegenden zu vermitteln und dabei zugleich in immer weiteren Kreisen für die physikochemische Bearbeitung der medizinischen Probleme Interesse und Liebe zu wecken.

Kiel, im April 1930.

H. SCHADE.

Vorwort.

Den Anfang des vorliegenden Werkes bildeten die Aufzeichnungen des Verfassers für die Vorlesungen über das gleiche Thema. Sie umfaßten zunächst nur die Gebiete, auf denen der Verfasser selbst experimentell tätig war.

Und wenn auch an der Würzburger Klinik dank des großen Interesses, das mein verehrter Chef, Herr Geheimrat KÖNIG, der physikochemischen Forschung entgegenbringt, die Arbeitsbedingungen denkbar günstig sind, konnten doch immer nur einzelne Fragen aus dem großen Gebiet der Chirurgie bearbeitet werden, denn dem klinisch voll tätigen Assistenten einer chirurgischen Klinik bleibt verhältnismäßig nur wenig Zeit zu experimentell-wissenschaftlicher Tätigkeit, es sei denn, er vernachlässige seine Hauptaufgabe, die chirurgisch-klinische Ausbildung.

Gerade die klinische Tätigkeit aber brachte immer neue Fragen und Anregungen und führte dazu, das einschlägige Schrifttum zu studieren. Und dieses Studium gab die Erkenntnis, daß noch zahlreiche Fragen ungeklärt sind, und ein großes und erfolgversprechendes Gebiet der Bearbeitung harrt. So entstand der Plan, zusammenfassend darzustellen, was bisher geschaffen wurde, und andererseits zur Mitarbeit auf diesem so interessanten Gebiet anzuregen.

Ich bin mir bewußt, daß mein Versuch gewagt ist, denn an vielen Stellen werden auf Grund der vorliegenden Ergebnisse Arbeitshypothesen ausgesprochen, die vielleicht sehr bald schon durch neuere Untersuchungen widerlegt werden. So manche Frage, die der Leser sucht, wird er nicht berührt finden, denn ich habe mich bemüht, nur die Probleme zu besprechen, für die bereits haltbare Unterlagen vorliegen, und habe auch nur die Arbeiten zitiert, die in methodischer Hinsicht der Kritik standhalten bzw. meine Zweifel dargelegt. Wenn ich solche Bedenken gegen vorliegende Befunde an manchen Stellen äußerte, so geschah das nicht, um an ihnen abfällige Kritik zu üben, sondern in der Absicht, alle diejenigen, die auf dem schönen und interessanten Gebiet mitarbeiten wollen, vor Trugschlüssen zu warnen. Das Buch wendet sich ja zunächst an die jüngeren Kollegen, die zur Mitarbeit aufgefordert und angeregt werden sollen. Und in einer Wissenschaft, die wie die Kolloidchemie, noch voll in der Entwicklung ist, ist die Gefahr, Trugschlüsse zu ziehen, besonders groß; vielleicht bin ich selbst ihr nicht immer entronnen. Sollte die eine oder andere Arbeit von mir übersehen worden sein, so bitte ich, das zu entschuldigen. Das Material ist groß und teilweise so verstreut, daß eine Übersicht schwer und eine Unterlassung verzeihlich.

Das Buch wendet sich aber auch an den Kliniker und Arzt, denn ich habe mich bemüht, immer die klinischen Gesichtspunkte in den

Vordergrund zu stellen, und auf manchen der behandelten Gebiete sind die vorliegenden Ergebnisse so weit fortgeschritten, daß Anwendungen für Klinik und Therapie gegeben sind. Und ich hoffe, daß nicht nur der Chirurg, sondern auch der Vertreter anderer medizinischer Fächer Brauchbares und Anregendes finden wird. Gerade wir Chirurgen sind ja bei der Beantwortung wissenschaftlicher Fragen sehr oft, und ich möchte sogar sagen, erfreulicherweise, auf die Unterstützung der Vertreter der Grenzgebiete angewiesen, denen wir unsererseits wohl auch oft Anregungen geben können.

Noch ist die physikalische Chemie nicht, wie z. B. die pathologische Anatomie, so weit Allgemeingut der Mediziner, daß einführende Bemerkungen überflüssig wären. So habe ich im ersten Teil versucht, die Ergebnisse der physikalisch-chemischen Forschung für die Physiologie, soweit sie zum Verständnis der folgenden Kapitel notwendig sind, zusammenfassend darzustellen, und auch jeweils kurze allgemein-physiko-chemische Bemerkungen eingefügt. Das Studium der einschlägigen Lehrbücher kann dadurch für den, der selbst physiko-chemisch arbeiten will, naturgemäß nicht ersetzt werden. Und außerdem habe ich am Ende jeden Kapitels zur Erleichterung der Übersicht eine kurze Zusammenfassung angeschlossen.

Daß ich das Buch schreiben konnte, verdanke ich meinem hoch-verehrten Chef, Herrn Geheimrat König, der mit seinem regen Interesse für die physikalisch-chemische Forschung meine Arbeiten stets förderte und unterstützte, und der mir viele wertvolle Anregungen gab. Er ermöglichte mir die spezielle Ausbildung, indem er mich für längere Zeit an das Schadesche Institut beurlaubte und schaffte mir durch die Einrichtung des physikalisch-chemischen Laboratoriums in der Klinik die notwendige Arbeitsmöglichkeit.

Ich verdanke es ebenso meinem hochverehrten Lehrer Herrn Professor Heinrich Schade, der während unserer gemeinsamen Tätigkeit im Felde die Augen des jungen Mediziners auf die Bedeutung der physikalischen Chemie für die Medizin hinlenkte, und der mich später, als ich in seinem Institut unter ihm und mit ihm arbeiten durfte, in seinem Geist arbeiten und denken lehrte. Er hat mich darüber hinaus bei meinen späteren Arbeiten in stets hilfsbereiter Freundlichkeit mit Rat und Kritik unterstützt und mir bei der Durchsicht des Buches viele wertvolle Anregungen und Ratschläge gegeben.

Mein Dank gilt auch der Verlagsbuchhandlung Julius Springer für ihr Entgegenkommen und für die Ausstattung des Buches.

Zur Zeit Berlin, im April 1930
    Chir. Klinik der Charité.   Carl Häbler.

Inhaltsverzeichnis.

I. Von den physiko-chemischen Eigenschaften der Körperstoffe und dem Regelungsstoffwechsel.

Da das Wesen der Krankheit in einer Änderung des normalen Körpergeschehens liegt, ist zu ihrer Erkennung die genaue Kenntnis der physiologischen Vorgänge unerläßliche Vorbedingung. Und wenn wir die Krankheiten im Lichte der physiko-chemischen Betrachtung kennenlernen wollen, müssen wir uns zunächst auch die Erkenntnisse zu eigen machen, die die Physiologie durch die physiko-chemische Forschung erlangt hat. Es ist unmöglich, im Rahmen dieses Buches die Fortschritte der letzten Jahre in dieser Richtung auch nur einigermaßen ausführlich darzustellen, dazu muß auf das Studium der Fachliteratur verwiesen werden[1]. Nur in großen Zügen kann dargestellt werden, was geschaffen, und nur soweit, daß der zum Verständnis der folgenden Abschnitte notwendige allgemeine Überblick möglich ist.

Die Eiweiße des Blutes, der Gewebessäfte und der Zellen und die Lipoide sind im kolloiden Zustand vorhanden. Wo immer in der Natur wir Leben sehen, vom einzelligen Wesen hinauf bis zum Menschen, überall finden wir es an die Grundlage der kolloiden Materie gebunden: „Der kolloide Zustand ist integrierende Vorbedingung für das Auftreten biologischer Erscheinungen" (Wo. Ostwald).

Die Körperkolloide sind teils als flüssige Sole, wie im Blut und in den Gewebssäften, teils als mehr oder weniger feste Gele, wie im Zellprotoplasma und in den Intercellularsubstanzen, vorhanden. Als Dispersionsmittel aller dieser „Bio-Kolloide" finden wir das Wasser, das als solches die Hauptmasse der Substanz des menschlichen Körpers darstellt. Dieser Wassergehalt wechselt mit dem Alter des Individuums, und zwar sinkt er allmählich ab: beim wachsenden Foetus 95—75%, beim Kind 75—70% und beim Erwachsenen von 70 bis zu 59% im höheren Lebensalter[2].

Die Hauptmasse des Wassers findet sich naturgemäß in den flüssigen Gewebssäften und im Blut. So ist z. B. im Plasma 90,2% Wasser und nur 9,8% Trockensubstanz vorhanden. Doch auch bei den Ge-

---

[1] Besonders zu empfehlen sind Höber: Physikalische Chemie der Zelle und Gewebe. Leipzig: W. Engelmann. — Schade, H.: Physikalische Chemie in der inneren Medizin. Leipzig u. Dresden: Steinkopf. — Michaelis, L.: Die Wasserstoffionenkonzentration. Berlin: Julius Springer 1927.

[2] Vgl. C. Oppenheimer: Handb. d. Biochemie 1913, Erg.-Bd. S. 612. — Bechhold, H.: Die Kolloide in Biologie und Medizin. Leipzig u. Dresden 1920.

weben beträgt der Wassergehalt $^2/_3-^3/_4$ der Gesamtmasse. Jede einzelne Zelle ist von Wasser umspült und in ihrem Innern von Wasser durchtränkt. Wo immer das Wasser zu mangeln beginnt, erlischt sehr bald die Lebenstätigkeit, und Wassermangel, Durst, führt ungleich schneller zum Tod des Individuums, als das Aussetzen der Zufuhr irgendeiner anderen Substanz des Stoffwechsels.

Im physiko-chemischen Sinne ist das Wasser das Lösungsmittel aller der Substanzen, die wir als Träger des Lebens kennen, und so besteht auch heute noch neben dem obengenannten der alte Satz zu Recht: „Kein Leben ohne Wasser."

In diesem Lösungswasser des Körpers kommen alle für wäßrige Lösungen spezifische Gesetze zur Geltung, sie sind daher für den Körper von fundamenteller Bedeutung. Eine große Zahl der echt gelösten Substanzen: Zucker, Harnstoff usw. sind molekulardispers, während die Salze, Säuren und Alkalien bei den nur geringen physiologischen Konzentrationen im Körper fast lediglich als Ionen vorkommen. Wir begegnen also im Körper überall den Gesetzen des osmotischen Druckes und der Ionenlehre.

Aus den Gesetzen der Kolloidchemie wissen wir, daß jede Änderung in der physiko-chemischen Beschaffenheit des Dispersionsmittels den Kolloidzustand der dispersen Phase weitgehend beeinflußt. So sehr nun einerseits gerade die Labilität des Zustandes der Körperkolloide ihre Fähigkeit begründet, funktionelle Eigenschaften im Dienst der Zelle zu übernehmen, so wird andererseits auch gerade diese selbe Eigenschaft zu einer großen Gefahr für die Zelle. Jede schwerere Störung des Kolloidzustandes des Protoplasmas führt unweigerlich zu einer sofortigen Schädigung der Zellfunktion. Kein anderer Eingriff ist so schwer, wie der in den Kolloidzustand der Zelle. Man kann die Körperzelle zerschneiden, zerdrücken, ja bis zur Unkenntlichkeit mit Quarzsand zerreiben, immer bleibt noch ein Rest der Funktion (fermentative Wirkungen, besonders auch die Zellatmung) erhalten. Stört man dagegen ihre kolloide Beschaffenheit, ohne daß dabei überhaupt eine mikroskopisch sichtbare Veränderung aufzutreten braucht, so ist mit einem Schlage jede Zelltätigkeit erloschen. Es genügt schon eine mäßige Erwärmung, um mit dem Ausfällen der Kolloide alle Funktionen erheblich zu vermindern. *„Die optimale Beschaffenheit der Zellkolloide ‚die Eukolloidität‘* (H. SCHADE) *ist unerläßliche Voraussetzung für die normale Zellfunktion."*

Es müssen also Einrichtungen getroffen sein, die geeignet sind, diese Eukolloidität der Zelle aufrecht zu erhalten. Wir finden solche mit aufsteigender Entwicklung in der Tierreihe mehr und mehr, das Höchstmaß der Schutzeinrichtungen ist im *Regelungsstoffwechsel des Menschen* gegeben.

Diese Regulationen werden besonders die physiko-chemischen Beschaffenheiten des Dispersionsmittels, also des Wassers, betreffen, und zwar einerseits seine osmotischen Verhältnisse, andererseits die der Ionen. Wir werden uns daher zunächst die Gesetze *der Osmoregulation* vor Augen zu führen haben.

Bei der Regelung der Ionenverhältnisse spielt infolge des enormen Einflusses der H- und OH-Ionen auf den Zustand aller hydrophilen Kolloide — solche haben wir in den Eiweißen vor uns — *die Reaktionsregulation* die Hauptrolle, sie soll daher gesondert besprochen werden, während die *Regulationsvorrichtungen der übrigen Ionen* zusammen dargestellt werden können.

Neben diesen Veränderungen, die primär nur das Dispersionsmittel betreffen und erst sekundär den Kolloidzustand beeinflussen, kommen solche in Frage, die ihren Einfluß auf das ganze System ausüben, so die *Temperatur*, ferner Veränderungen, die am Kolloid selbst auftreten, z. B. *Änderungen des Quellungszustandes*. Auch für diese Größen sind Regelungsvorrichtungen vorhanden.

1. Die osmotischen Verhältnisse im Körper und ihre Regelung.

Kurze allgemeine physiko-chemische Vorbemerkungen. Echte Lösungen sind solche, in denen die Zerteilung des gelösten Stoffes bis zur Molekülgrenze — molekulardisperse Lösungen — oder darüber hinaus bis zu den Spaltstücken der Moleküle, den Ionen — ionendisperse Lösungen — vor sich gegangen ist. In ihnen kommen die Gesetze des *osmotischen Druckes* zur Geltung. Sie stehen, wie VAN T'HOFF nachweisen konnte, in voller Parallele zu den Gasgesetzen.

Die gelösten Teilchen bewegen sich (genau wie die Gasmoleküle im Raum) weitgehend unabhängig voneinander im Lösungsmittel. Die Folge dieser Molekülbewegung ist (genau wie beim Gas der Gasdruck) der zentrifugal gerichtete osmotische Druck. Ihm entgegen wirkt der nach innen gerichtete *Binnendruck* der Flüssigkeit, eine Folge der gegenseitigen Anziehung der Flüssigkeitsmoleküle. Dieser Binnendruck ist ungleich größer als der osmotische Druck, er beträgt meist Tausende von Atmosphären, während der osmotische Druck bei einer den Körpersäften entsprechenden Lösungskonzentration nur wenige Atmosphären (ca. 9 Atmosphären) beträgt, und bei den in Wasser überhaupt möglichen Konzentrationen bis höchstens etwa 200 at ansteigen kann. Die Differenz zwischen den Druckwerten der reinen Flüssigkeit (Binnendruck allein) und einer Lösung (Binnendruck — osmotischer Druck) ist zu gering, um die Unterschiede ohne weiteres bemerkbar zu machen. Wohl aber kommen die Differenzen zur Wahrnehmung, wenn man Lösung und reine Flüssigkeit durch eine semipermeable Membran trennt, d. h. eine Membran, die nur für das Lösungsmittel, nicht aber für den gelösten Stoff durchgängig ist. Dann wird infolge des osmotischen Druckes ein Einstrom von Flüssigkeit in die Lösung erfolgen, so lange, bis auf beiden Seiten der Membran Druckausgleich geschaffen ist, in dem angegebenen Fall also, bis alle Flüssigkeit nach der Seite der Lösung übergetreten ist. Ganz das Gleiche tritt ein, wenn Lösungen verschiedener Konzentration durch eine semipermeable Membran voneinander getrennt sind. Dann erfolgt so lange Flüssigkeitsübertritt nach der Seite der konzentrierteren Lösung, bis auf beiden Seiten die gleiche Konzentration herrscht.

Alle in Molekularbewegung befindlichen Teilchen sind zu osmotischen Wirkungen befähigt, und die Größe des osmotischen Druckes ist dabei eine Funktion der *Zahl* der gelösten Teilchen, ganz gleich, welche Masse sie haben. Es ist also das unendlich kleine Ion osmotisch ebenso wirksam wie das Molekül und das vielmal größere Kolloid.

Nun besteht, ebenfalls als Folge der Molekularbewegung, eine völlige Parallele zwischen osmotischem Druck und Gefrierpunktserniedrigung einer Lösung, und man hat sich diese Tatsache für die Bestimmung des osmotischen Druckes einer Lösung zunutze gemacht. Je konzentrierter eine Lösung, desto niedriger ist ihr Gefrierpunkt. Während reines Wasser bei Druck von 1 at bei 0° gefriert, gefriert eine $^1/_1$ molare Lösung[1] erst bei $-1,85°$. In Atmosphären ausgedrückt, zeigt eine solche Lösung einen osmotischen Druck von 22,4 at. Es entspricht also $^1/_{1000}°$ Gefrierpunktserniedrigung einem osmotischen Druck von 0,012 at (= etwa 9,1 mm Hg). Der Wert der Gefrierpunktserniedrigung wird mit Δ bezeichnet, für eine $^1/_1$ molare Lösung also $\Delta = -1,86°$.

Die angegebenen Werte gelten aber nur für molekulardisperse Lösungen, d. h. die Lösungen solcher Stoffe, deren Zerteilung im Lösungsmittel nicht über die Molekülgrenze hinausgeht, wie z. B. Harnstoff, die Zuckerarten und die Alkohole. Sind die gelösten Stoffe, wie z. B. die Salze, befähigt, in der Lösung Ionen zu bilden, so wird der osmotische Druck einer solchen Lösung um soviel mal größer, als mehr Teilchen entstehen. In einer $^1/_1$ molaren NaCL-Lösung beträgt also der osmotische Druck $= 2 \cdot 22,4$ at, da das Kochsalz in der Lösung praktisch vollständig in seine Ionen Na und Cl zerfällt, also doppelt soviel Teilchen in ihr enthalten sind, als wenn der Stoff nur molekulardispers gelöst wäre. Man bezeichnet den Faktor, um den bei den ionendispersen Lösungen sich der osmotische Druck gegenüber den für molekulardisperse Lösungen geltenden Berechnungen erhöht, als den VAN T'HOFFschen *Faktor*. Er ist für jede einzelne Substanz verschieden und abhängig vom Dissoziationsgrad der betreffenden Stoffe bei der jeweiligen Konzentration.

Löst man in einem Lösungsmittel mehrere Stoffe, so ist — sofern nicht bei der Auflösung chemische Reaktionen zwischen den Stoffen vor sich gehen — der osmotische Druck, den eine solche Lösung mehrerer Stoffe entfaltet, so groß wie die Summe der osmotischen Partialdrucke, die jeder Stoff für sich ausüben würde, wenn er allein über das gleiche Volumen Lösungsmittel verteilt wäre, das die Stoffe zusammen in der Lösung einnehmen. Auch hierin besteht völlige Parallele zwischen osmotischem Druck und Gasdruck.

Grenzen zwei Lösungen verschiedenen osmotischen Druckes ohne Scheidewand (oder getrennt durch eine Membran, die für Lösungsmittel *und* gelösten Stoff frei durchgängig ist) aneinander, so bewegen sich die gelösten Stoffe vom Ort größerer Konzentration zu dem geringerer Konzentration so lange, bis Konzentrationsausgleich geschaffen ist. Man nennt diesen Vorgang *Diffusion*. Seine Geschwindigkeit ist abhängig von der Konzentrationsdifferenz oder dem Konzentrationsgefälle und von der für jede Substanz charakteristischen Diffusionskonstante. Diese Diffusionskonstante ist im allgemeinen umgekehrt proportional der Wurzel aus dem Molekulargewicht (EULER[2]).

Grenzen statt zweier Lösungen verschiedener Konzentration zwei Lösungen verschiedener *Stoffe* in demselben Lösungsmittel aneinander, so diffundieren die Stoffe gegeneinander mit Geschwindigkeiten, die (wenn keine chemischen Reaktionen zwischen den Stoffen vor sich gehen) ziemlich genau den normalen Diffusionsgeschwindigkeiten entsprechen. Die Übereinstimmung ist deshalb nicht ganz vollständig, weil eine Lösung einem neu hineindiffundierenden Stoff einen anderen Reibungswiderstand entgegensetzt als das reine Lösungsmittel.

Wenn beide Lösungen ursprünglich den gleichen osmotischen Druck, ihre gelösten Stoffe aber verschiedene Diffusionsgeschwindigkeit haben, so kann diese Gleichheit des osmotischen Druckes während der Diffusion nicht aufrechterhalten bleiben, da der eine Stoff schneller wandert als der andere. Dasselbe tritt ein, wenn die Lösungen nicht direkt aneinander grenzen, sondern durch eine für gelöste Stoffe und Lösungsmittel frei durchgängige Membran (Pergament o. dgl.) getrennt sind. Es können so z. B. Differenzen im osmotischen Totaldruck freiwillig zustande kommen, die mehrere Atmosphären betragen (HÖBER[3]). Es wäre danach also falsch, wenn man jedes in einem Organismus vorkommende osmotische Druckgefälle als Folge einer Konzentrationsarbeit oder einer chemischen Aktion betrachten wollte, die von den Zellen herrührt; vielmehr können u. U. freiwillig, ohne Leistung äußerer Arbeit, osmotische Druckdifferenzen zwischen Lösungen entstehen oder bestehende sich vergrößern.

---

[1] D. h. eine Lösung, die in 1 l Wasser 1 Mol (= 1 mal die Menge des Molekulargewichtes in Grammen) gelöst enthält.

[2] EULER: Wied. Ann. **1897**, 273 — OEHOLM: Z. phys. Chem. **70** II, 378 (1910).

[3] HÖBER, R.: Pflügers Arch. **74**, 275 (1899).

Seitdem v. Korányi im Jahre 1893 fand, daß der osmotische Druck des menschlichen Blutes eine physiologische Konstante ist, die, gemessen mit der für klinische Zwecke bequemsten Methode, der Kryoskopie, einer Gefrierpunktserniedrigung von $\Delta =$ ca. $-0,56°$ entspricht, haben zahlreiche Untersucher sich mit der Physiologie und Pathologie der Osmoregulation beschäftigt, sie alle haben dabei die Angaben v. Korányis nur bestätigen können.

Gewisse physiologische Schwankungen kommen naturgemäß vor, doch bewegen sie sich nicht über $\Delta = 0,56 - 0,58°$ hinaus.

Voraussetzung dafür ist, daß man aus dem zu messenden Blut vorher die in ihm enthaltene Kohlensäure entfernt. Dagegen ist für die Messung nach den Untersuchungen von Hamburger[1] und Hedin[2] die Anwesenheit der Blutkörperchen ohne Einfluß. Man mißt, auch wenn man das defibrinierte Blut kryoskopiert, stets nur den osmotischen Druck des *Serums*. Von den im Plasma enthaltenen 9,8% gelösten Stoffen sind etwa 9% Eiweiß und nur 0,8% anorganische Bestandteile, und doch wird nach Entfernung der Eiweißkörper aus dem Plasma der osmotische Druck fast gar nicht geändert[3]. Obwohl die Eiweißkörper an *Masse* den größten Teil des Gelösten ausmachen, ist ihre Teilchen*zahl* infolge des vielmals größeren Moleküls verschwindend klein gegenüber der Zahl der an Masse geringeren, unendlich viel kleineren anorganischen Moleküle und gar ihrer Spaltstücke, der Ionen. Da aber der osmotische Druck nur eine Funktion der *Zahl* der gelösten Teilchen und nicht ihrer *Masse* darstellt, wird klar, warum das Eiweiß im Blutserum so gut wie gar keine osmotische Wirkung entfaltet.

Eine Gefrierpunktserniedrigung von $0,56°$ entspricht bei $37°$ Temperatur ungefähr einem Druck von 7,22 Atmosphären. Mit einem so hohen Druck ist das Serum im menschlichen Körper an jeder Zelle wirksam. Die Wirkung tritt nur deshalb nicht zutage, weil im Innern der Zelle der gleiche osmotische Druck herrscht, also dem an der Zellmembran von außen her wirkenden osmotischen Druck der Körpersäfte das Gleichgewicht hält.

Die Zellmembran[4] stellt im funktionellen Sinne eine semipermeable Membran dar, d. h. sie ist für Wasser frei durchgängig, die Lösungsbestandteile des Serums aber, namentlich die Ionen der Salze, können sie nur teilweise passieren. Die Gesetze des osmotischen Druckes kommen also an der Zellmembran in Form einseitiger Wasserverschiebung zum Ausdruck. Jede Erhöhung des osmotischen Druckes in der umspülenden Außenflüssigkeit hat einen Wasseraustritt aus der Zelle zur Folge, und die Zelle schrumpft; und umgekehrt wird jede Verringerung der Gesamtkonzentration des Serums die Zelle unter Wasser-

---

[1] Hamburger: Zbl. Physiol. **11**, 217 (1897).

[2] Hedin: Skand. Arch. Physiol. (Berlin u. Leipzig) **5**, 328, 377 (1895).

[3] Siehe Tamann: Z. phys. Chem. **20**, 180 (1896). — Dreser: Arch. f. exper. Path. **29**, 314 (1896). — Reid: J. of Physiol. **31**, 447 (1904).

[4] Wenn hier und im folgenden von „Zellmembran" gesprochen wird, so soll damit nicht gesagt sein, daß die Umgrenzung der Zelle tatsächlich eine Membran im physikalischen Sinne darstellt, eine Anschauung, die nach den neueren Untersuchungen wohl nicht mehr zu Recht besteht. Für uns ist wichtig, daß die Kolloide in der Umgrenzung der Zelle im *funktionellen* Sinne als Membran wirken, und daß an ihnen die sonst an Membranen zu beobachtenden Gesetzmäßigkeiten zum Ausdruck kommen. Die sich ergebenden Eigentümlichkeiten dieser „funktionellen" Zellmembran werden jeweils besonders betont werden.

aufnahme schwellen lassen. Diese Differenz der Zellgröße wird schon bei den geringsten Unterschieden der osmotischen Serumkonzentration meßbar. Durch solche osmotische Volumänderung der Zelle, selbst von geringen Graden, wird ihre Funktion auf das schwerste geschädigt. So fand z. B. HAMBURGER[1] die Phagocytose der Leukocyten bei Verdünnung des Serums mit der gleichen Menge Wasser auf $^1/_{43}$ des ursprünglichen Betrages herabgesetzt und selbst bei einer Abweichung um 10% von der Normalkonzentration beträgt die Verlangsamung der Funktion bereits 17%. Der Körper schützt sich gegen derartige Schädigungen dadurch, daß er die osmotische Isotonie seiner Säfte auf das Genaueste wahrt. Wie großartig die Leistung des Körpers ist, die er damit zustande bringt, wird klar, wenn man bedenkt, daß dauernd Einflüsse bestehen, die geeignet sind, die Isotonie zu stören.

Im Gegensatz zu den Tieren, die, wie z. B. die Frösche, mit einer wasserdurchlässigen Haut im Süßwasser leben, sind beim Säugetier und beim Menschen die Störungen *von außen her* nur von geringer Bedeutung. Zwar wird der Verdauungstraktus periodisch mit Wasser und mit osmotisch wirksamen Nahrungsstoffen überschüttet, wobei von den letzteren besonders die Salze und ihre Ionen mit ihrem kleinen Molekulargewicht und ihrer großen Diffusibilität gefährlich erscheinen können. Die Resorption geht aber so langsam vor sich, und die Verteilung der in den Körper eintretenden Substanzen durch die Blutströmung geschieht so rasch, daß Schwankungen dadurch überhaupt nicht vorkommen.

Die früher von FANO und BOTAZZI[2] gemachte Angabe, daß der osmotische Druck im Pfortaderblut erhöht sei, hat einer genaueren Untersuchung nicht standhalten können. Selbst während der Verdauung wird der osmotische Druck des Pfortaderblutes gegenüber dem des arteriellen nicht erhöht gefunden (HÄBLER[3]). Die etwa vorhandenen Differenzen sind so gering, daß sie durch die Methodik der Kryoskopie jedenfalls nicht erfaßt werden können[4].

Weit wichtiger sind die osmotischen Störungen, die dem Körper von innen her drohen, die vom Stoffwechsel herrühren. Zahlreiche Versuche haben gezeigt, daß arbeitende Organe durch osmotischen Einstrom — nicht nur durch vermehrte Durchblutung — an Volumen zunehmen. Das ist wohl mit Recht auf die im Arbeitsstoffwechsel erfolgende Zertrümmerung großer Moleküle in viele kleine zurückzuführen. Umgekehrt aber wird auch beim intermediären Stoffwechsel, z. B. beim Abbau der Kohlehydrate — neben der Kohlensäure — Wasser gebildet, das seinerseits im Sinne einer Erniedrigung des osmotischen Druckes wirkt. Der gleiche Effekt wird erzielt durch den im

---

[1] HAMBURGER: Physikalisch-chemische Untersuchungen über Leukocyten. Wiesbaden 1912.

[2] FANO u. BOTAZZI: Arch. ital. de Biol. (Pisa) **26**, 45 (1896).

[3] HÄBLER: Z. exper. Med. **54**, 543 (1926).

[4] Das Gesagte gilt nur für Werte des Blutes, aus dem die Kohlensäure entfernt wurde. Nur diese Werte kommen aber für die Beurteilung des Einflusses mit der Nahrung zugeführter gelöster Stoffe in Frage. Wird die Wirkung der gelösten CO_2 mit berücksichtigt so findet sich im Pfortaderblut eine Δ-Erhöhung um $0,01-0,03°$ [HÄBLER u. WEBER: Biochem. Z. **195**, 364 (1928)].

Zellstoffwechsel erfolgenden Aufbau von Fett, Eiweiß und Glykogen aus ihren Spaltprodukten, wobei aus *zahlreichen* (kleinen) nur *ein* (größeres) osmotisch wirksames Teilchen geschaffen wird.

Bei der Sekretion in den Magendarmkanal wird vorwiegend hypotonische Flüssigkeit abgesondert, die Hautsekretion des meist hypotonischen Schweißes, die Wasserverdunstung bei der Atmung, sie alle wirken im Sinne einer Konzentrationserhöhung des Blutes, und nur die CO_2-Abgabe durch die Lunge wirkt konzentrationsvermindernd.

Alle diese Vorgänge vollziehen sich unabhängig von der Osmose, sie sind also je nach der Intensität des Stoffwechsels mehr oder weniger stark ausgeprägt. „Wäre der Organismus nur vor äußeren Störungen seines osmotischen Druckes geschützt, so würde er den inneren Störungen zum Opfer fallen" (v. KORÁNYI[1]). Trotz aller dieser störenden Einflüsse wird der osmotische Druck des Blutes des Gesunden und — mit wenig Ausnahmen — auch beim Kranken immer konstant gehalten. Die *chemische* Zusammensetzung des Blutes kann sich dabei weitgehend ändern. Diese Regelung geht außerordentlich schnell vor sich und erleidet auch während der Narkose keine Verzögerung (HAMBURGER[2], HELLFRITSCH[3]).

Man war früher gewöhnt, die Niere allein als das osmoregulatorische Organ des Körpers zu betrachten, da ja bekannt ist, daß der Harn bald hypertonisch, bald hypotonisch sein kann[4]. Schon VON KORÁNYI machte darauf aufmerksam, daß diese Auffassung keineswegs unbeschränkte Gültigkeit hat. Denn in den Fällen von Bluthypertonie bei Schrumpfniere, in denen Polyurie besteht, wäre „eigentlich nichts einfacher als die Herstellung des normalen osmotischen Druckes des Blutes". Nach seiner Auffassung passen die Nieren die Wasserausscheidung nicht den Bedürfnissen *des osmotischen Druckes* an, sondern denen des *Wassergleichgewichtes*. Daß sie unter physiologischen Verhältnissen dennoch wesentlich dazu beitragen, den normalen osmotischen Druck zu erhalten, liegt daran, daß sie zugleich sämtliche harnfähigen festen Moleküle mit ausscheiden. Eine Auffassung, die heute allgemein anerkannt ist.

Auf Grund seiner Untersuchungen am Bindegewebe und der Beobachtung HAMBURGERS, daß bei künstlich durch Injektion gesetzten Störungen der Blutisotonie der Ausgleich bereits erfolgt ist, ehe die Nieren die störenden Substanzen oder ein osmotisches Äquivalent ausgeschieden haben, kam H. SCHADE[5] dazu, dem Stoffausgleich zwischen Blut und Bindegewebe den Hauptanteil an der Osmoregulation zuzuschreiben. In dem Augenblick, in dem durch irgendwelche Faktoren

---

[1] v. KORÁNYI: Moderne ärztl. Bibliothek, Heft 1 — Die wissenschaftlichen Grundlagen der Kryoskopie in ihrer klinischen Anwendung. Berlin 1904.

[2] HAMBURGER: Z. Baln. **4**, 561 (1912).

[3] HELLFRITSCH (unter HÄBLER): I.-D. Würzburg 1926.

[4] Dabei muß darauf aufmerksam gemacht werden, daß aus dem spezifischen Gewicht des Urins nicht auf seinen Gefrierpunkt geschlossen werden kann, denn jenes ist bedingt durch das *Gewicht* des Gelösten, dieser durch die *Zahl* der gelösten Teilchen.

[5] SCHADE: Z. exper. Path. u. Ther. **11**, 369 (1912); **14**, 1 (1913).

eine Hypertonie entsteht, gibt das am Orte der Störung und in seiner nächsten Umgebung befindliche Bindegewebe durch Entquellung Wasser ab und adsorbiert Salze, so daß fast momentan der osmotische Druck des Serums bzw. der Gewebsflüssigkeit auf seinen Normalwert zurückgeführt wird. Dabei ist aber nur die *Summe* der gelösten Stoffe auf die normale Menge gebracht, ohne Rücksicht auf die physikalische und chemische Beschaffenheit dieser gelösten Teile, d. h. es kann das gegenseitige Verhältnis der Moleküle und Ionen abnorm sein, ebenso wie die einzelnen Stoffe eine absolut unphysiologische chemische Natur haben können. Erst wenn diese „momentane Regulation" geschehen, tritt die Niere in Funktion. Sie hat nach den Untersuchungen von MAGNUS[1] die Fähigkeit, auf Zunahme der Konzentration eines einzelnen Salzbestandteiles mit vermehrter Ausscheidung dieses Salzes zu reagieren, ohne Rücksicht auf die Gesamtkonzentration des Plasmas. Das dadurch entstehende Defizit an dem betreffenden Salz wird durch Nachlieferung aus dem Gewebe sofort wieder ausgeglichen, und die Niere scheidet das überschwellige Salz so lange aus, bis unter diesem Zusammenwirken von Nierenausscheidung und Gewebsaustausch das vom Gewebe isotonisch gemachte Blut auch in den Einzelsubstanzen in Bezug auf ihre Konzentration sich gerade im Schwellenwert der Niere befindet, d. h. bis neben der osmotischen Isotonie auch eine normale chemische Zusammensetzung des Blutes erreicht ist. Umgekehrt sind die Vorgänge bei osmotischer Hypotonie. Der Austausch zwischen Blut und Gewebe bewirkt primär die Einstellung des Blutes auf Isotonie durch Abgabe von Salzen bzw. Aufnahme von Wasser. Da nun beim zwar isotonischen aber hydrämischen Blut das Wasser nicht durch die Blutkolloide in genügender Stärke gebunden ist, erfolgt durch die Niere vermehrte Wasserabscheidung aus dem an sich bereits isotonischen Blut, bis die normalen Verhältnisse wieder hergestellt sind.

Es hat also die Niere, obwohl sie Arbeit entgegen den osmotischen Partialdrucken der Einzelstoffe des Serums leistet, keinen Anteil an der Konstanterhaltung des *summarischen osmotischen Blutdruckes.* Diese Arbeit leistet vielmehr der Stoffaustausch zwischen Blut und Gewebe.

Da nun aber der Austausch zwischen Blut und Gewebe ein intermediärer ist, wird dann, wenn die Funktion der Niere, die einzelnen Stoffe aus dem Körper zu eliminieren, erlahmt, das Wasser bzw. Salzdepot des Gewebes erschöpft werden können und es resultiert, wenn die störenden Einflüsse weiter bestehen bleiben, doch endlich eine Hyper- bzw. Hypotonie des Blutes, d. h. Krankheit.

Aus dem Gesagten wird erklärlich, daß wir im Harn ganz enorme Schwankungen des Δ-Wertes finden können, ohne daß krankhafte Zustände der Niere vorliegen. Ja, man kann vielmehr sagen, daß Konstanz des osmotischen Druckes des Urins bei verschiedener Belastung der Niere als krankhaft angesehen werden muß. Auf die bei Nierenerkrankung vorkommenden Veränderungen und die Abwehrmaßnahmen des Körpers werden wir später noch zu sprechen kommen (s. Kap. 7).

---

[1] MAGNUS: In Oppenheimers Handb. der Biochemie.

Es ist einleuchtend, daß der Körper jede Störung der osmotischen Isotonie soweit als möglich zu vermeiden suchen wird. Wohl hat er, wie wir gesehen haben, die Möglichkeit, eine Hypertonie durch Heranziehung seines eigenen Wasserbestandes auszugleichen — ,,trockene Osmo-Regulation" (v. Korányi) —, doch hat sie naturgemäß ihre Grenzen, und der Körper muß bestrebt sein, seine Wasserdepots wieder aufzufüllen, d. h. von außen her Wasser aufzunehmen. Als Mittler dieses Bestrebens tritt das vegetative Nervensystem auf. Jede osmotische Hypertonie wird vom Körper mit ausgesprochenem Durst beantwortet, wie wir das nach starker körperlicher Anstrengung und besonders bei Niereninsuffizienz beobachten können. Andererseits wehrt sich der Körper bei solchen Zuständen gegen die weitere Zufuhr osmotisch wirksamer Stoffe durch Ekel vor festen Speisen und entfernt einmal aufgenommene derartige Stoffe durch Erbrechen. Umgekehrt finden wir in Fällen osmotischer Hypotonie einen ausgesprochenen Salzhunger.

Für das Zustandekommen osmotischer Wirkungen zwischen Blut und Gewebssäften einerseits und Zellen andererseits ist das Vorhandensein einer semipermeablen Membran Vorbedingung. Nun ist die Zellmembran nur beschränkt semipermeabel, d. h. neben Wasser können auch noch gewisse gelöste Stoffe die Zellwand ungehindert passieren.

Sättigt man Blut in vitro mit Kohlensäure, so steigt sein osmotischer Druck deutlich an (v. Limbeck, Köppe, Hamburger[1]). Diese osmotische Hypertouie tritt auch auf, wenn man Serum allein mit CO_2 sättigt und erreicht Werte bis zu $0{,}069°$ Δ-Erhöhung (Schade und Mitarbeiter[2]). Dabei schrumpfen die Blutzellen nicht, wie das bei Zusatz irgendeines Salzes oder von Zucker zu beobachten ist. Es findet also keine Wasserabgabe nach der hypertonischen Umgebungsflüssigkeit hin statt. Das ist nur dadurch zu erklären, daß die Kohlensäureionen die Membran der Blutkörperchen ungehindert passieren können, so daß ein osmotisches Gefälle an der Membran nicht entsteht. Ebenso ist zu beobachten, daß bei Überladung des Blutes mit CO_2 in vivo infolge insuffizierter Atmung der osmotische Druck des Blutes Gefrierpunktswerte bis $\Delta = 0{,}70$ erreichen kann, ohne daß eine Osmoregulation erfolgt (Kovács[3]). Auch im Körper also löst die durch CO_2 bedingte Hypertonie keine osmoregulatorischen Reaktionen aus (v. Korányi[4]). (Wird die gelöste Kohlensäure durch Entlüften wieder aus dem Blut entfernt, finden sich wieder normale Δ-Werte.)

Es ist demnach der Schluß berechtigt, *daß der auslösende Reiz der osmoregulatorischen Reaktionen mit einer Wasserentziehung aus Zellen identisch ist, und daß diejenigen Elemente, welche auf eine Veränderung des osmotischen Druckes mit der Auslösung regulatorischer Reaktionen antworten, sich gegenüber dessen Schwankungen ebenso verhalten, wie die Erythrocyten* (v. Korányi[4]).

Wenn dieser Schluß richtig ist, dann darf auch bei Erhöhung des osmotischen Druckes durch andere Stoffe als CO_2, die die Erythrocytenmembran durchdringen,

---

[1] v. Limbeck: Arch. f. exper. Path. **35**, 309 (1895). — Hamburger: Z. Biol. **28**, 405 (1892) — Arch. f. Physiol. **1894**, 419 — Osmot. Druck u. Ionenlehre **1**. Wiesbaden 1902. — Köppe: Pflügers Arch. **67**, 189 (1897).

[2] Schade, Claussen, Häbler, Hoff, Mochizucki u. Birner: Z. exper. Med. **49**, 351 (1926).

[3] Kovács: Berl. klin. Wschr. **39**, 263 (1902).

[4] v. Korányi: Verh. Ges. Verdgskrkh., 7. Tagung, S. 45. Wien 1927.

keine Osmoregulation einsetzen. In Harnstofflösungen verhalten sich nach Grijns[1] die Erythrocyten wie in destilliertem Wasser, d. h. der Harnstoff dringt ungehindert in das Innere der roten Blutzellen ein. Und tatsächlich erzeugt nach Labbé und Violle[2] die Vermehrung des Harnstoffgehaltes des Blutes keinen Durst. Auch die Tatsache, daß nach Exstirpation beider Nieren der osmotische Druck des Blutes bereits in den ersten Stunden sehr rasch zunimmt, ist als Beweis mit heranzuziehen. Diese Zunahme entspricht nämlich nach v. Korányi der Vermehrung der Eiweißabbauprodukte, unter denen der Harnstoff vorherrscht. Würde durch sie ein osmoregulatorischer Reiz ausgeübt, so müßte die sehr vollkommen arbeitende extrarenale Osmoregulation für die Erhaltung des normalen osmotischen Druckes sorgen, wenigstens so lange, bis sie erschöpft ist. Wird doch nach den Versuchen von Hamburger[3] bei intravenöser Infusion hypertonischer Salzlösungen der normale osmotische Druck hergestellt, ehe die Nieren das eingeführte Salz ausgeschieden haben. Der rasche Anstieg des Gefrierpunktes beweist also, daß auch durch Harnstoffvermehrung die *extrarenale Osmoregulation* nicht ausgelöst wird, *sie versagt, wenn die osmotische Hypertonie des Blutes bedingt ist durch Stoffe, die die Zellen frei durchdringen.*

Da der CO_2-Gehalt des venösen Blutes den des arteriellen weit übersteigt, sind in den einzelnen Gefäßgebieten osmotische Druckdifferenzen ohne weiteres erklärlich. Diese Gefälle lösen aber keine osmotischen Wirkungen an der Zelle selbst aus, d. h. sie bedingen keine Wasserverschiebung, wie aus dem oben Gesagten hervorgeht. Wie weit noch durch andere gelöste Stoffe bedingte Differenzen des osmotischen Druckes in den einzelnen Gefäßgebieten bestehen, ist zur Zeit ungeklärt. Lediglich für das Lebervenenblut ist bisher bekannt, daß es auch nach Entfernung der Kohlensäure gegenüber dem arteriellen ein wenig hypertonisch ist, entsprechend einer Gefrierpunktserniedrigung von 0,01 bis 0,03 (Häbler und Weber[4]). Es liegt in der Eigenart der Capillarwand begründet, daß diese Differenzen, die an sich bereits recht erhebliche Druckwerte darstellen (bis $^1/_3$ at), an ihr nicht im Sinne einseitiger Wasserverschiebung zur Wirkung gelangen. Denn die Capillarwand stellt eben keine ideal semipermeable Membran dar. Sie ist neben Wasser auch für echt gelöste Stoffe durchgängig, und alle die Stoffe, die sie frei passieren, entfalten an ihr keine osmotische Wirkung, sondern nur Wirkungen nach den Gesetzen der Diffusion (s. auch Kapitel 5). Eine „Topographie des osmotischen Druckes" wäre nach Ansicht des Verfassers ein aussichtsreiches Forschungsgebiet, das viele neue Erkenntnisse erhoffen läßt. Man denke an postoperative Veränderungen, an Differenzen im Blut von Nierenarterie und -vene bei normaler Funktion und Anurie usw.

Doch auch zwischen der Zelle und ihrer Umgebung sind gewisse osmotische Gefälle anzunehmen. Die Zelle nimmt aus ihrer Umgebung die für ihren Stoffwechsel nötigen Stoffe auf, dadurch entsteht ein Konzentrationsgefälle für diese Stoffe gegenüber anderen Orten, so daß erneuter Einstrom infolge des überall in der Natur vorhandenen Bestrebens nach Gleichgewicht stattfindet. Umgekehrt werden die Endprodukte des Stoffwechsels aus der Zelle ausgeschieden und so ein von

---

[1] Grijns: Pflügers Arch. **63**, 86 (1896).
[2] Labbé u. Violle: Zitiert nach v. Korányi auf S. 45.
[3] Hamburger: Osmot. Druck u. Ionenlehre. Wiesbaden 1902.
[4] Häbler u. Weber: Biochem. Z. **195**, 364 (1928).

der Zelle weg gerichtetes Konzentrationsgefälle geschaffen, so daß also das Vorhandensein solcher Konzentrationsgefälle Folge und Bedingung der Lebenstätigkeit der Zelle ist. Diese Konzentrationsgefälle sind aber rein lokaler, am Orte ihrer Entstehung bedingter Natur. Im großen Raum der Körperflüssigkeit des Serums kommen sie nicht zum Ausdruck. Sie können auch deshalb nicht zum Ausdruck kommen, weil die Menge der ausgeschiedenen Stoffe gegenüber der großen Masse des vorbeiströmenden Plasmas außerordentlich gering ist. Außerdem sind die Differenzen je nach der Intensität des Stoffwechsels verschieden groß und teils positiv, teils negativ. Es handelt sich dabei immer nur um positive oder negative Differenzen zwischen Zelle und ihrer nächsten Umgebung und dem Plasma. Und gerade dadurch, daß die Konzentration des Plasmas konstant erhalten wird, ist die Bedingung dafür gegeben, daß es als Transportmittel und gewissermaßen Betriebskraftquelle für alle, je nach ihrer Eigenart verschieden starke Ansprüche stellenden Zellen dienen kann, die sich das ihnen notwendige Gefälle gewissermaßen selbst schaffen.

Fassen wir die bisher bekannten Ergebnisse über den osmotischen Druck des Blutes zusammen, so können wir sagen:

Im allgemeinen herrscht im Blut Konstanz des osmotischen Druckes, soweit er durch die im Serum gelösten Moleküle und Ionen bedingt ist.

Diese Konstanz wird trotz der physiologisch vorhandenen bedeutenden Störungen durch Nahrungsaufnahme und Stoffwechselverbrauch, ja, selbst bei gewaltsam gesetzter Störung aufrecht erhalten.

Die Regulation besorgt in erster Linie der Stoffaustausch zwischen Blut und Gewebe, der fast momentan eintritt. Die Niere ist erst in zweiter Linie wirksam, sie reguliert in dem in seiner Gesamtkonzentration einigermaßen isotonischen Blut die osmotischen Partialdrucke der einzelnen Substanzen nach ihrem Schwellenwert, und stellt so die normalen Verhältnisse wieder her.

Lokale Konzentrationsgefälle zwischen Zelle und Umgebung sind zweifellos vorhanden und durch den Stoffverbrauch bedingt. Ohne sie ist das Leben nicht denkbar.

2. Die aktuelle Reaktion des Blutes und die Reaktionsregulation.

Physiko-chemische Vorbemerkungen über Elektrolyte und ihre Ionen im allgemeinen und H-Ionen, aktuelle Reaktion und Puffer im besonderen. Die Ionen sind kleinste Spaltstücke, in die Salze, Säuren und Basen beim Eintritt in Lösung zerfallen. Ihr wesentliches Charakteristicum ist die elektrische Ladung. Beim Stromdurchgang durch eine „ionendisperse" Lösung wandern die Ionen, je nach ihrer Ladung, nach dem entgegengesetzt geladenen Pol, also die negativ geladenen Ionen nach dem positiven Pol, der Anode, und die positiven nach der Kathode. Man nennt daher die positiv geladenen Ionen „*Kationen*" und die negativen „*Anionen*". *Kationen* sind die Metallionen, die sich aus Salzen und Alkalien abspalten und die H-Ionen der Säuren, *Anionen* die OH-Ionen der Alkalien und die Säurereste der Säuren und Salze. Das Kation wird durch einen hochgesetzten Punkt, das Anion durch

einen schrägen Strich am chemischen Symbol des betreffenden Elementes bezeichnet. Die elektrolytische Dissoziation von Kochsalz würde also dargestellt:

$$NaCL \rightleftarrows Na^{\cdot} + Cl'$$

oder die von Salzsäure

$$HCl \rightleftarrows H^{\cdot} + Cl'.$$

Nur wenn in einer Lösung Ionen vorhanden sind, ist sie in der Lage, den
elektrischen Strom zu leiten, und zwar um so besser, je mehr Ionen die Lösung
enthält. Somit ergibt sich, daß der Nachweis von Ionen durch die *Leitfähigkeit*
einer Lösung möglich ist. Dabei gibt der *Betrag der Leitfähigkeit* einer Lösung
das *Maß der Ionisation.* Mit optischen Mitteln lassen sich die Ionen bisher nicht
erkennen, dazu sind sie viel zu klein.

Jeder Elektrolyt hat im Wasser einen spezifischen *Dissoziationsgrad,* d. h. ein
spezifisches Maß der Ionenbildung, das unter gleichen Bedingungen konstant ist
(*Dissoziationskonstante*).

Unter den bekannten Lösungsmitteln besitzt das Wasser bei weitem das größte
dissoziierende Vermögen, d. h. in ihm ist die Ionenbildung am stärksten ausgeprägt.

Je verdünnter eine Lösung, desto vollständiger ist in ihr die Ionenbildung.
In stark verdünnten Lösungen, wie sie etwa den Körperflüssigkeiten entsprechen,
sind die meisten Elektrolyte, wie z. B. NaCl, KCl usw., praktisch bereits als völlig
dissoziiert zu betrachten.

Die wichtigsten, weil am stärksten geladen, unter den Ionen sind die H- und
OH-Ionen. H-Ionen entstehen immer, wenn Säure in Wasser gelöst wird, sie
allein sind es, die der Lösung den sauren Charakter verleihen. Die OH-Ionen
sind die Träger alkalischer Eigenschaften.

Auch das Wasser ist an sich zu einem geringen Teil in H- und OH-Ionen
gespalten, dissoziiert. Bei neutraler Reaktion sind im Wasser genau gleiche Mengen
H- und OH-Ionen enthalten. Und zwar bei $18°$ $10^{-7,07}$ g H- und OH-Ionen.
Die Menge erscheint unendlich klein, sie ist aber scharf definiert, und man kommt
zu einer anderen Auffassung, wenn man statt des Gewichtes die Zahl der vorhandenen Ionen berechnet. Es ergibt sich dann, daß in 1 ccm Wasser 62 Milliarden
H-Ionen und ebensoviel OH-Ionen vorhanden sind.

Das Produkt von H-Ionen und OH-Ionen ist in wässeriger Lösung, ganz gleich,
ob sie neutral, sauer oder alkalisch ist, stets gleich, und zwar bei $18° = 10^{-14,14}$.
Sind nun z. B. in saurer Lösung die H-Ionen vermehrt, so verringert sich in ent-
sprechendem Maße die Menge der OH-Ionen.

Man kann daher, wenn man die Konzentration der einen Ionenart kennt, die
Menge der anderen ohne weiteres errechnen.

Da die H-Ionenmenge durch die elektrometrische Methode der Gasketten-
messung exakt, mit einer Genauigkeit von 1%, feststellbar ist, hat man sich daran
gewöhnt, den Säure- bzw. Alkalitätsgrad einer Lösung, ihre „*aktuelle Reaktion*",
durch ihren Gehalt H-Ionen (die H-Ionenkonzentration) auszudrücken und mit
dem Symbol $[H^{\cdot}]$ zu bezeichnen.

Es ist also in wässeriger Lösung

$[H^{\cdot}] \cdot [OH'] = kw$ (Dissoziationskonstante des Wassers, bei $18°$ $10^{-14,14}$).

Bei neutraler Reaktion ist (bei $18°$)

da

$$[H^{\cdot}] = [OH'] \text{ s. o.}$$
$$2[H^{\cdot}] = 10^{-14,14} \quad [H^{\cdot}] = 10^{-7,07}.$$
$$[H^{\cdot}] > 10^{-7,07} \text{ bedeutet saure,}$$
$$[H^{\cdot}] < 10^{-7,07} \text{ alkalische Reaktion.}$$

Zur Vereinfachung bezeichnet nach dem Vorschlag von Sörensen die H-Ionenkonzentration mit dem negativen Logarithmus von 10 und dem Zeichen p_H.

Es bedeutet also

$$p_H \quad 7,07 \text{ neutrale Reaktion,}$$
$$p_H < 7,07 \text{ saure Reaktion,}$$
$$p_H > 7,07 \text{ alkalische Reaktion.}$$

Aus dem Gesagten geht hervor, daß eine Säure um so stärker ist, je mehr
H-Ionen sie in der Lösung abspaltet.

Nicht alle Säuren zerfallen beim Eintritt in Lösung vollständig in Ionen (sind
vollständig dissoziiert). Vielmehr richtet sich das Maß der Dissoziation nach der

für jede Säure spezifischen *Dissoziationskonstante*. Die Dissoziation geschieht nach den Regeln des Massenwirkungsgesetzes und der Gleichung:

$$\frac{[\text{H}^\cdot] \cdot [\text{R}']}{[\text{HR}]} = \text{Konst.},$$

wobei R' den Säurerest bedeutet.

Bei den sog. schwachen Säuren bleibt immer ein gewisser, unter Umständen recht beträchtlicher, Teil der vorhandenen Moleküle in undissoziiertem Zustand. Werden nun zu der Lösung einer solchen Säure OH-Ionen (also Alkali) zugefügt, so verbinden sie sich mit den vorhandenen freien H-Ionen zu H_2O, es geht ein Teil der freien H-Ionen verloren. Da aber die durch die oben genannte Gleichung dargestellten Gesetzmäßigkeiten unter allen Umständen Geltung haben, werden weitere H-Ionen von den noch undissoziierten Molekülen [HR] nachgeliefert, so lange, bis wieder das nach dem Massenwirkungsgesetz zu fordernde Gleichgewicht vorhanden ist. Umgekehrt wird bei Zufügen von H-Ionen die Dissoziation der Säure zurückgedrängt, aus H˙ und R' entsteht das undissoziierte Molekül HR.

Man nennt die in der Lösung vorhandene Menge undissoziierter H-Ionen die *potentiellen* H-Ionen. Die freien H-Ionen werden als *aktuelle* H-Ionen bezeichnet.

Während, wie eben erwähnt, die Menge der aktuellen H-Ionen durch elektrometrische Messung bestimmt werden kann, wird die Menge der potentiellen Ionen durch Titration ermittelt, d. h. durch die Menge an Lauge, die zu der Lösung zugefügt werden muß, um neutrale Reaktion zu schaffen. Titrationsacidität und aktuelle Reaktion sind also zwei verschiedene Größen. Zur Bestimmung des Säurecharakters einer Lösung ist die Kenntnis beider Größen notwendig.

Wird zu einer schwachen Säure noch ein zugehöriges Salz hinzugefügt, so wird nach dem Massenwirkungsgesetz die Dissoziation der Säure noch weiter zurückgedrängt und eine solche Lösung ist dann noch viel besser gegen Verschiebungen ihrer aktuellen Reaktion geschützt als die schwache Säure allein, da durch das Hinzufügen des Salzes die Menge der potentiellen H-Ionen zunimmt. Ganz das gleiche gilt sinngemäß für die Alkalien. Man nennt solche Lösungen aus Gemischen einer schwachen Säure (bzw. Alkali) und ihres Salzes, die durch die große Menge potentieller H- (bzw. OH-) Ionen besonders gut gegen Verschiebungen ihrer aktuellen Reaktion geschützt sind, *Puffer*.

Von allen Milieuveränderungen in hydrophil-kolloiden Systemen haben Veränderungen der H—OH-Ionenkonzentration — der aktuellen Reaktion — den größten Einfluß auf den Zustand der Kolloide. Für den Organismus sind daher solche Änderungen von überragender Bedeutung. Überall in ihm haben wir — besonders in den Eiweißkörpern — Kolloidampholyte vor uns, d. h. Kolloide, die je nach der Beschaffenheit ihres Milieus bald als Säuren, bald als Basen wirken können. Ihr Dissoziations-, Lösungs- und Quellungszustand wird wesentlich von den Wasserstoffionen beeinflußt, so daß alle möglichen Änderungen ihrer Strukturen und Ultrastrukturen und somit grobmechanische Störungen und Änderungen im Permeabilitätsverhalten durch Verschiebung der H-Ionenkonzentration zustande kommen. Außerdem sind die zahllosen katalytischen Vorgänge im Körper stark abhängig von der Reaktion des Milieus, sei es, daß die H-Ionen selbst als Katalysatoren auftreten, sei es, daß sie (und das ist besonders wichtig) die Aktivität der Enzyme beeinflussen. Reaktionsregulatorische Einrichtungen sind also unbedingt notwendig. Nicht so sehr deshalb, weil Störungen der normalen Reaktion von außen her drohen, denn die Aufnahme von Säuren oder Laugen vom Verdauungskanal her ist von untergeordneter

Bedeutung, und auch die Gefahr der Überladung der Körpersäfte mit Kohlensäure von der Alveolarluft aus ist ein seltenes Ereignis. Notwendig ist die Regulation — ebenso wie die Osmoregulation — wegen der Produktion von Wasserstoffionen im Stoffwechsel. (Die klinische Bedeutung des Säure-Basenhaushaltes und seiner Störungen ist so groß, daß sie in einem besonderen Kapitel besprochen werden sollen; hier sei nur auf die normale Reaktion der Gewebssäfte und des Blutes und ihre Regelung eingegangen).

Das Blut stellt physiko-chemisch einen leicht alkalischen Puffer dar, und in jedem Puffersystem wird die aktuelle Reaktion bestimmt von dem Verhältnis Säure zu Salz. Da nun im Blut das Hauptpuffersystem von dem Gemisch Kohlensäure und Bicarbonat gebildet wird, wird auch die aktuelle Reaktion des Blutes abhängig sein von dem Verhältnis dieser Größen zueinander. Es wird also, wenn die CO_2-Konzentration im Verhältnis zum Bicarbonat wächst, auch die H-Ionenkonzentration zunehmen und umgekehrt.

Die Kohlensäure ist gasförmig und ihre Löslichkeit ist abhängig von der Temperatur und von der Spannung, in der sich dieses Gas im Flüssigkeitsraum befindet. Im Körper ist die Kohlensäurespannung deutlich höher als in der atmosphärischen Luft. Infolgedessen wird, wenn man Blut mit Luft in Berührung bringt, sich die in ihm vorhandene Kohlensäure mit der atmosphärischen Luft in Spannungsausgleich setzen, d. h. zum größten Teil verloren gehen. Mißt man nun die aktuelle Reaktion eines solchen Blutes mit irgendeiner Methode, so erhält man zu alkalische Werte, da das Verhältnis freie Säure zu gebundener Säure sich zu ungunsten der ersten verschoben hat. Es ist also notwendig, bei jeder direkten Messung der aktuellen Reaktion des Blutes das Abdunsten der Kohlensäure zu verhindern, oder das Blut nachher wieder mit einem Gasgemisch von dem im Körper vorhandenen Kohlensäuregehalt bei Körpertemperatur in Spannungsausgleich zu setzen.

Für die direkte Messung der Blutreaktion ist die kolorimetrische Methode, d. h. die Methode, die auf Indicatoren beruht, wenig brauchbar, da sie einmal die vorhandene Kohlensäurespannung nicht voll berücksichtigt, und zum anderen viele Indicatoren, und gerade die, deren Umschlag im Gebiet der aktuellen Reaktion des Blutes liegt, einen Eiweißfehler zeigen. Die Fehlergrenze dieser Indicatorenmethode ist bei strenger Kritik, trotz oft gegenteiliger Angaben der betreffenden Autoren, mit mindestens 0,1 p_H anzusetzen.

Für die direkte elektrometrische Messung sind von MICHEALIS und DAVIDOFF[1], von HÄBLER[2], BECK[3] u. a. Methoden angegeben worden, die die Messung mit der Wasserstoffgaskette ermöglichen. Außerdem sind Methoden beschrieben, die mit der Chinhydronelektrode elektrometrisch die Wasserstoffionenkonzentration des Blutes bestimmen lassen, doch ist die Chinhydronmethode für das Gesamtblut nicht als sicher zu betrachten[4].

---

[1] MICHAELIS, L. u. DAVIDOFF: Biochem. Z. **46**, 131 (1912).

[2] HÄBLER: Dtsch. Z. Chir. **209**, 211 (1928). — HÄBLER u. WEBER: Biochem. Z. **195**, 364 (1928).

[3] BECK: Biochem. Z. **199**, 21 (1928). — BECK u. LAUBER: Arch. klin. Chir. **155** 469 (1929).

[4] Siehe C. REIMERS: Z. exper. Med. **67**, 326 (1929).

Eine weitere Möglichkeit für die Bestimmung der Wasserstoffzahl des Blutes besteht darin, daß man sie nach dem von HASSELBALCH[1] ausgearbeiteten und von STRAUB und MEIER[2] erweiterten Verfahren durch Analyse der CO_2 im Blut bzw. Alveolarluft errechnet. Ob der direkten Messung mit der Gaskette unter Berücksichtigung der CO_2-Spannung oder der Methode der Berechnung der Vorzug zu geben ist, darüber sind die Ansichten der Autoren geteilt. Beide liefern durchaus brauchbare Resultate. Nur ist zu bedenken, daß die Methode der Berechnung nur die in den Alveolen herrschende CO_2-Spannung (die gleich der des arteriellen Blutes ist) berücksichtigt. Will man etwaige Differenzen in einzelnen Gefäßgebieten erfassen, so muß man zur direkten elektrometrischen Messung greifen.

Man nennt die tatsächlich im Blut bestehende aktuelle Reaktion, d. h. die unter Berücksichtigung der vorhandenen CO_2-Spannung direkt zu messende bzw. aus CO_2-Spannung und Gesamtkohlensäure zu errechnende Reaktion, die „regulierte Wasserstoffzahl" (HASSELBALCH). Um Vergleichswerte zu schaffen, hat HASSELBALCH noch eine weitere Größe eingeführt, die „reduzierte Wasserstoffzahl", d. h. diejenige H-Ionenkonzentration, die sich ergibt, wenn man die Reaktion des Blutes bei einer CO_2-Spannung von 40 mm Hg = 5,6 Vol.-% mißt bzw. berechnet (40 mm Hg ist das ungefähre Mittel der alveolaren CO_2-Spannung).

Es hat sich nun gezeigt, daß die reduzierte Wasserstoffzahl für ein und dasselbe Individuum einen außerordentlichen konstanten Wert hat, und daß auch die Schwankungen von Mensch zu Mensch nur ganz geringfügig sind. Nach STRAUB und MEIER[3] liegen die normalen reduzierten Wasserstoffexponenten zwischen p_H 7,3 und 7,42, nach PETERS, BARR und RULE[4] zwischen p_H 7,25 und 7,45; MICHAELIS[5] fand im normalen Venenblut p_H 7,36. D. h. also, *die aktuelle Reaktion des Blutes ist fast neutral, ein wenig nach der alkalischen Seite verschoben.* (Aufheben der Gerinnung durch Zusatz von Hirudin oder Defibrinieren hat keinen Einfluß.)

Die Temperatur hat im Bereich zwischen 18° und 37° auf den p_H keinen Einfluß (HASSELBALCH[6]). Da aber die Dissoziationskonstante des Wassers mit zunehmender Temperatur steigt, muß auch die OH'-Konzentration zunehmen. Der Hydroxylexponent wird also, da p_H gleich bleibt, geringer, d. h. es steigt der leicht alkalische Charakter des Blutes mit zunehmender Temperatur.

Zur Bestimmung des Säuregrades einer Lösung gehört, wie wir wissen, neben ihrer aktuellen Reaktion auch noch eine weitere Größe, die Titrationsacidität. Es fragt sich beim Blut nun, wie weit man titrieren soll, d. h. also, welchen Indicator man zu wählen hat. Da man eine schwache Base mit Säure titriert, müßte man nach den Überlegungen bei der Titration von reinen Lösungen eigentlich Methylorange wählen, d. h. einen Indicator, dessen Umschlag im sauren Gebiet liegt. Diese Methode hat aber wenig physiologische Bedeutung, da ja eine so saure Reaktion mit dem Leben nicht vereinbar ist. (Nach den Untersuchungen von SZILLY[7] tritt

---

[1] HASSELBALCH: Biochem. Z. 78, 112 (1916).
[2] STRAUB, H., u. CL. MEIER: Arch. klin. Med. 129, 54 (1919); 138, 208 (1922).
[3] STRAUB, H. u. MEIER: Dtsch. Arch. klin. Med. 129, 54 (1919).
[4] PETERS, BARR u. RULE: J. of biol. Chem. 45, 489 (1921).
[5] MICHAELIS: Wasserstoffionenkonzentration, 1. Aufl., S. 102. Berlin 1914
[6] HASSELBALCH: Biochem. Z. 78, 112 (1916). — S. auch MICHAELIS u. DAVIDOIF: Ebenda 46, 131 (1912). — HASSELBALCH: Ebenda 49, 451 (1913).
[7] SZILLY: Arch. f. Physiol. 115, 72 (1906); 130, 139 (1919).

der Tod des Versuchstieres durchweg bei einer aktuellen Reaktion des Blutes von etwa p_H 6,1 ein.) Eine weitere Möglichkeit ist die Bestimmung der „Neutralkapazität", d. h. derjenigen Menge an Säureäquivalenten, die das Blut bis zur Erreichung des Neutralpunktes aufnehmen kann. Sie ist elektrometrisch oder mit Neutralrot als Indicator möglich (wobei man bei letzter Methode einen mit dem Indicator versetzten Puffer von p_H 7,1 als Vergleich wählt). Auch diese Art des Vorgehens kommt für klinische Zwecke kaum in Betracht. Das Ideal wäre nach HENDERSON[1] eine Titrationsmethode mit einem Indicator, der genau die während des Lebens höchstmögliche Konzentration von Wasserstoffionen angibt, und die gestattet, die Titration mit diesem Indicator in Gegenwart von Kohlensäure bei normaler physiologischer Spannung auszuführen. Sie würde die Säuremenge angeben, welche das Blut im Körper zu bewältigen imstande ist. Bislang ist eine derartige (theoretisch wohl mögliche) Methode noch nicht ausgearbeitet.

Im Körper wird die Neutralisation der ins Blut gelangenden Säuren hauptsächlich durch das Bicarbonat besorgt. Alle nicht flüchtigen Säuren, die produziert werden und auf dem Wege über die Blutbahn ausgeschieden werden sollen, werden in der Hauptsache an das Natrium des $NaHCO_3$ gebunden und durch die Nieren ausgeschieden; damit wird die Menge der gebundenen Kohlensäure im Blut geringer.

Man kann daher ein allgemeines Maß der Titrationsalkalescenz des Blutes erhalten, wenn man die in ihm vorhandene Menge an gebundener CO_2 (d. h. das Bicarbonat) bestimmt. Nun ändert sich aber bei gleichem p_H gesetzmäßig die Menge der gebundenen CO_2 im Blut mit der auf ihm lastenden CO_2-Spannung, in dem Sinne, daß mit zunehmender CO_2-Spannung auch die Bicarbonatmenge steigt. Um *genauere* Kenntnis des Säuren-Basenhaushaltes zu bekommen ist es also notwendig, die Alkalireserve bei verschiedenen CO_2-Spannungen zu messen (Methode von STRAUB und MEIER). Doch hat es sich gezeigt, daß es genügt, für klinische Zwecke die Säurekapazität bei dem mittleren CO_2-Partialdruck von 5,6 Vol.-% zu bestimmen (auf den ja auch die reduzierte Wasserstoffzahl bezogen ist). Und man bezeichnet heute nach VAN SLYKE als „Alkalireserve" die bei einem CO_2-Partialdruck von 5,6 Vol.-% vorhandene Menge gebundener Kohlensäure. Zustände, bei denen die Alkalireserve des Blutes vermindert ist, werden als „Acidose", ihre Vermehrung als „Alkalose" bezeichnet.

Der Begriff „Acidose" hat große Verwirrung in der Literatur, besonders in der chirurgischen, hervorgerufen. 1906 prägte ihn NAUNYN für die Vorgänge beim Diabetes, bei denen β-Oxybuttersäure im Körper in abnormer Menge gebildet wird. Da nun bei diesen Zuständen im Urin Ketone ausgeschieden werden, bezeichnete man auch bei nichtdiabetischen Erkrankungen „Ketonurie" als „Acidose". 1912 wurde durch SELLARDS und später durch VAN SLYKES Arbeiten dem Acidosebegriff die Bedeutung „verminderte Alkalireserve" gegeben und CRILE führte ihn 1915 in das speziell chirurgische Gebiet ein. Es wurde dann abwechselnd Ketonurie, Verminderung der Alkalireserve und später auch Erhöhung der Wasserstoffionenkonzentration des Blutes als „Acidose" bezeichnet und so ein unglaubliches Durcheinander geschaffen.

Da die Wasserstoffionenkonzentration des Blutes auch bei verminderter Alkalireserve mit großer Zähigkeit konstant erhalten wird, scheint es unzweckmäßig, Veränderungen der Blutreaktion ebenfalls mit „Acidose" zu bezeichnen. HASSELBALCH und GAMMELTOFT[2] sprechen dann, wenn trotz verminderter Alkalireserve die normale Wasserstoffionenkonzentration besteht, von „kompensierter

---

[1] HENDERSON: Erg. Physiol. **8**, 308 (1909).

[2] HASSELBALCH u. GAMMELTOFT: Bioch. Z. **68**, 206 (1915).

Acidose", ist die aktuelle Reaktion des Blutes ebenfalls nach dem Sauren verschoben, so liegt „unkompensierte Acidose" vor. So treffend beide Bezeichnungen sind, haben sie doch für den praktischen Gebrauch den Fehler, daß sie zu lang sind.

Ich möchte daher meinen an anderer Stelle[1] schon gemachten Vorschlag wiederholen, mit „Acidose" lediglich die Verminderung der Alkalireserve zn bezeichnen (also im Sinne der Begründer dieses Begriffes SELLARD und VAN SLYKE) und die Erhöhung der H-Ionenkonzentration im Blut „Acidität" zu nennen, oder mit SCHADE „H-Hyperionie". (Die letzte Bezeichnung ist zweifellos prägnanter, hat aber den Fehler, daß sie sprachlich recht unbequem ist.) Als Gegensatz dazu wäre unter „Alkalose" eine Erhöhung der Alkalireserve zu verstehen und unter „Alkalität" oder „Alkalescenz" die Verschiebung der aktuellen Reaktion des Blutes nach der alkalischen Seite. Genau ebenso wäre die lokale Anhäufung von sauren Produkten im Gewebe als „lokale Acidität" oder „lokale H-Hyperionie" zu bezeichnen.

Von den beiden genannten, den Säuregrad bestimmenden Größen wird nun, wie gesagt, die H-Ionenkonzentration als die wichtigste (s. oben) konstant erhalten, und der Körper besitzt zu diesem Zwecke, genau wie für die Osmoregulation eine „Binnenregulierung", die zunächst und fast momentan eintritt, und eine „Ausscheidungsregulierung", die die (gewissermaßen unschädlich gemachten, übermäßig vorhandenen) H- oder OH-Ionen dann endgültig aus dem Kreislauf entfernt.

Zunächst die *Binnenregulierung*:

Das Blut stellt physiko-chemisch ein leicht alkalisches (p_H ca. 7,4) Puffersystem dar, d. h. ein Gemisch einer schwachen (schwach dissoziierten) Säure und ihres Alkalisalzes. Bei Zufügung von H-Ionen verhindert ein solcher Puffer die Verschiebung seiner aktuellen Reaktion nach dem Sauren dadurch, daß das *Salz* der *schwachen Säure* sich mehr oder weniger mit der zugefügten (stärkeren) Säure verbindet, so daß an Stelle dieser nunmehr nur die schwache Säure vorhanden ist. Die zugefügten *aktuellen* H-Ionen sind in *potentielle* umgewandelt.

Das hauptsächliche Puffersystem des Blutes ist, wie besonders LAURENCE HENDERSON[2] zeigte, das in ihm enthaltene Gemisch von Kohlensäure (schwache Säure) und Bicarbonat (stark dissoziiertes Alkalisalz). Dabei ist die Wasserstoffionenkonzentration des Blutes proportional der freien Kohlensäure und umgekehrt proportional der Konzentration der gebundenen Kohlensäure, d. h. des Bicarbonates. Es gilt die Gleichung:

$$[\overset{\cdot}{H}] = \frac{[CO_2]}{[Na_2HCO_3]} \cdot K \quad \text{oder} \quad [\overset{\cdot}{H}] = \frac{CO_2\text{-Spannung}}{\text{Alkalireserve}} \cdot \text{Konstante.}$$

Die aktuelle Reaktion kann also bei hoher und niedriger CO_2-Spannung die gleiche sein, wenn nur die Alkalireserve entsprechend hoch oder niedrig ist, aber der Pufferungsgrad, d. h. die Fähigkeit des Systems, einer Reaktionsänderung infolge Säurezufuhr Widerstand zu leisten, ist verschieden (je nach der Größe der Alkalireserve).

Ein zweites Puffersystem stellt das im Blut vorhandene Gemisch, primäres Phosphat (als schwache Säure) + sekundäres Phosphat, dar, doch tritt seine Bedeutung gegenüber dem ersten erheblich zurück,

---

[1] HÄBLER: Erg. Chir. **21**, 433 (1928).

[2] HENDERSON, L. J.: Erg. Physiol. **8**, 254 (1909) — Biochem. Z. **24**, 40 (1910).

da die Phosphatkonzentration nur etwa $^1/_{10}$ der Konzentration an Gesamtsäure beträgt.

Ein drittes Puffersystem bilden die Eiweißkörper des Blutes selbst. Die Eiweißkörper verhalten sich bekanntlich wie amphotere Elektrolyte. Also solche sind sie durch einen isoelektrischen Punkt ausgezeichnet, d. h. durch einen p_H-Wert, bei dem weder die basische, noch die saure Funktion des Elektrolyten überwiegt. Bei den meisten im Körper vorhandenen Eiweißkörpern liegt der isoelektrische Punkt im Sauren, sie sind also bei der bestehenden Reaktion als Anionen vorhanden und dadurch befähigt, (als Puffer) Wasserstoffionen zu binden.

Wie groß die Pufferungskraft des Blutplasmas ist, zeigen die Versuche von H. FRIEDENTHAL[1]. Man muß zum Blutserum, um einen Farbumschlag von Phenolphthalein zu erhalten, ungefähr 40—70 mal so viel NaOH zugeben, als zu Wasser, und wenn man bis zu einer bestimmten Rotfärbung von Methylorange ansäuern will, gar 327 mal so viel Salzsäure als zu Wasser.

Noch größer als der Pufferungsgrad des Plasmas ist der des Gesamtblutes, denn die Blutkörperchen beteiligen sich ebenfalls in eigenartiger Weise an der Reaktionsregelung. 1868 bereits machte JUNG[2] die Beobachtung, daß, wenn man einmal durch Serum, und ein zweites Mal durch defibriniertes Blut Kohlensäure von gleicher Spannung durchleitet, und dann von dem Blut das Serum abzentrifugiert, in dem zweiten Serum das titrierbare Alkali zugenommen (und der Cl-Gehalt abgenommen) hat. Die Blutkörperchen haben, wie man sich ausgedrückt hat, dem Serum Puffer „geliehen"; und der Vergleich ist insofern richtig, als der Vorgang reversibel ist, der „geliehene" Puffer also dem „Gläubiger", den Blutkörperchen, zurückgegeben werden kann.

Die Erscheinung beruht darauf, daß, wie besonders KOEPPE und GUERBER[3] gezeigt haben, die Membran der Blutkörperchen für Anionen durchlässig ist, nicht aber für Kationen (außer H-Ionen). Wird Kohlensäure in das Blut eingeleitet, so dringt sie in das Blutkörperchen ein und trifft hier auf eine hochkonzentrierte Lösung des Alkalisalzes einer schwachen Säure (nämlich des Hämoglobins) und tritt mit ihm in Reaktion. Dabei wirft sie als relativ stärkere Säure das Alkali aus seiner Bindung an das Hämoglobin heraus und es entsteht die freie, so gut wie nicht dissozierte, also äußerst schwache Säure Hämoglobin und Alkalibicarbonat. Durch Diffusion durch die für Anionen permeable Membran der Erythrocyten findet nun zwischen Bicarbonationen des Blutkörperchens und den Chlorionen des Plasmas ein Ausgleich in äquivalenten Mengen statt, während die Kationen an Ort und Stelle bleiben. Es wächst somit die Bicarbonatkonzentration des Serums entsprechend der eingeleiteten Kohlensäure, und damit auch die Pufferungskraft, denn an Stelle des nicht puffernden Chlorids tritt das Bicarbonat. Die Reaktionsregulation beruht hier einmal auf der Anwesenheit einer sehr großen Menge des Salzes der sehr schwachen Säure Hämoglobin im Blutkörpercheninnern, das in der typischen Weise eines Puffersystems H-Ionen verschluckt, und zweitens auf der

---

[1] FRIEDENTHAL: Arch. f. Physiol. Verh. d. physiol. Ges. zu Berlin, 8. Mai 1903.
[2] JUNG: Dissert. Bonn 1868. — S. auch HAMBURGER: Z. Biol. **28**, 405 (1892) — Arch. f. Physiol. **1894**, 419 — Osmotischer Druck und Ionenlehre, **1**. Wiesbaden 1902. — v. LIMBECK: Arch. exper. Path. **35**, 309 (1895).
[3] KOEPPE: Pflügers Arch. **67**, 189 (1897). — GUERBER: Sitzgsber. physik.-med. Ges. Würzburg 1895. — Näheres über die Ionenpermeabilität der Blutkörperchen bei HOEBER: Phys. Chemie der Zelle und Gewebe **1**, 445 ff. Leipzig 1922.

Übertragung der Anionen der ebenfalls noch relativ schwachen Kohlensäure auf das Serum, so daß dieses nun starke Säuren weit besser als vorher neutralisieren kann. Treibt man die Kohlensäure durch einen Luftstrom wieder aus dem Blut aus, so kehrt sich der Vorgang um: Das Hämoglobin dissoziiert von neuem und die Cl-Ionen kehren an ihren alten Platz zurück[1].

Auch in den Zellen und Geweben dienen die in hohen Konzentrationen dort angesammelten Eiweißkörper zur Erhaltung der Reaktion.

Man hat in neuester Zeit mit einigem Erfolg versucht, mit Hilfe von Indicatoren die Reaktion im Innern der Zelle zu messen. So fand SCHMIDTMANN[2], daß die Innenreaktion der verschiedensten Zellen von Wirbeltieren ein wenig (um einige Zehntel p_H) nach der sauren Seite von der Umgebung abweicht, daß der Kern saurer ist als das Protoplasma, und daß das Protoplasma um den Kern herum wieder etwas saurer ist als an anderen Stellen. Zu diesen Messungen ist jedoch zu sagen, daß sie vorläufig nur relativen Wert haben. Wie ja überhaupt die Frage der Reaktion in der Zelle ein außerordentlich verwickeltes Problem darstellt; denn wir dürfen nicht vergessen, daß durch die Stoffwechselvorgänge in der Zelle dauernde Verschiebungen vor sich gehen, die zu erfassen außerordentlich schwierig ist. Gleichgewichte sind im lebenden Körper niemals vorhanden, denn Gleichgewichte sind gleichbedeutend mit Tod. So ist das, was bei der genannten Methode gemessen wird, nur der Ausdruck eines Zustandes, wie er nach Entfernung der Zelle aus dem Körper sich einstellt, und man wird bei der Beurteilung der Resultate außerordentliche Vorsicht walten lassen müssen.

Von den offenbar vorhandenen reaktionsregulatorischen Einrichtungen im Innern der Zelle wissen wir fast noch nichts. Ganz sicher sind die Eiweißkörper dabei als Puffer beteiligt. Ein CO_2-Überschuß wird sich wahrscheinlich durch Diffusion von selbst ausgleichen, da Kohlensäure sehr gut lipoidlöslich ist. Bei Anhäufung stärkerer Säuren werden sich diese regulativ einen Ausweg schaffen, da die Wasserstoffionen oberhalb einer gewissen Grenzkonzentration die Permeabilität der Plasmahaut erhöhen. Diese Permeabilitätserhöhung ist reversibel, solange der Grenzwert nicht weit überschritten wird (HÖBER[3]).

Ebenso wie bei der Erhaltung der osmotischen Isotonie das intercelluläre Bindegewebe eine wichtige Rolle spielt, wirkt es auch bei Störungen der normalen Reaktion in hervorragendem Maße als Regulator mit. Am besten wird diese Wirkung an einem Schema von H. SCHADE[4] klar (Abb. 1):

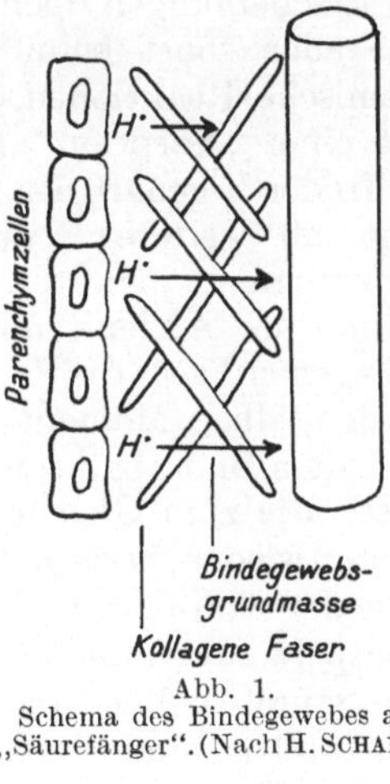

Abb. 1.
Schema des Bindegewebes als „Säurefänger". (Nach H. SCHADE.)

Jede Zellarbeit läßt in vermehrter Menge Säuren als Stoffwechselprodukte entstehen: Kohlensäure und daneben auch in geringerem

---

[1] Die Bedenken, die gegen die Annahme der sonst unbekannten ionenpermeablen Membranen immer wieder auftauchten, sind neuerdings durch Versuche von COLLANDER und MICHAELIS zerstreut worden, welche zeigten, daß auch einfache künstliche Membranen wie Collodiumhäute und Ferrocyan-Kupfermembranen exquisit und selektiv ionenpermeabel sein können.

[2] SCHMIDTMANN, M.: Z. exper. Med. 152, 124 (1927).

[3] HÖBER, R.: Verh. Ges. Verdgskrkh., 7. Tagung. Wien, S. 37. (Okt. 1927).

[4] SCHADE, H.: Physikalische Chemie i. d. inn. Med. S. 387.

Grade andere Säuren. Der Stoffaustausch muß, da an keiner Stelle des Körpers die Blutgefäße in direkter Berührung mit den Organzellen stehen, überall zunächst eine mehr oder weniger breite Schicht von Bindegewebe passieren. Die sauren Stoffwechselprodukte werden hier zunächst ähnlich wie im Serum, durch die im Bindegewebe vorhandenen „Puffersalze“ und Eiweiße neutralisiert. (SCHADE, NEUKIRCH und HALPERT[1] konnten experimentell ein deutliches Gefälle der H-Ionen in der Richtung Zelle-Gewebssaft-Blut nachweisen.) Zugleich aber treten auch die kollagenen Fasern des Bindegewebes physiko-chemisch in Aktion.

Die kollagene Faser, die nach ihrem farbtechnischen Verhalten schon längst als „acidophil“ bekannt war, reagiert auf minimale Säureanhäufung nach den Untersuchungen von SCHADE mit stärkster Quellung und hat in weitestem Maße die Fähigkeit, die Umgebung durch Säureentziehung zu entlasten. Diese Säureaufnahme erfolgt ungemein schnell, und es wird in kürzester Zeit ein Gleichgewicht der Säureverteilung derart erreicht, daß neben der starken Säureanreicherung in der Faser eine nur minimale Säurekonzentration in der umgebenden Lösung verbleibt. Eine sofort wirksame Säureentlastung ist die erste physiologische Folge. Wenn dieser Vorgang auch in den Haupterscheinungen das für Adsorption charakteristische Verhalten zeigt, so sind die Erscheinungen doch mit einer einfachen Adsorption nicht erschöpft. Wie auch sonst beim Eiweiß sind damit auch stets gleichgerichtete chemische Reaktionen auf das Innigste verbunden. Wir haben es also mit einer „Sorption“ (FREUNDLICH) zu tun.

In der Eigenart des späteren Ausgleichs dieser Bindegewebssäuerung liegt ein weiterer regulatorischer Erfolg. Er erfolgt, wie bei allen „Sorptionen“ in automatischer Regelung zur jeweiligen Säurekonzentration der Außenlösung. Immer wird durch die Sorption seitens der kollagenen Faser die Säurekonzentration im Gewebssaft niedrig gehalten. In demselben Moment aber, wo der Gewebssaft seine minimale Säure nach dem Blut abgibt, wird vom Ort der Sorption, also von der kollagenen Faser, die zum Gleichgewicht gehörige Säurekonzentration der Außenlösung wieder hergestellt, solange, bis unter dieser allmählichen Abgabe der Säurevorrat der Faser erschöpft ist. Stockt aber der Säureabtransport zum Blut hin, oder erfolgt gar vom Blute her ein Einströmen von Säure, so hört auch die Säureabgabe von der Faser her auf, unter Umständen nimmt sie sogar rückläufig neue Säure auf.

Die Säuremenge, die das Bindegewebe aufzunehmen vermag, ist recht beträchtlich, sie überwiegt nach SCHADES Untersuchungen die Säurebindungsfähigkeit des Serums bei gleicher Menge um einen deutlichen Betrag. Und wenn man bedenkt, daß die Gesamtmenge des Bindegewebes ausschließlich des Fettes diejenige des Serums wahrscheinlich bedeutend übertrifft, so gewinnt man einen Einblick in die Wichtigkeit, die dem Bindegewebe als „Säurefänger“ bei der Regelung der H-OH-Isoionie zukommt.

---

[1] SCHADE, NEUKIRCH u. HALPERT: Z. exper. Med. **24**, 11 (1921). — Vgl. auch MICHAELIS u. KRAMSTYK: Biochem. Z. **62**, 180 (1914).

Die puffernde Wirkung der in den Geweben angesammelten Eiweißkörper kommt schließlich auch dann immer zur Geltung, wenn ein
Organ und die Blutflüssigkeit, die es durchströmt, verschiedene Reaktion haben: Ein relativ saures Organ neutralisiert ein relativ alkalisches Plasma und umgekehrt ein relativ alkalisches Organ ein relativ
saures Plasma.

Die Organe fungieren in diesem Sinne selbst als Reaktionspuffer
für das Blut. Dabei treten, wie besonders von ATZLER und LEHMANN[1]
experimentell nachgewiesen wurde, eine Reihe von Gesetzmäßigkeiten
auf. Eine Lösung von abweichender Reaktion, die ein Organ durch-
spült, wird von diesem um so eher auf gleiche Reaktion mit ihm gebracht,
je weniger sie gepuffert ist. Und umgekehrt wird die Pufferungskraft
der Gewebe um so mehr beansprucht, je stärker gepuffert die durch-
spülende Lösung ist. Ist das Organ schon vorher als Puffer beansprucht,
so ist seine Pufferungsfähigkeit geringer, es büßt also während der
Durchströmung mehr und mehr an Pufferungskraft ein. Ferner besitzen die einzelnen Organe verschiedenes Pufferungsvermögen, zum
Teil im Zusammenhang mit der inneren Oberfläche, die sie der durchströmenden Lösung zum Ausgleich darbieten. Weiterhin ist auch die
physikalisch-chemische Natur der die Reaktionsstörung verursachenden
Stoffe in der Durchströmungsflüssigkeit entscheidend, insofern, als die
Strukturoberflächen der Organe, vor allem also die Plasmahäute der
Zellen, für sie verschieden permeabel sein können.

Endlich kommt im intermediären Stoffwechsel unter Umständen
eine Neutralisation des Säureüberschusses dadurch zustande, daß an
Stelle von Harnstoff Ammoniak gebildet wird (HASSELBALCH[2]).

Es besteht also eine weitgehende innere Reaktionsregulierung, die
bei jeder Störung sofort in Kraft tritt, und deren Wesen in der Hauptsache in der Pufferungskraft des Blutes und der Gewebe begründet
liegt. Sie allein kann aber unmöglich genügen, denn je mehr die Puffe-
rungsreserven in Anspruch genommen werden, desto geringer wird die
Pufferungskraft. Die Alkalireserve des Blutes sinkt immer mehr, es
entsteht „Acidose", bis schließlich das Blut nicht mehr imstande ist,
die normale Reaktion zu erhalten, und eine Verschiebung des p_H-Wertes
nach dem Sauren, eine „Acidität", auftritt. Da allzugroße Säuerung
des Blutes mit dem Leben nicht vereinbar ist (s. oben S. 16), müssen
Einrichtungen geschaffen sein, die als Reaktionsregulatoren dadurch
wirken, daß sie den gebildeten Überschuß an Säure nach außen hin
abtransportieren. Dies geschieht einmal durch die veränderliche Tätigkeit des Atemzentrums, das jeden Wasserstoffionenüberschuß mit vermehrter Kohlensäureausscheidung beantwortet, und zweitens durch die
Nieren, die im Harn die gebundenen Säuren (also potentielle H-Ionen)
zur Ausscheidung bringen. Und endlich antworten die Blutgefäße auf
eine lokale Säuerung, die einer erhöhten Organtätigkeit entspricht,
mit lokaler Erweiterung (FLEISCH, ATZLER und LEHMANN, GASKELL,

---

[1] ATZLER, E., u. G. LEHMANN: Arch. f. Physiol. **190**, 118 (1921); **193**, 463
(1922); **197**, 221 (1922).
[2] HASSELBALCH: Biochem. Z. **74**, 18 (1916).

Ishikawa, Bayliss, Schwarz und Lemberger[1]), und indem sie so für kräftigere Durchblutung der aktiven Organe sorgen, sorgen sie auch für Ausspülung der sauren Endprodukte und dienen damit der Reaktionsregelung.

Da mit Verminderung der CO_2-Spannung des Blutes auch seine Acidität geringer wird, ist die Lunge (bzw. das Atemzentrum) in der Lage, durch vermehrte Ausscheidung von CO_2 fast momentan die durch Zustrom organischer Säuren etwa auftretende Acidität zu kompensieren.

Nach der Auffassung von Winterstein[2] und Hasselbalch[3] ist es einzig und allein die Wasserstoffionenkonzentration des Blutes, die die chemische Regulation der Atmung besorgt. So findet man z. B. bei reiner Fleischkost, die bekanntlich zu einer erhöhten Säureproduktion führt, eine niedrige alveolare CO_2-Spannung und umgekehrt bei der basische Produkte bildenden Pflanzenkost erhöhte Kohlensäurespannung, und infolgedessen bleibt der p_H-Wert des Blutes in beiden Fällen gleich (Hasselbalch). Dasselbe findet statt bei experimenteller Säurevergiftung (Walter[4], Haggard und Henderson[5]). Ebenso wird nach heftiger Muskelarbeit die Wasserstoffzahl des Blutes, die trotz starker Hyperpnoe und verminderter alveolarer CO_2-Spannung infolge der Säureproduktion vorübergehend gestört sein kann, schließlich durch die Atmung wieder reguliert (Hasselbalch[6]).

Diese Theorie vermag jedoch jene Zustände nicht zu erklären, bei denen die *Hyperpnoe* mit einer *verminderten* CO_2-Spannung und Verschiebung der Blutreaktion nach dem *Alkalischen* einhergeht, wie z. B. bei Sauerstoffmangel (Haldane und Priestley[7], Hastings, Coombs und Picke[8]). Winterstein[9] erweiterte sie daher dahin, daß das Bestimmende nicht so sehr die Reaktion des *Blutes*, sondern die des *Atemzentrums* sei. Er unterscheidet also eine *hämatogene* Ventilationsvermehrung, die durch eine Steigerung der Wasserstoffzahl des Blutes infolge Einatmens CO_2-reicher Luft, Injektion von Säure in das Blut usw. entstanden ist, und eine *zentrogene* Hyperventilation. Bei dieser können (z. B. infolge Sauerstoffmangels) saure Stoffwechselprodukte im *Zentrum* angehäuft werden. Diese Säure vermag nur langsam in das Blut einzudringen, das infolge der Hyperventilation alkalischer wird als normal. Einen ähnlichen Gedanken macht Gesell[10] geltend, der besonderen Wert auf die Kreislaufverhältnisse legt.

Scott[11] fand nun aber, daß das Atemzentrum von CO_2-Einatmung ebenso stark beeinflußt wird, wenn die Blutreaktion normal oder durch vorhergehende Na_2CO_3-Injektion nach der basischen Seite verschoben war. Hooker, Wilson und Connet[12] stellten fest, daß Injektion von Blut, das durch Sättigung mit CO_2 angesäuert war, eine größere Ventilationsvermehrung hervorruft als die von Blut, das durch HCl auf die gleiche Reaktion gebracht war. Danach scheint die Kohlensäure eine spezifische Wirkung zu besitzen, eine Annahme, die durch Unter-

---

[1] Fleisch, A.: Z. allg. Physiol. **19**, 269 (1921). — Atzler, E., u. G. Lehmann: Arch. f. Physiol. **190**, 118 (1921); **193**, 463 (1922); **197**, 221 (1922). — Gaskell: J. of Physiol. **3**, 48 (1880). — Ishikawa, H.: Z. vergl. Physiol. **16**, 222 (1914). — Bayliss: J. of Physiol. **26**, 32 (1900). — Schwarz u. Lemberger: Arch. f. Physiol. **141**, 149 (1911).

[2] Winterstein: Pflügers Arch. **138**, 167 (1911) — Biochem. Z. **70**, 45 (1915).

[3] Hasselbalch: Biochem. Z. **46**, 403 (1912).

[4] Walter: Arch. f. exper. Path. **7**, 148 (1917).

[5] Haggard u. Henderson: J. of biol. Chem. **39**, 163 (1919).

[6] Hasselbalch: Biochem. Z. **78**, 112 (1916).

[7] Haldane u. Priestley: J. of Physiol. **32**, 222 (1905).

[8] Hastings, Coombs u. Pike: Amer. J. Physiol. **57**, 104 (1921).

[9] Winterstein: Pflügers Arch. **73**, 293 (1921).

[10] Gesell: Physiologic. Rev. **1925**.

[11] Scott: Amer. J. Physiol. **43**, 351 (1917).

[12] Hooker, Wilson u. Connet: Amer. J. Physiol. **43**, 87 (1917). — Siehe auch Collip: Ebenda **47**, 43 (1918).

suchungen von DALE und EVANS[1] und MELLANBYE[2] gestützt wird. Die letzten sehen überhaupt nur in der CO_2-Spannung den auslösenden Faktor, während die Reaktion des Blutes selbst bedeutungslos sein soll. Auch stellten HENRIQUES und EGE[3] fest, daß sich durch experimentelle Säurevergiftung die reduzierte Wasserstoffzahl des Blutes auf $10^{-6,8}$ verschieben läßt, ohne daß eine ausgesprochene Hyperpnoe eintritt, und in neuester Zeit haben sie weitere Versuche veröffentlicht[4], die zeigen, daß die Wirkung der CO_2-Einatmung auf die Ventilationsvermehrung erheblich größer ist als die der durch Säureinjektion hervorgerufenen, ebenso großen (oder größeren) Vermehrung der H-Ionenkonzentration im Blut. Sie halten daher ebenfalls die Wirkung der CO_2 auf das Atemzentrum nicht für eine Folge der Reaktionsverschiebung, sondern für eine spezifische[5].

Wie dem auch sei, ob die WINTERSTEINsche Theorie zu Recht besteht, daß allein die H-Ionen es sind, die die Atmung regulieren, oder ob man der CO_2 einen spezifischen Reiz auf das Atemzentrum zuschreibt, der Effekt ist im Grunde genommen derselbe: Durch vermehrten Säureeinstrom in das Blut wird zunächst (unter physiologischen Verhältnissen wenigstens) die CO_2-Spannung des Blutes und mit ihr die H-Ionenkonzentration erhöht, und die Lunge ist in der Lage, durch vermehrte Ventilation die CO_2-Spannung zu erniedrigen und damit die aktuelle Reaktion des Blutes wieder auf den Normalwert einzustellen.

Entfernt die *Lunge* die *flüchtigen* Säuren (also CO_2) aus dem Blute, so ist es Aufgabe der *Niere*, die *nicht flüchtigen* organischen Säuren zu entfernen, und dadurch die normale Reaktion zu erhalten. Wie die Nierenanpassung erfolgt, ist heute noch nicht recht ersichtlich, d. h. es ist fraglich, ob ebenso, wie für die verschiedenen Salze, eine Konzentrationsschwelle für die nicht dissoziierte Säure oder speziell für H-Ionen besteht.

Niemals kann die Niere eine stärkere Säure (wie Milchsäure, Acetessigsäure usw.) in freier Form ausscheiden, das ist sicher; stets wenn das Blut mit einer stärkeren Säure in einer Menge, die überhaupt noch mit dem Leben vereinbar ist, überschwemmt wird, bildet diese Säure sofort ihr Na-Salz, indem sie, (abgesehen von der Bindung durch das Bicarbonat-Kohlensäuresystem) Na dem sekundären Phosphat des Blutes entreißt und dieses in primäres Phosphat umwandelt. (Nur β-Oxybuttersäure mit ihrer niedrigen Dissoziationskonstante findet sich, falls der Urin eine sehr hohe H [etwa 10^{-5}] hat, zum merklichen Teil als freie Säure in ihm.) Die Niere scheidet dann einmal das Na-Salz der Säure und zweitens das primäre Phosphat aus, und das letzte erhöht die Wasserstoffzahl des Urins, in extremen Fällen sogar bis zur Eigenreaktion von primären Na-Phosphat (p_H 4,5 bis 4,7). Sauerere Reaktionen kommen im Urin nicht vor, und Säuremengen, die durch einen solchen Mechanismus von der Niere (zusammen mit der Lunge)

---

[1] DALE u. EVANS: J. of Physiol. **56**, 38 (1921).
[2] MELLANBYE: Pflügers Arch. **190**, 270 (1921).
[3] HENRIQUES u. EGE: C. r. Soc. Biol. Paris **75**, 389 (1921).
[4] HENRIQUES u. EGE: Biochem. Z. **176**, 441 (1926).
[5] Die Anschauung von der spezifischen Wirkung der CO_2- auf das Atemzentrum hat Bedeutung für die Erklärung der günstigen Wirkung der Kohlensäureeinatmung nach Operationen in Narkose; s. Kap. 9).

nicht entfernbar sind, sind offenbar mit dem Leben nicht vereinbar (MICHAELIS[1]).

Daß die Niere einen großen Anteil an der Regulierung der Säureverhältnisse des Körpers hat, zeigen am besten die außerordentlichen Schwankungen in der aktuellen Reaktion des Urins, die im wesentlichen von dem Verhältnis primäres:sekundärem Phosphat bestimmt wird. Sie schwankt im Allgemeinen zwischen p_H 5 bis 7, 4[2]. (Näheres siehe im Kapitel über Nierenerkrankungen.)

Daß die Titrationsacidität des Harnes durchaus nicht mit seiner aktuellen Reaktion parallel zu gehen braucht, ergibt sich aus der Definition der Bezeichnungen. Die Titrationsacidität wird von der *Menge* des primären Phosphates bestimmt, die aktuelle Reaktion vom *Verhältnis* primäres: sekundärem Phosphat.

Das nachfolgende Schema möge zusammenfassend das wunderbare Wechselspiel von Binnenregulierung und Ausscheidungsregulation nochmals darstellen:

Tabelle 1. Schema der Reaktionsregulierung.

Säure-Einstrom: → H·-Ionen-Vermehrung (Acidität) $p_H <$ normal

Momentane Wirkung	*Pufferwirkung von Blut und Gewebe:* *Acidität* wird kompensiert (p_H normal), *Acidose* tritt auf	*Innenregulierung*

Wirkung zeitlich begrenzt	*Lunge scheidet* CO_2 *aus:* *Niere entfernt saure Salze:* Blutreaktion wird alkalisch (Alkalität), $p_H >$ normal (Acidose wird geringer)	*Ausscheidungsregulierung*

↓

Momentane Wirkung	*Pufferwirkung von Blut und Gewebe:* Alkalität wird kompensiert (p_H normal), Acidose wird aufgehoben (Alkalireserve normal)	*Innenregulierung*

Wenn oben gesagt wurde, daß die Wasserstoffzahl des Blutes konstant sei, so gilt das, ebenso wie für die Werte des osmotischen Druckes nur in bestimmten Grenzen. Schon HASSELBALCH[3] hatte darauf hingewiesen, daß bei verschiedener Art der Ernährung geringe Schwankungen der reduzierten Wasserstoffzahl vorkommen (während die regulierte Wasserstoffzahl allerdings konstant bleibt):

Tabelle 2. Einfluß der Nahrung auf die aktuelle Reaktion des Blutes.

	p_H reguliert	CO_2-Spannung mm	p_H reduziert 40 mm CO_2
Fleischkost	7,34	38,9	7,33
Pflanzenkost	7,36	43,3	7,24

---

[1] MICHAELIS, L.: Wasserstoffionenkonzentration, 1. Aufl., S. 94. 1914.
[2] HÖBER, R.: Phys. Chemie der Zelle und Gewebe, **1**, 145. Leipzig 1922.
— RANNENBERG, E.: Pflügers Arch. **212**, 601 (1925).
[3] HASSELBALCH: Biochem. Z. **46**, 403 (1912).

JANSEN und KARBAUM[1] fanden auch in der regulierten Wasserstoffzahl während der Verdauung Schwankungen um 0,12 p_H, d. h. von p_H 7,30 bis 7,42.

Auch in den einzelnen Gefäßgebieten ist die aktuelle Reaktion verschieden. Die zwischen Arterien- und Venenblut bestehende verschiedene CO_2-Spannung (CHRISTIANSEN, DOUGLAS und HALDANE[2]) wird zwar zum Teil in ihrer Wirkung auf den p_H-Wert dadurch aufgehoben, daß Oxyhämoglobin eine stärkere Säure ist als reduziertes Hämoglobin (HASSELBALCH und LUNDSGAARD[3]), so daß eine größere Differenz wohl kaum auftritt[4]. Genauere Messungen fehlen allerdings noch, nur für das Blut von Arterie, Pfortader und Lebervene des Hundes konnten HÄBLER und WEBER[5] Unterschiede bis zu 0,22 p_H direkt messen.

3. Von den übrigen Ionen des Serums und ihrer Regelung (Na-K-Ca-Isoionie).

(Allgemeine physiko-chemische Vorbemerkungen siehe Kapitel 2.)

Die Salzelektrolyte des Blutes sind zum größten Teil in Ionen dissoziiert. Diese Elektrolytionen können mit den Eiweißkolloiden (besonders Albumin und Globulin) salzartige Verbindungen eingehen, und für ihre Verteilung im Serum gelten dann die Gesetze des Donnan-Gleichgewichtes (J. LOEB[6]). Doch trifft dies nicht für alle Salzelektrolyte zu. So folgt z. B. das Kalium den DONNANschen Regeln in keiner Weise (RONA und PETOW[7]).

Es ist bisher leider noch fast völlig unbekannt, ein wie großer Teilbetrag der gesamten, im Serum vorhandenen Menge eines Ions als undissoziiertes Molekül und wieviel davon als freies, aktives Ion vorhanden ist. Die Schwierigkeit der Beantwortung dieser Frage liegt darin begründet, daß wir bisher für die meisten Ionen des Serums noch keine direkte Methode zur Messung der Konzentration der aktiven Ionen besitzen, wie dies z. B. für die H-Ionen der Fall ist. Nur für das Na haben B. S. NEUHAUSEN[8], sowie MICHAELIS und KAWAI[9] durch direkte Messung mit der Na-Amalgamelektrode feststellen können, daß die Aktivität des Na˙ im Serum die gleiche ist wie die in einer NaCl-Lösung derselben Konzentration, d. h. also, daß alles im Serum vorhandene Na in Ionenform besteht.

---

[1] JANSEN, W. H., u. H. J. KARBAUM: Dtsch. Arch. klin. Med. **153**, 84 (1926).

[2] CHRISTIANSEN, DOUGLAS u. HALDANE: J. of Physiol. **48**, 244 (1914).

[3] HASSELBALCH u. LUNDSGAARD: Biochem. Z. **38**, 88 (1914).

[4] Vgl. HÖBER, R.: Phys. Chemie der Zelle und Gewebe, **1**, 143.

[5] HÄBLER u. WEBER: Biochem. Z. **195**, 364 (1928).

[6] LOEB, JAQUES: Die Eiweißkörper und die Theorie der kolloidalen Erscheinungen. Berlin 1924.

[7] RONA, P., u. H. PETOW: Biochem. Z. **137**, 356 (1923).

[8] NEUHAUSEN, B. S.: J. amer. chem. Soc. **44**, 1445.

[9] MICHAELIS, L., u. S. KAWAI: Biochem. Z. **163**, 1 (1925).

Von den im Serum normalerweise vorkommenden 10—12 mg% Ca sind nach den Untersuchungen von RONA und TAKAHASHI[1] sowie BRINKMANN[2] etwa 3 mg% in Ionenform vorhanden, der Rest besteht zu etwa $^1/_4$ aus nichtdiffusiblem Ca (wahrscheinlich Calciumeiweißverbindungen, soweit sie undissoziiert sind) und zu etwa $^3/_4$ aus nichtdissoziiertem (d. h. diffusiblem, anorganischem) Ca-Salz (MICHAELIS und RONA[3], RONA und TAKAHASHI[1]). Die Bestimmungen weisen eine gewisse Unsicherheit insofern auf, als sie nicht durch direkte Messung der Ca-Ionenkonzentration erhoben sind.

Über die Form, in der das K-Ion im Serum vorkommt, läßt sich Sicheres bislang nicht sagen. Wohl kann man annehmen, daß ein Teil (wohl der größere) in Ionenform existiert, wie groß dieser Anteil ist und in welcher Form der etwaige Rest erscheint, ist aber durchaus unbestimmt. Das gleiche gilt für das Mg, das sich in Mengen von 1,8 bis 2,8 mg% im Serum findet.

Von den Anionen sind das Phosphat und das Bicarbonat (ebenso wie das Cl) zum größten Teil diffusibel (RONA und TAKAHASHI, RONA und GYÖRGY[4]). Da die Bicarbonate und Phosphate einen Hauptbestandteil des Puffersystems des Blutes bilden, wird sich die Größe des dissoziierten Anteiles gemäß der Pufferwirkung (bzw. dem Massenwirkungsgesetz) verändern, und da diese unter physiologischen Bedingungen außerordentlich schwankt, wird auch die Konzentration der aktiven Bicarbonat- und Phosphationen[5] schwanken müssen[6].

Besteht somit noch eine große, ja fast völlige Unsicherheit in der Bestimmung der aktiven Menge der einzelnen Ionenarten (mit Ausnahme der H-Ionen), so läßt sich die Gesamtsumme der überhaupt vorhandenen ionisierten Teile des Serums mit absoluter Genauigkeit bestimmen.

Die Ionen sind Träger elektrischer Ladung, sie allein machen eine Flüssigkeit für den elektrischen Strom leitfähig, die elektrische Leitfähigkeit einer Lösung steigt und sinkt daher mit der Zahl der in ihr vorhandenen Ionen.

Dabei ist es für die Leitfähigkeit des Serums gleichgültig, ob diese Ionen solche von anorganischen Salzelektrolyten oder Ionen der Eiweißkolloide sind. Andererseits ist zu bedenken, daß suspendierte Teilchen, also Blutkörperchen und Kolloide, den Stromdurchgang durch die Lösung wesentlich hemmen. Da infolge dieses modifizierenden Einflusses der Serumkolloide die Leitfähigkeitswerte des Serums mit denen homogener Lösungen nicht direkt vergleichbar sind, haben BUGARSKY

---

[1] RONA u. TAKAHASHI: Biochem. Z. **31**, 336 (1911); **49**, 370 (1913).

[2] BRINKMANN: Biochem. Z. **95**, 10 (1919).

[3] MICHAELIS u. RONA: Biochem. Z. **14**, 476 (1908).

[4] RONA u. GYÖRGY: Biochem. Z. **48**, 278 (1913).

[5] BARRENSCHEEN, DOLESCHALL u. POPPER: Biochem. Z. **177**, 39 (1926).

[6] Die Blutkörperchen des Menschen enthalten so gut wie kein Na, dagegen große Mengen von K (150—190 mg%). Letzteres ist wichtig für K-Analysen, da schon ganz geringe Hämolyse eine Erhöhung des K-Gehaltes des Serums vorzutäuschen vermag. Cl ist auf Blutkörperchen und Serum ungefähr gleichmäßig verteilt.

und TANGL[1] die korrigierte Leitfähigkeit (λ_{corr}) eingeführt. Sie errechnen diesen Wert nach der Formel $\lambda_{corr} = \lambda \cdot \dfrac{100 + 2,5\,p}{100}$. Dabei ist λ der direkt gemessene Wert der Leitfähigkeit des Serums und p der Eiweißgehalt in Prozenten. Sie fanden nämlich, daß 1 g Eiweiß in 100 ccm Flüssigkeit die Leitfähigkeit um 2,5% vermindert.

Von Einfluß auf die Werte der Leitfähigkeit ist ferner die Temperatur, da mit steigender Temperatur die Dissoziation der Elektrolyte zunimmt, und zwar bedingt nach BUGARSKY und TANGL[1] 1° Temperaturerhöhung eine Zunahme der Leitfähigkeit um 2,2%.

Auch Tagesstunde und Ernährungszustand des Menschen oder Tieres sind von Einfluß. Es ist also, um Vergleichswerte zu erhalten, notwendig, die Untersuchungen stets unter gleichen äußeren Bedingungen auszuführen.

Am besten dürfte es nach dem Vorschlag von BOTAZZI sein, das Blut stets nüchternen, ruhenden Personen zu entnehmen und nach dem Defibrinieren sämtliche CO_2 durch Luftdurchleitung zu entfernen (wie dies auch für die Kryoskopie vorgeschlagen) und erst dann das Serum abzuzentrifugieren.

Die Elektrolyte des Serums sind nicht vollständig dissoziiert (nach H. STRAUB[2] nur zu ca. 80%). Nun steigt nach allgemein physikochemischen Gesetzen die Dissoziation eines Elektrolyten mit zunehmender Verdünnung an, es muß also auch im Serum die Ionenkonzentration und die Leitfähigkeit bei zunehmender Verdünnung weniger absinken, als sie abnehmen würde, wenn nur vollständig dissoziierte Moleküle in ihm enthalten wären. OKER-BLOM[3] hat daher den Begriff der *„physiologischen Leitfähigkeit"* eingeführt, die er dadurch errechnet, daß er die gefundene spezifische Leitfähigkeit mit dem Verdünnungsgrad multipliziert.

Für ein bestimmtes Serum sei z. B. die spez. Leitfähigkeit $\lambda_1 = 131{,}08 \cdot 10^{-4}\,\Omega$, nachdem das Serum mit Wasser auf das Doppelte verdünnt ist (Verdünnung = 2), findet man die spez. Leitfähigkeit $\lambda_2 = 71{,}59 \cdot 10^{-4}\,\Omega$, dann ist in diesem Falle die physiologische Leitfähigkeit $\lambda_{phys} = 71{,}59 \cdot 2 = 143{,}18 \cdot 10^{-4}\,\Omega$.

Die physiologische Leitfähigkeit wäre also ganz ähnlich der molekularen Leitfähigkeit, wenn das Blut als eine Lösung eines einzigen Elektrolyten in der Konzentration von 1 Mol in 1 ccm bewertet werden könnte.

Verdünnt man nun das Serum immer mehr, so wird man an einen Punkt kommen, an dem alle normalerweise nichtdissoziierten (potentiellen) Ionen dissoziiert sind, und die physiologische Leitfähigkeit wird hier ihr Maximum erreichen. Man nennt den Höchstwert der erreichten physiologischen Leitfähigkeit das *„Grenzleitvermögen"* (λ_∞). Tabelle 3 möge das Gesagte erläutern.

Der Wert λ_∞ ist dazu benutzt worden, um den Ionisierungsgrad des Serums wenigstens annähernd zu bestimmen nach der Formel $\alpha = \dfrac{\lambda}{\lambda_\infty}$. In unserem Falle wäre also $\alpha = \dfrac{111{,}8}{164{,}26} = 0{,}69$[4].

Die Werte der Leitfähigkeit sind nun beim Menschen ziemlich konstant. So fand VIOLA[5] bei verschiedenen Personen Werte für $\lambda_{25°}$

---

[1] BUGARSKY u. TANGL: Pflügers Arch. **72**, 531 (1898).

[2] STRAUB, H.: Erg. inn. Med. **25**, 66 (1924).

[3] OKER-BLOM, M.: Arch. f. Physiol. **79**, 111, 510 (1900); **81**, 167 (1900).

[4] Die auf diese Weise gefundenen Werte sind zweifellos alle zu niedrig [siehe HAMBURGER: Osmot. Druck und Ionenlehre, **1**, 481 (1902)].

[5] VIOLA, G.: Estratto del periodico Rivista veneta di science mediche, **18**, N. 8. 30. April 1901.

Tabelle 3. Einfluß der Verdünnung mit Wasser auf die physiologische Leitfähigkeit des Serums. (Nach VIOLA).

Verdünnung	Physiologische Leitfähigkeit (in reziproken Ohm)
Unverdünntes Serum	**111,8**
1 Serum + 1 Wasser °	125,61
1 „ + 3 „	141,76
1 „ + 7 „	151,06
1 „ + 15 „	154,02
1 „ + 31 „	162,62
1 „ + 63 „	160,98
1 „ + 127 „	**164,26**
1 „ + 255 „	158,41
1 „ + 511 „	152,57
1 „ + 1023 „	130,56

zwischen $106 - 119 \cdot 10^{-4}$ oder für $\lambda_{18°}$ $90-102 \cdot 10^{-4}$, ENGELMANN[1] zwischen $101-107 \cdot 10^{-4}$ für $\lambda_{18°}$. Bei ein und derselben Versuchsperson, die während 10 Tagen unter den gleichen physiologischen Bedingungen (Diät, Bettruhe) gehalten wurde, blieben die Leitfähigkeitswerte innerhalb der Fehlergrenze der Methodik absolut konstant.

Ebenso schwanken die Werte für λ_∞ bei den verschiedenen Personen nur sehr wenig ($149{,}33 \cdot 10^{-4} - 164 \cdot 10^{-4}$ bei 8 Personen), während dagegen die Verdünnungen des Serums, bei denen diese Werte erreicht werden, weitgehend verschieden sind ($^1/_{64}-^1/_{256}$). Bei *ein und demselben* Individuum wieder ist das Grenzleitvermögen und der Verdünnungsgrad, bei dem es erreicht wird, innerhalb der Fehlergrenze konstant.

Während die Nahrungsaufnahme nach den Untersuchungen von VIOLA auf die Leitfähigkeit keinen Einfluß ausübt, steigt die Grenzleitfähigkeit an, ein Beweis dafür, daß die Zusammensetzung des Serums in bezug auf seine Ionen doch eine Veränderung erfährt.

Bei Krankheitsprozessen sind die Schwankungen der Leitfähigkeitswerte erheblich größer, so fand VIOLA Werte für $\lambda_{25°}$ bis herab zu 98,26 und aufsteigend bis zu 142,01; und noch größer sind die Schwankungen im Grenzleitvermögen. Leider ist es bisher noch nicht gelungen, die Abweichungen der Leitfähigkeit des Serums mit bestimmten krankhaften Prozessen in Beziehung zu setzen, daher seien die Ergebnisse VIOLAs schon hier mitgeteilt (Tab. 4). Es wäre wünschenswert, die Forschungen in dieser Richtung, die in der letzten Zeit fast völlig zum Stillstand gekommen sind, erneut wieder aufzunehmen (besonders die Bestimmung der Grenzleitfähigkeit), da sie geeignet erscheinen, abnorme Zustände der Serumkolloide, die sonst vielleicht der Beobachtung entgehen, erkennen zu lassen.

Ehe wir auf die Verhältnisse der einzelnen im Serum vorhandenen Ionen eingehen, scheint es nötig, ihre Wirkung auf die Eiweiße des Serums zu betrachten. Daß H- und OH-Ionen den größten Einfluß auf die Eiweißkolloide besitzen, war bereits besprochen (siehe Kapitel 2).

---

[1] ENGELMANN, F.: Mitt. Grenzgeb. Med. u. Chir. **12**, 396 (1903).

Tabelle 4. Einfluß starker Verdünnung mit Wasser auf die Leitfähigkeit des Serums kranker Menschen. (Nach VIOLA).

	λ (in reziproken Ohm) bei 25° unverdünntes Serum	λ_∞ (Grenzleitvermögen bei sehr großer Verdünnung)
Muskelrheumatismus, ohne Fieber	99,96	149
Pleuropneumonie	106,21	138,59
Polysarca gravis (I)	114,51	144,82
Uraemia gravis cum coma	98,29	145,63
Nephritis chronica (II)	112,20	159,63
Lebercarcinom mit chron. Ikterus	111,06	155,39
Chronische Pleuritis.	110,85	160,42
Polysarca gravis (II)	112,19	164,19
Chronische Nephritis mit Oligurie (I) . .	132,16	174,95
„ „ „ „ (II) . .	131,81	166,98
Subakute hämorrhagische Nephritis. . . .	126,22	180,57
Subakute postpneumonische Nephritis . .	129,18	178,01
Atrophische LAENNECsche Cirrhose	138,91	193,24

Für die Wirkung der übrigen Ionen ist zunächst ganz allgemein die „Wertigkeitsregel" von Bedeutung, die besagt, daß die Fällungskraft der wirksamen Ionen eine Funktion ihrer Wertigkeit oder der Zahl der elektrischen Ladungen ist, die sie führen (H. SCHULZE[1]). Bei Suspensionskolloiden, bei denen die Regel am deutlichsten zur Geltung kommt, steigt die Wirksamkeit der 1-, 2- und 3 wertigen Ionen annähernd im Verhältnis 1:20:350.

Doch auch die einzelnen gleichwertigen Ionen der Neutralsalze beeinflussen in spezifischer Stärke die mannigfachen Beziehungen zwischen den hydrophilen Kolloiden und dem Wasser. Und zwar lassen sie sich nach dem Grade der Wirksamkeit in ganz bestimmte Reihen ordnen, die als „lyotrope Reihen" oder nach dem Entdecker dieser Gesetzmäßigkeiten „HOFMEISTERsche Reihen" genannt werden. Besonders R. HÖBER hat die Gesetzmäßigkeiten dieser Ionenwirkung auf·die Eiweißkolloide weiter untersucht und geklärt, und in das zunächst recht bunte Bild Ordnung gebracht[2].

Die Wirkung der Neutralsalze auf die Eiweiße läßt sich heute ganz allgemein in folgenden Regeln zusammenfassen:

Für Eiweiße in *saurer* Lösung überwiegt die Wirkung der Anionen, die sich nach steigendem Fällungsvermögen in folgende Reihe ordnen:

$$SCN < J < Br < NO_3 < Cl < CH_3COO < HPO_4 < SO_4 < \text{Tartrat} < \text{Citrat}.$$

Dabei ist nun nicht gesagt, daß alle Ionen nur im Sinne einer Fällung wirksam seien, es kann im Gegenteil auch eine lösungsbegünstigende Wirkung bestehen, die dann für das betreffende Ion um so größer ist, je weiter es in der Reihe nach links steht.

Die Wirkung der Kationen auf die Eiweiße in saurer Lösung ist nur ganz gering, sie ordnen sich in der Reihe:

$$Cs < Rb < K, Na < Li.$$

Befindet sich das Eiweiß in alkalischer Lösung (ist also als Anion vorhanden), so herrscht die Wirkung der Kationen bei weitem vor. Dabei besteht eine Umkehr der Reihen gegenüber dem sauren Milieu. Es lautet also nach steigendem Fällungsvermögen geordnet die Kationenreihe für Eiweiße in *alkalischer* Lösung:

$$Li < Na < K < Rb < Cs < Mg < Ca.$$

Ebenso wirken die Anionen in umgekehrter Reihenfolge, aber nur ganz minimal.

---

[1] SCHULZE, H.: J. prakt. Chem. **25**, 431 (1882); **27**, 320 (1884).
[2] HÖBER, R.: Physik. Chemie der Zelle und Gewebe, S. 223. Leipzig 1926.

Die Umkehr der Reihen liegt in der Nähe des Neutralpunktes, doch finde
sie nicht bei einer bestimmten Reaktion für alle Ionen mit einemmal gleichzeitig
statt, vielmehr kommen recht mannigfaltige Ionenreihen zur Beobachtung, die
man als „Übergangsreihen" bezeichnet hat. Für das Serum genügt die schwach
alkalische Reaktion, um die HOFMEISTERschen Reihen in reiner Form zur Geltung
kommen zu lassen.

Die Gesetzmäßigkeiten der Neutralsalzwirkung sind nicht auf die Eiweiße
beschränkt, sie treten auch bei anderen organischen und anorganischen Emulsions-
kolloiden hervor. Ja sogar das reine Wasser läßt unter dem Einfluß der Neutral
salze eine analoge Änderung seiner Eigenschaften (Dichte, Ausdehnung, Kom
pressibilität, Viscosität, Lichtbrechung usw.) erkennen und H. SCHADE[1] hat darau
wohl mit Recht den Schluß gezogen, daß auch beim Wasser die Polymerisierungs-
vorgänge bis zur Kolloidgröße hinaufreichen.

Die Eiweiße des Serums befinden sich in schwach alkalischer Lösung
und diese Reaktion wird mit äußerster Zähigkeit, wie schon dargelegt, konstant erhalten. Daraus ergibt sich nach dem Gesagten
daß an ihnen von den Neutralsalzionen besonders die Kationen ihre
Wirkung entfalten, während Veränderungen in Bestand und Art der
Anionen praktisch ohne Einfluß auf den Kolloidzustand bleiben. Diese
„Freiheit der Anionen" (H. SCHADE) ist notwendig. Im menschlicher
Stoffwechsel treten als Endprodukte und Zwischenstufen — namentlich
im Kohlehydrat- und Fettstoffwechsel — in der Hauptsache Säuren
auf, deren H-Ionen beim Übergang in das Serum von den dort stets
vorhandenen potentiellen OH-Ionen (Alkalireserve) durch Neutralisation beseitigt, weggepuffert werden. Die Säureanionen aber bleiben
unverändert bestehen, so daß ein ständiger Wechsel (sowohl der Art
wie Zahl) der Anionen entsteht. Wohl greift der Stoffwechselchemismus
selbst in gewisser Beziehung vorsorgend ein, indem er den Abbau aller
Substanz möglichst nur in die Form einer Säure, der Kohlensäure,
leitet. Es bleibt aber trotzdem notwendig noch immer eine nicht
geringe Zahl von Anionen der verschiedensten anorganischen und
organischen Säuren zum Transport nach den Ausscheidungsorganen
übrig, und es besteht keine Möglichkeit, innerhalb des Serums selbst,
diese Art- und Mengendifferenz der zuströmenden Säureanionen auszugleichen. Pathologisch, aber auch schon unter physiologischen Bedingungen kann diese Überladung mit Nicht-Kohlensäureanionen außerordentlich stark steigen. Würden sie eine Wirkung auf den Kolloidzustand der Eiweiße entfalten, so wäre damit die Eukolloidität des
Plasmas, die Grundbedingung des Lebens, auf das Schwerste gestört
und gefährdet. Dadurch, daß sich die Eiweiße des Serums in alkalischer
Lösung befinden, tritt die Wirkung der Anionen fast vollständig zurück,
und durch diese „Freiheit der Anionen" sind in geradezu wunderbarer
Weise die Möglichkeiten gegeben, ihre notwendige Aufnahme in völlig
unschädlicher Weise zu bewerkstelligen.

Notwendig wird aber aus dem gleichen Grunde eine Konstanz der
Kationenverhältnisse, die ja bei der Reaktion des Serums in ihrer
Wirkung in den Vordergrund treten. Daß sie für das wichtigste Ion,

---

[1] SCHADE, H.: Kolloid-Z. 7, 26 (1910). — Vgl. auch Wo. OSTWALD: Grundriß
der Kolloidchemie, 2. Aufl., 134 (1911). — HÖBER, R.: Phys. Chemie der Zelle
und Gewebe 1, 211 (1922).

das H-Ion, gegeben ist, haben wir im vorhergehenden Kapitel kennen gelernt, sie besteht aber auch für die Na-, K- und Ca-Ionen (Na-, K-, Ca-Isoionie [SCHADE]). Das physiologische Verhältnis von Na:K:Ca ist im Blutserum im Mittel mit 310:20:10,5 mg%[1] gegeben; diese Werte entsprechen einem molaren Verhältnis von etwa 100:2:2. Dabei ist natürlich zu bedenken, daß nicht alle diese Kationen tatsächlich als aktive Ionen, sondern zum Teil an Eiweiß gebunden oder als undissoziierte Moleküle (besonders Ca) vorhanden sind. Wieweit die Konstanz der aktuellen Ionen gewahrt ist, darüber besteht zur Zeit noch keine völlige Klarheit, die Tatsache aber, daß Konstanz im Gesamtgehalt an den betreffenden Ionen (aktuelle + potentielle) besteht, kann als gesichert gelten. Und es ist interessant, daß das gleiche Mischungsverhältnis auch im Meerwasser vorhanden ist (VAN 'T HOFF[2]). Wird dieses Mischungsverhältnis gestört, z. B. durch Infusion abweichender Lösungen, so werden die Zellkolloide in abnormer Weise beeinflußt und funktionell und morphologisch erkennbare Organschädigungen sind die Folge. Schon nach den therapeutisch üblichen Infusionen der mit Unrecht als „physiologisch“ bezeichneten 0,9% Kochsalzlösung werden an der Intima der Gefäße und besonders am Herzmuskel, der parenchymatösen Degeneration ähnliche Trübungen beobachtet (RÖSSLE[3]). Diese Tatsache, daß reine NaCl-Lösung toxisch wirkt, war schon RINGER[4] bekannt, der gleichzeitig nachweisen konnte, daß die toxische Wirkung durch Zusatz kleiner Mengen von K und Ca aufgehoben werden kann. Sein Rezept der „physiologisch äquilibierten“ Salzlösung lautet:

$$0,95\% \text{ NaCl} \quad 0,02\% \text{ KCl} \quad 0,02\% \text{ CaCl}_2.$$

Noch näher der Zusammensetzung des Serums kommt die TYRODEsche Lösung, die außerdem auch noch $MgCl$, Bicarbonat und NaH_2PO_4 enthält. Für die Praxis hat W. STRAUB[5] aus diesen Überlegungen heraus sein „Normosal“ angegeben, das außer den Blutsalzen auch noch Glykokoll als Kolloid enthält. Durch diesen Kolloidzusatz wird ein gewisser kolloidosmotischer Druck in der Lösung geschaffen, der verhindert, daß die Flüssigkeit sofort aus den Blutgefäßen in die Gewebe abgepreßt wird (siehe auch Kapitel 5). Doch auch Normosal befriedigt nicht immer vollständig, wohl deshalb, weil sein onkotischer Druck bei weitem nicht die Werte des Blutplasmas erreicht. Infolgedessen haben ATZLER[6] und LEHMANN[7] in Anlehnung an das Vorgehen von BAYLISS[8]

---

[1] JANSEN, W. H., u. A. M. LOEW: Dtsch. Arch. klin. Med. **154**, 195 (1927). — Weitere Literatur s. ZONDEK: Die Elektrolyte. Berlin 1927.

[2] VAN 'T HOFF: Bildung der ozeanischen Salzablagerungen, H. 1. Braunschweig 1905. — S. auch BETHE: Pflügers Arch. **124**, 541 (1908).

[3] RÖSSLE, R.: Med. Klin. **1909**, Nr 26 u. 30.

[4] RINGER: J. of Physiol. **3**, 380 (1882); **4**, 29, 222, 270 (1883); **7**, 118, 291 (1886). — S. a. RUBINSTEIN: Biochem. Z. **182**, 50 (1927). — RIETSCHEL u. H. STRIECK: Mschr. Kinderheilk. **37**, 307 (1927).

[5] STRAUB, W.: Münch. med. Wschr. **67**, 249 (1920).

[6] ATZLER: Dtsch. med. Wschr. **1923**, 873.

[7] LEHMANN: Dtsch. med. Wschr. **1923**, 874.

[8] BAYLISS: J. of Pharmacol. **15**, 29 (1920).

vorgeschlagen, der Salzlösung Gummi arabicum zuzusetzen. Sie geber folgendes Rezept an:

NaCl	8,0	
KCl	0,2	der Bicarbonatzusatz muß evtl
CaCl$_2$	0,2	variiert werden, um die Lösung
MgCl	0,1	auf Blutreaktion zu bringen, da
Gummi arab.	70,0	die einzelnen Gummipräparate ver-
Na$_2$HCO$_3$	ca. 1,2	schieden sauer sind.
Aq. dest. ad	1000,0	

Eine solche Lösung würde nicht nur hinsichtlich ihrer Ionenzusammen-setzung und ihres osmotischen Druckes den Verhältnissen des Serums entsprechen, sondern auch einen onkotischen Druck entfalten, der ein längeres Verweilen der Flüssigkeit im Gefäßsystem gewährleistet. Für praktische Zwecke dürfte allerdings das STRAUBsche Normosal voll kommen ausreichen, zumal es den Vorteil für sich hat, daß die Lösung aus dem in sterilen Ampullen gelieferten Salz leicht herzustellen ist

Haben wir im Vorhergehenden bereits einen Antagonismus in der Wirkung des K˙- und Ca¨-Ions gegenüber dem Na˙-Ion kennen gelernt so besteht ein weiterer wichtiger Antagonismus zwischen K˙- und Ca¨-Ionenwirkung, der eng mit den Schwankungen des vegetativen Systems zusammenhängt. Eine fast unübersehbare Literatur ist, besonders in den letzten Jahren, über dieses Gebiet entstanden, und es würde den Rahmen dieser Abhandlung überschreiten, sie erschöpfend anzuführen. Das ausführliche Werk von S. G. ZONDEK: Die Elektrolyt (Berlin 1927) sei hierfür zum Studium empfohlen. Hier soll und kann nur das Wichtigste herausgehoben werden.

Die Wirkung der vegetativen Nerven an den Organen und Zellen erweist sich beim Vergleich als identisch mit derjenigen, die durch Änderung des Elektrolytgleichgewichtes, besonders˙ des K:Ca-Gleich gewichtes zu erzielen ist. Und zwar führt ein Überwiegen der Vagus erregung über die des Sympathicus zu denselben Erscheinungen, wi eine Verschiebung des K:Ca-Verhältnisses zugunsten des K, und um gekehrt. Daher ist anzunehmen, daß die Wirkung der vegetativen Nerven auf dem Umwege über die genannten Ionen stattfindet. Vagus wirkt immer wie K, Sympathicus wie Ca. Dabei ist nicht notwendig daß z. B. bei Sympathicuserregung eine absolute Vermehrung des C auftritt. Derselbe Effekt wird auch erreicht, da die beiden Ionen anta gonistisch wirken, wenn K vermindert ist, d. h. also, es kommt in de Hauptsache auf das Verhältnis K:Ca an. Daß tatsächlich die Wirkung der vegetativen Nerven auf dem Umweg über die Elektrolyte vor sich geht, erhellt daraus, daß die Elektrolytwirkung am Erfolgsorgan auc dann eintritt, wenn die vegetativen Nervenfasern ausgeschaltet sind und daß andererseits eine Reizung des vegetativen Nerven erfolglc bleibt, wenn die betreffenden notwendigen Elektrolyte im Experimen aus der Nährflüssigkeit entfernt werden (S. G. ZONDEK[1]). Ferner geh die Identität der Wirkung der vegetativen Nerven und Elektrolyt auch daraus hervor, daß z. B. Kaliumwirkung ebenso wie durch Calciur

---

[1] ZONDEK, S. G.: a. a. O. S. 107—108.

auch durch Adrenalin (also Vaguslähmung) oder Sympathicusreizung, andrerseits Vaguswirkung durch Calcium ebenso wie durch Sympathicusreizung, aufgehoben werden kann.

Wie wir wissen, spielt das vegetative Nervensystem und die vegetativen Zentren der Atmung (neben anderen Regulatoren wie Niere und Leber) eine wesentliche Rolle bei der Regelung des Säure-Basenhaushaltes. Es ist daher zu fordern, daß auch zwischen K—Ca-Ionenwirkung und Säure-Basenhaushalt gegenseitige Beziehungen bestehen, wenn die obigen Anschauungen richtig sind. Und in der Tat lassen sich solche Zusammenhänge erweisen. Kaliumvermehrung führt an der Zelle zu OH-Abspaltung und umgekehrt bewirkt Ca-Vermehrung eine Erhöhung der H-Ionenkonzentration (KRAUS und ZONDEK[1]). Führt man dem Körper Säure zu, so tritt sehr rasch eine Erhöhung des Blut-Ca-Gehaltes ein, und umgekehrt verschwindet in die Blutbahn eingebrachter Kalk rascher unter Alkaliwirkung (HEDÉNYI und v. GAAL[2]). Ebenso vermindert Injektion von $CaCl_2$-Lösung die Alkalireserve des Blutes und erhöht die alveolare CO_2-Spannung und die H-Ionenkonzentration des Blutes, wirkt also im Sinne einer Acidose bzw. Acidität (HOLLÒ und WEISS[3]). Auch bei peroraler Zufuhr wirkt Ca acidotisch, K dagegen alkalotisch, was sich aus dem Steigen bzw. Sinken der Harnacidität zeigen läßt (HEDÉNYI und HOLLÒ[4]). Der geforderte enge Zusammenhang zwischen K—Ca-Ionen und H—OH-Ionen ist also erwiesen.

Wenn bei der Wirkung des vegetativen Nervensystems die Veränderungen des K—Ca-Gleichgewichtes und der Antagonismus dieser Ionen stärker hervortritt als der zwischen H- und OH-Ionen bestehende, so ist das damit zu erklären, daß Blut und Gewebe infolge ihrer Pufferungskraft etwa auftretende Verschiebungen der normalen Reaktion weit besser ausgleichen können, als die der K- und Ca-Ionenkonzentration.

Fassen wir noch einmal zusammen: Die Erregung der vegetativen Nerven führt an den Zellen zu einer Änderung der Elektrolytverteilung in dem Sinne, daß Vagusreizung einer relativen Kalium-, Sympathicusreizung einer relativen Calciumkonzentrierung entspricht. Gleichzeitig damit erfolgt eine, wenn auch infolge der Pufferungskraft der Körpersäfte und Gewebe weniger stark hervortretende Vermehrung der OH- bzw. H-Ionen. Als Folge dieser Änderung der Elektrolytverteilung tritt zwangsläufig eine Änderung der Grenzflächenstruktur der Zellen auf, die das physiko-chemische Substrat der Funktions- bzw. Tonusänderung darstellt.

Dem vegetativen System fällt also die Hauptrolle bei der Regelung der Isoionie des Serums zu. Diese Regulation kann aber nur im Sinne einer Binnenregelung wirken, und wir haben noch zu prüfen, welche Organe die Ausscheidungsregulierung übernehmen.

---

[1] KRAUS, F., u. S. G. ZONDEK: Klin. Wschr. **1920**, Nr 20, 996.
[2] HEDÉNYI, G., u. v. GAAL: Z. exper. Med. **53**, 841 (1927).
[3] HOLLÒ u. WEISS: Biochem. Z. **160**, 237 (1925).
[4] HEDÉNYI, ST., u. J. HOLLÒ: Z. exper. Med. **52**, 595 (1926).

Im Vordergrund steht auch hierbei wiederum die Niere. Na und K werden praktisch fast vollständig durch die Niere ausgeschieden und zwar auch wieder nach dem Gesetz der Konzentrationsschwelle. An der Ausscheidung des Ca dagegen beteiligt sich in nicht unerheblichem Maß auch der Darm.

Es sei in diesem Zusammenhang erwähnt, daß, worauf zuerst H. SCHADE aufmerksam machte, ganz allgemein für alle diejenigen anorganischen Substanzen, denen kolloidchemisch eine stark eiweißfällende Wirkung gemeinsam ist, der Ausscheidungsweg durch den Verdauungskanal gegenüber dem Weg durch die Nieren bevorzugt wird. Für das Ca-Ion z. B. ist bekannt, daß unter seiner Wirkung das „Nierenfilter" immer mehr abgedichtet wird, so sehr, daß dabei die eigene Ausscheidung sehr bald bis zum Nullpunkt herabgesetzt wird. So ist es vom kolloidchemischen Standpunkt aus verständlich, daß für das Ca sowohl wie für die noch stärker eiweißfällenden Ionen und Schwermetalle der Weg durch den Darm statt dessen durch die Niere gewählt wird. Unter den Anionen wirken besonders die Phosphate eiweißfällend, sie werden in wechselnder, oft erheblicher Menge durch den Darm ausgeschieden, und auch das eiweißfällende Carbonat verläßt auf einem anderen Weg als durch die Niere, nämlich durch die Lunge, den Körper. Umgekehrt werden alle Ionen mit eiweißlösender Wirkung, wie Rhodonat, Jodid, Bromid, Nitrat und Chlorid, fast ausschließlich durch die Niere ausgeschieden; bei ihnen tritt eine gewisse „Vertretbarkeit der Ionen" insofern auf, als sie bei der Ausscheidung von der Niere nicht oder nur wenig unterschieden werden können.

Diese „Vertretbarkeit der Ionen" ist auch sonst bei physiologischen oder pharmakologischen Wirkungen zu beobachten. Wenn wir oben gehört haben, daß das normale Kationengleichgewicht zur Erhaltung der Funktion notwendig ist, so muß nach zahlreichen experimentellen Ergebnissen dieser Satz dahin erweitert werden, daß dabei in zahlreichen Fällen das Ca durch ein anderes Erdalkali vertreten werden kann, am ehesten, und sogar vollständig durch Sr, weniger durch Ba und nur in seltenen Fällen durch Mg[1]. Ebenso kann die gleiche Wirkung wie durch Na durch Li, die des K durch Cs und Rb entfaltet werden. Unter den Anionen sind die der Halogene Cl, J, Br in ihrer Wirkung vollständig gleich und ersetzbar durcheinander. Diese Vertretbarkeit findet sich nicht nur im Experiment mit niederen Lebewesen und isolierten Organpräparaten, sie tritt auch intra vitam im Körper der höheren Tiere und des Menschen in Erscheinung[2]. Am bekanntesten ist hier die Vertretbarkeit des Ca durch Sr, die sich vor allen Dingen in einer bleibenden Ablagerung des Strontiums an Stelle des Kalkes im Knochen offenbart[3]. Ebenso ist die Chlorverdrängung durch Brom aus klinischen Beobachtungen bekannt und von Wichtigkeit. Es gelingt, durch Verabreichung von Bromnatrium den Chlorgehalt des Blutes bis zu $1/_3$ seines Wertes herabzudrücken, indem die Bromionen in äquivalenten Mengen das Cl des Serums ersetzen[4]. Dabei wirkt das Brom in funktioneller Beziehung ganz ebenso wie das Cl. Die sonst chlorreichsten Gewebe speichern ebenfalls Brom am schnellsten und

---

[1] Näheres s. HÖBER: a. a. O. S. 677ff. — ZONDEK: a. a. O. S. 94ff.

[2] OPPENHEIMER, C.: Handbuch der Biochemie **2** II, 200—201 (1911).

[3] ALWENS, W.: Dtsch. med. Wschr. **1924**, 529. — GRASHEIM: Klin. Wschr. **1925**, 873.

[4] v. WYSS: Arch. f. exper. Path. **55**, 263 (1906); **59**, 186 (1908).

im Magensaft tritt an Stelle von Salzsäure Bromwasserstoffsäure auf[1]. Von der Niere wird zu Beginn der Bromdarreichung zunächst bevorzugt Cl ausgeschieden und erst allmählich, etwa nach 17 tägiger Zufuhr von täglich 7—8 g NaBr stellt sich ein Br—Cl-Gleichgewicht ein. Diese „Verdrängung" ist umkehrbar: Wird die Bromgabe ausgesetzt und dafür wieder NaCl zugeführt, so wird zunächst in erhöhtem Maße von, der Niere Brom entfernt und die Ausscheidung des Br überhaupt beschleunigt. Es besteht also gewissermaßen ein Unvermögen der Organe, gewisse anorganische, chemisch voneinander verschiedene Ionen zu unterscheiden.

Damit seien die Erörterungen über die Ionen und ihre Wirkung abgeschlossen und wir fassen zusammen:

Die elektrische Leitfähigkeit des Serums gibt ein Maß für die Summe aller in ihm enthaltenen (anorganischen und organischen Ionen), sie ist bei ein und derselben Person unter gleichen physiologischen Bedingungen absolut und auch bei verschiedenen Individuen innerhalb geringer Schwankungsbreite ($106—119^{-4}\ \Omega$ bei $25°$) konstant.

Da die Elektrolyte des Serums nur etwa zu 70—80% dissoziiert sind, nimmt die physiologische Leitfähigkeit (= spezifische Leitfähigkeit $\times$ Verdünnungsgrad) mit zunehmender Verdünnung zu und erreicht bei einem bestimmten Verdünnungsgrad ihr Maximum. Die Werte dieser „Grenzleitfähigkeit" (λ_∞) schwanken bei den verschiedenen Individuen ebenfalls nur wenig ($149—164 \cdot 10^{-4}\ \Omega$), dagegen ist der Verdünnungsgrad, bei dem sie erreicht werden, weitgehend verschieden.

Von den anorganischen Elektrolyten des Serums ist nach unseren bisherigen Kenntnissen Na und Cl völlig dissoziiert. Das Ca besteht zu etwa 33% in Ionenform, der Rest zu etwa $^1/_4$ aus nicht diffusiblen Ca-Verbindungen und zu $^3/_4$ aus nicht dissoziierten (diffusiblen, anorganischen) Ca-Salzen. Bicarbonat- und Phosphationen wechseln als Bestandteile des Puffersystems in ihrer aktiven Menge, abhängig von den Schwankungen des Säure-Basenhaushaltes.

In ihrem Einfluß auf den Kolloidzustand ordnen sich die Neutralsalzionen nach den HOFMEISTERschen Reihen und zwar überwiegt bei der alkalischen Reaktion des Serums die Wirkung der Kationen, während Veränderungen in Bestand und Art der Anionen ohne wesentlichen Einfluß bleiben. Diese „Freiheit der Anionen" ist notwendig, um durch den intermediären Stoffwechsel geschaffene Veränderungen ausgleichen zu können.

Im Serum besteht eine Na:K:Ca-Isoionie insofern, als ihre Gesamtmenge das konstante molare Verhältnis von 100:2:2 aufweist. Störung dieses Mischungsverhältnisses z. B. durch Infusion von NaCl-Lösung, kann zu Organschädigungen führen. In der Wirkung von Na einerseits und K und Ca andererseits besteht ein Antagonismus. Ein weiterer Antagonismus besteht in der Wirkung von K und Ca, der eng mit den Tonusschwankungen des vegetativen Systems zusammenhängt, und

---

[1] NEUCKI u. SCHOUWOV-SIMANOWSKY: Arch. f. exper. Path. **34**, 313 (1894). — LAUDENHEIMER: Neur. Zbl. **1897**, 538. — FESSEL: Münch. med. Wschr. **1899**, 1270. — HONDO: Klin. Wschr. **1902**, Nr 25.

zwar ist K-Wirkung = der des Vagus und Ca-Wirkung = der des Sympathicus. Dabei kommt es auf die absolute Menge weniger als auf das Verhältnis K:Ca an. Mit diesen Schwankungen sind solche des Säure-Basen-Haushaltes eng verknüpft.

Die Hauptrolle bei der Regelung der Isoionie des Serums spielt das vegetative System im Sinne einer Binnenregelung.

Die Ausscheidungsregelung geschieht für Na und K durch die Niere, an der des Ca ist der Darm in nicht unwesentlichem Maße beteiligt, wie überhaupt allgemein für alle diejenigen Ionen, die kolloidchemisch stark eiweißfällende Wirkung entfalten, der Ausscheidungsweg durch den Darm gegenüber dem durch die Niere bevorzugt wird.

Gewisse, in ihrer Wirkung auf das Eiweiß gleiche, Ionen können sich gegenseitig vertreten, so Ca und Sr, Na und Li, Cl und Br oder J, so weit, daß unter Umständen durch das eine Ion das andere weitgehend verdrängt werden kann. Diese „Verdrängung" ist umkehrbar.

4. Die Isothermie.

Nach der Reaktionsgeschwindigkeits-Temperaturregel (R.G.T.-Regel) von VAN 'THOFF[1] steigert sich die Geschwindigkeit einer jeden chemischen Reaktion bei einer Temperaturerhöhung von $10°$ um das 2—3,5fache. Dieser R.G.T.-Regel sind auch die chemischen Vorgänge im Pflanzen- und Tierkörper und in der Zelle unterworfen[2]. Des Weiteren haben wir es bei allen Reaktionen im Organismus mit Systemen zu tun, die unter Wärmetönung arbeiten. Nun besagt aber das VAN 'THOFFsche Prinzip vom beweglichen Gleichgewicht, daß „steigende Temperaturen das unter Wärmeabsorption gebildete System, fallende Temperaturen das unter Wärmeabgabe gebildete begünstigen". Es wird also jede Temperaturänderung das Gleichgewicht in den chemischen Systemen des Organismus verschieben und unter Umständen die ganze Verkettung und gegenseitige Abstimmung der vielfachen Reaktion des Organismus zunichte machen; denn die Wärmetönung der Einzelreaktionen ist verschieden, also auch der Einfluß von Temperaturänderungen auf ihr Gleichgewicht verschieden groß. Temperaturschwankungen können daher auch durch die Veränderung der normalen Geschwindigkeiten eine Störung der normalen Reaktionsverkettungen bedingen. Es sei hier unter Hinweis auf die ausführlichen Darstellungen in Bd. 17 des Handbuches der normalen und pathologischen Physiologie von BETHE, BERGMANN, EMBDEN und ELLINGER (Berlin: Julius Springer) nur ganz summarisch auf die Verhältnisse der Wärmeregulation eingegangen.

Der poikilotherme Organismus ist gegen Änderungen seiner Außentemperatur nicht geschützt und beantwortet jedes Absinken der Außentemperatur mit einer starken Geschwindigkeitseinbuße seiner Reaktionen, die bei Temperaturen zwischen 0 und $10°$ oft schon bis zu fast völliger Lahmlegung führt. Bei den höchstdifferenzierten Tieren liegt in

---

[1] VAN 'THOFF: Vorlesungen, H. 1, S. 223.
[2] PÜTTER: Z. allg. Physiol. **16**, 574 (1914). — KANITZ: Temperatur u. Lebensvorgänge. Berlin 1915. — HÖBER: a a. O. S. 865ff.

der großen Reaktionsgeschwindigkeit ihrer Lebensvorgänge, die durch Fermente und hohe Temperatur bedingt wird, eine große Gefahr, bei Temperaturschwankungen leichter aus dem Gleichgewicht zu kommen als träger reagierende Systeme, so unendlich groß andererseits der Vorteil rascher Reaktionsfähigkeit ist.

Der höher differenzierte Organismus braucht also thermoregulatorische Einrichtungen, um sich gegen Änderung seiner Außentemperatur zu schützen. Und tatsächlich findet sich in der aufsteigenden Tierreihe, je höher desto mehr, die *Isothermie* ausgebildet.

Nicht nur zu niedrige, auch zu hohe Temperaturen können schädigend für den Chemismus der menschlichen Zelle werden. Temperaturen über 40° beeinflussen die Eiweiße der Zelle deutlich im Sinne einer Kolloidschädigung. Dem thermisch bedingten Anstieg der chemischen Reaktionsgeschwindigkeit wirkt bei Erhöhung der Temperatur die Abnahme der kolloiden Verteilung der Fermente und Zellkolloide entgegen, und das „Optimum" der Temperatur liegt bei jenen Wärmegraden, bei denen die Reaktionsgeschwindigkeit unter dem entgegengesetzten Einwirken dieser beiden Faktoren den Höchstwert erreicht.

Dabei ist es wichtig, zwischen kurzdauerndem und langdauerndem Temperaturoptimum zu unterscheiden[1]. Ein kurzdauernder Temperaturanstieg kann sehr wohl noch eine Erhöhung des chemischen Umsatzes bedingen, auch dann, wenn das „Daueroptimum" überschritten ist. Es bedarf nämlich meist einer längeren Einwirkung, bis der schädigende Einfluß auf den Kolloidzustand des Protoplasmas und der Fermente so groß wird, daß er gegenüber dem rein thermischen Anstieg der Reaktion zur Geltung kommt.

Je nach Bedarf wird die Wärmeabgabe des Körpers gesteigert oder vermindert (physikalische Wärmeregelung = Ausscheidungsregulierung). Dadurch, daß durch Erweiterung oder Verengerung der Hautcapillaren die Blutzufuhr zu ihnen vermehrt oder vermindert wird, wird auch die Wärmezufuhr zu der wärmeabgebenden Körperoberfläche vergrößert oder verkleinert. Durch die Verdunstung des Schweißes wird dem Körper Wärme entzogen, und der Organismus ist somit durch Änderung der Schweißsekretion imstande, die Wärmeabgabe zu variieren. Auch die Lunge tritt als wärmeregulierendes Organ in Tätigkeit. Die kühlere Inspirationsluft wird in ihr auf Körpertemperatur erwärmt und entzieht somit dem Organismus Wärme. Änderung in der Frequenz der Atemzüge kann also die Wärmeabgabe durch die Lunge verschieden groß gestalten (Kältedyspnöe).

Daneben erhält der Körper seine Isothermie dadurch, daß er die Wärmeproduktion steigert oder vermindert (chemische Thermoregulation = Binnenregelung). Bei Verminderung der Außentemperatur, die so weit geht, daß die physikalische Wärmeregelung zu ihrem Ausgleich nicht mehr ausreicht, wird die Wärmeproduktion durch den Stoffwechselchemismus erhöht, und zwar in solchem Maße, daß unwillkürliche Muskelkontraktionen (Zähneklappern, Zittern) auftreten

---

[1] JOST, L.: Biol. Zbl. **26**, 220 (1906).

können und die Menge des die Verbrennung fördernden Schilddrüsenhormons im Blute ansteigt. Das Umgekehrte tritt bei Erhöhung der Außentemperatur auf. Alle diese der Wärmeregelung dienenden Vorgänge werden beherrscht durch das vegetative Nervensystem mit seinem Wärme- und Kältezentrum.

So finden wir auch bei der Regelung der Isothermie, ebenso wie bei den bisher beschriebenen physiko-chemischen Konstanten das wunderbare Wechselspiel zwischen Binnenregelung und Ausscheidungsregulierung und ihre Beherrschung durch die Einflüsse des vegetativen Systems.

5. Über Quellungsphysiologie (Isoonkie und Onkodynamik der Capillaren).

Kurze allgemeine physiko-chemische Vorbemerkungen über Kolloide und die in heterogenen Systemen zu beobachtenden Erscheinungen[1]. Moleküle und Atome sind kleiner als 1 $\mu\mu$. Nun gibt es aber Gebilde, bei denen man größere Bausteine als Moleküle berücksichtigen muß, diese Gebilde gehören zu den Kolloiden.

Dabei hat der Kolloidbegriff eine rein räumliche Definierung. Kolloide sind Stoffe von 0,5—1 $\mu\mu$ Größe, ganz gleich, ob diese Kolloide besonders große Einzelmoleküle sind oder aus Krystallteilchen, Teilchen eines amorphfesten Stoffes, Tröpfchen oder Gasbläschen bestehen, die zwar sehr klein sind, aber viele Einzelmoleküle haben.

Unter gewissen Bedingungen, sofern die Lichtbrechungsverhältnisse günstig sind, kann man diese Kolloide im Ultramikroskop erkennen und in ihrer BROWNschen Zickzackbewegung und sonstigen Veränderungen verfolgen.

Ein Kolloid im Zustand der Lösung nennt man Sol. Lagern sich die Teilchen eines Sols zusammen, so daß die Konsistenz zähflüssig bis fest wird, so nennt man es *Gel* oder *Gallerte.* Dabei ist es zur Zeit noch nicht leicht, die Begriffe Gel oder Gallerte eindeutig zu definieren oder zu trennen. Die Ansichten der einzelnen Kolloidforscher gehen in diesem Punkt noch auseinander. Ganz allgemein läßt sich vielleicht sagen, daß das *Kolloid nach geschehener Ausfällung aus dem Sol „Gel" genannt wird, und daß „Gallerte" Sole hydrophiler Kolloide sind, d. h. solcher Kolloide, die eine große Verwandtschaft zum Wasser haben, und bei denen die Kolloidteilchen einander so weit genähert sind, daß eine gewisse Fixation ihrer Lage durch Adhäsionskräfte zustande kommt.* Nehmen solche Gallerte oder Gele Wasser auf, indem sich dabei entweder ihr Dispersitätsgrad erhöht oder die Hydratbildung verstärkt, so spricht man von *Quellung.* Der dabei entwickelte, oft sehr hohe Druck wird als *Quellungsdruck* bezeichnet.

Durch ihre enorme Oberflächenentfaltung — ein Würfel mit 1 cm Seitenlänge aufgeteilt in Würfel von 1 $\mu\mu$ Seitenlänge hat eine Oberfläche von 6000 qm — zeigen die kolloiden Systeme als Charakteristicum die vielfältige Erscheinungswelt der Oberflächenenergien. Eine der wichtigsten dieser Oberflächenenergien ist die *Oberflächenspannung, die in dem Bestreben sich ausdrückt, die Oberfläche auf ein Minimum zu verkleinern. Sie ist die auf der Oberfläche projizierte Wirkung der im Masseninnern erfolgenden gegenseitigen Molekularanziehung.* Sie ist es, die in der Hauptsache die Instabilität der Kolloide bedingt, da sie bestrebt ist, aus dem vieldispersen ein zweigeschichtetes System zu schaffen. Es gehört daher zum Wesen der kolloiden Systeme, daß sie eine ständige Veränderung in der Richtung der Oberflächenverkleinerung erfahren. Das Kolloid „altert".

---

[1] Zum genauen Studium dieser Erscheinungen seien besonders empfohlen die Lehrbücher von H. FREUNDLICH: Kapillarchemie. Leipzig. — OSTWALD, WO.: Grundriß der Kolloidchemie. Dresden. — ZSIGMONDY: Kolloidchemie. Leipzig. — PAULI, WO.: Kolloidchemie der Eiweißkörper. Dresden. — BECHHOLD, H.: Die Kolloide in Biologie und Medizin. Dresden.

Durch die Oberflächenspannung kommt nun rein mechanisch eine geänderte Konzentration in der äußersten Grenzschicht der Lösung zustande. Stoffe, die geeignet sind, die Oberflächenspannung einer Grenzschicht durch ihr Hineinwandern zu erniedrigen, müssen nach dem allgemeinen Energiegesetz das Bestreben haben, sich an dieser Grenzschicht anzulagern; man nennt derartige Substanzen *oberflächenaktiv* und die Erscheinung *Adsorption*.

Dem Bestreben der Oberflächenspannung, die Kolloidteilchen zusammenzulagern, wirkt die elektrische Ladung dieser Teilchen entgegen. Gleichgeladene Teilchen stoßen sich ab und verhindern so die Ausflockung.

Nun wird durch die Anwesenheit von Ionen die Ladung der Kolloide wesentlich beeinflußt: die einen Ionen vermindern, die anderen Ionen erhöhen den Dispersitätsgrad des Kolloids. Zudem sind die Ionen befähigt, Verbindungen mit den Kolloiden, besonders der Eiweiße, einzugehen. Sie können auf diese Weise das Kolloid entladen oder umladen, und es entstehen so spezifisch geänderte Eigenschaften, speziell veränderte Quellung dieser Eiweißkolloide.

Jede Veränderung des umgebenden Milieus kann also auch eine Änderung des Kolloidzustandes bedingen, die sich dann in Änderung der Ladung der Teilchen, in verändertem Quellungszustand oder Änderung der Viscosität des Systems dokumentiert.

Wir haben gesehen, daß für alle diejenigen physiko-chemischen Zustände des Blutserums eine Konstanz der Werte besteht, die als „Milieu-Beschaffenheiten" des Kolloids geeignet sind, eine Änderung des Kolloidzustandes hervorzurufen. Daraus folgt an sich, daß auch der Kolloidzustand des Plasmas selbst konstant ist. Bei den hydrophilen Kolloiden, mit denen wir es bei den Eiweißen des Protoplasmas und des Serums zu tun haben, zeigen sich Änderungen im Kolloidzustand besonders im Verhalten der Wasserbindung, d. h. im Quellungsverhalten, und es besteht beim Menschen tatsächlich eine Konstanz des Quellungsdruckes des Plasmas.

H. Schade[1] hat vorgeschlagen, den wasseranziehenden Druck der Kolloide — in Gegenüberstellung zum „osmotischen" Druck des Echtgelösten — als „onkotischen" Druck zu bezeichnen, ganz gleich, ob von dem Quellungsdruck der Gewebseiweiße oder der flüssigen Plasmakolloide die Rede ist. Die Konstanz des Quellungsdruckes wird danach „Isoonkie" genannt.

Auch bei der Regelung des onkotischen Druckes finden wir wieder die Zweiteilung in eine Regelung durch die Gewebe des Körpers selbst (gewissermaßen eine „Binnenregulierung") und eine Art „Ausscheidungsregulierung" durch die Niere.

Die Verhältnisse des onkotischen Druckes hängen eng mit den ihnen übergeordneten Verhältnissen des Wasserhaushaltes überhaupt zusammen, denn jede Quellungsänderung geht mit Wasserverschiebung einher. Es ist daher notwendig, auch die physiko-chemischen Besonderheiten des *Gewebswasserhaushaltes* im Körper zu betrachten.

Der menschliche Körper ist, als Ganzes betrachtet, für die innerhalb seiner Gewebe stattfindenden Wasseraustauschprozesse zu einem *Dreikammersystem* gegliedert (H. Schade[2]), das durch nachstehendes Schema veranschaulicht wird (Abb. 2).

---

[1] Schade u. Menschel: Z. klin. Med. **96**, 308 (1923). (ὄγκος-Quellung.)

[2] Schade u. Menschel: a. a. O. — Schade, H.: Kolloid-Z. **35**, 302 (1924). — Vgl. auch H. Schade: Wasserstoffwechsel, in Oppenheimers Handb. der Biochemie **8**, 149 (1924).

In allen Organen des Körpers ist zwischen den Raum des Blutes und den Bezirk des Zellprotoplasmas noch der mehr oder weniger große Bindegewebsraum mit seinen Besonderheiten zwischengelagert. Dieser Bindegewebsraum ist nach beiden Seiten durch Scheidewände ganz verschiedenen physiko-chemischen Verhaltens begrenzt.

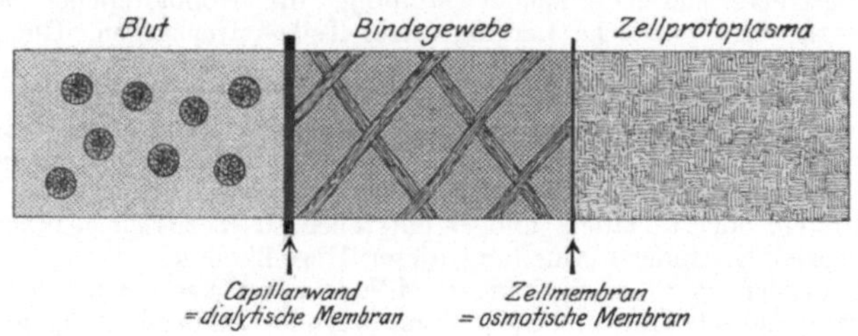

Abb. 2. Dreikammersystem des menschlichen Körpers. (Nach H. SCHADE.)

Die das Bindegewebe vom Raum des Blutes trennende *Capillarwand* gleicht — bis auf vereinzelte Ausnahmen — physiko-chemisch weitgehend einer typischen *Dialysiermembran*, d. h. sie ist durchlässig für Wasser und echt gelöste Stoffe, undurchlässig nur für die Kolloide des Eiweißes[1]. Demgegenüber zeigt die Zellmembran ein grundsätzlich anderes Verhalten. Die Verhältnisse sind hier im Einzelnen außerordentlich verwickelt und trotz zahlreicher Untersuchungen, besonders von R. HÖBER und seiner Schule, nur wenig geklärt. Ganz allgemein kann man aber sagen, daß — abgesehen von den Vorgängen der aktiven Zellernährung und dem Verhalten lipoidlöslicher Stoffe — an ihr Gesetze *osmotischen Charakters* zur Geltung kommen, d. h. die Zellmembran ist frei durchlässig für Wasser, einzelne Ionen können bei Gegenaustausch passieren, im Übrigen besteht für Echtgelöstes (außer für Harnstoff und Kohlensäure) und für Kolloide Undurchlässigkeit.

Im Austausch zwischen den drei Räumen kann also das Wasser, wie es für *Osmose* und *Dialyse* gemeinsam ist, beide Scheidewände frei passieren und sich zwischen Blut, Bindegewebe und Protoplasma frei hin und her bewegen. Ebenso wie das Wasser können unter den echt gelösten Stoffen die beiden wichtigsten Stoffwechselendprodukte, Harnstoff und Kohlensäure, die Scheidewände glatt durchdringen, und es stehen ihnen alle drei Räume zur Diffusion offen. *Dadurch sind für sie bevorzugt die Vorbedingungen zu einer glatten Ausfuhr gegeben.* Dagegen sind die meisten *echt gelösten* Stoffe außer den lipoidlöslichen (Alkohol usw.) in ihrem physiko-chemischen Austausch auf die zwei Räume: Blut und Bindegewebe beschränkt. Die engsten Grenzen sind den *Kolloiden* gezogen. Sie können normalerweise keine der beiden Scheidewände durchdringen und müssen in dem Raum, in dem sie sich jeweils befinden — sei es Blut, Bindegewebe oder Zellprotoplasma — verbleiben.

---

[1] SCHADE u. MENSCHEL: Z. klin. Med. **96**, 306—307 (1923).

Vorgänge besonderer Art können davon Ausnahmen schaffen. So kann z. B. die Capillarwand unter besonderen Bedingungen eiweißdurchlässig werden, oder es kann die Zelle aktiv Eiweiß aufnehmen, oder auf dem Umweg des chemischen Abbaus das Eiweiß in echt gelösten Zustand übergeführt werden.

Eine weitere Besonderheit der drei Räume ergibt sich durch die Verschiedenheit und Kompliziertheit ihres Aufbaues in physiko-chemischer Hinsicht. Dadurch werden auch Verschiedenheiten im Lösungsverhalten der drei Räume bedingt, und sie sind einfachen Lösungsräumen auch nicht entfernt vergleichbar.

Die physiko-chemischen Einzelprozesse im Zellprotoplasma sind bislang noch völlig ungeklärt, so unbekannt, daß auch nicht einmal ein ganz allgemeines Urteil möglich ist. Anders dagegen die Verhältnisse in den Räumen des Bindegewebes und des Blutes.

Der Bindegewebsraum stellt mit seinen relativ sehr spärlichen Zellen ein großes Kolloidlager dar, das an räumlicher Menge selbst nach vorsichtiger Schätzung etwa doppelt so groß sein dürfte, als der Raum, den die extracelluläre Blutflüssigkeit, das Plasma, einnimmt (H. SCHADE[1]). Eine der wichtigsten physiologischen Aufgaben dieses Bindegewebsraumes ist die Depotfunktion *für Wasser bzw. für Lösungen*.

Schon seit den ersten Diureseversuchen von DASTRE und LOYE in den 80er Jahren weiß man, daß ein wesentlicher Teil intravenös infundierter Flüssigkeit den Körper nicht unmittelbar auf dem Wege über die Niere verläßt, sondern in das „Gewebe" übertritt; MAGNUS und seine SCHÜLER, EPPINGER[2] u. a. konnten diese Beobachtungen bestätigen und erweitern. Wie groß die Speicherfähigkeit der Gewebe ist, zeigen Beobachtungen von NONNENBRUCH[3], der oft eine Entwässerung von 15% und mehr ohne nachweisliche Änderung im Wassergehalt des Blutes beobachtet hat. Auch wenn im Tierversuch beide Nieren entfernt werden und Wasser bis zu einem Viertel der Blutmenge in die Blutbahn eingebracht wird, kommt es bei normalem „Gewebe" nicht zur Hydrämie. Es ist also zweifellos, daß die Gewebe ganz enorme Mengen Wassers zu speichern oder abzugeben in der Lage sind. Und SCHADES und seiner Mitarbeiter Untersuchungen haben gezeigt, daß wir dieses für den Wasserstoffwechsel so wichtige Gewebe im *Bindegewebe* zu suchen haben, und daß Flüssigkeitsaufnahme und -abgabe bestimmten physiko-chemischen Gesetzen unterworfen sind.

Wasseraufnahme und -abgabe durch kolloide Gele geschehen ganz allgemein durch Quellung und Entquellung. Aus chemischen Analysen geht nun eine auffallende *Konstanz des Wassergehaltes der Gewebe* beim Gesunden hervor. Es läge daher nahe, anzunehmen, daß diese Konstanz dadurch erreicht wird, daß die Gewebe in ihrem Quellungszustand auf den Endpunkt des Quellungsbestrebens eingestellt wären, d. h. daß sie stets soviel Wasser in sich aufgenommen haben, als ihrem Quellungsmaximum entspricht. Das ist jedoch nicht der Fall, vielmehr

---

[1] SCHADE: Erg. inn. Med. **32**, 429 (1927).

[2] Vgl. R. MAGNUS: Oppenheimers Handb. der Biochemie **3**, 1 (1909). — EPPINGER, H.: Zur Pathologie u. Therapie des menschl. Ödems. Berlin 1917.

[3] NONNENBRUCH, W.: Z. exper. Med. **29**, 547 (1922) — Erg. inn. Med. **1924**.

besteht für das Bindegewebe des menschlichen Körpers „ein physiologisches Defizit der Quellungssättigung" (H. Schade[1]), d. h. das menschliche Bindegewebe ist im Körper stets noch um eine gewisse Strecke von seinem Quellungsendpunkt entfernt. Dieses Defizit der Quellungssättigung wird im Körper durch zwei Faktoren bewirkt: einmal durch die konkurrierende Quellung der Nachbargewebe, besonders der Serumkolloide (die ihrerseits gemäß ihrem „onkotischen Druck" Wasser anziehen), und andererseits durch den überall vorhandenen mechanischen Druck der Gewebsspannung, der die völlige Entfaltung des „onkotischen Druckes" des betreffenden Bindegewebsabschnittes verhindert. Wird im Versuch einer dieser beiden Faktoren in seiner Wirkung künstlich erhöht oder vermindert, so reagiert das Gewebe mit Entquellung oder Quellung, und die *Beweglichkeit der Quellungseinstellung nach beiden Seiten hin* (H. Schade) wird offenbar[2].

Wie bei allen hydrophilen Kolloiden ist auch bei denen des Gewebes die Ionenkonstellation des Milieus von wesentlichem Einfluß auf die Quellung[3]. Dabei steht die Wirkung der H- und OH-Ionen im Vordergrund. Die Gegenwart von Salzen vermag die Wirkung dieser Ionen zu modifizieren. Nicht ionisiert gelöste Stoffe dagegen üben fast gar keine Quellungswirkung aus, wie dies auch an unbelebten Gallerten der Fall ist.

Die Neutralsalze ordnen sich in ihrem Quellungseinfluß nach den Hofmeisterschen Reihen. Dies kommt besonders deutlich in der Anionenreihe Jodid < Nitrat < Chlorid < Sulfat < Tartrat < Phosphat zum Ausdruck, während für die Kationen die Unterschiede im allgemeinen geringer sind[4]. Diese Ordnung gilt aber nur für das gesunde Bindegewebe, während bei Krankheiten, auch ohne daß mikroskopische Veränderungen sichtbar sind, deutliche Abweichungen bemerkbar werden (siehe auch Kap. 6).

Die Wirkung der Neutralsalze wird weit übertroffen durch die der H- und OH-Ionen; bei ihnen kommt in die Quellungserscheinungen des Gesamtgewebes eine Besonderheit dadurch hinein, daß im Körper antagonistisch quellende Kolloide auf das Engste vergesellschaftet sind. Ganz besonders ausgeprägt ist dieser Quellungsantagonismus im Verhalten von Bindegewebsgrundsubstanz und kollagener Faser. Ihre Quellungskurven sind bei Säure-Alkaliverschiebung des Milieus von geradezu spiegelbildlichem Charakter (Abb. 3), und es tritt dadurch für das Gesamtgewebe der „Dreistreckentyp der gepaarten Quellung" (H. Schade[5]) zutage: 1. die Strecke der gemeinsamen Entquellung; 2. die Strecke der antagonistischen Quellung; 3. die Strecke der gemeinsamen Quellung (vgl. Abb. 6). Gerade im intravital vorkommenden

---

[1] Schade: Verh. dtsch. Ges. inn. Med. **1922.** — Schade u. Menschel: Z. klin. Med. **96**, 283—293 (1923).

[2] Schade u. Menschel: a. a. O. S. 291 — Über die Geschwindigkeit der Quellung s. ebenda S. 304—305.

[3] Schade: Z. exper. Path. **14**, 1 (1913). — Schade u. Menschel: Kolloid-Z. **31**, 171 (1922).

[4] Schade: Z. exper. Path. **14**, 1 (1913).

[5] Schade: a. a. O. — Schade u. Menschel: Z. klin. Med. **96,** 279 (1922).

Reaktionsbereich liegt die Zone der antagonistischen Quellung, und das „Prinzip der Wassersparung" (SCHADE) kommt zur Geltung, indem das beim Anstieg der Acidität aus der Grundsubstanz frei

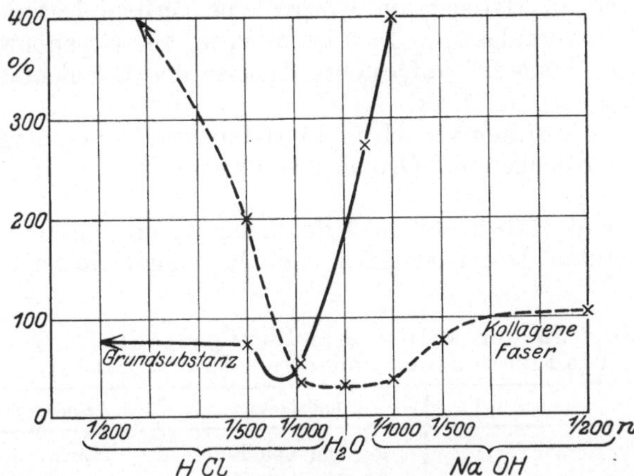

Abb. 3. Antagonistisches Quellungsverhalten von Bindegewebsgrundsubstanz und Kollagen bei Einwirkung von Säure und Lauge im intravital vorkommenden Reaktionsgebiet.
(Nach SCHADE und MENSCHEL.)

werdende Wasser vom Kollagen durch Mehrquellung festgehalten, und beim Absinken der H-Hyperionie unter Entquellung des Kollagens wieder von der Grundsubstanz aufgenommen werden kann.

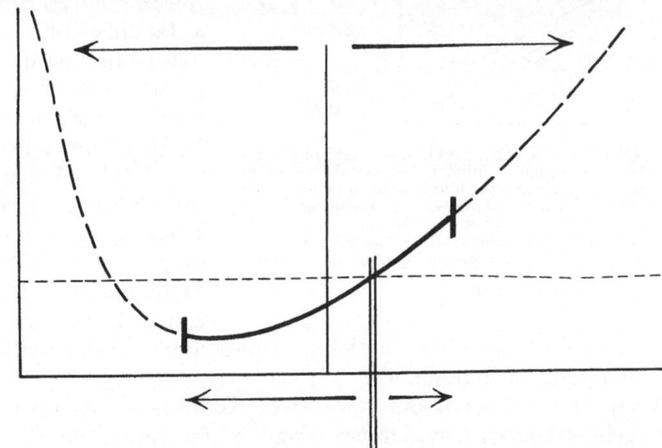

Abb. 4. Quellungsverhalten des Bindegewebes bei Acidose (Entquellung) und Alkalose (Quellung). Die gestrichelten Teile der Kurve sind im Körper nicht mehr realisiert.
| Neutralpunkt, || Blutreaktion. (Nach H. SCHADE.)

Für das Bindegewebe als Ganzes ergeben sich infolge des Zusammenwirkens dieser zwei Quellungsantagonisten naturgemäß nur geringe Unterschiede in der Säure-Alkaliquellung (Abb. 4). Die Quellung ist in Alkali etwas geringer als in Säure. Da das Minimum der Quellung des Gesamtbindegewebes etwa bei p_H 5,7 liegt, die normale Reaktion des Blutes und der Gewebe aber etwa p_H 7,3 beträgt und saurerere Werte als p_H 5,4 bisher intravital noch nicht gefunden wurden, wird jede Zunahme an H-Ionen im Körper eine geringe Entquellung des Bindegewebes veranlassen. Das ist wichtig als Gegenbeweis gegen die von M. H. FISCHER[1] aufgestellte Theorie der Ödementstehung als Säurewirkung.

Wie beim Einwirken von H- und OH-Ionen tritt die antagonistische Quellung von Kollagen und Grundsubstanz auch in destilliertem Wasser in Erscheinung.

Nachstehende Tabelle und noch deutlicher die graphische Darstellung gibt einen guten Überblick über die Quellungsverhältnisse (Tab. 5, Abb. 5).

Tabelle 5. Einfluß der Milieuveränderungen auf die Quellung der Bindegewebsbestandteile. (Nach H. SCHADE.)

	Grundsubstanz	Kollagene Fasern
H-Ionen	geringe Quellung	starke Quellung
OH-Ionen	starke Quellung	geringe Quellung
Destilliertes Wasser	starke Quellung	Entquellung u. Gerinnung
Verdünnte Salzlösung	starke Quellung	geringe Quellung
Konzentrierte Lösung	Quellungsabnahme	Quellungszunahme

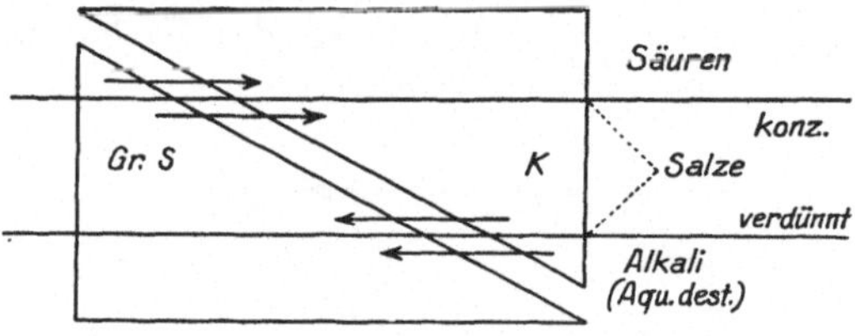

Abb. 5. Die beiden Dreiecke zeigen vergleichend den Quellungsgrad der beiden extracellulären Bindegewebsanteile bei Säure und Alkali, konzentrierten und verdünnten Salzlösungen sowie bei Einwirkung von destilliertem Wasser; die Pfeile unterrichten über die jedesmalige Richtung der Wasserbewegung. Die Figur zeigt lehrreich das komplementäre Verhalten der beiden Massen, welches die Grundlage bildet für das von SCHADE aufgestellte „Prinzip der Sparsamkeit im kolloidchemischen Wasserbedarf".

Noch viel dichter als im Bindegewebe ist die Zusammenlagerung von antagonistisch quellenden Kolloiden im Protoplasma der Zelle selbst gegeben. So hat z. B. M. H. FISCHER beobachtet, daß bei Behandlung mit Säuren geringster Konzentration die Quellung eines Teiles der Zellkolloide mit einer Entquellung, unter Umständen sogar Fällung eines anderen Teiles der in der Zelle vorhandenen Kolloide verbunden ist.

Überhaupt muß überall dort, wo zwei Kolloide verschiedener Art zusammengelagert sind, der „Dreistreckentyp der gepaarten Quellung" und damit auch in einem gewissen Bereich ein Quellungsantagonismus auftreten. Eine jede kolloide Substanz hat ihren spezifischen isoelektrischen Punkt und in diesem das Minimum ihrer Quellung; zwei verschiedene kolloide Substanzen haben einen verschiedenen I.E.P. und damit auch eine verschiedene Lage ihrer Quellungsminima. Bei Milieuveränderungen tritt nach beiden Seiten vom isoelektrischen Punkt

---

[1] FISCHER, M. H.: Das Ödem. Dresden 1910.

hin eine Quellung des betreffenden Kolloids auf. Auf der zwischen den beiden I.E.P. liegenden Strecke muß, wie ein Blick auf nachfolgende Abb. 6 lehrt, ohne weiteres ein Antagonismus der Quellung auftreten, jenseits der beiden I.E.P. dagegen gemeinsame Quellung oder Entquellung. Je weiter die I.E.P. der beiden zusammengelagerten Kolloide auseinanderliegen, je größer die interisoelektrische Zone ist, desto größer ist auch dieser Bereich der antagonistischen Quellung und damit die „Wasserersparnis".

Noch besteht über viele der Körperkolloide Unklarheit über ihren I.E.P., soweit aber darüber Untersuchungen vorliegen, kann gesagt werden, daß sie (was auch theoretisch nach den bisherigen Erfahrungen der allgemeinen Kolloidchemie anzunehmen ist) alle einen verschiedenen I.E.P. haben, daß also in ihrem Quellungsverhalten weitgehend das „Prinzip der Wassersparung" gewährleistet ist.

Noch eine zweite, im Effekt zwar ähnliche, in der Entstehung aber andere Art des Antagonismus im Wasserbedarf ist im menschlichen Körper vorhanden und durch SCHADE und seine Mitarbeiter gefunden worden. Dieser Antagonismus besteht zwischen dem Bindegewebskolloid als Ganzem und den Zellen. Er ist charakterisiert durch die Gegeneinanderhaltung von Gewebskolloid-*Quellung* und Zellwand-*Osmose*. Schon vor Jahren hat Wo. OSTWALD darauf hingewiesen, daß Quellung und Osmose in vielen ihrer Erscheinungen gegensätzlich sind, sie sind daher geeignet, beim Antagonismus des Wasserbedürfnisses an der Scheidewand der Zelle zum Bindegewebskolloid eine wichtige Rolle zu spielen.

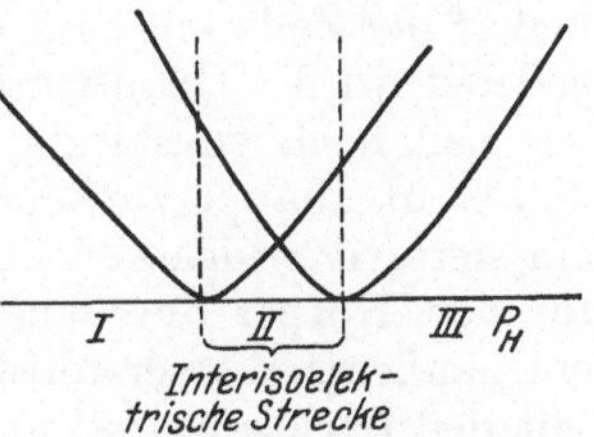

Abb. 6. Drei-Strecken-Typ der gepaarten Quellung. (Nach H. SCHADE).

Dieser Antagonismus tritt wiederum besonders in Erscheinung bei Verschiebung der H—OH-Ionenkonzentration. Nach den Versuchen von HAMBURGER[1] reagieren rote und weiße Blutkörperchen, Leber-, Milz-, Nierenzellen und andere schon auf minimale Verschiebung der Reaktion nach dem Sauren mit Quellung, auf Erhöhung der Alkalität mit Schrumpfung, also Entquellung. Das Gesamtbindegewebe dagegen entquillt bei Erhöhung der H-Ionenkonzentration (wenigstens in dem intravital vorkommenden Bereich, und nur der kommt im Körper ja in Frage) und nimmt bei Vermehrung der OH-Ionen Wasser auf[2] (vgl. Abb. 4, S. 43).

Auch bei Änderungen des Gesamtgehaltes an gelösten Stoffen tritt der Antagonismus in Erscheinung. Während in hypotonischen Salzlösungen die Zelle infolge des höheren osmotischen Druckes innerhalb der Zellwand Wasser aufnimmt, entquillt das Gesamtbindegewebe bei Abnahme der Lösungskonzentration. Und umgekehrt schrumpft die Zelle in hypertonischen Lösungen unter Wasserabgabe, während das

[1] HAMBURGER: Osmot. Druck u. Ionenlehre **3**, 50 (1904).
[2] SCHADE u. MENSCHEL: a. a. O. S. 299.

Bindegewebe in ihnen quillt. Nachstehende Tabelle gibt eine kurze Gegenüberstellung dieses Verhaltens (Tab. 6). Es ist physiologisch von großer Bedeutung, daß durch diesen Antagonismus zwischen Zelle und Bindegewebe eine Konkurrenz des Wasserbedarfs weitgehend vermieden und der Wasseraustausch für die Zelle wesentlich erleichtert wird, indem immer dann, wenn die Milieubeschaffenheit eine Quellung der Zelle bedingt, das dazu nötige Wasser vom Bindegewebe abgegeben wird und umgekehrt.

Tabelle 6. Quellungsantagonismus von Bindegewebe und Zelle.

	Milieuverschiebung in der Richtung			
	zum Sauren	zum Alkalischen	zum Hypertonischen	zum Hypotonischen
Bindegewebe	—	+	+	—
Zelle	+	—	—	+

+ Quellung; — Entquellung.

Damit soll nun allerdings nicht gesagt sein, daß der gesamte Wasserbedarf der Zelle mit dem Quellwasser des Bindegewebes und umgekehrt gedeckt wird. Quantitative Untersuchungen über diese Frage fehlen zur Zeit noch vollständig und dürften wohl an technischen Schwierigkeiten überhaupt zunächst scheitern. Aber schon rein theoretisch ist ein derartig „ideales" Verhalten sehr unwahrscheinlich, ja, es dürfte für den Körper durchaus nicht zweckmäßig sein, denn dann wäre ja ein „äußerer Wasserstoffwechsel" überhaupt nicht nötig bzw. möglich. Mit der Darlegung soll nur besagt werden, daß auch hier das „Prinzip der Wasserersparnis" wiederum weitgehend ausgebildet ist, und daß durch eine derartige antagonistische Anpassung des Wasserbedarfs die Bindegewebsmasse in ganz besonderer Art zu den Aufgaben der Symbiose mit den Organzellen geeignet ist (H. Schade).

Da die beiden Scheidewände, Zellmembran und Capillarwand für Wasser frei durchlässig sind, sind alle drei Gewebsräume, Zellprotoplasma, Bindegewebe und Blut miteinander zu einer *Einheit des Quellungsausgleichs* verbunden. Alle Einflüsse der Störung und der Regulierung des Quellungsverhaltens, die das Maß des lokal-antagonistischen Wasserausgleichvermögens überschreiten, werden sich über alle drei Räume hin auswirken. Quellungsstörende Stoffe (Säuren usw.) werden vornehmlich in der Zelle gebildet. Das Bindegewebe besorgt die erste Regulierung der Störungen, „die Binnenregelung", die definitive Regelung aber ist die Aufgabe des Blutes und der Niere als des Organes der „Ausscheidungsregelung".

Der onkotische Druck des Blutplasmas, d. h. der Druck, mit dem die Plasmakolloide Wasser anzuziehen bestrebt sind, wird beim Gesunden bei einem Normalwert von etwa 2,5 cm Hg — mit nur wenigen Millimetern Schwankung nach oben und unten — mit erstaunlicher Konstanz festgehalten (Schade und Claussen[1]). Diese „Isoonkie"

---

[1] Schade, H., u. F. Claussen: Z. klin. Med. **100**, 365 (1924). — S. a. H. Runge u. R. Kessler: Arch. Gynäk. **126**, 45 (1925).

stellt allgegenwärtig im Körper das Normalniveau dar, nach dem das Bindegewebe und weiterhin dann wieder die Organzellen sich im Quellungsdruck ausgleichen und so auch ihrerseits einen Normalwert gewinnen und erhalten können (SCHADE und CLAUSSEN). Der onkotische Druck des Plasmas stellt auch die Grenze dar, bis zu welcher die Niere dem Blutplasma[1] Lösungswasser abzupressen vermag, und da durch die Nierenarbeit physiologischerweise stets bis zu einer bestimmten onkotischen Druckgrenze Lösungswasser dem Blutplasma abgepreßt wird, ist die *Niere der Hauptregulator des onkotischen Druckes im Blut* und damit auch ein wesentlicher *Fernregulator für die Quellungseinstellung aller Zellen und Gewebe.*

Es ist noch nötig, die Wirkungsweise der Capillaren bei den Quellungsvorgängen zu betrachten, bei denen die Strombewegung des Blutes ein neues Moment hinzubringt.

Nach älteren Arbeiten von STARLING[2] und BAYLISS[3] und KROGH[4] in neuerer Zeit, ist es besonders H. SCHADE und seinen Mitarbeitern[5] gelungen, in die anscheinend so verwickelten Vorgänge Klarheit zu bringen.

Durch experimentelle Studien an Modellcapillaren aus OSTWALDscher „Spontanultrafiltermasse" konnten die letztgenannten Autoren zeigen, daß an diesen Capillaren bestimmte Gesetzmäßigkeiten stets wieder zum Ausdruck kommen, wenn verschiedene Einzelbedingungen gegeben sind. Sie bezeichneten ein derartiges System als „System der onkodynen Röhren". Zu ihm gehören folgende Vorbedingungen: 1. sehr gute Dialysierfähigkeit der Rohrwandung bei großer Enge der Röhre, 2. Durchströmtsein der Röhre von kolloidhaltiger Lösung und 3. Einstellung des mechanischen Druckwertes dicht oberhalb des Nullpunktes. Die durch diese Vorbedingungen resultierenden gesetzmäßigen Wirkungen sind: 1. eine Stromumkehr der dialytischen Wandströmung: Strecke des Ausstromes, Umkehrpunkt, Strecke des Einstromes; 2. bei passend ausgewählter Rohrstrecke ein Gleichstand zwischen anfänglichem dialytischem Ausstrom und nachherigem dialytischem Einstrom; 3. eine leichte Umstellbarkeit des Systems zu einseitigem Überwiegen von dialytischem Aus- oder Einstrom und 4. eine außerordentliche Reaktion auf kleinste mechanische und onkotische Druckunterschiede und eine vielmal kleinere ($^1/_{250}$ bis $^1/_{5000}$) Beeinflußbarkeit durch osmotische Energien. Diese Besonderheiten sind nicht irgendwie stofflich an eine bestimmte Materialart gebunden, sondern lediglich die Folge des allgemeinen Prinzips des „Systems der onkodynen Röhren".

Nachstehend seien diese Wirkungen näher beleuchtet: Beide in der Abb. 7 gezeichneten Capillaren seien von demselben Elektrolytmilieu

---

[1] Der Wert 2,5 cm Hg gibt nicht unmittelbar die Grenze an, bis zu der die Niere abzupressen vermag, er stellt vielmehr den Erfolg dar, den die Nierentätigkeit, bezogen auf die Plasmamasse des Gesamtkörpers, erreicht.

[2] STARLING, E. A.: J. of Physiol. **24**, 317 (1899).

[3] BAYLISS: J. of Pharmacol. **15**, 29 (1920).

[4] KROGH-EBBECKE: Anatomie u. Physiologie der Capillaren. Berlin 1924.

[5] SCHADE u. CLAUSSEN: Z. klin. Med. **100**, 365 (1924). — SCHADE: Erg. inn. Med. **32**, 427 (1927). — SCHADE, CLAUSSEN u. BIRNER: Z. klin. Med. **108**, 581 (1928).

umspült, das auch zur Durchströmung verwendet wird. Bei der Capillare A, die von kolloid*freier* Lösung durchströmt ist, erfolgt gleichmäßig abnehmend mit dem mechanischen Innendruck ein Ausströmen von Flüssigkeit über die ganze Strecke hin, wie es die kleinen Seitenpfeile andeuten. Wird dagegen, wie bei B, die Capillare mit einer kolloid*haltigen*[1] Lösung (etwa Eiweißlösung oder Serum) durchströmt, so treten auf der ganzen Strecke an der Wand der Capillare mechanische Abpressung und onkotische Flüssigkeitsanziehung nebeneinander in Konkurrenz. Bei einem, wenigstens annähernd, gleichbleibenden[2] onkotischen Druck zeigt der mechanische Strömungsdruck ein ständiges Absinken. Im ersten Teil der Strecke, dort, wo der mechanische Druck überwiegt, erfolgt demgemäß mehr und mehr abnehmend ein *dialytischer Ausstrom*. An einem bestimmten Punkt müssen sich onkotischer und mechanischer Druck die Waage halten, und an diesem „*Umkehrpunkt*" besteht Stillstand der dialytischen Wandströmung; jenseits dieses Punktes gewinnt dann der wasseranziehende onkotische Druck die

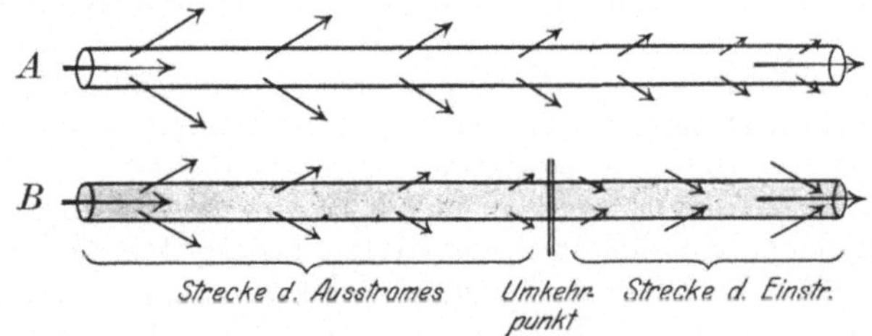

Abb. 7. Unterschied der dialytischen Wandströmungen an engen Dialysierröhren bei kolloidfreier (*A*) und kolloidhaltiger (*B*) Lösung. (Nach H. SCHADE.)

Oberhand und ein *Flüssigkeitseinstrom* von wachsender Größe ist die Folge. Diese Richtungsumkehr kann natürlich nur dann auftreten, wenn der mechanische Strömungsdruck klein genug und der onkotische Druck groß genug ist, um noch in einigem Abstand vom Ausflußende des Rohres den Gleichstand beider Kräfte zustande kommen zu lassen.

Wurden an den Modellcapillaren die Druckwerte geeignet abgepaßt, so gelang es, „Strecken von summarischem Flüssigkeitseinstand" zu erhalten, bei denen der anfängliche Wandausstrom gerade so groß ist wie der nachfolgende Wandeinstrom; bei ihnen liegt der Umkehrpunkt immer irgendwo nahe der Mitte (vgl. Abb. 8 und 9, *A*. Die Zahlen in der Capillare geben dabei die dem System örtlich zugehörigen mechanischen Strömungsdrucke in cm Hg an.) Ließ man nun auf einer solchen Strecke bei Gleichbleiben aller sonstigen Bedingungen den mechanischen

---

[1] Nur „hydrophile" Kolloide, zu denen alle Eiweißkörper gehören, haben einen onkotischen Druck von meßbarer Größe, und nur sie sind zu diesen Wirkungen geeignet.

[2] Streng genommen tritt auch im onkotischen Druck ein gesetzmäßiges Hinundhergehen auf, da ja mit zunehmendem Ausstrom die Kolloidkonzentration wächst, um im Umkehrpunkt ihr Maximum zu erreichen und mit zunehmendem Einstrom wieder abzufallen. Die Größe dieser Schwankungen ist aber gegenüber der Abnahme des mechanischen Druckes sehr gering.

Strömungsdruck nur um 2 cm Hg ansteigen, so wurde der Umkehrpunkt völlig nach der rechten Seite verschoben und über der ganzen Strecke fand nur Ausstrom statt (Abb. 8, *B*).   Das Umgekehrte fand statt, wenn man den mechanischen Strömungsdruck um 2 cm Hg absinken ließ: Verschiebung des Umkehrpunktes nach links und über der ganzen Strecke nur noch Einstrom (Abb. 8, *C*).

Ganz dasselbe ließ sich erreichen, wenn, wie in Abb. 9 dargestellt,

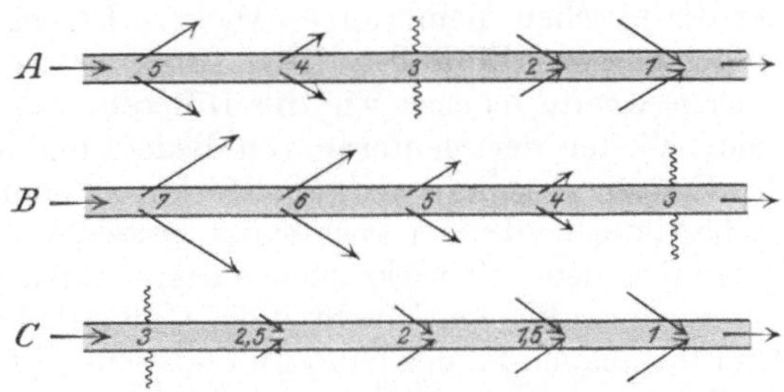

Abb. 8. Abhängigkeit der dialytischen Wandströmungen vom mechanischen Druck der Durchströmung. (Nach H. SCHADE.)

durch Änderung der Kolloidkonzentration bei gleichbleibendem mechanischem Strömungsdruck und sonstigen Versuchsbedingungen der onkotische Druck (ebenfalls wieder um je 2 cm Hg) verändert wurde. Bei Erhöhung des onkotischen Druckes (Abb. 9, *B*) Verschiebung des Umkehrpunktes nach links und Flüssigkeitseinstrom, bei Erniedrigung (Abb. 9, *C*) Flüssigkeitsausstrom über die ganze Strecke und Verschiebung des Umkehrpunktes nach rechts. Zwischen den genannten, recht eng gezogenen Grenzen müssen alle diejenigen Druckwerte liegen, mit denen die Dialysierstromrichtung im obigen System nach der einen oder anderen Seite regulierbar ist. Das Ergebnis dieser experimentellen Untersuchungen entsprach durchaus den theoretischen Erwägungen.

Ebenso ist rein theoretisch zu erwarten, daß die Verhältnisse für die Abhängigkeit vom *osmotischen Druck* wesentlich anders liegen müssen. Während der mechanische und onkotische Druck an der dialytischen Membran voll zur Geltung kommt, wird die osmotische Energie nur an denjenigen Membranen voll wirksam, die „ideal semipermeabel" sind, d. h. nur dem Wasser freien Durchtritt gestatten, alle gelösten Stoffe aber zu-

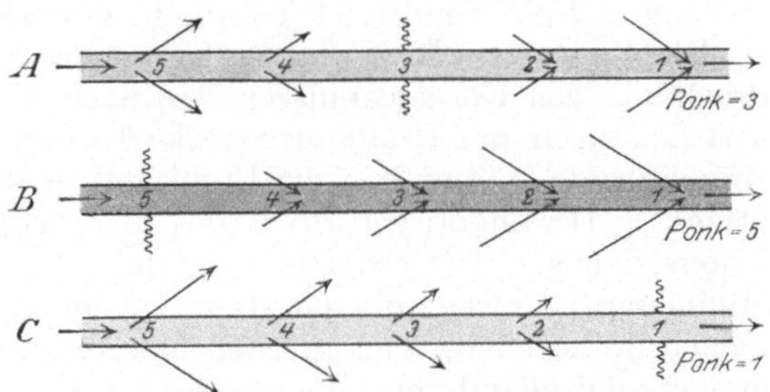

Abb. 9. Abhängigkeit der dialytischen Wandströmungen vom onkotischen Druck der durchströmenden Flüssigkeit. (Nach H. SCHADE.)

rückhalten. Von solcher Beschaffenheit sind aber die dialytischen Membranen weit entfernt, sie lassen neben Wasser auch Echtgelöstes hindurchtreten. Bei diesem Passieren durch die kolloide Masse der dialytischen Membran erfahren aber manche der durchwandernden echtgelösten Moleküle und Ionen (ganz allgemein ausgedrückt) eine merkbare Bremsung ihrer Diffusionsgeschwindigkeit, so daß in diesen beschränkten Anteilen die osmotische Energie auch an der dialytischen Membran zur Geltung kommt. Dabei sind die Art des Stoffes — besonders in Abhängigkeit von Molekülgröße und -form, Hydratationshülle und elektrischer Aufladung — und ebenso die Art der dialytischen Membran — Dicke, „Porengröße", elektrische Eigenladung — von Einfluß auf die Größe der wirksam werdenden osmotischen Kräfte, ebenso wie die Differenz des osmotischen Druckes zu beiden Seiten der Membran von Bedeutung ist. Es ist also nur durch das Experiment die jeweils zur Wirkung kommende osmotische Energie zu bestimmen. Immer aber bleibt bestehen, daß der osmotische Druck gegenüber den voll wirksamen mechanischen und onkotischen Kräften nur zu einem kleinen Bruchteil des Gesamtbetrages zur Geltung kommt. Und tatsächlich fanden SCHADE und seine Mitarbeiter bei ihren Modellcapillaren, daß die osmotische Wirksamkeit in der Reihe Harnstoff $<$ NaCl $<$ Dextrose anstieg, daß sie aber auch bei Dextrose nicht mehr als ca. $^1/_{250}$, bei Harnstoff sogar nur $^1/_{5000}$ der an sich vorhandenen osmotischen Gesamtenergie betrug.

Im menschlichen Körper ist nun an den Capillaren das „Prinzip der onkodynen Röhren" verwirklicht. Die Capillarwand stellt eine typische Dialysiermembran dar und die Engheit der Röhren ist ebenfalls gegeben. Ebenso ist kein Zweifel, daß die sie durchströmende Lösung hydrophile Kolloide mit einen bestimmten onkotischen Druck enthält. Auch die dritte Vorbedingung, die Einstellung des mechanischen Strömungsdruckes dicht oberhalb des Nullwertes ist gegeben. Dieser Punkt wird noch dadurch besonders bemerkenswert, daß ein fast restloses Verbrauchen allen vom Herz her verfügbaren Strömungsdruckes schon auf der ersten halben Wegstrecke (wie es aus der geringen Höhe des Capillardruckes kenntlich wird) an sich einer Sparsamkeit der Stromkraftverteilung widerspricht, so daß auch hieraus die Einstellung auf ein Sonderziel kenntlich wird (H. SCHADE).

Die Kenntnisse über das Verhalten des mechanischen Strömungsdruckes in den Körpercapillaren sind noch sehr lückenhaft, aber soviel läßt sich sagen, daß er auf der Strecke der Capillaren von einem höheren Anfangswert bei etwa 8—5 cm Hg bis auf einen Endbetrag von 1 cm Hg absinkt[1]. Der onkotische Druck des Blutplasmas dagegen beträgt nach Untersuchungen von SCHADE u. a.[2] beim Menschen mit nur wenigen Millimetern Schwankung konstant 2,5 cm Hg. Es muß nach diesen Zahlen im normalen menschlichen Körper Druckgleichheit von mechanischer und onkotischer Energie immer irgendwo auf einer mittleren Strecke der Capillaren und damit auch ein „Strömungsumkehrpunkt" vorhanden sein, genau wie wir das bei den Modellcapillaren kennen gelernt haben. *Es sind also in den Capillaren des lebenden menschlichen Körpers nicht nur qualitativ, sondern genau quantitativ die Bedingungen erfüllt, unter denen die Gesetzmäßigkeiten des Systems der onkodynen Röhren Geltung erlangen* (H. SCHADE).

---

[1] Vgl. TIGERSTAEDT: Erg. Physiol. **18**, 18 (1920).

[2] SCHADE u. CLAUSSEN: a. a. O. — SCHADE, CLAUSSEN, HÄBLER, HOFF, MOCHIZUCKI u. BIRNER: Z. exper. Med. **49**, 334 (1926). — KOCHINKI, H. Diss. Kiel 1925. — RUNGE, H., u. R. KESSLER: Arch. Gynäk. **126**, 45 (1925).

Das Allgemeinsystem ist aber im menschlichen Körper noch in zweierlei Hinsicht zu einer Spezialform ausgebildet. Im allgemeinen sind in den onkodynen Röhren zwei Kräfte, mechanischer und onkotischer Druck, dynamisch gegeneinander geschaltet und „frei" zur Variation ihrer Größe. In den Capillaren des Menschen ist durch die Einstellung des Systems auf Konstanz des onkotischen Druckes eine dieser „Freiheiten" in Fortfall gekommen. Das hat für die physiologischen Austauschprozesse an den Capillaren die sehr wichtige Folge, daß die Doppelveränderlichkeit des Systems aufgehoben und die physiko-chemische Dialysierströmung am Ort der Capillaren soweit als möglich nur den mechanischen Druckkräften allein unterstellt ist. Erst durch die Isoonkie des Plasmas wird eine solche Basis für die Wirkung des mechanischen Druckes geschaffen, und damit das System als Ganzes befähigt, *regulierend* in die Aufgabe des Flüssigkeitsaustausches im Gewebe einzugreifen.

Weiterhin ist, wie die Versuche an Modellcapillaren zeigten, das *Blut als Ganzes im Wirkungsgrad dem Blutserum noch weit überlegen,* sofern Sauerstoff und Kohlensäure in einer den natürlichen Verhältnissen entsprechenden Weise mit zur Wirkung kommen. Die Blutkörperchen schwellen auf den Capillarstrecken parallel zum Austausch des Sauerstoffes mit der Kohlensäure (bzw. sonstigen Säuren) zunehmend

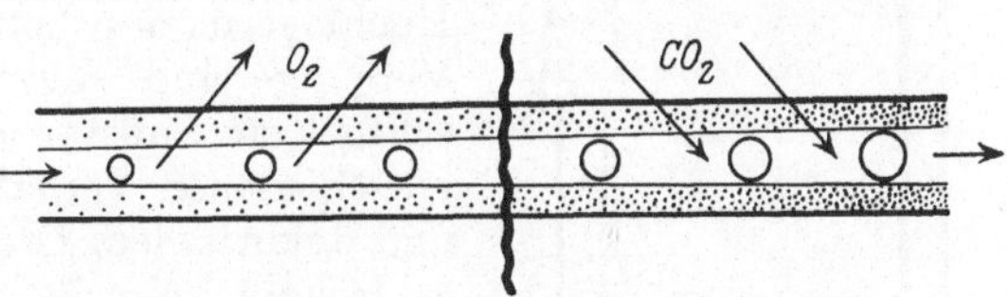

Abb. 10. Schema der Wirkungssteigerung durch die Quellungsbesonderheit beim Gesamtblut. (Nach H. SCHADE.)

an (HAMBURGER[1], v. KORANYI und BENCE[2]). Dadurch wird dem begleitenden Blutplasma während des Passierens der Capillarstrecke (vgl. Abb. 10) zunehmend mehr Flüssigkeit entzogen, seine Eiweißkonzentration und sein onkotischer Druck wird damit um einen Einzelbetrag (additiv zu der Schwankung des onkotischen Druckes infolge der mechanischen Flüssigkeitsabpressung) erhöht, und es kommt entsprechend ein Plus des dialytischen Einstroms zustande. Diese Wirkungssteigerung infolge der Säureschwellung[3] der Blutkörperchen hat noch den besonderen Vorteil, daß sie jeweils dem örtlichen Säuregehalt parallel gehend, bei gesteigertem Säureausfuhrbedürfnis des Gewebes auch das Blut zur Ausfuhr geeigneter macht.

Fügen sich nun auch die Wirkungen, die man an den Capillaren des menschlichen Gewebes beobachtet, den dargestellten Gesetzmäßigkeiten ein?

1. Im Zustand der Gewebsruhe besteht Gleichheit des Wassergehaltes im Gewebe. Nach dem Prinzip der onkodynen Röhren kann solche Gleichheit geschaffen werden a) durch Stromruhe in den Capillaren, besonders *durch Kollaps der Capillaren,* und b) durch Einstellung auf *„summarischen Flüssigkeitseinstand"* der Capillaren. Daß sich tat-

---

[1] HAMBURGER: Osmot. Druck u. Ionenlehre **1**, 291ff. (1902—1904).

[2] v. KORÁNYI u. BENCE: Pflügers Arch. **110**, 513 (1905).

[3] Vgl. SCHADE u. MENSCHEL: Z. klin. Med. **96**, 309—311 (1923).

sächlich die überwiegende Zahl der Capillaren bei Gewebsruhe in kollabiertem Zustand befindet, ist durch Untersuchungen KROGHS[1] bekannt geworden. An den relativ in geringerer Zahl daneben bestehender „offenen" Capillaren ist die „Ruhe" nur eine scheinbare, sie wird wie sich aus den genannten experimentellen Untersuchungen ergibt vorgetäuscht durch das Bestehen eines mehr oder weniger genauer Flüssigkeitseinstandes zwischen dialytischem Aus- und Einstrom (siehe Abb. 11).

2. Bei den für die Capillarfunktion mit „Transsudation" und „Resorption" bezeichneten Gewebszuständen ist die prinzipielle Bedeutung der mechanischen Druckumstellung in der Capillaren leicht erkenntlich: Erhöhung des Blutdruckes in den Capillaren führt zu einem *Überwiegen des dialytischen Ausstroms = Transsudation*, eine Erniedrigung des Blutdruckes bedingt umgekehrt ebenso zwangsläufig ein *Überwiegen des dialytischen Einstroms = Resorption* (vgl. die Stauungsödeme und ihr Rückgang be Hochlagern des betreffenden Gliedes). Beide Vorgänge sind, soweit sie sich auf Wasser und echtgelöste Substanzen beziehen, als Folge des verschiedenen Verhältnisses von mechanischem und onkotischem Druck völlig zu erklären, und es besteht, physiko-chemisch betrachtet, kein Grund zu der Annahme, daß die Capillarwand beschaffenheit bei Transsudation und Resorption jeweils verschieden sei[2].

3. Bei der *Organfunktion* haben, wie sei langem bekannt, die *mechanischen Druckkräft des Blutstromes wesentlichen Anteil an der Regulierung*. Der regelmäßig mit Beginn de Funktion sofort gesteigerte Strömungsdruck ir den Capillaren öffnet die zahlreichen vorhe kollabiert gewesenen Reservegefäßchen und schafft dadurch mit der Blutvermehrung auch gleichzeitig eine weit größere Austauschfläch zum Gewebe. Darüber hinaus wird durch die Erhöhung des mechanischer Blutdruckes in den Capillaren der Umkehrpunkt verschoben und si in Transsudationseinstellung übergeführt. Sie werden somit schon reir mechanisch zu einem vermehrten Flüssigkeitsausstrom befähigt. Am stärksten kommt das Ansteigen des mechanischen Blutdruckes in der Capillaren während der Funktion bei den Organen zustande, die, wi z. B. die Speicheldrüsen, eine hohe Sekretionsleistung besitzen und damit den größten Bedarf an transsudierter Flüssigkeit haben. Die Niere nimmt insofern eine Sonderstellung ein, als bei ihren, schon

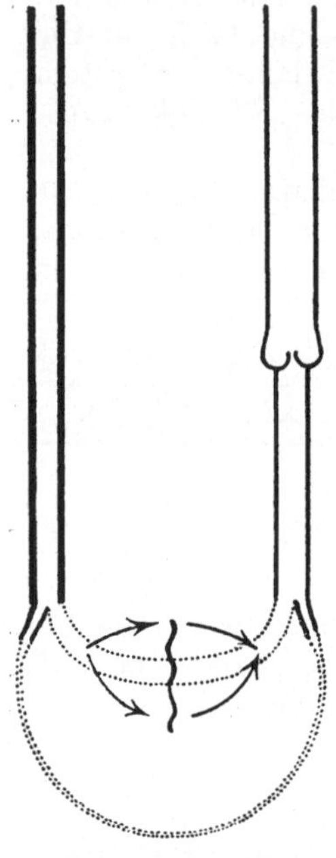

Abb. 11.   Capillarverhalten
bei „Gewebsruhe".
(Nach H. SCHADE.)

---

[1] KROGH-EBBECKE: a. a. O.

[2] Beim Austritt der Plasmaeiweiße sind besondere Verhältnisse zu berück sichtigen, über die im Kapitel 6 berichtet wird.

physiologisch zu ständiger Sekretion bestimmten Glomerulis durch die anatomische Besonderheit der Capillaranlage („Wundernetze" in den Verlauf der Arterien selbst eingeschaltet) für das Dauerbestehen eines höheren Blutdruckes in den Capillargebieten gesorgt ist. Es ist selbstverständlich, daß das Vitale bei den Austauschvorgängen zwischen Capillaren und Gewebe durch diese Gesetze ebensowenig berührt wird, wie Sekretion und Resorption an *lebenden* Zellen durch sie eine Erklärung finden können. Die onkodynamischen Gesetzmäßigkeiten haben für die Capillaren eine ähnliche Bedeutung, wie die optischen Gesetze für das Auge. Für viele Vorgänge aber haben sie unsere Erkenntnis weiter gefördert und scheinen geeignet, auch weiterhin durch kritische Beobachtung zur Klärung der Erscheinungen an den Capillaren des lebenden Gewebes beitragen zu können.

Wir fassen die Ergebnisse des vorliegenden Kapitels zusammen: Für die innerhalb seiner Gewebe stattfindenden Wasseraustauschvorgänge ist der Körper zu einem Dreikammersystem gegliedert. Der Raum des Blutes wird von dem des Bindegewebes durch die Capillarwand getrennt, die im physiko-chemischen Sinne eine dialytische Membran darstellt. Zwischen Bindegewebsraum und dem Raum des Zellprotoplasmas ist die Zellmembran geschaltet, an der in der Hauptsache Gesetze osmotischen Charakters zur Geltung kommen.

Das Wasser kann, wie dies für Osmose und Dialyse gemeinsam ist, beide Scheidewände frei passieren und sich zwischen Blut, Bindegewebe und Plasma frei hin und her bewegen. Von den echt gelösten Stoffen durchdringen Harnstoff und Kohlensäure ebenfalls beide Scheidewände glatt, und die Bedingungen zu einer glatten Ausfuhr dieser Stoffwechselendprodukte sind dadurch gegeben. Die anderen echt gelösten Stoffe dagegen sind in ihrem Austausch auf die Räume Blut und Bindegewebe beschränkt, und die Kolloide können normalerweise keine der Scheidewände passieren.

Über die physiko-chemischen Einzelvorgänge im Zellprotoplasma herrscht zur Zeit noch völlige Unsicherheit.

Die wichtigste Aufgabe des Bindegewebsraumes besteht in seiner Depotfunktion für Wasser und Salze. Zu dieser Funktion wird der Bindegewebsraum mit seinem großen extracellulären Kolloidlager ganz besonders geeignet durch das Gegeneinanderschalten antagonistisch quellender Kolloide: der Bindegewebsgrundsatz und des Kollagen. Da beide Substanzen einen verschiedenen isoelektrischen Punkt haben, tritt am Gesamtgewebe der „Dreistreckentyp der gepaarten Quellung" zutage. Jenseits der isoelektrischen Punkte gemeinsame Quellung bzw. Entquellung und zwischen den beiden isoelektrischen Punkten die Strecke des „antagonistischen Quellungsverhaltens". Diese letzte Zone liegt innerhalb des Bereiches der intravital vorkommenden Milieuveränderungen, und dadurch kommt das „Prinzip der Wassersparung" zur Geltung, indem das eine Kolloid durch Quellung Wasser aufnimmt, wenn das andere infolge der Milieuveränderungen entquillt.

Auch im Protoplasma der Zelle ist dieses Prinzip als vorhanden anzunehmen.

Ein weiterer Antagonismus des Quellungsverhaltens resultiert aus der Gegeneinanderschaltung von Gewebskolloidquellung und Zellwandosmose. Durch diesen Antagonismus im Quellungsverhalten wird der Wasserausgleich für die Zelle wesentlich erleichtert.

Alle drei Gewebsräume (Zellprotoplasma, Bindegewebe und Blut) sind, da das Wasser die Scheidewände frei durchdringen kann, zu einer Einheit des Quellungsausgleiches verbunden. Die Binnenregelung der Isoonkie besorgt das Bindegewebe, die endgültige Regelung ist die Aufgabe des Blutes und der Niere als des Organs der Ausscheidungsregelung.

Der onkotische Druck des Blutplasmas wird beim Gesunden bei einem Normalwert von etwa 2,5 cm Hg konstant erhalten. Dadurch, daß die Niere bis zu dieser Grenze dem Blutplasma Lösungswasser abzupressen vermag, wird sie zum Hauptregulator des onkotischen Blutdruckes und zum Fernregulator für die Quellungseinstellung aller Zellen und Gewebe.

An den Capillaren des Blutes kommen die Gesetze des „Systems der onkodynen Röhren" zur Geltung.

Als flüssigkeitsaustreibende Kraft wirkt an ihnen der hydro-dynamische Druck des Blutes, als flüssigkeitsanziehendes Moment der onkotische Druck des Blutplasmas. Da im Verlauf der Capillarstrecke der hydrodynamische Blutdruck mehr und mehr absinkt, während der onkotische Druck an allen Stellen gleich bleibt, überwiegen im Anfangsteil die flüssigkeitsaustreibenden Kräfte, während am Ende der Capillarstrecke die flüssigkeitsanziehenden Kräfte das Übergewicht haben. An der Stelle, an der beide Kräfte einander die Waage halten, liegt der Strömungsumkehrpunkt. An ihm findet keine Flüssigkeitsbewegung statt.

Im Zustand der Gewebsruhe sind die Capillaren dadurch auf summarischen Flüssigkeitseinstand eingestellt, daß der Strömungsumkehrpunkt in ihnen etwa die in der Mitte der Capillarstrecke liegt, so daß dialytischer Aus- und Einstrom einander die Waage halten.

Erhöhung des Blutdruckes in den Capillaren führt zu einem Überwiegen des dialytischen Ausstromes (= Transsudation); eine Erniedrigung des Blutdruckes bringt umgekehrt ein Überwiegen des dialytischen Einstromes (= Resorption) mit sich.

Bei der Organfunktion bedingt der im Beginn regelmäßig sofort gesteigerte Strömungsdruck in den Capillaren ein Öffnen der bei der Gewebsruhe kollabierten Reservegefäße, und dadurch wird mit der Blutvermehrung auch eine größere Austauschfläche zum Gewebe geschaffen und die Flüssigkeitsbewegung vermehrt.

II. Physikalisch-chemische Probleme in der Chirurgie.

A. Fragen der allgemeinen Chirurgie.

6. Die physikalische Chemie der Entzündung.

Wie für die Physiologie hat auch für die Pathologie die physikalisch-chemische Betrachtung zahlreiche neue Erkenntnisse geschaffen. Die „Molekularpathologie", ein Wort, das von H. SCHADE geprägt wurde, soll keineswegs im Gegensatz stehen zur morphologischen Betrachtung oder die „Cellularpathologie" ersetzen. Sie soll und will sich nur beschäftigen mit den Veränderungen, die jenseits dessen stehen, was wir uns mit unseren bisherigen Hilfsmitteln sichtbar machen können.

Wie wertvoll eine solche Ergänzung ist, zeigen am besten die Untersuchungen über die Entzündung, deren Bild durch die physikalisch-chemische Forschung, besonders von H. SCHADE und seinen Schülern weitgehend ergänzt und abgerundet wurde.

Die pathologische Anatomie definiert die Entzündung kurz als „eine durch Reize ausgelöste Störung des Gewebsgleichgewichtes, in deren Verlauf sich Gewebsschädigungen, Kreislaufstörungen, Austritt von Zellen und Flüssigkeiten aus den Gefäßen mit Gewebsproliferationen in wechselndem Maße kombinieren", und von alters her (Celsus) sind die Kardinalsymptome der Entzündung: rubor, tumor, calor, dolor und functio laesa. Sehen wir nun, wie weit die physikalische Chemie diese Erscheinungen zu erklären und zu ergänzen vermag.

Entzündung entsteht überall dort, wo mechanische, chemische oder thermische Schädigungen oder ein belebter oder unbelebter Fremdkörper als „entzündlicher Reiz" wirksam werden.

Die erste Folge der Einwirkung dieser so verschiedenen (entzündlichen) Agentien auf das Gewebe sind wahrscheinlich Kolloidveränderungen des Protoplasmas. Doch ist hierüber noch ebensowenig bekannt, wie über die physiko-chemischen Minimalbedingungen, die ein „Reiz" erfüllen muß, um eine Entzündung hervorzurufen. Die Schwierigkeit der Beantwortung dieser Frage liegt vorläufig darin begründet, daß die Zelle als Einzelgebilde der Methodik unserer physiko-chemischen Untersuchungen noch nicht recht zugänglich ist[1].

Klinisch und mikroskopisch ist das erste Zeichen der Einwirkung einer entzündlichen Schädigung eine Hyperämie des betroffenen Bezirkes. Sie wird offenbar durch vasomotorische Nervenreizung vermittelt. Die Wirkung der entzündlichen Agentien auf die Gewebe und vor allen Dingen auf die Zelle, liegt dabei wahrscheinlich in der gleichen Rich-

---

[1] Anfänge zu solchen Messungen sind in der von M. SCHMIDTMANN ausgearbeiteten Methodik der Messung der intracellulären $[H^·]$ gegeben, und wenn es sich dabei zunächst auch nur um relative Werte handelt, ergeben sie doch schon bemerkenswerte Resultate, auf die weiter unten eingegangen werden soll. Vgl. M. SCHMIDTMANN: Z. exper. Med. **152**, 124 (1927).

tung. M. Schmidtmann und K. Matthes[1] fanden, daß bereits nach kurzer Zeit bei akut verlaufenden entzündlichen Prozessen die Zelloberfläche eine erhöhte Permeabilität zeigt. Nun ist bevorzugt im Zellprotoplasma K vorhanden. Es ist also durchaus denkbar, daß infolge der erhöhten Durchlässigkeit der Zelloberfläche ein K-Ausstrom aus der Zelle stattfindet. So fand auch Häbler[2] im entzündlichen Exsudat je nach der Schwere der Entzündung den K-Gehalt vermehrt. Durch solche K-Vermehrung wird die Na—K—Ca-Isoionie, vor allen Dingen das Verhältnis Ca zu K verschoben, was sich auch an dem vom entzündeten Gebiet abströmenden Blut bewerkbar macht (Tutkewitsch[3]). Wir wissen nun aus den Untersuchungen von Kraus, Zondek und anderen, daß das Verhältnis Ca zu K von hervorragender Bedeutung gerade für den Tonus des autonomen Nervensystems ist und daß K-Vermehrung im Sinne einer Vagusreizung wirkt. Zwar ist eine genaue Klärung darüber, wie die beiden genannten Elektrolyte auf die einzelnen Gefäßgebiete (Capillaren, Arterien, Venen) wirken, bislang wohl noch nicht geschaffen[4]. Aber die Untersuchungen von v. Gaza[5] und Schück[6] haben gezeigt, daß Kalium bei Wunden bereits nach kurzer Einwirkungszeit eine hyperämiesteigernde Wirkung besitzt, und es ist daher der Schluß berechtigt, daß die K-Vermehrung im entzündlichen Exsudat auch an der Hyperämie beteiligt ist (Schück[7]).

Mit der Schädigung der Gewebszellen werden auch Fermente frei, und der lokale Gewebsstoffwechsel erfährt damit eine tiefgreifende Änderung, besonders Steigerung. Diese Steigerung betrifft besonders den Kohlehydratstoffwechsel, als dessen Endprodukt bevorzugt Kohlensäure gebildet wird. Die Oxydation der übrigen organischen Stoffe bleibt im entzündeten Gebiet unvollständig, so daß in vermehrtem Maße auch noch andere organische Säuren gebildet werden (Bricker und Suponizka[8]). Dadurch kommt es zu einer lokalen Acidität. Diese lokale Anhäufung von H-Ionen ist aber ihrerseits wieder von wesentlichem Einfluß auf den Gefäßtonus.

Die Einwirkung von Säuren und Alkalien auf die Gefäße ist vielfach studiert worden[9]. Ganz allgemein wurde dabei festgestellt, daß Säuren gefäßerweiternde Wirkung haben, und von besonderer Bedeutung sind die neueren Untersuchungen von Fleisch[10] sowie von Atzler und Lehmann[11], da sie den heutigen Anschauungen über H-Ionenkonzen-

---

[1] Schmidtmann, M., u. K. Matthes: Z. exper. Med. **152**, 127 (1927).

[2] Häbler, C.: Klin. Wschr. **8**, 1569 (1929).

[3] Tutkewitsch: Z. exper. Med. **54**, 342 (1927).

[4] Näheres s. S. G. Zondek: Die Elektrolyte, S. 160ff. Berlin 1927.

[5] Gaza, W. v.: Zbl. Chir. **1923**, 265.

[6] Schück, F.: Klin. Wschr. **1926**, Nr 43, 2014.

[7] Schück, F.: Arch. klin. Chir. **145**, 116 (1927).

[8] Bricker u. Suponizka: Arch. f. exper. Path. **129**, 100 (1928).

[9] Gaskell: J. of Physiol. **3**, 48 (1880—1882). — Ishikawa, H.: Z. allg. Phys. **16**, 222 (1914). — Bayliss: J. of Physiol. **26**, 32 (1900). — Schwarz, C., u. F. Lemberger: Pflügers Arch. **141**, 149 (1911).

[10] Fleisch, A.: Z. allg. Physiol. **19**, 269 (1921).

[11] Atzler, E., u. G. Lehmann: Pflügers Arch. **190**, 118 (1921); **193**, 463 (1922); **197**, 221 (1921).

tration und Pufferung Rechnung tragen, also in den älteren Arbeiten
vorhandene, unter Umständen unübersehbare Fehlerquellen ausgeschaltet haben. FLEISCH fand, daß Zusatz von 0,5—5,0 Vol.-% CO_2
zur Ringer-Lösung beim Frosch eine deutliche Gefäßdilatation bewirkt,
und daß ebenso schon $^n/_{1000}$ HCl die Gefäße erweitert. Die Reaktion
der Gefäße auf Veränderungen des p_H ist bei Kalt- und Warmblütern
gleich (ATZLER und LEHMANN). Am größten ist die Dilatation im
Bereich von p_H 5,0—7,0. Noch höhere Säuregrade bewirken wieder
Gefäßkontraktionen (das Optimum liegt bei p_H 5,7). Wird die Reaktion
alkalischer als p_H 7,0, so tritt Gefäßverengerung auf.

Wir werden weiter unten sehen, daß gerade die H-Ionenkonzentration
von p_H 5,4—7,0 für die Entzündung typisch ist, und daß auch schon
im Randgebiet eines akut entzündlichen Herdes Acidität bis p_H 6,75 gefunden wird, so daß die Mitwirkung der H-Ionen an der entzündlichen
Hyperämie, am „Rubor", unzweifelhaft ist. Und es ist durchaus wahrscheinlich, daß auch bei der Hyperämie im Anfangsstadium der Entzündung lokale Acidität mitspricht, obwohl meines Wissens Messungen
über die H-Ionenkonzentration in diesem Stadium noch fehlen[1].

An den erweiterten Gefäßen des entzündeten Gebietes treten im
histologischen Bild zwei weitere Erscheinungen auf, das wandständige
Haftenbleiben der Leukocyten und ihr Durchwandern durch die Gefäßwand nach dem Entzündungsherd zu. Beide Vorgänge bieten der
physikalischen Chemie wichtige Fragen zur Beantwortung.

Die zuerst zu beobachtende Randstellung der Leukocyten läßt sich
rein physikalisch erklären und ist schon 1868 von SCHKLAREWSKY[2]
erklärt worden: bei entsprechender Stromverlangsamung stellen sich in
strömenden Flüssigkeiten, z. B. auch in Glasröhren, spezifisch schwerere
Körper zentral ein, die spezifisch leichteren rücken in die Randzone,
wo die Fortbewegung am langsamsten ist. Stromverlangsamung findet
infolge der Erweiterung der Capillaren statt, und daß die Leukocyten
spezifisch leichter sind als die roten Blutkörperchen ist allgemein bekannt und geht auch deutlich daraus hervor, daß beim Sedimentieren
von Blutkörperchen über der Masse der roten sich eine dünne Schicht
befindet, in der die weißen Blutkörperchen enthalten sind. Das Haftenbleiben an der Wand „wie durch Klebrigkeit" ist physiko-chemisch
durchaus zu erklären. Eine kolloide Masse (eine solche haben wir im
Leukocyten vor uns) wird klebrig, wenn man ihre Oberflächenspannung,
eine spezifisch physiko-chemische Größe, verringert. Und wenn durch
Änderungen im Flüssigkeitsmilieu irgendwelcher sich berührender
corpusculärer Gebilde deren Grenzflächenspannung herabgesetzt wird,
resultiert ein gleicher Vorgang. Wie diese die Oberflächenspannung herab-
setzende Kolloidbeeinflussung der Leukocyten, vielleicht auch der Capillar-
wandendothelien stattfindet, darüber fehlen bisher Untersuchungen.

Auch das schon viel bearbeitete Problem der chemotaktischen
Wanderung hat physiko-chemisch Zusammenhänge mit den Ober-

---

[1] *Anm. bei der Korrektur*: Sehr wahrscheinlich geschieht diese Wirkung über
das von FREY entdeckte Kreislaufhormon, das bei Acidität im Blut aktiviert wird.
[2] SCHKLAREWSKY, zitiert nach SCHADE: Phys. Chem. in d. inn. Med.

flächen- bzw. Grenzflächenerscheinungen. Man kann die amöboide Bewegung nachahmen, wenn man einen Chloroformtropfen unter Wasser auf eine mehr oder weniger angetrocknete Schellackschicht bringt. Es verdrängt dabei das Chloroform das Wasser von der Grenzfläche des Schellacks, oder anders ausgedrückt, die Grenzflächenspannung Chloroform—Schellack ist geringer als die Grenzflächenspannung Chloroform—Wasser (RHUMBLER[1]).

Nach den Versuchen von FERINGA[2] kann die Emigration der Leukocyten durch chemotaktische Wirkung bestimmter Stoffe nicht erklärt werden, denn sie findet bei den verschiedenartigsten Stoffen in gleicher Weise statt. Er nimmt an, daß die H-Ionen in gewissem Maß verantwortlich seien, da die Emigration verhindert wurde, wenn durch Alkali-Zusatz ein Sauerwerden der Injektionsflüssigkeit vermieden worden war. Er erklärt die Sonderstellung der Leukocyten gegenüber den anderen Blutzellen, da eine abweichende elektrische Ladung nicht festgestellt werden konnte, mit einer Verschiedenheit der Oberflächenwirkung, die ihrerseits zweifellos die amöboide Bewegung beherrscht. Ebenso fand JOCHIMS[3], daß Normosallösung bis zu einem Säuregrad von p_H 6,3 positiv chemotaktisch wirkt. GRÄFF[4] konnte nachweisen, daß Leukocyten durch organische Säuren chemotaktisch angelockt werden, auch er nimmt daher an, daß es sich bei der Chemotaxis lediglich um H-Ionenwirkung handele. Dem stehen gegenüber die Befunde von GROLL[5], der an der Froschschwimmhaut zeigen konnte, daß die Leukocytenemigration an sauren, alkalischen und unbehandelten Stellen gleich stark verlief. ABRAMSON[6] seinerseits sieht elektromotorische Kräfte als die Ursache der Leukocytenwanderung an, da die Oberflächen verletzter Gewebe gegenüber unverletzten negativ geladen sind, und sich experimentell eine katophorische Wanderung der weißen Blutzellen nach dem negativen Pol darstellen ließ. Zweifellos sind alle Grenzflächenerscheinungen letzten Endes Erscheinungen elektrischer Potentialgefälle. Für unsere Betrachtung steht aber vor allen Dingen die Frage im Vordergrund, ob speziell die H-Ionen eine chemotaktische Wirkung entfalten. Daß dies nicht der Fall ist, geht aus den Untersuchungen von HÄBLER und WEBER[7] hervor, bei denen sich zeigte, daß Lösungen von verschiedenem p_H keine Unterschiede in der chemotaktischen Wirkung dann zeigten, wenn ihre Oberflächenspannung die gleiche war. Die Annahme, daß die die Chemotaxis bewirkenden Stoffe außerhalb der Leukocyten liegen, wird wahrscheinlich beim Betrachten des mikroskopischen Bildes (Abb. 12). Während der Teil des Leukocyten, der sich noch in der Blutbahn befindet, seine kugelige bzw. ovale

---

[1] RHUMBLER, L.: Erg. Physiol. **14**, 474.
[2] FERINGA: Arch. méd. de Physiol. **9**, 387 (1924) — Pflügers Arch. **197, 199, 200** u. **203**.
[3] JOCHIMS: Pflügers Arch. **216**, 611 (1927).
[4] GRÄFF, S.: Münch. med. Wschr. **1922**, Nr 50, 1721.
[5] GROLL, H.: Krkh.forschg **1**, 59 (1925).
[6] ABRAMSON: J. of exper. Med. **46**, 987 (1927).
[7] HÄBLER: Versammlung Deutscher Naturforscher und Ärzte. Hamburg 1928. — HÄBLER u. WEBER: Klin. Wschr. **6**, 760 (1930).

Form beibehält, zeigt der von Gewebssaft umspülte Teil ausgesprochene Pseudopodienbildung, d. h. Erscheinungen, die durch Verringerung der Oberflächenspannung hervorgerufen werden. SCHADE nahm daher an, daß am Ort der Entzündung im Gewebssaft Stoffe mit abnorm oberflächenspannungserniedrigender Wirkung auftreten, die beim Eindiffundieren zum Blut an den Leukocyten zunächst die zum Haftenbleiben erforderliche Klebrigkeit und dann auch weiter wirkend die chemotaktische Wanderung zum Hauptherd der Entzündung herbeiführen. Die Richtigkeit dieser Annahme wurde durch die genannten Versuche von HÄBLER und WEBER[1] bestätigt. Es zeigte sich nämlich, daß im Experiment die Leukocytenchemotaxis parallel zur Oberflächenaktivität der untersuchten Lösung geradlinig ansteigt, daß dagegen sowohl Unterschiede des osmotischen Druckes wie der H-Ionen und ebenso des Gehaltes von Anionen oder Kationen keinen Einfluß ausübt, sofern nur die Oberflächenaktivität die gleiche ist.

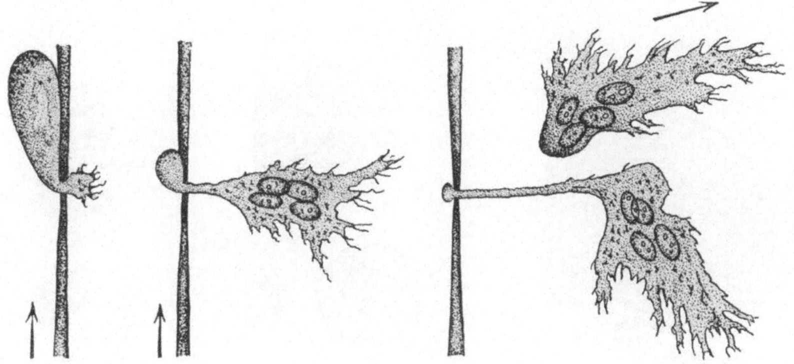

Abb. 12. Emigration eines Leukocyten, mikroskopisch. (Aus dem ASCHOFFschen Lehrbuch.)

Für den Durchtritt durch die Capillarwand selbst hat man Stomata in dieser angenommen. Eine solche Annahme ist nicht unbedingt nötig. Die Veränderung der Capillarwand im Sinne einer Kolloidauflockerung, als deren Folge wir eine erhöhte Durchlässigkeit noch kennen lernen werden, genügt zur Erklärung. Ebenso wie durch ein Gelatinegel ein Hg-Tropfen hindurchsinkt, ohne daß Veränderungen in der Struktur auftreten, und das um so leichter, je weniger fest das Gel ist, ebenso ist durchaus denkbar, daß infolge Auflockerung der Capillarwandkolloide die Leukocyten hindurchtreten können.

Noch ein weiterer an den Leukocyten zu beobachtender Vorgang läßt sich physiko-chemisch durch Grenzflächenerscheinungen erklären und nachahmen, die Phagocytose. Ein Chloroformtropfen, der unter Wasser mit einem Schellackfaden in Berührung gebracht wird, nimmt diesen in sich auf, indem er ihn aufrollt. Wie ähnlich dieser Vorgang der Aufnahme von Algenfäden durch Amöben ist, mögen die Abbildungen

<hr>

[1] HÄBLER u. WEBER: a. a. O.

zeigen, die der Arbeit von Ludwig Rhumbler entnommen sind (Abb. 13). Auch hier ist die Erscheinung dadurch zu erklären, daß die Grenzflächenspannung Chloroform—Schellack geringer ist als die Schellack—Wasser, und daß daher das Chloroform das Wasser von der Schellackoberfläche verdrängt. Der Prozeß der Phagocytose besteht eben darin, daß bei inniger Berührung adsorptionsfähigen Materials es zunächst zu einer Überwindung der Oberflächenkräfte kommt. Ist das Material nicht nur adsorptionsfähig, sondern auch assimilationsfähig (Nährmaterial), so werden auf beiden Seiten chemische Affinitäten („Seitenketten" Ehrlichs) frei, und das aufgenommene Material wird dem Protoplasma der Zelle einverleibt (W. B. Hardy[1], J. Traube[2]).

Auch bei der Phagocytose zeigt sich nach den Untersuchungen von Pulcher[3] ein Einfluß der H-Ionen insofern, als sie erst dann eintritt, wenn die Reaktion der phagocytierten Elemente saurer wird als die

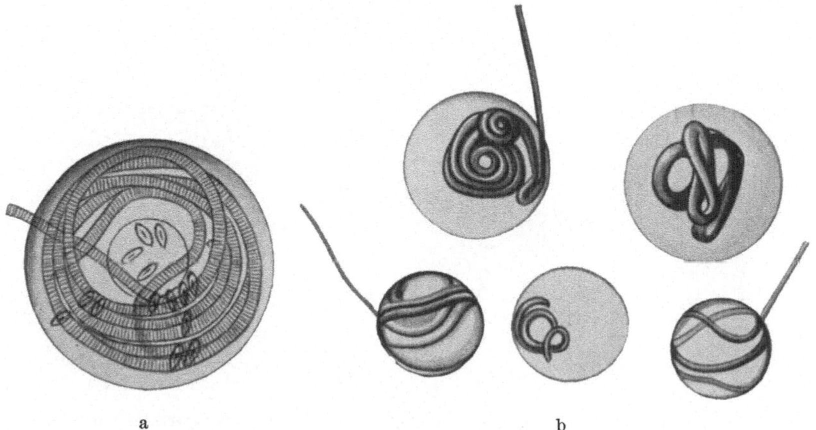

Abb. 13. a) Arcella vulgaris, die einen Algenfaden aufgenommen hat. b) Chloroformtropfen, die unter Wasser Schellackfäden aufgenommen haben. (Nach L. Rhumbler.)

Blutreaktion. Bei diesen Untersuchungen (wie auch bei denen von Gräff) handelt es sich aber um organische Säuren, die die Ursache für die Erhöhung der H-Ionenkonzentration bilden, und es ist bekannt, daß diese organischen Säuren alle außerordentlich oberflächenaktiv sind, d. h. also befähigt, die Oberflächenspannung zu erniedrigen, so daß wohl die letzte Ursache auch der Phagocytose in Grenzflächenerscheinungen zu suchen ist.

Bei jeder Entzündung finden wir weiterhin an der Capillarwand Veränderungen im Sinne einer erhöhten Durchlässigkeit, die in schweren Fällen so weit gehen kann, daß selbst rote Blutkörperchen aus den Capillaren austreten. Als Folge dieser Membrandurchlässigkeit der Capillarwand sehen wir die entzündliche Exsudation.

[1] Hardy, W. B.: J. of Physiol. 24, 158 (1889).
[2] Traube, J.: Pflügers Arch. 105, 559 (1904).
[3] Pulcher: Arch. Sci. med. 49, 321 (1927) — Boll. Soc. Biol. sper. 2, 722 (1928).

Normalerweise ist die Capillarwand, physiko-chemisch betrachtet, als eine Membran anzusehen, die für Wasser und echt gelöste Stoffe durchlässig, für Stoffe kolloider Größe aber undurchlässig ist. Sie verhält sich also wie eine beschränkt semipermeable Membran, oder besser wie ein Ultrafilter. Nun wirken aber, wie aus Untersuchungen von HAMBURGER[1] bekannt ist, H-Ionen auf die Plasmakolloide quellend ein. Mit der Zunahme der Quellung geht ganz allgemein an kolloiden Membranen eine Verringerung der Kolloidverfestigung und damit eine erhöhte Durchlässigkeit einher, das vorher dichtere Filter wird undichter, seine ultramikroskopisch kleine Porengröße nimmt zu, und dem Durchtritt kolloider Stoffe ist damit der Weg gebahnt: die vorher zurückgehaltenen Kolloide der Serumeiweiße können in das umgebende Gewebe austreten. Daß einerseits tatsächlich eine größere Durchlässigkeit der Capillaren am Ort der Entzündung besteht, und daß andererseits das entzündliche Exsudat aus dem Serum selbst stammt, geht daraus hervor, daß sich die entzündlichen Exsudate von den nicht entzündlichen Flüssigkeitsaustritten, den Transsudaten, chemisch in charakteristischer Weise unterscheiden. Beim Transsudat treten bevorzugt Albumine aus. In den Exsudaten sind dagegen einmal im ganzen bedeutend mehr Eiweißstoffe vorhanden, und zum anderen findet sich in ihnen auch eine verhältnismäßig viel größere Menge Globuline. Die einzelnen Eiweißarten werden nach A. OSWALD[2] bei der Entzündung nach Menge und Häufigkeit des Austritts in folgender Reihe gefunden: Albumin > Globulin (Euglobulin > Pseudoglobulin) > Fibrinogen, und zwar ist der Durchtritt für die einzelnen Stoffe um so leichter, je geringer ihre Viscosität, d. h. innere Reibung ist. Diese Reihenfolge entspricht nach H. BECHOLD[3] durchaus der Abstufung im Diffusionsvermögen durch kolloide Membranen. Es verhält sich also die entzündete Capillarwand zu der normalen wie zwei Ultrafilter verschiedener Porengröße zueinander. Während OSWALD vom Durchlässigwerden der *Zellen* der Endothelmembran für die verschiedenen Eiweißstoffe spricht, glaubt v. GAZA[4], daß es hauptsächlich die *Kittsubstanz* ist, die ihre Durchlässigkeit ändert. Nach ihm soll die Membran der Endothelzellen nicht so leicht durchlässig werden wie die Kittsubstanz, da ihr Lipoidgehalt dem Quellungsvorgang erheblichen Widerstand entgegensetzt. Die Tatsache, daß corpusculäre Elemente intercellulär durchtreten, läßt die Annahme wahrscheinlich erscheinen, daß auch Kolloide und Flüssigkeiten diesen Weg nehmen, sonst wäre eine doppelte Passage nötig (v. GAZA).

HOFF und LEUWER[5] haben in neuerer Zeit am Lebenden zeigen können, daß Kongorot, ein kolloider Farbstoff, der normalerweise längere Zeit in der Blutbahn zurückgehalten wird, kurze Zeit nach intravenöser Injektion im Gewebe in der Umgebung entzündlicher

---

[1] HAMBURGER: Der osmotische Druck und die Ionenlehre. Wiesbaden 1904.
[2] OSWALD, A.: Z. exper. Path. u. Ther. **8**, 226 (1910).
[3] BECHOLD, H.: Die Kolloide in Biologie und Medizin. Wiesbaden 1912.
[4] GAZA, W. v.: Bruns' Beitr. **110**, 347 (1917) — Kolloid-Z. **23**, 1 (1918).
[5] HOFF, F., u. W. LEUWER: Z. exper. Med. **51**, 1 (1926).

Herde nachweisbar ist. Da nun jede Entzündung gesetzmäßig mit einer H-Hyperionie einhergeht, die um so größer ist, je schwerer die Entzündung (s. unten), ist wohl der Schluß erlaubt, daß die H-Hyperionie einen großen Einfluß auf die Capillardurchlässigkeit ausübt, obwohl die experimentellen Untersuchungen von HOFF in dieser Richtung noch nicht zum Abschluß gekommen sind. Daß außerdem die Acidität die durchtretenden Eiweißkörper selbst im Sinne einer Viscositätserniedrigung oder sonstiger Kolloidveränderungen beeinflußt, mag ebenfalls mitsprechen.

Die Tatsache der erhöhten Durchlässigkeit der Gefäßwand genügt allein noch nicht zur völligen Erklärung für das Auftreten des entzündlichen Exsudates. Da es sich beim Durchtritt um unbelebtes Material handelt, müssen Differenzen der treibenden Energien diesseits und jenseits der Membran bestehen. Eine aktive Tätigkeit der Endothelzellen, etwa in Form einer Sekretion, ist nie für die Capillaren bewiesen oder auch nur wahrscheinlich gemacht. Und selbst für die Entstehung der Exsudate in serösen Höhlen muß sie nach neueren Untersuchungen (SCHADE, CLAUSSEN, HÄBLER, HOFF, MOCHIZUCKI und BIRNER) abgelehnt werden (s. unten).

Überall wo im Gewebe durch Injektion einer konzentrierten, sonst indifferenten Lösung ein Herd erhöhten osmotischen Druckes gesetzt wird, findet ein lebhafter Flüssigkeitszustrom statt, noch ehe eine merkliche resorptive Aufsaugung beginnt. Der hypertonische Bezirk schwillt stark an als Folge des rein physikalischen Bestrebens, die osmotischen Differenzen auszugleichen (WESSELY[1]). Ganz dasselbe gilt von dem hypertonischen Herd der Entzündung. *Die osmotische (und onkotische) Hypertonie des Gewebes ist die Hauptursache für die entzündliche Exsudation, sie wird zur Ursache der Schwellung und des alten klinischen Kardinalsymptomes der Entzündung, des „Tumor".*

Für die Erklärung der Exsudatbildung in serösen Höhlen lassen diese beiden Momente im Stich. Schon H. MEYER[2] fand bei zahlreichen Exsudaten gegenüber dem Blut eine *Hypotonie* und W. HIS[3] bezeichnet es infolge dieser Untersuchungen als „ungezwungene Erklärung", daß „die Absonderung pathologischer Exsudate ein Sekretionsvorgang der serösen Membran sei" (1906). Daß in der Tat bei der Mehrzahl der serösen Exsudate, selbst bei Berücksichtigung der intravitalen CO_2-Spannung eine Hypotonie gegenüber dem Blut vorhanden ist, bestätigten 1926 die Untersuchungen von H. SCHADE und Mitarbeitern[4]. Bei den serösen Exsudaten in Gelenken ist diese osmotische Hypotonie nach den Untersuchungen des Verfassers[5] sogar die Regel und findet sich auch in der Mehrzahl der eitrigen Exsudate. Auch der onkotische Druck der Exsudate ist meist geringer als der des Blutes. Daß trotzdem

---

[1] WESSELY: Arch. f. exper. Path. **49**, 412 (1903).
[2] MEYER, H.: Arch. klin. Med. **85**, 149 (1906).
[3] HIS, W.: Arch. klin. Med. **85**, 164 (1906).
[4] SCHADE, H., F. CLAUSSEN, C. HÄBLER, F. HOFF, N. MOCHIZUCKI u. M. BIRNER: Z. exper. Med. **49**, 334 (1926).
[5] HÄBLER, H.: Arch. klin. Chir. **156**, 20 (1929).

die Exsudate durch rein mechanischen Austritt von Plasmaflüssigkeit
in den sauren Herd der Entzündung zustande gekommen sein können
und die Annahme einer „vitalen Sekretion" nicht notwendig ist, beweist
die Tatsache, daß durch Säurung des Serums mit isotonischer Milchsäure
im Bereich der bei der Entzündung vorkommenden Acidität in vitro
eine Herabsetzung des osmotischen Druckes zu erreichen ist, die den
bei Exsudaten gefundenen Differenzen voll entspricht.

Damit ist die Ursache, die Mechanik, wenn man so sagen soll, der
Exsudation in seröse Höhlen aber noch nicht geklärt. Nur so viel kann
gesagt werden, daß osmotische Kräfte hierbei sicher ausscheiden. Ihre
Entstehung ist folgendermaßen zu erklären:

An den Capillaren stehen sich normalerweise zwei den Flüssigkeits-
aus- und -einstrom regulierende Kräfte gegenüber (SCHADE und CLAUS-
SEN[1]). Einmal der hydrodynamische Druck des Blutdruckes (6 cm Hg

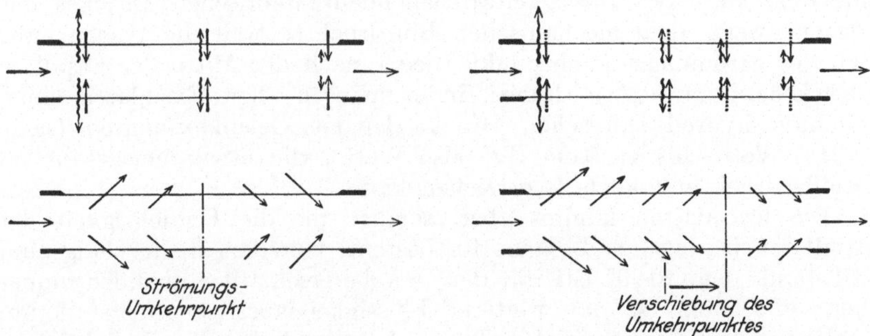

Abb. 14. Schema der normalen Verhältnisse
des Flüssigkeitsaustausches an den Capillaren
(Gleichstand von Capillarwandausstrom und
-einstrom.
(Nach SCHADE und Mitarbeitern.)

Abb. 15. Schema der Verhältnisse des Flüssigkeitsaustausches an den durch Schädigung
(Entzündung u. a.) eiweißundicht gewordenen
Capillaren. (Exsudation zufolge membranogener Hypoonkie des Capillarblutes bei normalem onkotischen Druck.)
(Nach SCHADE und Mitarbeitern.)

bis 0,5 cm Hg), der vom arteriellen zum venösen Teil der Capillare abnehmend an einer bestimmten Stelle einen Minimalwert erreicht. Ihm
steht an allen Stellen gleichmäßig als flüssigkeitsanziehende Kraft der
onkotische Druck der Plasmaeiweiße (etwa 2,5 cm Hg) gegenüber. Solange der hydrodynamische Druck den onkotischen Druck überwiegt,
erfolgt Flüssigkeitsausstrom, jenseits der Stelle, an der beide Drucke
sich die Waage halten, muß zwangläufig ein Rückstrom von Flüssigkeit erfolgen. Die nachstehenden Schemata mögen die Verhältnisse
beleuchten (Abb. 14). Nun ist für die Exsudatbildung in serösen
Körperhöhlen das Auftreten entzündlicher Veränderungen an den
Capillaren der Nachbarschaft Vorbedingung. Der hohe Eiweißgehalt
aller Exsudate beweist, daß mit den entzündlichen Veränderungen eine
Eiweißdurchlässigkeit der Capillaren einhergeht (s. oben). Es können
also die Plasmaeiweiße mit ihrem onkotischen Druck nur noch mit dem
Teilbetrag an der Capillarinnenwand wirken, für den die Membran-
undurchlässigkeit fortbesteht. Es wird also der Strömungsumkehrpunkt

---

[1] SCHADE, H., u. F. CLAUSSEN: Z. klin. Med. **100**, 363 (1924).

der Flüssigkeitsbewegung verschoben, der Ausstrom überwiegt mehr oder weniger den Rückstrom (Abb. 15). Nach dem physikalischen Prinzip der hydraulischen Presse weicht die Flüssigkeit nach den kommunizierenden großen serösen Höhlen aus und kommt dort zur Ansammlung, denn die Grenzwände geben dort am leichtesten nach, wo die Raumoberfläche am größten ist. Die Ursache für die Exsudatbildung in serösen Höhlen ist also letzten Endes die „membranogene Hypoonkie" an der Capillarwand (SCHADE) und die treibende Kraft der mechanische Blutdruck. Die Exsudation schreitet solange weiter fort, als die Capillarundichtigkeit fortbesteht. Die umgebenden Gewebe üben nun aber ihrerseits zufolge ihrer Elastizität einen Druck auf das Exsudat aus, der allseitig weiter wirkt. Er kommt also an der Capillarwand als nach innen wirkende Kraft zur Geltung, und die Exsudation wird dann Halt machen, wenn dieser nach innen wirkende Druck zusammen mit dem Rest des flüssigkeitsanziehenden onkotischen Druckes der Plasmaeiweiße dem mechanischen Blutdruck so weit die Waage hält, daß der Strömungsumkehrpunkt wieder nach der Mitte der Capillare zurückrückt (HÄBLER). Daher findet man in allen Exsudaten einen erhöhten hydrodynamischen Druck, der bei Gelenkexsudaten (siehe S. 212) Werte bis zu 6 cm Hg (also Werte, die etwa dem arteriellen Capillardruck entsprechen) erreichen kann.

Die Exsudation kommt aber, solange die die Undichtigkeit der Capillaren bedingende Ursache fortbesteht, trotzdem nicht völlig zum Stillstand, denn die Elastizität der Gewebe erschlafft allmählich immer mehr und mehr, so daß weiterer Flüssigkeitsaustritt erfolgen kann.

Wenn mit Aufhören der Entzündung und der die Undichtigkeit der Capillaren bedingenden Momente oder durch Ablagerung von Fibrin die Gefäße wieder dichter für Eiweiß geworden sind, wird auch der onkotische Druck an der Capillarwand wieder mit einem größeren Betrag wirksam. Da nun außerdem noch der elastische Druck der umgebenden Gewebe auf das Exsudat und weiterwirkend von außen her auf die Capillarwand einwirkt, überwiegt die Summe der nach innen wirkenden Druckkräfte den mechanischen Blutdruck, und der Strömungsumkehrpunkt wird nach dem Anfangsteil der Capillaren verschoben, so daß der Flüssigkeitseinstrom den -ausstrom überwiegt und Resorption des Ergusses die Folge ist (vgl. Abb. 45, S. 212) (HÄBLER).

Der Grad der membranogenen Hypoonkie, d. h. der Eiweißundichtigkeit der Capillaren, Größe und Gesamtfläche der eiweißundicht gewordenen Capillaren und das Maß der Gewebsspannung sind also die Faktoren, die das Maß der Exsudation bestimmen.

Als Folge der Wirkung dieser Faktoren lassen sich folgende Gruppen der Exsudatbildung aufstellen (SCHADE).

1. An Orten starrwandigen Gewebes, z. B. Knochen, bleibt die Exsudation, oft mikroskopisch kaum erkennbar, gering, da fast momentan der Gewebsgegendruck zur Wirkung kommt.

2. In Weichteilgeweben mit nur kleinklammerigem Maschenwerk ist die Exsudation nur mittleren Grades und den Verhältnissen der örtlichen Gewebsspannung wechselnd angepaßt.

3. Besteht Kommunikation mit großen Räumen (serösen Höhlen), so weicht das Exsudat dorthin aus, weil an ihnen infolge der vielmals größeren Wandfläche der Dehnungsdruck (Druck mal Fläche) um ein Vielfaches verstärkt zur Geltung kommen kann.

4. Kommuniziert der Ort der Entzündung mit der Außenluft (offene Geschwürsfläche, Fisteln), so kommt außer der Hemmung beim Durchsickern durch das Gewebe kein wesentlicher Gegendruck in Frage, und die Exsudation besteht so lange fort, als die Undichtigkeit der Capillaren anhält.

Beim Zusammenfließen der Eiterung zu einem einheitlichen Gewebsabsceß und beim „Wandern" der Senkungsabscesse spielen — neben zweifellos auch anderen vitalen Besonderheiten — dieselben physikalischen Verhältnisse sicher eine große Rolle.

Im Zusammenhang hiermit sei auch das Problem der fibrinösen Entzündung besprochen. Nach dem histologischen Bild läßt sich die Bildungsweise der fibrinösen Auflagerungen an der Oberfläche der serösen Häute dahin entscheiden, daß das Exsudat in flüssiger Form an die Oberfläche tritt, und erst dann eine Ausscheidung des Fibrins stattfindet (MARCHAND[1]). Dabei scheint die Bildung der trockenen fibrinösen Auflagerungen zu den obenerwähnten Befunden von OSWALD und BECHOLD im Widerspruch zu stehen. Nach ihnen erfordert ja das Fibrinogen die größte „Porenweite" zum Membrandurchtritt. Nun ist aber nach der Eiweißanalyse der Exsudate die Durchlässigkeit der Capillarwand bei der Entzündung regelmäßig ungefähr so groß, daß neben Albumin und Globulin stets auch geringe Anteile des Fibrinogens mit austreten können. Wird die Membrandurchlässigkeit nun weiter gesteigert (über die Grenze der serofibrinösen Entzündung hinaus), so ändert das an dem Durchtritt von Albumin und Globulin nichts, wohl aber steigt die austretende Fibrinogenmenge sehr rasch bis zu einer solchen Höhe, daß das Exsudat ähnlich wie das Blutplasma zu einer festen Gallerte erstarren kann. Dadurch, daß das Fibrinogen unter den Plasmaeiweißen allein zur Gerinnung befähigt ist, bleibt es allein als geronnenes Gel an den serösen Häuten fixiert. Gleichzeitig wird aber durch die Fibringerinnung die Porenöffnung der Capillarwand wieder abgedichtet, wie sich auch an künstlichen Capillarmodellen (SCHADE und CLAUSSEN) zeigen läßt. Der weitere Flüssigkeitsausstrom wird dadurch abgedämmt, und die sich noch auspressenden Flüssigkeit kommt bald mehr und mehr zum Verschwinden. Daß bei den stärkeren Graden der Entzündung dieser „Selbstschutz" des Körpers nicht funktioniert, liegt vielleicht daran, daß in diesen Fällen infolge fermentativer Prozesse (Leukocytenfermente) und vielleicht auch H-Ionenwirkung das sich bildende Fibringel wieder aufgelöst, peptisiert wird.

Kehren wir zum Bilde der akuten Entzündung zurück.

Wir hatten die osmotische Hypertonie bei der Entzündung als eine der Ursachen des „Tumor" kennengelernt. Wie kommt diese lokale Störung der osmotischen Isotonie zustande und wieweit erstreckt sie sich?

---

[1] MARCHAND: In Krehl-Marchands Handb. d. allg. Path. IV **1**, 261 ff. (1924).

Die Entzündung, besonders die akute, ist gekennzeichnet durch eine erhöhte Stoffwechseltätigkeit. Diese Stoffwechseltätigkeit liegt dabei vorwiegend in der Richtung des Abbaues, d. h. ein großes Molekül (oder Kolloid) wird in zahlreiche kleine, oft sogar bis zu den Ionen, gespalten, und an Stelle des einen osmotisch wirksamen großen Teilchens resultieren als Folge ungleich vielmehr osmotisch ebenso wirksame kleinere Teilchen. Beim Abbau von Eiweiß (Mol.-Gewicht etwa 15000) zu Harnstoff (Mol.-Gewicht = 60) würden so z. B. anstatt eines 250 Teilchen osmotische Wirkung entfalten.

Wird, wie z. B. beim Furunkel, ein umschriebener Gewebs- bzw. Zellbezirk von der akuten Entzündung befallen, so versagt gegenüber dieser intensiven Stoffwechselsteigerung die lokale osmotische Regulierung, und es kommt im Zentrum der Entzündung, wie sich am Eiter direkt hat messen lassen, zur osmotischen Hypertonie, die Werte von $\varDelta = -0{,}62$ bis $-0{,}80$, ja sogar bis zu $\varDelta = -1{,}4°$ erreichen kann (SCHADE[1]).

Die nachfolgende, der Arbeit H. SCHADES entnommene, schematische Darstellung der osmotischen Verhältnisse beim Furunkel möge zur besseren Übersicht dienen (Abb. 16).

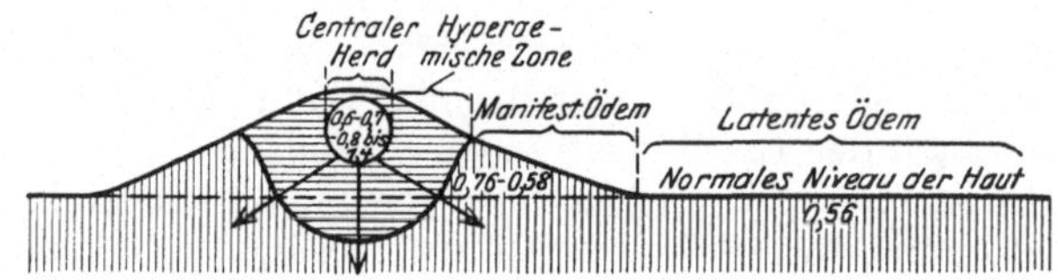

Abb. 16. Osmotische Hypertonie der Entzündung. (Nach H. SCHADE.)

Die Messung des osmotischen Druckes in der das Zentrum der Entzündung angrenzenden hyperämischen Zone ist bisher aus technischen Gründen noch nicht möglich gewesen. Die Werte für den osmotischen Druck in der Zone des „manifesten Ödems" sind dagegen durch Messungen an entzündlichen Seren wieder exakt festgelegt; auch hier findet sich noch deutliche osmotische Hypertonie.

Daß die Entzündung mit ihrem osmotischen Druckgefälle auch noch weit über die Grenze des im mikroskopischen Bild als verändert kenntlichen Bezirks hinausgeht, beweisen elastometrische Messungen. In diesem Bezirk des „latenten Ödems" herrscht zwar normaler osmotischer Druck der Gewebssäfte, eine Störung der Eukolloidität des Gewebes (als Folge osmotischer und anderer Störungen) ist aber an einer deutlichen Herabsetzung der Elastizität kenntlich.

Dabei ist bei allem zu bedenken, daß die Messungen des osmotischen Druckes nicht das Maß für die überhaupt stattfindende Teilchenvermehrung geben können, sondern nur für den trotz der Ausgleichsbestrebungen des Körpers verbleibenden Überschuß. Ständig findet starker Zustrom von Flüssigkeit nach dem Zentrum der Hypertonie hin statt, und ebenso werden ständig stark hypertonische Lösungen nach dem Gebiet des normalen osmotischen Druckes abtransportiert, so daß das

---

[1] SCHADE, H.: Münch. med. Wschr. 1907, Nr 18. — S. a. LASCH u. SCHWARZ: Arch. klin. Chir. 150, 266 (1928).

Bild der „osmotischen Stürme“ am Entzündungsherd (H. SCHADE) nicht zu Unrecht gebraucht wird.

Die Schwellung des Gewebes, die als Folge der osmotischen Hypertonie auftritt, wirkt sich auch weiterhin aus. Sie wirkt komprimierend auf das Gefäßsystem, und zwar am stärksten dort, wo der geringste Widerstand von seiten des Gefäßinnendruckes besteht: an den Venen und Capillaren. Der Abstrom des Blutes wird auf diese Weise verlegt, und es kommt trotz der arteriellen Hyperämie zunächst zu Stromverlangsamung in den Venen, dann zur Stase und endlich im äußersten Fall auch zur Zirkulationshemmung im arteriellen System und damit zur Nekrose. Das letzte besonders dann, wenn der entzündliche Herd durch starre Gewebswände eingeschlossen ist.

Da solcherart die nächstliegenden Abflußwege, die Blutbahn, mehr oder weniger gesperrt sind, zieht der Körper mehr und mehr den ihm sonst noch zur Verfügung stehenden Transportweg heran: den paraplamatischen Raum mit seiner Einmündung in die Lymphbahnen. Schon physiologischerweise wird dieser Weg benutzt. Unter dem Einfluß der Funktion kommt infolge erhöhten Stoffwechsels im Gewebe lokal eine osmotische Hypertonie zustande und wir finden dabei Lymphbildung und Lymphabstrom deutlich gesteigert. Die abfließende Lymphe wird nach Messungen von F. BOTAZZI[1] stets hypertonisch gefunden ($\varDelta = -0,61$ bis $-0,64$), es findet also auf diesem Weg ganz sicher ein Abtransport der im Übermaß vorhandenen osmotisch wirksamen Teilchen statt. Unter diesem Gesichtspunkt wird die Beteiligung des Lymphapparates an der Entzündung als extreme Beanspruchung dieses Wegs verständlich. Ausgiebige Incision mit Entspannung des Entzündungsherdes entlastet den Lymphweg und verhindert das Übergreifen der Entzündung auf die Lymphdrüsen und ihre Vereiterung.

Hat die osmotische Hypertonie im entzündlichen Exsudat ihre Ausnahmen (s. oben), so finden sich in der Störung der H—OH-Isoionie bei der Entzündung absolute Gesetzmäßigkeiten. *Mit jeder Entzündung geht eine gesteigerte Acidität einher.*

Die Ursache für diese lokale Acidität ist auch hier wieder in der Steigerung des Stoffwechsels in abbauender Richtung zu suchen, als dessen Endprodukte bevorzugt saure Stoffe gebildet werden. Die Gesetzmäßigkeit ist dabei so groß, daß, wie der Verfasser[2] in Übereinstimmung mit H. SCHADE zeigen konnte, das Maß der Acidität des Eiters oder Exsudates als sicheres diagnostisches Merkmal für den Entzündungsgrad gelten kann, so daß z. B. bei einer tuberkulösen Eiterung das Auftreten von Fieber dann sicher auf andere Ursachen als eine Mischinfektion zurückgeführt werden kann, wenn die Acidität des Exsudates die für chronische Entzündung spezifischen Werte nicht übersteigt (HÄBLER).

---

[1] BOTAZZI, F., in NEUBERG: Der Harn und die übrigen Ausscheidungen und Körperflüssigkeiten **2**, 1497.

[2] HÄBLER, C.: Klin. Wschr. **1927**, Nr 16 — Münch. med. Wschr. **1926**, Nr 47, 1970. — S. a. KOLDEJEW u. KUTZENOK: Beitr. Klin. Tbk. **69**, 472 (1928).

Bei Transsudaten nähert sich die aktuelle Reaktion der des Blutes ($p_H = 7,3$ bis $7,5$), die serösen Exsudate sind ebenfalls oft noch leicht alkalisch (p_H 7,3 bis 7,2) oder gehen nur wenig über den Neutralpunkt hinaus (bis p_H 6,9). Der Eiter chronischer Entzündung zeigt Werte von p_H 6,6 bis 7,1, während bei akuter Entzündung deutlich saure Werte gefunden werden ($p_H < 6,5$), die in extremen Fällen bis zu dem hohen Aciditätsgrad von p_H 5,39 gehen können. Dabei können die serofibrinösen Exsudate bis zu solcher Acidität gesteigert sein, daß sie die chronisch-eitrigen Exsudate in ihrem geringsten Säuregrad erreichen. Die Ursache dieser Überschneidung liegt darin begründet, daß, je intensiver die Entzündung in ihren klinischen Erscheinungen, desto größer auch die CO_2-Spannung ist.

Auch für die H-Hyperionie ist, ebenso wie für die osmotische Hypertonie, ein deutliches Gefälle vom Zentrum des Entzündungsherdes nach der Peripherie hin vorhanden, wie nachfolgendes Schema am Beispiel des Furunkels veranschaulicht (Abb. 17).

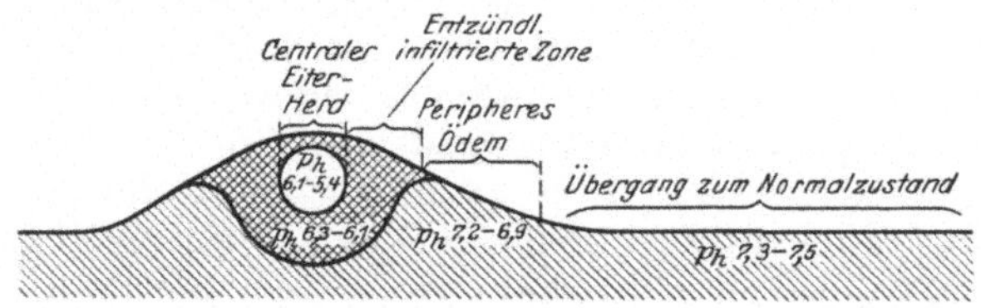

Abb. 17. H-Hyperionie der Entzündung. (Nach H. SCHADE.)

Auch hierbei ist das Bild nur der Ausdruck des Gleichgewichtszustandes, der sich für den gegebenen Zeitpunkt aus dem Maß der Säurebildung bzw. des Säurezustromes einerseits und der Säurebindung durch das Gewebe und Säureabfuhr andererseits ausbildet.

Mit der Acidität geht im allgemeinen die vorhandene CO_2-Spannung parallel.

Der Acidität antibat läuft die „Pufferungskraft" des Gewebssaftes bei der Entzündung, die im Kohlensäurebindungsvermögen zum Ausdruck kommt.

Im ersten Anfang der Entzündung werden lediglich die vorhandenen Pufferreserven des Gewebssaftes durch die gebildeten Säuren beschlagnahmt, es kommt zu einer einfachen Acidose, d. h. zu einer einfachen Abnahme des „festgebundenen" CO_2-Anteiles ohne Verschiebung der aktuellen Reaktion. Sehr bald ist der Bereich dieser „kompensierten Acidose" überschritten, und es kommt zur Vermehrung der H-Ionen, zur Acidität. Damit geht dem Gewebe und seinen Säften die Fähigkeit zur chemischen (d. h. „festen") Bindung der CO_2 verloren, es bleibt lediglich ein von der jeweiligen CO_2-Spannung und aktuellen Reaktion abhängiger Kohlensäureanteil vorwiegend physikalisch absorbiert („locker" gebunden, „auspumpbar") vorhanden, eine Tatsache, die schon A. EWALD[1] 1873 feststellte.

---

[1] EWALD, A.: Arch. f. Anat., Physiol. u. wiss. Med. **1873**, 663; **1876**, 422.

Am Gewebe des Entzündungsherdes tritt die Acidität nicht im gleichen Maße zutage, wie an den Sekreten. Vermöge seiner Pufferungskraft und des antagonistischen Quellungsverhaltens von Bindegewebsgrundsubstanz und Kollagen (SCHADE und MENSCHEL[1]) wirkt das intercelluläre Bindegewebe ganz bevorzugt als „Säurefänger" (SCHADE) und schützt so die Zellen vor der ihre Eukolloidität auf das Schwerste bedrohenden Säuerung. Es wird daher in excidiertem Gewebe aus entzündlichen Herden die Reaktion neutral oder nur wenig nach dem Sauren zu verschoben gefunden (p_H 6,8), solange das Gewebe noch lebensfähig ist. Ist aber die Pufferungskraft des Gewebes erschöpft, dann wird der Kolloidzustand der Eiweiße derart geschädigt, daß der Tod des Gewebes die Folge ist, und nun findet sich im nekrotischen Gewebe noch höhere Acidität als im umgebenden Eiter (ROHDE[2]). Es ist bislang noch nicht festgestellt, ob die anfängliche geringe Säuerung des entzündeten Gewebes auch das Zellprotoplasma mit ergreift. Die Untersuchungen ROHDES, die im wesentlichen die Befunde SCHADES und seiner Schüler bestätigen, beziehen sich nur auf größere Gewebsstücke (Zellen, intercelluläres Gewebe und intercelluläre Flüssigkeit). Die Untersuchungen SCHADES und seiner Mitarbeiter lassen es aber wahrscheinlich erscheinen, daß die Pufferung vor allen Dingen dem intercellulären Bindegewebe zukommt. Daß die Zelle selbst im Kolloidzustand ihres Protoplasmas schon durch ganz geringe Säuregrade auf das Schwerste geschädigt wird (trübe Schwellung und tropfige Entmischung, schon mikroskopisch kenntlich), geht aus den Untersuchungen von HAMBURGER[3] und M. H. FISCHER[4] hervor. Die Kolloidintegrität des Protoplasmas ist aber unerläßliche Vorbedingung für die Lebenstätigkeit der Zelle, und so ist wohl der Schluß berechtigt, daß, solange das Gewebe noch nicht der Nekrose verfallen, die aktuelle Reaktion des Zellprotoplasmas auch auf der normalen Höhe erhalten bleibt.

GSELL[5] vertritt neuerdings auf Grund experimenteller Untersuchungen die Anschauung, daß die bei Entzündungen auftretende initiale Acidität als *Abwehrmaßnahme* des Körpers anzusehen sei, und ein erster Versuch, die Bedingungen zum Abtransport des schädlichen Agens wieder herzustellen, eine Anschauung, die HERRMANNSDORFER[6] schon 1927 äußerte und zur Grundlage seiner Diätbehandlung machte.

Auch das Gleichgewicht der übrigen, für die Eukolloidität des Plasmas wichtigen Ionen, die Na-, K-, Ca-Isoionie wird bei der Entzündung gestört. Schon 1877 stellte LASSAR[7] eine K-Vermehrung in der Entzündungslymphe fest und L. TUTKEWITSCH[8] konnte in dem aus dem

---

[1] SCHADE u. MENSCHEL: Kolloid-Z. **31**, 24 (1922) — Z. klin. Med. **96**, 279 (1922).

[2] ROHDE, C.: Mitt. Grenzgeb. Med. u. Chir. **40**, 85 (1927).

[3] HAMBURGER: Physikalisch-chemische Untersuchungen über Leukocyten. Wiesbaden 1912.

[4] FISCHER, M. H.: Das Ödem. Dresden 1911 — Kolloid-Z. **8**, 159 (1911) — Die Kolloidchemie der Wasserbindung. Dresden 1927.

[5] GSELL: Krkh.forschg **7**, 70 (1929).

[6] HERRMANNSDORFER: Dtsch. Z. Chir. **200**, 534 (1927).

[7] LASSAR: Virchows Arch. **69**, 516 (1877).

[8] TUTKEWITSCH, L.: Z. exper. Med. **54**, 342 (1927).

Entzündungsgebiet kommenden Blut eine Verschiebung des Verhältnisses K zu Ca nachweisen. Auch Schade und Mitarbeiter[1] hatten bereits gefunden, daß im akuten Eiter das Kalium außerordentlich vermehrt ist. Genauere Feststellungen brachten dann die jüngsten Untersuchungen des Verfassers[2], bei denen sich zeigte, daß ebenso wie für die H-Ionenkonzentration auch für den K-Gehalt ein Parallelismus mit der Entzündungsstärke besteht. Während in serösen Exsudaten der K-Gehalt mit 12 bis 16 mg% dem des Blutserums entspricht, weisen serös-eitrige und sero-fibrinöse Exsudate Werte von 22 bis 26 mg% auf,

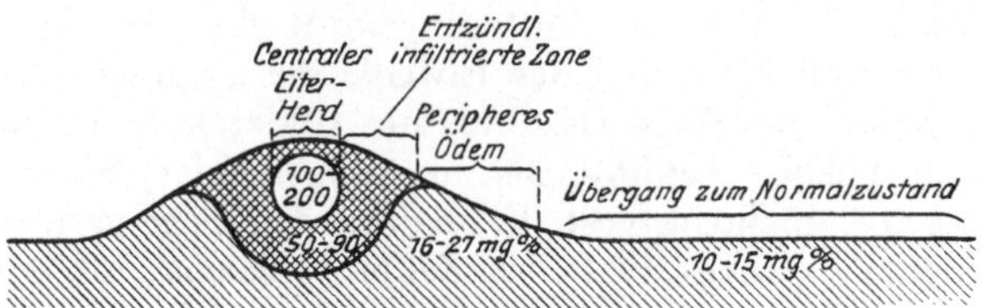

Abb. 18. K-Vermehrung bei der Entzündung. (Nach Häbler.)

und die eitrigen sind durch den enorm hohen K-Gehalt von 51 bis 205 mg% ausgezeichnet. Die Erklärung für diese Erhöhung des K-Gehaltes ist darin zu suchen, daß, je intensiver der Entzündungsprozeß, desto mehr Zellen zerstört werden und das in ihnen enthaltene K frei wird. Es läßt sich also auch für die K-Vermehrung bei der Entzündung ein ähnliches topographisches Bild wie für osmotischen Druck und H-Ionenkonzentration aufstellen (vgl. Abb. 18).

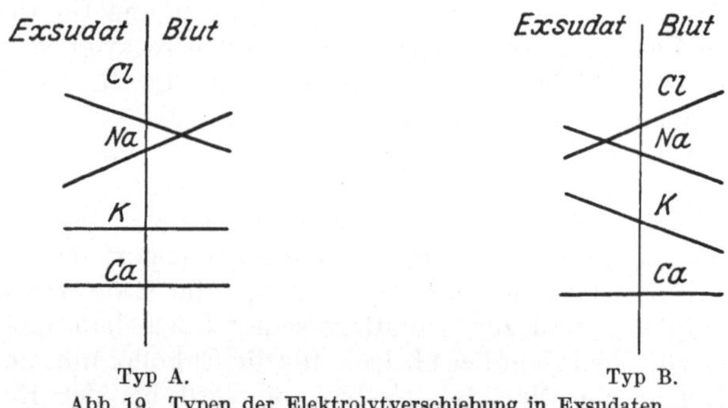

Abb. 19. Typen der Elektrolytverschiebung in Exsudaten.
(Nach Schade, Claussen, Häbler, Hoff, Mochizucki und Birner.)

Die Untersuchungen von Schade und Mitarbeitern haben gezeigt, daß die Veränderungen des Ionengehaltes der Exsudate gewisse Gesetzmäßigkeiten aufweisen. Es lassen sich nämlich (zum Teil entsprechend dem Grad der Entzündung) zwei verschiedene Typen der Elektrolytverschiebung zwischen Blut und Exsudaten feststellen, die durch folgende Schemata dargestellt werden (Abb. 19).

---

[1] Schade, H., F. Claussen, C. Häbler, F. Hoff, N. Mochizucki u. M. Birner: a. a. O. S. 367.

[2] Häbler, C.: Klin. Wschr. 8, 1569 (1929).

Typ A mit Cl-Zunahme und Na-Verminderung wird vorwiegend bei den schwachen Graden der Acidität gefunden, während Typ B mit Cl-Abnahme, Na- und K-Zunahme bei stärkerer Acidität und bei allen eitrigen Exsudaten auftritt (wie bei allen Vorgängen kommen auch hierbei Übergangsformen vor).

Es ist für die Erklärung der Entstehung der Exsudate durch rein mechanische Momente (s. oben) von Wichtigkeit, daß sich diese beiden Typen der Elektrolytverschiebung auch außerhalb des Körpers in vitro reproduzieren lassen: Typ A wird bei einfacher Dialyse von normalem gegen angesäuertes Serum gesetzmäßig gefunden, während Typ B den Unterschied im Elektrolytgehalt der Ultrafiltrate normalen und stark sauren Blutes darstellt.

Das Zustandekommen der beiden Typen der Elektrolytverschiebung bei der Entzündung kann man sich daher derart vorstellen: Wird das Blut der Capillaren des Entzündungsherdes nicht wesentlich über einen üblichen Grad hinaus mit Säure beladen, so funktioniert praktisch die Capillarwand als Scheide zwischen einem sauren und einem alkalischen Bezirk, zwischen entzündetem Gewebe und noch leidlich normalem Blut. Das aber sind nach den oben angeführten Versuchen die Bedingungen für das Zustandekommen der Elektrolytverschiebung des Typ A. Kommt es dagegen im Entzündungsgebiet — teils durch die Stärke der Entzündungsacidität erzwungen, oder bei geringer lokaler Acidität durch hinzutretende Strömungsverlangsamung begünstigt — zu einer Acidität des Capillarblutes, so verliert die Capillarwand mehr und mehr ihre Rolle als Scheide zweier im p_H-Wert scharf unterschiedener Gebiete, und damit auch ihre Befähigung zu obiger Elektrolytdifferenzierung. Gleichzeitig hat sich in dem sauern Blut durch Austausch zwischen Blutkörperchen und Serum die Elektrolytverschiebung des Typ B vollzogen, die sich weiterwirkend auch den Flüssigkeiten außerhalb der Capillarwand mitteilt, so daß dann ebenfalls im Exsudat die Elektrolytverschiebung des Typ B zur Erscheinung kommt[1].

Auch die letzte für das normale Zelleben wichtige Konstante, die „Isothermie", ist bei der Entzündung gestört. Es ist physiko-chemisch ganz zweifellos, daß infolge des gesteigerten Chemismus (wie auch in vitro bei stürmischen chemischen Reaktionen zu beobachten) eine gesteigerte lokale Wärmebildung stattfindet, und daß der „Calor" des Entzündungsherdes nicht allein in der vermehrten Blutdurchströmung seine Ursache hat.

So haben wir von den klassischen Kardinalsymptomen der Entzündung, den Rubor, den Tumor und den Calor im Lichte physikochemischer Betrachtung kennen gelernt, und als Grundursache aller dieser Erscheinungen den erhöhten Stoffwechsel gefunden.

Doch auch für die beiden übrigen Symptome, Dolor und Functio laesa, sind enge Beziehungen zur physikalischen Chemie gegeben.

---

[1] SCHADE, CLAUSSEN, HÄBLER, HOFF, MOCHIZUCKI u. BIRNER: a. a. O. S. 385 ff.

Als erster machte wohl MASSART[1] darauf aufmerksam, daß das menschliche Auge imstande ist, schon ganz geringe Differenzen des osmotischen Druckes eingebrachter Lösungen von dem der Tränenflüssigkeit durch Schmerzempfindung zu' unterscheiden, eine Beobachtung, die von SCHADE und BEHR[2] bestätigt wurde. Später fanden BRAUN[3], RITTER[4] und RHODE[5], daß die Injektion von Lösungen indifferenter Stoffe in das Gewebe dann Schmerzen hervorruft, wenn ihre osmotische Konzentration von der des Normalserums abweicht, und zwar um so mehr, je größer die Differenz ist. Allerdings ist die Empfindung hierbei nicht so fein wie am Auge. Erst wenn die Konzentration jenseits von $\varDelta = -0{,}34$ bis $-1{,}30$ liegt, wird ein wesentlicher Schmerz ausgelöst. Die osmotische Hypertonie im Entzündungsherd erreicht Werte von $\varDelta = -0{,}8$ bis $1{,}4°$, liegt also noch eben innerhalb der Grenze desjenigen osmotischen Druckes, der bei Injektion indifferenter Lösungen keinen wesentlichen Schmerz auslöst, ihr Einfluß auf den Entzündungsschmerz dürfte also wohl nur gering sein.

Dagegen ist die Störung der H—OH-Isoionie von wesentlichem Einfluß auf den Entzündungsschmerz. In Selbstversuchen, die später auch von HÄBLER und HUMMEL[6] bestätigt wurden, konnten v. GAZA und BRANDI[7] zeigen, daß bei intracutaner Injektion isotonischer Pufferlösungen ein lebhafter Schmerz hervorgerufen wird, wenn die Lösung saurer als die normale Gewebsreaktion ($p_H < 7{,}2$) ist. Dieser Schmerz ist um so intensiver je größer die H-Ionenkonzentration.

Doch auch die H-Hyperionie ist nicht die alleinige Ursache. Wie wir gesehen haben, ist in den entzündlichen Exsudaten das K deutlich vermehrt. Schon BOMMER[8] hat darauf aufmerksam gemacht, daß die Injektion isotonischer KCl-Lösung enorm schmerzhaft ist, eine Beobachtung, die HOFF und LEUWER[9] bestätigen konnten. HÄBLER und HUMMEL zeigten dann weiter in Selbstversuchen, daß bei Injektion von K-haltigen Pufferlösungen der Schmerz immer heftiger ist und wesentlich länger bestehen bleibt als der durch die Na-haltige Puffer gleichen Acidität hervorgerufene. Während dieser bereits nach 20—30 Sekunden abgeklungen ist, ist nach der Injektion K-haltiger Lösungen unter Umständen noch nach 1 Stunde und länger Schmerz spürbar. Bei den sauren K-haltigen Puffern ließ der intensivste Schmerz nach kurzer Zeit um ein Gewisses nach, und es blieb dann längere Zeit ein „Restbetrag" bestehen, der als K-Wirkung, während der „Überschuß" als durch die H-Ionen bedingt angesehen werden muß. Es wurde dann weiter festgestellt, daß die niedrigste noch eben Schmerz erzeugende Konzentration des K-Ion ungefähr bei 12 mg% liegt, also wenig höher

[1] MASSART: Archives de Biol. **9**, 325 (1889).
[2] SCHADE: Physik. Chemie in d. inn. Med. **1923**, 450.
[3] BRAUN, H.: Die Lokalanästhesie. Leipzig 1905.
[4] RITTER, C.: Mitt. Grenzgeb. Med. u. Chir. **14**, 241 (1905).
[5] RHODE, H.: Arch. f. exper. Path. **91**, 173 (1921).
[6] HÄBLER u. HUMMEL: Klin. Wschr. **7**, 2151 (1928).
[7] v. GAZA u. BRANDI: Klin. Wschr. **5**, H. 25 (1926).
[8] BOMMER: Klin. Wschr. **4**, 1208 (1925).
[9] HOFF u. LEUWER: Z. exper. Med. **51**, 1 (1926).

ist, als die Konzentration des Serums. Außerdem machte sich bei der dem Serum entsprechenden Konzentration eine schmerzlindernde Wirkung des Ca-Ions bemerkbar. An größerem Material hat dann der Verfasser[1] die Beteiligung des K-Ions am Zustandekommen des Entzündungsschmerzes beweisen können. Es zeigte sich nämlich, daß alle diejenigen Exsudate, deren Reaktion in einem Bereich lag, in dem schmerzauslösende Wirkung der H-Ionen nicht mehr angenommen werden konnte, dann klinisch schmerzhaft waren, wenn ihr K-Gehalt vermehrt war.

Auf das Beispiel des Furunkels bezogen, wäre also zu sagen: der intensivste Schmerz im Zentrum der Entzündung wird erzeugt einmal durch den enorm hohen K-Gehalt, zu dem sich der Schmerz durch die Erhöhung der H-Ionenkonzentration und des osmotischen Druckes addiert. Der in der Umgebung vorhandene, wenn auch geringere Schmerz ist, da hier die Acidität nur gering, jedenfalls nicht höher als p_H 6,9, in der Hauptsache als durch die hier bestehende K-Vermehrung bedingt anzunehmen. Daß bei den kalten Abscessen mit ihrer meist nur geringen osmotischen Hypertonie die Acidität stets nur geringe Grade erreicht und auch der K-Gehalt meist nicht vermehrt gefunden wird, ist als Ursache ihrer Schmerzlosigkeit anzusehen (HÄBLER).

Neben diesen Ursachen schreibt SCHADE[2] auch den mechanischen Bedingungen des Gewebsdruckes einen Einfluß auf den Schmerz, besonders auf die Entstehung des „klopfenden Entzündungsschmerzes", zu. Er weist darauf hin, daß man an jeder Stelle einer pulsierenden Arterie das Gefühl des Klopfens hervorrufen kann, wenn man durch Anlegen einer RECKLINGHAUSENschen Manschette den Außendruck auf das Gefäß so weit steigert, daß er dem auf der Gefäßwand lastenden Innendruck gerade das Gleichgewicht hält. In diesem Zustand ist die Gefäßwand maximal entspannt und die Ausschläge bei der Pulsation erreichen ihren Höhepunkt. Daher das subjektive Gefühl des Klopfens.

Zweifellos kann der Turgescensdruck des Gewebes (= die Summe der im Gewebe herrschenden Kräfte), der bei der Entzündung erheblich gesteigert ist, ein Gleiches bedingen. Als Beweis dafür kann angesehen werden, daß der klopfende Schmerz besonders an solchen Stellen auftritt, wo starre Teile (z. B. Knochen oder Nagel) das Ausweichen des geschwollenen Gewebes verhindern, und daß der Schmerz bei Hochlagerung des Gliedes, Entspannung durch Incision oder Steigerung des Blutdruckes durch Stauung verschwindet.

Es sind also für den „Dolor" der Entzündung mannigfache physikochemische Ursachen erkenntlich, und auch sie haben letzten Endes alle ihre Ursache in dem „Stoffwechselbrand des Gewebes".

Und endlich werden die Störungen der physiko-chemischen Konstanten auch zur Ursache des letzten klassischen Symptomes, der Functio laesa.

---

[1] HÄBLER: Klin. Wschr. 8, 1569 (1929).
[2] SCHADE, H.: Die physikalische Chemie in der inneren Medizin, S. 108. Dresden 1922.

Die osmotische Hypertonie hat schwere Schädigungen der Zell-funktion zur Folge. Schon Lösungen von $\Delta = -0,6$ bis $-0,9°$ rufen eine Schrumpfung der Zellen bis fast um $^1/_5$ ihres Volumens hervor (HAMBURGER an roten Blutkörperchen). An dieser Schrumpfung nimmt auch der Zellkern teil. Eine osmotische Veränderung des Blut-serums um 10% setzt bei Leukocyten die Phagocytose um über 17% herab (HAMBURGER und HEKMA[1]).

Die bei der Entzündung auftretenden Grade der Acidität sind groß genug, um morphologisch an den Zellen eine „trübe Schwellung" (HAM-BURGER[2]) und wahrscheinlich auch „fettige Degeneration" (M. H. FISCHER und M. O. HOOKER[3]) kenntlich zu machen. Alle an und im Gewebe vor sich gehenden fermentativen Prozesse haben ihre optimale Reaktion, Veränderungen in der aktuellen Reaktion bringen eine Herab-setzung dieser Prozesse mit sich, die sich bis zur völligen Lahmlegung steigern kann (vgl. L. MICHAELIS, Die Wasserstoffionenkonzentration). Wie weit diese Störungen gehen können, zeigen Versuche von RONA und NEUKIRCH[4] am isolierten Kaninchendarm. Das Optimum der Peristaltik des Darmes liegt bei p_H 7,35, also praktisch gerade bei Blutreaktion. Jede Abweichung von dieser Reaktion macht die Darm-bewegung träger, und bei p_H 5,7 erlischt sie völlig. Die Tatsache, daß bei akut eitrigen Exsudaten derart saure Reaktionen durchaus gefunden werden, zeigt, daß selbst so ausgesprochen klinische Symptome, wie die Darmlähmung bei Peritonitis, die Berücksichtigung physiko-che-mischer Verhältnisse erfordern (SCHADE).

Auch am Gewebe in der Umgebung des Entzündungsherdes treten tiefgreifende kolloidchemische Veränderungen als Folge der Störung der physiko-chemischen Konstanten auf.

Für die Wirkung der Neutralsalzionen auf Eiweiße gelten die sog. HOFMEISTERschen Reihen. Auf Eiweiße in alkalischer Lösung wirken im Sinne einer Ausfällung die Anionen:

$$SCN > I > Br > NO_2 > Cl > CH_3COO > HPO_4 > SO_4 > Tartrat > Citrat$$

und die Kationen

$$Ca > Mg > Cs > Rb > K > Na > Li$$

(HÖBER, HOFMEISTER, W. PAULI[5]).

Dabei tritt in saurer Lösung eine genaue Umkehr der Reihen ein. H. SCHADE[6] konnte nun nachweisen, daß für das normale Bindegewebe

---

[1] HAMBURGER u. HEKMA: Biochem. Z. **3**, 88 (1907).

[2] HAMBURGER: Physikalisch-chemische Untersuchungen über Leukocyten. Wiesbaden 1912.

[3] FISCHER, M. H., u. M. O. HOOKER: Kolloid-Z. **18**, 242 (1916).

[4] RONA, P., u. P. NEUKIRCH: Arch. f. Physiol. **144**, 555 (1912); **146**, 371 (1912); **148**, 273 (1912).

[5] HÖBER: Beitr. chem. Physiol. u. Path. **11**, 35 (1907). — Phys. Chemie der Zelle und der Gewebe. Leipzig 1924. — HOFMEISTER, F.: Arch. f. exper. Path. **24**, 1, 243 (1888); **25**, 1 (1889); **27**, 395 (1890); **28**, 210 (1891). — PAULI, WO.: Beitr. chem. Physiol. u. Path. **3**, 225 (1903); **5**, 27 (1904); **7**, 531 (1906) — Pflügers Arch. **78**, 315 (1899).

[6] SCHADE, H.: Z. exper. Path. u. Ther. **14**, 1 (1913). — SCHADE, H. u. H. MEN-SCHEL: Z. klin. Med. **96**, 279 (1922).

im Quellungseinfluß die Ionen der Neutralsalze sich gemäß den HOF-
MEISTERschen Reihen ordnen. Bei diesen Untersuchungen fand er bereits, daß in pathologischen Fällen (Ödem, Peritonitis, Lungentuberkulose) diese Gesetzmäßigkeit nicht mehr vorhanden ist.

Bemerkenswerte Ergebnisse in dieser Richtung erhielten von v. GAZA
und WESSEL[1]. Während beim normalen Bindegewebe die Quellungswirkung des Na-Ions die des Ca-Ions übertrifft (besonders stark ist
diese Verschiedenheit am Sehnengewebe ausgeprägt), kehrt sich am
entzündeten Bindegewebe die Wirkung der Kationen geradezu um.
In noch stärkerem Ausmaß tritt die Umkehr am Sehnengewebe zutage.
Ebenso findet sich eine Umkehr bei den Anionen Cl und SO_4. Normalerweise wirkt das Cl-Ion auf das Gesamtbindegewebe und auf die Sehnen
stärker quellend als das SO_4-Ion. Bei der Entzündung dagegen übertrifft das SO_4-Ion das Cl-Ion um ein Vielfaches an Wirkung. v. GAZA
und WESSEL sprechen daher von einer „Veränderung der Quellbereit-
schaft der Gewebskolloide“. Es erscheint wahrscheinlich, daß die bei
der Entzündung auftretende lokale Acidität hierbei eine Rolle spielt.
So fand H. SCHADE nach Vorbehandlung normalen Gewebes mit Säure
eine partielle Umkehr der physiologischen Anionenreihe, und ein Blick
auf die Anordnung in den HOFMEISTERschen Reihen zeigt, daß die gefundene Umkehr der Wirkung durchaus der Umkehr der Reihen in ihrer
Fällungswirkung auf Eiweiß im alkalischen oder sauren Milieu entspricht.

Weitere tiefgreifende Änderungen am entzündlichen Gewebe und
seiner Eukolloidität zeigen mikroskopische und klinische Beobachtungen:
die kollagene Faser wirkt als „Säurefänger“ und sucht, soweit als möglich,
die gebildete Säure zu binden. Die ursprünglich im morphologischen
Bild „acidophile“ Faser wird zur Säure und damit „basophil“. Der
Zellverband wird durch Schwellung gelockert und die Schwellbarkeit
der Zellen wird bedeutend gesteigert. Die oft enorme Schwellung, die
z. B. offene Panaritien im Wasserbad erfahren, das Vorquellen der
Granulationen an Fisteln und offenen Wunden bei noch bestehender
Entzündung in der Tiefe (ein diagnostisch wichtiges Zeichen für diese)
sind in diesem Sinne zu bewerten. Es sei hier daran erinnert, daß auch
das tuberkulöse Gewebe eine weitgehend veränderte Quellbarkeit zeigt.
Bespült man bei Gelenkresektionen wegen Tuberkulose das Operations-
gebiet mit Wasser, so wird das gesunde Gewebe nur wenig verändert,
während das tuberkulöse Gewebe deutlich grau wird (NEUBER, zitiert
nach SCHADE).

Die Gewebskolloide im entzündeten Gebiet sind an Teilen und am
Ganzen in bezug auf Elastizität, Härte und Reißfestigkeit (vgl. z. B.
die Erfahrungen beim Unterbinden entzündeter Gefäße) weitgehend
verändert, alles Zeichen für Zustandsänderungen der Gewebskolloide
in soloider oder geloider Richtung. Daß bei allen diesen Veränderungen
auch rein mechanische Vorgänge eine wichtige Rolle spielen, darf bei
aller Würdigung der rein physikalischen Zustandsänderungen der
Kolloide nicht vergessen werden.

---

[1] v. GAZA u. H. WESSEL: Z. exper. Med. **32**, 1 (1923).

Die bei der Ausheilung der Entzündung, besonders bei der Aufräumun
der Zelltrümmer auftretenden Prozesse sind im wesentlichen dieselber
wie sie bei der Wundheilung vor sich gehen, sie sollen daher im nächste
Abschnitt ausführlicher mit besprochen werden.

Hier sei zusammenfassend noch einmal darauf hingewiesen, da
uns die physiko-chemische Betrachtung für die mannigfachen Er
scheinungen der Entzündung einen großen und ihnen allen gemeinsame
Zug und eine gemeinsame Grundursache, die Störung der für die Eu
kolloidität des Plasmas notwendigen Konstanten, in wunderbarer Er
gänzung des morphologischen und klinischen Bildes vor Augen ge
führt hat.

Es sei anhangsweise auch noch besprochen, inwiefern die ver
schiedenen Maßnahmen der Therapie die Entzündung physiko-chemiscl
beeinflussen, Zusammenhänge, auf die als erster aufmerksam gemach
zu haben, wiederum das Verdienst von H. SCHADE[1] ist.

Die Störung der physiko-chemischen Konstanten im Entzündungs
herd zieht weiter wirkend eine Schädigung der Gewebsmassen, be
sonders der Plasmakolloide der Zellen nach sich. Können die Störunger
der physiko-chemischen Konstanten ausgeglichen werden, ehe di
Zellen bzw. Gewebskolloide dieser Schädigung erliegen, so kann voll
Heilung eintreten. Ist der Ausgleich, der in der Hauptsache vor
Blut her geschieht, aber unvollkommen, so ist fortschreitender Zell
und Gewebszerfall die Folge. Ein Circulus vitiosus tritt ein: Stoffwechsel
steigerung — Störung der physiko-chemischen Konstanten — kolloide
Zellzerfall — dadurch Freiwerden autolytischer Fermente und erneut
Stoffwechselsteigerung. Gelingt es, wenigstens am Rande des Ent
zündungsherdes, schwerste physiko-chemische Störungen zu vermeiden
so wird auch das Fortschreiten der Entzündung verhindert, es tritt „De
markation" ein; und da im Zentrum die vorhandenen Körperstoff
immer mehr und mehr abgebaut werden, wird auch die Intensitä
der Stoffwechselvorgänge geringer, die Entzündung geht in das chro
nische Stadium über. Damit wird aber auch dem Blut der Abtranspor
der Stoffwechselschlacken und der Ausgleich der physiko-chemischer
Störungen wieder erleichtert, und es kommt allmählich zur Heilung

Die Therapie kann in allen Stadien helfend eingreifen.

Die Intensität der Stoffwechselvorgänge kann durch Kälteanwendun
(Eisbeutel usw.) vermindert werden. Ganz allgemein geht nach de
VAN T'HOFFSCHEN R.G.T.-Regel die Geschwindigkeit chemischer Vor
gänge bei je 10° Temperaturverminderung um etwas mehr als die Hälft
zurück. Im gleichen Sinn kann verminderte Sauerstoffzufuhr durcl
Hochlagerung des entzündeten Gliedes wirken. Durch solche Verminde
rung des „Stoffwechselbrandes" wird dem Blut der Abtransport de
Schlacken und der Ausgleich der Störungen erleichtert, und ein Fort
schreiten des Prozesses kann vermieden werden.

Der chirurgische Eingriff am zentralen Herd entfernt die entzünd
lichen Gewebssäfte nach außen und entlastet somit die Abflußwege

---

[1] SCHADE, H.: Arch. klin. Chir. **123**, 784 (1923) — Phys. Chemie i. d. inn. Med
S. 466ff.

Dadurch, daß die im Übermaß vorhandene CO_2 entweichen kann, wird die lokale Acidität verringert, und durch Baden des offen zutage liegenden Entzündungsherdes in Wasser oder hypotonischen Lösungen wird ein Ausgleich der osmotischen Hypertonie geschaffen.

Hyperämiebehandlung wirkt von der Peripherie her im Sinne einer Abstromverbesserung der osmotischen Hypertonie entgegen, und das Nachbargewebe wird zu vermehrter osmotischer Mitarbeit herangezogen.

Da die Säureüberladung einen Teil der osmotischen Überladung ausmacht, bringen alle diese Maßnahmen gleichzeitig eine Entlastung von den im Übermaß gebildeten Säuren mit sich. Ganz speziell die Acidität bekämpfend wirkt die Umspritzung des Herdes mit Eigenblut (LÄWEN), das einen besonders guten Puffer darstellt, und die Injektion alkalischer Pufferlösungen in den Entzündungsherd (V. GAZA und BRANDI[1]). Sie verhindern das Vordringen der für die Eukolloidität des Zellprotoplasmas so schädlichen Acidität der akuten Entzündung und bekämpfen mit ihr auch gleichzeitig den durch sie bedingten Schmerz.

Auch die Alkalidarreichung bei septischen Prozessen nach VORSCHÜTZ[2] (die übrigens nach Angabe dieses Autors bei der Tuberkulose versagt) und die alkalotische Diät bei Entzündungsfieber gehören zu der „antiacidotischen" Entzündungstherapie, obwohl bei diesen Allgemeinmaßnahmen die Wirkung auf das vegetative Nervensystems (s. auch Kap. 3) nicht außer acht gelassen werden darf. Ihre günstige Wirkung bei septischen Prozessen dürfte auch mit darauf beruhen, daß durch sie die Flüssigkeitsbewegung im Gewebe auf „Exsudation" umgestellt wird (s. u.), so daß das Eindringen der Toxine in die Blutbahn vermieden, oder wenigstens vermindert wird.

Das alkalische Seifenbad bei offenen Entzündungen leitet über zu den kolloidbeeinflussenden Heilmaßnahmen. Ehe auf sie näher eingegangen wird, möge aber zunächst noch die Säuerungstherapie nach SAUERBRUCH-HERRMANNSDORFER[3] besprochen werden.

Es ist nach Untersuchungen des Verfassers unmöglich, durch sie oder durch Gaben des stark acidotisch wirkenden Ammonchlorids die H-Ionenkonzentration des Eiters zu ändern, wohl aber läßt sich, wie KAPLANSKI und TOLKATSCHEWSKAJA[4] experimentell zeigen konnten, durch dauernde Anwendung saurer Kost eine Säuerung der Gewebe erwirken. Diese Säuerung, das erscheint wichtig, erreicht aber nur geringe Grade. Es muß auffallen, daß die saure Kost-Therapie gerade bei chronischer Entzündung (z. B. Tuberkulose) eine besonders gute

---

[1] V. GAZA u. BRANDI: Klin. Wschr. **6**, 1 (1927).

[2] VORSCHÜTZ: Dtsch. Z. Chir. **127**, 535 (1914).

[3] HERRMANNSDORFER: Arch. klin. Chir. **138**, 396 (1925) — Dtsch. Z. Chir. **200**, 534 (1927). — Ver. Ges. Verdgskrkh. **1927** — Med. Klin. **1929**, 1325 — Z. ärztl. Fortbildg **26**, 580 (1929). — SAUERBRUCH, HERRMANNSDORFER, GERSON: Münch. med. Wschr. **1926**, H. 2. — SAUERBRUCH u. HERRMANNSDORFER: Münch. med. Wschr. **1928**, 35. — HERRMANNSDORFER, JUNG u. STEIN: Münch. med. Wschr. **1927**, 711.

[4] KAPLANSKI, S., u. N. TALKATSCHEWSKAJA: Z. exper. Med. **63**, 90 (1928).

Wirkung entfaltet, während sie nach der Mitteilung von NATHER und
JALCOWITZ[1] (die allerdings sich nicht streng an die SAUERBRUCH
HERRMANSDORFERschen Vorschriften hielten, sondern die acidotische
Umstellung durch Ammonchloridgaben zu erreichen suchten) bei akute:
Osteomyelitis, geschlossenen Furunkeln und Abscessen versagt. Das
steht in Einklang damit, daß bei den chronischen Entzündungen die
Gefahr nicht so sehr in der lokalen Acidität selber liegt, da ja bei ih:
die H-Hyperionie nur relativ gering ist. Die säuernde Diät bewirk
durch die im Blut und den Gewebssäften auftretende Acidose eine Um
stellung der onkotischen Kräfte auf Resorption (H. SCHADE, s. u.), sie
beeinflußt zweifellos auch den Quellungszustand der Gewebskolloide
(s. S. 75) und wirkt sich endlich auch auf den Tonus des vegetativer
Systems (s. Kap. 3) aus. Aus dem Einfluß auf die Kolloidbeschaffen
heit des Bindegewebes wird die günstige Wirkung der Diätbehandlung
beim Lupus verständlich, ebenso auch die Tatsache, daß durch sie die
exsudative Form der Lungentuberkulose in die produktive übergeführ
werden kann. Örtliche Stauung scheint geeignet, durch CO_2-Anhäufung
die Acidose lokal zu erhöhen und damit die Umstellung der onkotischer
Kräfte durch Säureschwellung der roten Blutkörperchen zu begünstiger
(WATERMANN u. KEMPER: Dtsch. Z. Chir. [im Druck]). Der Wider
spruch zwischen den beiden Therapien, der alkalisierenden und de:
säuernden, ist also nur ein scheinbarer und die physiko-chemisch
Betrachtung scheint geeignet, ihn ebenso zu klären, wie den zwischer
der Kälte- und Wärmebehandlung, und Richtlinien für die Anwendung
zu geben.

Anmerkung bei der Korrektur: Herr Prof. SCHADE hatte die Liebenswürdigkeit
dem Verfasser über das Ergebnis seiner in Gemeinschaft mit BECK und REIMER,
vorgenommenen, noch nicht veröffentlichten Untersuchungen folgendes mit-
zuteilen: Die klinische und experimentelle Erfahrung hatten gezeigt, daß acido
tische Kost die Sekretion der Wunden verminderte, während alkalotische di
Wunden feucht werden ließ. Von dieser Beobachtung ausgehend, haben wi:
(H. SCHADE, A. BECK und C. REIMERS) die p_H-Werte an granulierenden Wunder
in ihrer Abhängigkeit von der Diät geprüft. Es ergab sich dabei, daß an der Wund(
je nach der Tiefe des aufliegenden Sekretes ganz verschiedene Werte zur Messun,
kamen. Die Ursache dieses Wechselns konnte dahin aufgeklärt werden, daß ir
Sekret der frei zutage liegenden Wunde ein steiles Gefälle der Kohlensäure vor
handen ist. An ein und derselben Wundstelle waren z. B. in der Oberschicht de,
Sekretes alkalische, in einer Unterschicht dagegen saure und beim Eintritt vo:
kleinster Blutung aus den Granulationen wieder alkalische Werte zu messer
Diese Schwankungen waren so groß, daß es nicht möglich war, den Einfluß vo
saurer und alkalischer Kost an frei zutage liegenden Wunden zu prüfen.

Um nun „geschlossene" Wunden, d. h. solche, bei denen jene Art des Kohlen
säuregefälles nicht vorhanden ist, zu erzeugen, wurden durchlochte Glashohlkugel:
operativ in das Gewebe versenkt, und sodann das sich in diesen Kugeln ansammelnd
Sekret physiko-chemisch untersucht. Dabei ergab sich, daß die saure und alka
lotische Kost keinerlei merkliche Verschiebung des H-Ionenstandes im Sekre
dieser geschlossenen Wundhöhlen hervorbrachte. Dagegen war bei saurer Diä
sehr deutlich eine kompensierte Acidose, bei alkalotischer Diät die entgegen
gesetzte Veränderung zu finden und quantitativ an dem Maß der Kohlensäure
spannung und dem Säurebindungsvermögen zu verfolgen. Nun hat aber nach
unseren früheren Untersuchungen (H. SCHADE und C. MAYR), welche am Beispie:

---

[1] NATHER, K., u. A. JALCOWITZ: Arch. klin. Chir. **140**, 9 (1926).

der Leukocyten angestellt sind, auch schon die kompensierte Acidose starke
Einflüsse auf die Zelle und ihre Funktionen. Für die Annahme einer Beeinflussung
der Wunde durch die Kost war somit eine experimentelle Grundlage gewonnen.
Immerhin war die Frage, aus welchem Grunde bei der acidotischen Diät gerade
die Exsudation so auffällig gegenüber den Verhältnissen bei der alkalotischen
zurücktrat, noch nicht im Speziellen beantwortet.

Der mechanische und onkotische Druck der Blutplasmaflüssigkeit ist nach
den Gesetzen der Onkodynamik (Schade und Claussen) bei sonst gleichen Verhältnissen entscheidend für die Größe und Richtung des Flüssigkeitsaustrittes im
Gewebe. Wird im Blut ein acidotischer Zustand hervorgerufen, so schwellen die
Blutkörperchen. Das hierzu nötige Wasser wird dem Blutplasma entzogen und
die Konzentration der Eiweiße im Plasma kommt dadurch zum Steigen. Im
Acidotischwerden des Blutes ist also eine Ursache zur Erhöhung des onkotischen
Druckes der Blutflüssigkeit gegeben. Die Blutacidose führt sonach die „Einstellung der Capillaren auf Resorption“, die Alkalose demgegenüber „die Einstellung auf Exsudation“ herbei. Auch diese Verhältnisse sind durch die Ver-
folgung des onkotischen Druckes am Blut von Versuchstieren kontrolliert und
bestätigt. Wenn die resorptive Einstellung, d. h. die Wirkung der Acidose und die
Wirkung der sauren Kost dennoch bei der tuberkulosen Entzündung nicht in
gleichem Maße zu eindeutigen Resultaten der Trockenlegung und Heilungs-
begünstigung führt, so liegt dies darin, daß die genannte Capillareinstellung nur
eine von den sicherlich recht mannigfaltigen Wirkungen der sog. sauren Kost
ist. Von ungünstigen Wirkungen haben wir selbst (H. Schade und F. Claussen)
schon früher die Beschleunigung des Wachstums der Tuberkelbacillen bei den
Acidosengraden der Entzündung experimentell festgestellt.

Bei der lokalen Behandlung durch Umschläge mit Tannin, essig-
saurer Tonerde und Schwermetallsalzen kommt vor allen Dingen die
kolloidverfestigende Wirkung dieser Stoffe zum Ausdruck, die sich
einmal auf das entzündlich geschwollene und gelockerte Protoplasma
der Zellen auswirkt und zum anderen eine Abdichtung der Capillaren
bewirkt.

Speziell ionenbedingt ist auch die Wirkung der K-haltigen Umschläge bei schlecht heilenden Wunden nach v. Gaza[1] und Schück[2],
durch die eine Erweiterung der Capillaren und damit bessere Blut-
abstromverhältnisse geschaffen werden; während andererseits bei Ca-
und Sr-Darreichungen die kolloidverfestigende Wirkung dieser Ionen
im Vordergrund steht, so daß ihre günstige Wirkung bei exsudativen
Prozessen (Pleuraergüsse, Pneumonie [Herrmann[3], Rabe[4]], Fisteln,
Ulcera cruris und granulierenden Wunden [Hummel und Salzmann[5]])
verständlich wird. Auch bei der Sauerbruch-Herrmannsdorferschen[6]
bzw. Gersonschen Diätbehandlung der Tuberkulose spielen Veränderungen im Ionengehalt der Gewebssäfte eine Rolle, denn bei
ihr wird die Zufuhr des Na-Ions völlig eingeschränkt (s. auch
Kap. 12).

---

[1] v. Gaza: Zbl. Chir. **1923**, 265.

[2] Schück: Klin. Wschr. **1926**, 2014.

[3] Herrmann, E.: Münch. med. Wschr. **1925**, 11.

[4] Rabe: Münch. med. Wschr. **1928**, 1077.

[5] Hummel u. Salzmann: Münch. med. Wschr. **1928**, 1553.

[6] Baer, Herrmannsdorfer u. Kausch: Ergebnisse kochsalzfreier Ernährung
bei Lungentuberkulose. München 1929. — Herrmannsdorfer: Die diätetische
Vor- und Nachkur bei der operativen Behandlung der Lungentuberkulose.
Leipzig 1929.

Für die akute Entzündung stellt der chirurgische Eingriff das Ideal dar, wenn sich durch ihn der zentrale Herd der Stoffwechselsteigerung zugleich mit dem Eiter entfernen läßt. Die Quelle der Störungen wird entfernt, und das Blut kann leicht im Gewebssaft die physiko-chemischen Konstanten wieder herstellen, so daß den Zellen die Möglichkeit zur Erholung gegeben ist. Hyperämiebehandlung kann dabei in weitestem Sinne unterstützend wirken.

Es erscheint eine erfolgversprechende Aufgabe, durch klinische Beobachtung im Verein mit physiko-chemischer Forschung die Richtlinien für das therapeutischen Handeln bei der Entzündung genauer festzulegen und womöglich zu erweitern.

Wir fassen zusammen:

Die bei der Entzündung vorkommenden Störungen der für die Eukolloidität des Plasmas wichtigen Konstanten lassen sich schematisch etwa folgendermaßen zusammenstellen:

Eukolloidität des Plasmas		Stoffwechselbrand der Entzündung	
	H·-OH'-Isoionie (p_H 37° = etwa 7,33)		H-Hyperionie; Übermaß der CO_2-Spannung
	Na-K-Ca-Isoionie (etwa 100:2:2)		Störung der Na-K-Ca-Isoionie, besonders K-Vermehrung
	osmotische Isotonie ($\varDelta = -0,55-0,58$)		osmotische Hypertonie (ev. Hypotonie)
	Isothermie (36,5—37,5°)		Hyperthermie
	Isoonkie p_onk = etwa 2,5 cm Hg		Membranogene Hypoonkie des Capillarblutes.

Diese Störungen geben die physiko-chemische Grundlage der klinischen Entzündungssymptome.

Die lokale Acidität führt zu einer Erweiterung der Capillaren und wirkt damit am Zustandekommen der entzündlichen Hyperämie des „Rubor" mit. Im gleichen Sinn ist die Vermehrung an K-Ionen wirksam.

Wandständiges Haftenbleiben und Emigration der Leukocyten und die Phagocytose werden als Folge der Änderungen der Grenzflächenspannung erkenntlich.

Die osmotische (und onkotische) Hypertonie wird zur Ursache der Schwellung und des entzündlichen Tumors.

Osmotische Hypertonie, lokale Acidität und K-Vermehrung sind die Ursachen des Entzündungsschmerzes.

Die membranogene Hypoonkie des Capillarblutes infolge Eiweißundichtwerdens der Capillaren, das seinerseits wiederum durch die lokale Acidität zustande kommt, wird die Ursache der Exsudatbildung, besondern in serösen Höhlen, und die Besonderheiten des physiko-chemischen Verhaltens der Exsudate kann aus ihrer Entstehung erklärt werden.

Osmotische Hypertonie und lokale Acidität sind ebenfalls an der „Functio laesa" mit beteiligt.

Durch die Änderungen der normalen Milieubeschaffenheit finden tiefgreifende Änderungen im Kolloidzustand des Bindegewebes im Entzündungsherd und seiner Umgebung statt, die sich besonders in veränderter Quellung und mechanischem Verhalten darstellen.

Die für die Therapie der Entzündung sich ergebenden Anwendungen der physiko-chemischen Erkenntnisse werden besprochen und auf die gerade in dieser Beziehung noch notwendige Forschung wird hingewiesen.

7. Physikalisch-chemische Vorgänge bei der Wundheilung.

Auch für die Betrachtung der molekularpathologischen Vorgänge bei der Wundheilung wird sich die Anlehnung an das morphologische Bild als fruchtbar erweisen. Viele Vorgänge, die wir bei der Entzündung i. e. S. kennen gelernt haben, werden wir auch hierbei wieder antreffen.

Als Prototyp der Wundheilung wird von pathologisch-anatomischer Seite die Heilung einer Hautwunde angesehen. Sie stellt in der Hauptsache eine Funktion des Bindegewebes dar, jenes Gewebe, das SCHADE auf Grund seiner physiko-chemischen Untersuchungen als Organ in dem Sinne angesprochen hat, daß es ganz bestimmt determinierte Funktionen hat.

Zunächst die einfachste Art der Wundheilung, die Heilung p. p.

Im histologischen Bild füllt sich der entstandene Defekt zunächst mit einer fibrin- und eiweißreichen, corpusculäre Blutbestandteile enthaltenden Flüssigkeit aus. Sie stammt einmal aus den direkt eröffneten Gefäßen, zum anderen kommt sie durch Exsudation aus den Gefäßen des Randgebietes zustande, in denen kongestive Hyperämie auftritt.

Für diese Hyperämie haben wir mehrere Gründe: die durchschnittenen Gewebsbündel ziehen sich infolge ihrer Elastizität zusammen, sie erfahren dadurch eine Volumenvermehrung, und es kommt so zur Kompression der Gefäße. Die Folge dieser Kompression muß zentral davon rein mechanisch eine Blutstauung sein. Das Gleiche tritt an den durchtrennten Gefäßen ein, die sich durch Blutgerinnung endständig schließen. Außerdem kann die Gefäßwand direkt vom Trauma getroffen werden, es kommt dann durch Lähmung der Gefäßmuskeln und -nerven ebenfalls zu einer Erweiterung der Capillaren.

Infolge der Stauung in den Gefäßen kommt es zu einer Anhäufung von Kohlensäure und damit lokaler Acidität. Der durch die Stauung bedingte Sauerstoffmangel bedingt eine Änderung des Zellstoffwechsels, es bilden sich infolge mangelhafter Oxydation organische Säuren (wie Milchsäure, Buttersäure und andere), und da diese Stoffwechselendprodukte nicht abtransportiert werden, denn auch die abführenden Gefäße sind verlegt, tragen sie ihrerseits wieder zur Erhöhung der lokalen Acidität bei. Daß diese lokale Acidität ebenfalls wesentlich zur Erweiterung der Gefäße beiträgt, haben wir bei der Entzündung bereits kennengelernt.

Daß tatsächlich eine lokale H-Hyperionie zustande kommt, konnte GIRGOLAFF[1] durch elektrometrische Messungen an p. p. heilenden Wunden mit Hilfe der SCHADEschen Subcutanelektrode nachweisen. Er fand schon 2 Stunden nach der Verletzung für die Reaktion in der

---

[1] GIRGOLAFF, S.: Zbl. Chir. **1924**, 2297.

Wunde p_H 6,71 gegenüber der normalen von SCHADE, NEUKIRCH und HALPERT[1], von ROUS[2] und von ihm gemessenen, leicht alkalischen Reaktion von p_H 7,1 bis 7,3.

Diese Acidität kann bis p_H 6,32, also einem erheblich sauren Wert steigen und bleibt relativ lange erhalten. GIRGOLAFF fand noch nach 9 Tagen p_H 6,97 und selbst nach 14 Tagen war die normale Reaktion noch nicht völlig wieder hergestellt. Es wird auch darauf später noch zurückzukommen sein.

Die Art, wie der Austritt der Plasmaeiweiße aus den erweiterten und durch die Acidität veränderten Gefäßen vor sich geht, ist die gleiche, wie bei der akuten Entzündung.

An den Eiweißen des Blutes selbst gehen dabei ebenfalls Veränderungen des Kolloidzustandes vor sich. So fand LÖHR[3] nach sterilen Operationen im kreisenden Blut die Eiweißkolloide nach der grobdispersen Phase hin verschoben unter Zunahme der Globulinfraktionen, besonders des Fibrinogens. Ob diese Verschiebung durch den Verlust der höher dispersen Kolloide in das Wundgebiet allein zu erklären ist, mag zweifelhaft erscheinen, vielmehr ist eher an einen Selbstschutz des Körpers gegen den drohenden Verlust zu denken. Immerhin fehlen noch exakte Beweise dafür, daß Veränderungen der geschilderten Art in den Gefäßen des Wundgebietes selbst stattfinden; Druckerhöhung, Erhöhung der Gefäßwanddurchlässigkeit infolge der Dehnung und durch die Kolloidveränderung infolge der H-Hyperionie geben bereits eine ausreichende Erklärung für den Austritt der kolloiden Stoffe aus den Gefäßen.

In der den Wundspalt erfüllenden Flüssigkeit kommt es nun, mikroskopisch sichtbar, sehr bald zur Ausscheidung von Fibringerinnseln. Diese Gerinnung stellt wiederum einen kolloidchemischen Vorgang dar. Sie ist aufbauend auf der klassischen Lehre der Blutgerinnung, die sich an die Namen ALEX. SCHMIDT, HAMMARSTEN, PECKELHARING, MORAWITZ, FULD und SPIRO knüpft, in kolloidchemischer Hinsicht besonders von E. WÖHLISCH[4] untersucht und weiter geklärt worden. Der Vorgang ist kurz dieser: das Blutplasma enthält alle zur Gerinnung notwendigen Substanzen bzw. deren Vorstufen in gelöster Form, nämlich das Fibrinogen, das Prothrombin, das Trombozym und die Ca-Ionen. Hat das Blut oder Plasma die Gefäße verlassen, so findet unter dem Einfluß benetzbarer Fremdkörper, in der Wunde Gewebstrümmer, Bindegewebsfibrillen usw., eine eigenartige, nur an der benetzten Wand verlaufende Reaktion statt, bei der unter Zusammenwirken von Prothrombin, Thrombocym und Ca-Ionen das Thrombin entsteht. Die Abgabe von Zellprodukten aus der Wunde oder aus den Blutzellen (Thrombokinase) vermag diesen Vorgang außerordentlich zu beschleunigen. Das Thrombin bewirkt in irreversibler Weise eine Entladung und Entquellung der Fibrinultramikronen, die sich daraufhin zu-

---

[1] SCHADE, NEUKIRCH u. HALPERT: Z. exper. Med. **24**, 11 (1921).
[2] ROUS u. PEYTON: J. of exper. Med. **41**, Nr 3, 399—411, Nr 4, 451—470 (1925).
[3] LÖHR, W.: Dtsch. Z. Chir. **183**, 1 (1923) — Arch. klin. Chir. **121**, 390 (1922).
[4] WÖHLISCH, E.: Dtsch. med. Wschr. **38**, (1925).

sammenlagern, was zum makroskopischen Vorgang der Gelbildung, d. h. der Gerinnung, führt.

An den Gefäßen der Randzone treten im histologischen Bild zwei weitere Erscheinungen auf, das wandständige Haftenbleiben der Leukocyten und ihr Durchwandern durch die Gefäßwand nach dem den Defekt füllenden Gerinnsel zu. Beides Erscheinungen, die in verstärktem Maße auch bei der Entzündung im engeren Sinne angetroffen werden, und deren physiko-chemische Ursachen wir dort kennenlernten.

Außer den Leukocyten wandern bekanntlich auch noch andere, aus dem Gewebe stammende, sonst ruhende Zellen ein. Es ist sehr wahrscheinlich, daß auch dabei kolloidchemische Veränderungen, die mit einer Änderung der Oberflächenspannung einhergehen, eine Rolle spielen. Experimentelle Beweise fehlen allerdings noch vollständig.

An dem Gewebe der Wundränder setzen nun tiefgreifende Änderungen ein. Die fibrilläre Zwischensubstanz des Bindegewebes, die infolge ihrer Festigkeit rein mechanisch ein Hindernis bietet, verschwindet immer mehr und mehr, und die vorher protoplasmaarmen spindeligen Bindegewebszellen werden größer, nehmen rundliche Gestalt an und vermehren sich, es entsteht ein jugendliches Bindegewebe.

Es ist bekannt, daß das jugendliche Gewebe bedeutend wasserreicher und weicher ist als alterndes Gewebe, daß es kolloidchemisch sich dem soloiden Zustand nähert. So sinkt der Gesamtwassergehalt schon beim wachsenden Fetus von 95 auf 76%, beim Kind bis zu 70% und mit zunehmendem Alter finden wir nur noch bis 59% (OPPENHEIMER[1]). Ebenso wie kolloide Gele beim Altern einer Kolloidverfestigung damit zeigen, daß sie weniger elastisch nachgiebig werden, läßt sich auch am menschlichen Bindegewebe zeigen, daß es beim alternden Individuum einen höheren elastischen Widerstand zeigt, als das Bindegewebe des Jugendlichen (BÖNNINGER[2], HÄBLER und POTT[3]).

Wodurch die Änderung im Wassergehalt des Bindegewebes in der Umgebung der Wunde zustande kommt, ist noch durchaus unbekannt. Zwei Arten der Wasseraufnahme sind möglich: die Wasseraufnahme durch Quellung, bei der die chemische Natur der kolloiden Micelle nicht verändert wird, und die chemische Umwandlung unter Wasseraufnahme durch Hydrolyse. Wahrscheinlich gehen beide Vorgänge Hand in Hand.

Daß Fermente, typische Zellprodukte, eine Rolle bei der Umwandlung spielen, macht schon die im mikroskopischen Bild sichtbare enorme Zellvermehrung wahrscheinlich. Die Art der dabei wirksamen Fermente ist noch nicht einwandfrei erwiesen. Neben tryptisch wirkenden Fermenten, also solchen, deren Wirkungsoptimum bei alkalischer Reaktion liegt, sind in Leukocyten auch pepsinähnliche Fermente, Pepsinase, ferner Peptase, Arginase u. a. nachgewiesen. Durch diese Fermente findet rein chemisch unter Wasseraufnahme eine Umwandlung der Gewebssubstanz statt, eine Hydrolyse. Die Fermentwirkung selbst ist

---

[1] OPPENHEIMER: Handb. d. Biochem. 1913, Ergänzungsband 61.
[2] BÖNNINGER: Z. exper. Path. 1, 180 (1905).
[3] HÄBLER, C., u. I. POTT: Klin. Wschr. 1926, Nr 29, 1317.

physiko-chemisch ein katalytischer Vorgang und nach OPPENHEIMER[1] nicht an den Lebensvorgang der Zelle als solcher gebunden. (Als Katalysatoren bezeichnet man Substanzen, die ohne selbst an der Reaktion, teilzunehmen, eine chemische Reaktion durch ihre bloße Anwesenheit beeinflussen, teils hemmend, teils beschleunigend. Dabei ist spezifisch, daß sie schon in minimaler Konzentration wirksam sind, es genügt sehr oft schon eine Katalysatorkonzentration von 1:10000 bis 100000, um eine Reaktion um das Vielfache ihres Anfangsbetrages zu beschleunigen.) BREDIG[2] konnte zeigen, daß all die Eigentümlichkeiten, die

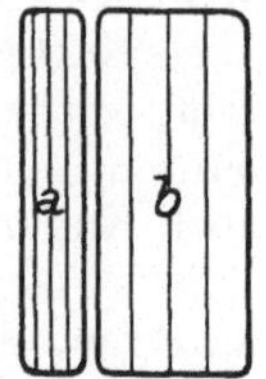
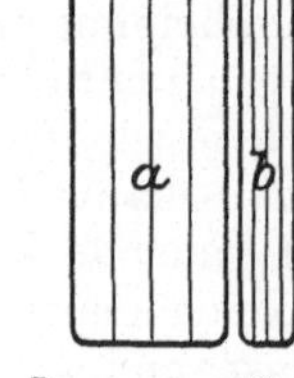

Abb. 20. Antagonistisches Quellungsverhalten von kollagenen Fasern (a) und von Grundsubstanz (b) im Bindegewebe. (Nach H. SCHADE.)

man für Fermente als spezifisch anzusehen gewöhnt war, auch bei Katalysatoren sich dann nachweisen lassen, wenn sie kolloider Natur sind, so daß er vorgeschlagen hat, kolloide Metallhydrosole als „anorganische Fermente" zu bezeichnen. Daß auch dabei die aktuelle Reaktion, d. h. die H-Ionenkonzentration, genau wie bei den Fermenten eine Rolle spielt, sei nur nebenbei erwähnt.

Mit diesen durch Katalyse beschleunigten chemischen Reaktionsvorgängen gehen zweifellos Vorgänge kolloidchemischer Natur, besonders Quellungsvorgänge, Hand in Hand.

VON GAZA nimmt an, daß die entstehende Säure den Quellungsvorgang der Kolloide, besonders des Kollagens günstig beeinflußt. Die Vorgänge liegen aber zweifellos komplizierter. So konnten z. B. SCHADE und MENSCHEL nachweisen, daß im Quellungsverhalten von Bindegewebsgrundsubstanz und Kollagen in den intravital vorkommenden Säurekonzentrationen geradezu Antagonismus besteht, wie obige

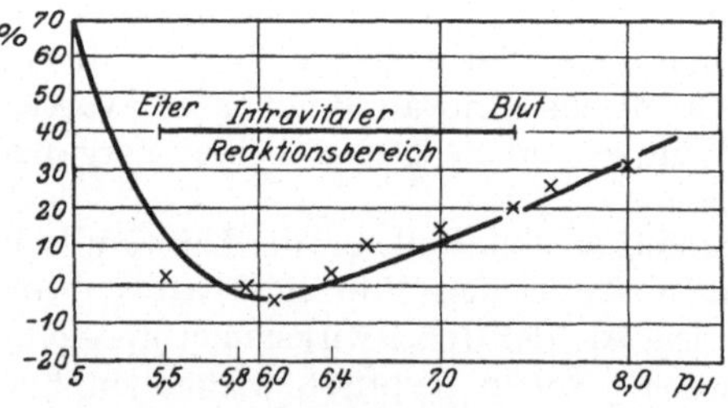

Abb. 21. Quellungsverhalten des Gesamtbindegewebes im intravitalen Reaktionsbereich. (Nach SCHADE und MENSCHEL.)

Abbildung (Abb. 20) zeigt. Es findet sogar bei den Aciditätsgraden, wie sie von GIRGOLAFF in der p. p. heilenden Wunde nachgewiesen wurden, eine Entquellung des Kollagens statt, und auch das Gesamtbindegewebe zeigt in diesem Bereich eine Quellungsabnahme (Abb. 21). Dabei läßt sich zeigen, daß Zusatz von Neutralsalzen der Säurequellung antagonistisch wirkt. Viel wahrscheinlicher als H-Ioneneinflüsse scheinen hier osmotische Einflüsse und Einflüsse rein mechanischer Art zu sein. SCHADE und MENSCHEL konnten zeigen, daß sich das Binde-

---

[1] OPPENHEIMER: Die Fermente u. ihre Wirkung. Wiesbaden 1913.
[2] BREDIG: Erg. Physiol. 1 (1902).

gewebe im Körper im ungesättigten Quellungszustand befindet. Schon kleinste Differenzen des mechanischen Druckes haben auffallend große Veränderungen der Gewebsquellung zur Folge. Solche Veränderungen sind aber durch die Durchtrennung der Gewebe gegeben. Weiterhin wird durch den lebhaften Stoffwechsel im Wundgebiet und durch die Verhinderung des Abtransportes der Stoffwechselendprodukte eine Erhöhung des osmotischen Druckes geschaffen. Mit der Erhöhung des osmotischen Druckes geht Wasseranziehung zum Zweck des Ausgleiches Hand in Hand. Und zum andern wird durch Änderung des umgebenden Milieus, wie auch sonst bei Kolloiden, das Quellungsverhalten des Bindegewebes tiefgreifend geändert. Änderungen im Quellungsverhalten des Bindegewebes, wie sie bei der Entzündung gefunden wurden (v. GAZA und WESSEL[1]), sind als Folge dieser Milieuänderungen auch bei der Wundheilung zu erwarten. Ob dabei, ebenso wie bei der Entzündung, Änderungen im Verhältnis der K-Ionen zu den Ca-Ionen und Schwankungen des Chloridgehaltes vorkommen, muß dahingestellt bleiben. Die Tatsache, daß neben der außerordentlichen Ähnlichkeit im morphologischen Bild das physiko-chemische Kardinalsystem der Entzündung, die lokale Acidität, beiden Prozessen gemeinsam ist, läßt die Vermutung wahrscheinlich erscheinen, daß auch im Wundgebiet die „Na, Ka, Ca Isoionie" gestört ist. Sie kann dann ihrerseits wieder, wie die Quellungsversuche zeigen, einen gewaltigen Einfluß auf das Verhalten des Bindegewebes ausüben. Noch aber sind auch für die Entzündung i. e. S. die Befunde zu spärlich, um ein klares Bild darüber zu bekommen, ob die Hauptrolle beim Abbau im Gewebe den Fermenten oder den Milieuveränderungen zuzuschreiben ist. Ein weites und aussichtsreiches Gebiet physiko-chemischer Forschung harrt hier der Bearbeitung.

Bei dem nunmehr im mikroskopischen Bild zu beobachtendem Abbau des Fibringerinnsels spielen ganz ähnliche Vorgänge eine Rolle. Wasseraufnahme und Abgabe des Fibrins sind ja in hohem Grade reversibel (M. v. FISCHER[2]).

M. H. FISCHER fand weiterhin, daß die H-Ionen eine deutliche Quellung des Fibrins bewirken können. Ganz die gleiche Wirkung kommt, sogar in vermehrtem Maße, den OH-Ionen zu. Zusatz von Neutralsalzen wirkt auch hier wieder, wie beim Bindegewebe, antagonistisch. Auch hierbei zeigt sich für Anionen und Kationen die Wirkung in der Ordnung der HOFMEISTERschen Reihen und die Umkehr dieser Reihen im sauren gegenüber alkalischen Milieu.

Den H-Ionen als solchen ist bei der Fibrinauflösung zweifellos eine wichtige Rolle zuzuschreiben in dem Sinne, daß ihre Verminderung eine Dispersitätserhöhung des vorher durch H-Ionenvermehrung ausgefällten Fibrinkolloids bewirkt, was gleichbedeutend mit Auflösung ist. Wie alle Kolloide hat auch das Fibrin seinen isoelektrischen Punkt,

---

[1] v. GAZA u. WESSEL: Z. exper. Med. **32**, 1 (1923).
[2] FISCHER, M. H.: Das Ödem. Dresden 1911 — Die Kolloidchemie der Wasserbindung. Dresden 1927.

d. h. diejenige H-Ionenkonzentration, bei der die Konzentration der positiven Kolloidionen gleich der der Kolloidanionen ist. In diesem Punkt besitzt das Kolloid sein Stabilitätsminimum. Beim Fibrinogen ist der I.E.P. nach der Untersuchung von WÖHLISCH[1] und DE WAELE offenbar nicht scharf ausgeprägt, es findet sich vielmehr neben einem Fällungsmaximum bei p_H 4,5 noch eine zweite Flockungszone zwischen p_H 7—9. Genauere Feststellungen darüber, die zum Teil in der Schwierigkeit der Methodik begründet sind, fehlen vorläufig leider noch. Am ausgefallenen Fibrin fand WÖHLISCH[1] ein Quellungsminimum zwischen p_H 6,2—6,8, also gerade bei den Säurewerten, die GIRGOLAFF in der Wunde fand. Nun geht nach GIRGOLAFFs Messungen offenbar (analog der Entzündung) mit Einsetzen der Heilungsvorgänge auch die Acidität wieder zurück, so daß damit die Dispersität bzw. Quell-bereitschaft des Fibringels erhöht und seine Auflösung begünstigt würde. Ein Vergleich der physiko-chemischen Messungen mit dem histologischen Bild, wie er in jedem Fall wünschenswert ist, könnte auch hier interessante Aufschlüsse geben. Fermente spielen zweifellos auch hierbei eine Rolle, ebenso wie beim Abbau des Bindegewebes.

Der Übergang zu der nun zu beobachtenden Neubildung von Gewebe ist auch im histologischen Bild kein plötzlicher. Stets finden wir Abbau und Anbau nebeneinander, ja miteinander vergesellschaftet.

Die kolloidchemischen Vorgänge der Neubildung des Gewebes gleichen in ihrer Art weitgehend denen beim Abbau. Es ist gerade für hydrophile Kolloide, zu denen auch die Eiweiße gehören, typisch, daß alle Vorgänge an und mit ihnen weitgehend umkehrbar, reversibel sind. Es scheint Schwierigkeit zu haben, daß im engbegrenzten Raum (wir sehen im mikroskopischen Bild oft Anbau und Abbau nur wenige μ voneinander getrennt) zwei entgegengesetzt wirkende Faktoren ver-eint sein sollen, zumal das umgebende (wässerige) Milieu kaum eine Grenze setzt. Eine solche Annahme ist aber durchaus nicht nötig. Nach den Gesetzen der Reaktionskinetik ist bekannt, daß der Ablauf jeder reversiblen Reaktion dadurch bestimmt wird, ob die Reaktions-endprodukte in genügendem Maße abtransportiert werden. Über-wiegen die Reaktionsendprodukte die Ausgangsprodukte, so kann ohne weiteres eine Umkehr der Reaktion eintreten. Andererseits kann jede Reaktion, wenn ihre Endprodukte nicht in gehörigem Maße abtrans-portiert werden, eine völlig andere Richtung erhalten. Ganz ebenso können fermentative Prozesse durch Reaktionskoppelung in eine ganz bestimmte Richtung (auch Umkehr) geleitet werden (Wo. OSTWALD[3]). Auch Einflüsse kolloider Natur können hemmend oder richtungsändernd auf katalytische und fermentative (kolloid-chemisch dasselbe) Prozesse wirken (JAKOBY[4]).

---

[1] WÖHLISCH: Z. exper. Med. **40**, 137 (1924) — Klin. Wschr. **1923**, 1073. — WÖHLISCH u. J. SCHLOSS: Z. Biol. **85**, 542 (1927) — Z. exper. Med. **40**, 137 (1924).
[2] WAELE, H. DE: Abstracts of commun to the XIIth intern. physiol. Congress 1926, p. 165.
[3] OSTWALD, WO.: Grundriß der Kolloidchemie. Dresden 1909.
[4] JAKOBY: Erg. Physiol. **1902**, 1.

Welcher Art die Vorgänge bei der Neubildung der fibrillären Zwischensubstanz, der Umwandlung der jugendlichen Zelle in die protoplasmaarmen Bindegewebszelle, kurz bei der Ausbildung der Narbe sind, ist zur Zeit noch ungeklärt.

VON GAZA nimmt an, daß in der in lebhaftem Stoffwechsel befindlichen jugendlichen Zelle eine saure Reaktion besteht, die den soloiden Zustand begünstigt. Mit dem Anhäufen des Kollagens in der Zelle werde auch seine Synthese und der Stoffwechsel verlangsamt, die Reaktion werde mehr neutral. Diese neutrale Reaktion und die Anhäufung des Kollagens wirkten nun ausfällend bzw. kolloidverfestigend, und es käme so zur Abscheidung von Kollagen. Diese Abscheidung gehe in Form der Synaerese vor sich, d. h. es scheide sich das Kolloid in verfestigter Form aus, wobei die zurückbleibende Flüssigkeit aber noch immer den kolloiden Stoff, nur in wesentlich größerer Verdünnung, enthalte, ein Vorgang, wie man ihn beim Altern hydrophiler Kolloide, z. B. Gelatine, beobachten kann. Dadurch, daß nun in der Zelle selbst die Kolloidkonzentration abnehme, sei die Möglichkeit der Neubildung geschaffen.

So ansprechend diese — bislang durch experimentelle Befunde noch nicht bewiesene — Hypothese ist, fehlt es nicht an anderer Meinung. HERINGA und LOHR[1] weisen darauf hin, daß eine weitgehende Analogie besteht in der Entstehung kollagener Fasern und der Fasernbildung, welche in einer Anzahl kolloider Lösungen (den Stäbchensolen SZEGVARÍS) vor sich geht. Das kollagene Drahtsol umgibt als neblige Hülle die Mesenchymzellen. Innerhalb derselben prägen sich dann die Fasern, ohne daß die Annahme einer individuellen Beteiligung der Zelle am Fasernaufbau nötig wäre. Die Fibrillenbildung ist vielmehr als eine Gelatinierung der kollagenen Kolloidlösung aufzufassen. Sie ist letzten Endes eine Agglutination kolloider Micelle auf Grund micellarer Anziehungskräfte. So findet auch die bekannte Bündelung der Kollagenfasern ihre Analogie in der von SZEGVARI für Drahtsole entdeckten Parallelorientierung der Fäden.

Die zunehmende Verfestigung der zunächst weichen neugebildeten Substanz findet ihre völlige Analogie im Altern der Kolloide. Besonders hydrophile Kolloide, wie die Eiweiße sie darstellen, nehmen im Alter deutlich an Festigkeit zu, womit eine Verminderung des Wasserbestandes Hand in Hand geht. Die Tatsache, daß in der Wunde dieser Vorgang bedeutend schneller als sonst stattfindet, läßt darauf schließen, daß Veränderungen im umgebenden Milieu, wahrscheinlich die Abnahme der H-Ionenkonzentration, Ausgleich der osmotischen Verhältnisse infolge wieder einsetzenden Abtransportes der Stoffwechselprodukte und die Einfügung des Stoffwechsels in normale Bahnen überhaupt, vielleicht auch fermentative Prozesse mitspielen.

Die Erscheinung, daß das deckende Epithel nur dann über das den Defekt erfüllende Gewebe hinüberwächst, wenn dieses die als

---

[1] HERINGA u. LOHR: Nederl. Tijdschr. Geneesk. **69** II, 1985 (1925). **70**, 2773 (1926).

Grundlage geeigneten Eigenschaften besitzt, läßt vermuten, daß hierbei Oberflächenerscheinungen im Spiele sind. L. Loeb[1] führt die unter dem Einfluß von Verwundungen auftretende amöboide Bewegung des Epithels auf den Einfluß elektrischer Potentialdifferenzen zurück. Auch solche Potentialdifferenzen gehören zu den besonders an Oberflächen zu beobachtenden capillarchemischen Erscheinungen.

Bei der Heilung unter dem Schorf, der zweiten Art der Primärheilung, finden ganz dieselben Vorgänge statt, wie sie soeben geschildert sind. Die Ausbildung des Schorfes selbst stellt sich als typische Synaerese dar, indem die Kolloide unter Wasserverlust sich immer mehr verfestigen und diese Verfestigung soweit geht, daß sie eine absolut undurchlässige Schicht bilden. Derartige Vorgänge sind in der Kolloidchemie genügsam bekannt. Es sei als Beispiel angeführt, daß Ultrafilter aus kolloider Substanz, z. B. aus Collodium, wenn man sie nicht vor Austrocknung schützt, immer dichter werden und sogar fast undurchlässig werden können.

Bei der Heilung durch Granulationsbildung, die dann eintritt, wenn größere Defekte vorhanden sind, finden wir dieselben physiko-chemischen Vorgänge wieder: anfänglich die Ausfüllung des Defektes mit einem fibrinreichen Gerinnsel, das zu Gerinnung kommt, und seine Umwandlung in jugendliches Gewebe, das Granulationsgewebe. Als etwas Besonderes tritt uns dabei die Sekretion aus der Wunde entgegen. Auch hier ist die Ursache, wie sonst bei der Exsudation in einer membranogenen Hypoonkie des Capillarblutes infolge der fast stets mit vorhandenen Entzündung zu suchen. Da infolge der Kommunikation mit der Außenluft der Gewebsgegendruck fehlt, sezerniert die Wundfläche so lange stark (oft Wochen und Monate), als im Nachbargewebe eine, wenn auch nur geringe Entzündung fortbesteht. Dabei enthält das Wundsekret, ebenso wie das entzündliche Exsudat Albumine, Globuline und das Fibrinogen des Blutes (Lieblein[2]). Erst wenn die Entzündung heilt, wird die Wunde „trocken“. Die Capillaren werden cessante causa wieder dichter, und die Abscheidung von Fibrin trägt weiter mit zur Abdichtung des Filters bei. Bei dem zweifellos fermentativen Abbau der nekrotischen Gewebstrümmer findet weiterhin eine Erhöhung des osmotischen Druckes statt, die ihrerseits wieder vermehrten Flüssigkeitszustrom bedingt. Die stärkere Durchsetzung des Sekretes mit Leukocyten deutet darauf hin, daß die oben erwähnten oberflächenspannungserniedrigenden Substanzen dabei in erhöhtem Maße gebildet werden. Daß bei diesem Abbau und dem erhöhten Stoffwechsel auch eine vermehrte Säurebildung stattfindet, ist durch elektrometrische Messungen erwiesen. Dabei ist sehr bemerkenswert, daß auf einer dünnen Oberschicht der Wunde, meßbar an dem dort befindlichen Sekret, eine Überkompensation der Säuerung bis zum deutlich Alkalischwerden eintritt dadurch, daß hier örtlich die Kohlensäure aus den Gewebssäften entweichen kann. Das ist besonders an granulierenden

---

[1] Loeb, L.: J. med. Res. **41**, 247 (1920).
[2] Lieblein, V.: Bruns' Beitr. **35**, 42 (1902).

Wunden und an Geschwüren, namentlich an Unterschenkelgeschwüren, bewiesen (SCHADE und CLAUSSEN[1]). ROHDE[2] fand mit Hilfe der Indicatorenmethode (die die vorhandenen CO_2-Verhältnisse nicht so exakt berücksichtigen kann, wie die elektrometrische Messung) an gesundem Granulationsgewebe Werte von p_H 6,8—7,5, bei chronisch eitrigen Prozessen Werte in der Nähe des Neutralpunktes (p_H 6,8—7,4). Waren die Granulationen schlaff, trocken und zerfallend, so war ihre Reaktion nur wenig von der des umgebenden Gewebes verschieden und mehr nach dem Sauren zu verschoben (bis p_H 6,4). Daß er bei solchen Granulationen auch hochalkalische Werte (bis p_H 8,5) fand, stimmt mit den Befunden von SCHADE und CLAUSSEN überein und dürfte auf das Entweichen der CO_2 zurückzuführen sein. Mit dem Nachlassen der intensiven Stoffwechselvorgänge dann, wenn alle als Fremdkörper wirkenden Gewebstrümmer entfernt sind, und damit, daß durch Neubildung von Gefäßen auch der Abtransport der Abbauprodukte geregelt und die Rückdiffusion des Wundsekretes ermöglicht wird, gehen auch die die Durchlässigkeit der Gefäße bedingenden Momente zurück: die Sekretion wird geringer. Gleichzeitig findet eine Verfestigung der Wundkolloide im Sinne einer Synaerese statt, und auch damit wird der Abschluß der Wundfläche nach außen zunehmend dichter. Im Granulationsgewebe selbst kommen die vorher schon beschriebenen Umwandlungsvorgänge zum Ausdruck, und es resultiert als Ende des Heilungsvorganges die Narbe, die sich allmählich immer mehr verfestigt.

Die Exsudation und die destruktiven Vorgänge werden erhöht, wenn bakterielle Infektion hinzutritt. Es treten dann alle Erscheinungen der akuten Entzündung auf, die wir oben kennenlernten.

Der Abbau der Gewebskolloide macht dann nicht auf einer Stufe halt, die noch zum Wiederaufbau befähigt ist, sondern geht bis in die kleinsten Bestandteile weiter. So konnte z. B. bei der Zersetzung von Fascien Schwefelwasserstoff nachgewiesen werden (VON GAZA). Damit wird die Zahl der gelösten Teile enorm erhöht, und es resultiert eine Steigerung des osmotischen Druckes auf das Doppelte und Dreifache des Normalen. Gleichzeitig wird durch exzessive Bildung von organischen Säuren und Kohlensäure die Reaktion des Gewebssaftes intensiv sauer, um so saurer, je stärker die Entzündung ist. Der erhöhte osmotische Druck bedingt wiederum starken Flüssigkeitszustrom und die zunehmende Acidität erhöht die Gefäßdurchlässigkeit, so daß wir, je stärker die Entzündung, um so mehr Sekretion finden. Außerdem wirkt die Acidität selbst schädigend auf das Zellprotoplasma ein, trübe Schwellung der Zellen und fettige Degeneration, im mikroskopischen Bild sichtbar, sind dafür ein Zeichen.

Es sei zum Schluß noch auf eine von verschiedenen Autoren beobachtete Erscheinung an Wunden eingegangen, den sog. Granulationsstrom (MELCHIOR und RAHM[3]).

---

[1] SCHADE u. CLAUSSEN: Münch. med. Wschr. **1926**, Nr 8, 343.
[2] ROHDE, C.: Mitt. Grenzgeb. Med. u. Chir. **40**, 85 (1927).
[3] MELCHIOR u. RAHM: Zbl. Chir. **1918**, 598; **1921**, 816; **1922**, 1166; **1923**, 265.

Diese Autoren fanden, daß die granulierende Wunde gegenüber der umgebenden Haut positiv geladen ist, und daß diese Potentialdifferenzen um so stärker, je üppiger die Granulationsbildung. Sie bezeichnen diesen Strom als „Demarkationsstrom“.

BECK[1] bestreitet das Vorhandensein eines solchen „Aktionsstromes“ als Folge fermentativer Prozesse. Nach seiner Ansicht können Ströme nur bei funktionellen Prozessen auftreten, und er hält die beobachteten Ströme für einen Drüsenstrom der Haut. Er schließt das daraus, daß die granulierende Wunde gegen eine frisch freigelegte Fascie negatives Potential zeigt, und daß andererseits der frisch freigelegte, also arbeitende Muskelquerschnitt gegen die granulierende Wunde stark negativ ist.

Demgegenüber betonen MELCHIOR und RAHM, daß sich der Granulationsstrom auch bei Hunden findet, die keine Schweißdrüsen besitzen.

Die Polemik zwischen den Autoren hat grundsätzlich zu keinem Entscheid geführt, sie dreht sich nur um die Frage nach der Ursache des Stromes (gesteigerte aktive Tätigkeit des Wundgewebes oder nicht).

HERTZEN und NISSNJEWITSCH[2] konnten ihrerseits ebenfalls einen solchen von den Granulationen zur Haut gerichteten Strom mit Sicherheit nachweisen, besonders dann, wenn die Granulationen von einem Defekt der tiefen Gewebe herrührten. Dieser Strom ist besonders da stark ausgeprägt, wo sich die Granulationen von totem Gewebe demarkieren. Dagegen war an Stellen, wo auch nur Spuren von Epithelisierung vorhanden waren, nichts nachzuweisen. Ihrer Ansicht nach hängt der Strom von dem veränderten Zustand der Dispersität und der Konzentration der Kolloidlösung im geschädigten und regenerierten Gewebe, sowie von der Oberflächenspannung ab.

Diese Anschauung dürfte wohl das Richtige treffen. Osmotische Vorgänge, wie sie ja bei der Wundheilung sicher vorhanden sind, mögen auch dabei eine Rolle spielen. Die Ströme finden eine gute Analogie in den capillar-elektrischen Erscheinungen des Strömungspotentials und der Membranpotentiale. Auch die in der Wunde durch H-Ionen erhöhte Zahl positiver Ladungen spielt sicher eine Rolle.

So haben wir gesehen, daß die physiko-chemische Betrachtung auch das Bild der Wundheilung, wie es uns das Mikroskop gibt, weitgehend ergänzt und fördert. Molekularpathologie und Cellularpathologie stehen sich nicht als konkurrierend in dem Sinne gegenüber, daß sie einander verdrängen wollen, sondern „concurrentes“ im Sinne wörtlicher Übersetzung: miteinandergehend auf dem Wege zum Ziele der Erkenntnis eine die andere unterstützend und fördernd.

Vieles ist geleistet und geklärt, ungleich mehr aber bedarf noch der genauen Erforschung, und ein großes und erfolgversprechendes Gebiet harrt noch der Bearbeitung.

Wir fassen zusammen: In jeder Wunde tritt bis zum Beginn der Wundheilung eine lokale Acidität auf, die, genau wie bei der Entzündung die Ursache des Wundexsudates und der Hyperämie wird. Dabei gehen

---

[1] BECK, O.: Zbl. Chir. **1922**, 1166; **1923**, 970.
[2] HERTZEN u. NISSNJEWITSCH: Ref. Z.org. Chir. **33**, 784 (1926).

an den Eiweißen des Blutes selbst ebenfalls Veränderungen des Kolloidzustandes vor sich.

Die in der Wunde stattfindende Fibringerinnung stellt einen spezifisch-kolloidchemischen Vorgang dar. Auflösung des Fibringerinnsels, Umwandlung des Bindegewebes der Umgebung in „jugendliches Gewebe" lassen sich auf physiko-chemische Vorgänge zurückführen, ebenso wie die Ausbildung des Narbengewebes Analogien in den Erscheinungen der Kolloidchemie findet, doch klaffen hier noch erhebliche Lücken.

Es werden weiterhin die physiko-chemischen Vorgänge bei der Heilung per granulationem besprochen, die allerdings ebenfalls noch recht lückenhaft sind, und jeweils auf die sich ergebenden Fragen für weitere Forschung hingewiesen.

8. Die postoperativen Störungen der physiko-chemischen Körperkonstanten.

Jede Operation stellt, wie uns die klinische Erfahrung lehrt, einen Eingriff in den Ablauf des allgemeinen Körpergeschehens dar, der in der Mehrzahl der Fälle ohne Schaden überwunden wird, in einer nicht geringen Zahl aber weiter fortwirkend zu schweren Schädigungen und zum Tode führen kann. Wenn auch im großen Ganzen mit der Schwere des Eingriffes die Gefahr für das Leben des Patienten zunimmt, so erleben wir es doch immer noch allzuhäufig, daß auch nach relativ ungefährlichen Operationen, z. B. der Herniotomie, durch ein unerwartetes Versagen der Widerstandskraft der lebenswichtigen Organe oder durch das Auftreten von Thrombose und Embolie der Erfolg unserer Bemühungen zunichte gemacht wird. So ergibt sich als eine der Hauptaufgaben für den modernen Chirurgen neben der Ausbildung seiner operativen Technik die Forderung, die Art der seinem Patienten drohenden Gefahren und die Widerstandskraft seiner Kranken im Hinblick auf die besonderen Anforderungen der Operation richtig einschätzen zu lernen, um durch geeignete Maßnahmen vorbeugend und helfend eingreifen zu können.

Die große Bedeutung der Leistungsfähigkeit von Herz, Nieren und Leber und die Gefahr bestehender latenter Schädigungen dieser lebenswichtigen Organe ist bereits seit langem aus klinischen und experimentellen Erfahrungen bekannt, und die Untersuchung des Patienten in dieser Hinsicht unerläßliche Forderung geworden. Der geübte Blick des erfahrenen Klinikers vermag hier oft mehr zu leisten als die Untersuchung selbst, er mahnt sehr oft in Fällen, in denen die klinische Untersuchung keine Störung ergibt, zur Vorsicht. Trotz aller Bemühungen in dieser Richtung, auf die näher einzugehen hier nicht der Ort ist, sind wir vom Ziel unserer Bestrebungen noch weit entfernt, und so ist es erklärlich, daß gerade in neuester Zeit man versucht hat, auch die Ergebnisse und Hilfsmittel physiko-chemischer Forschung zur Erreichung dieses Zieles mit heranzuziehen, aus der Erkenntnis heraus, daß sie uns Veränderungen anzuzeigen imstande sind, die der klinischen und mikroskopischen Untersuchung entgehen. Viel Arbeit ist bereits geleistet, von einer endgültigen Klärung sind wir aber noch weit entfernt. Schon bezüglich der Frage, welches denn die durch die Operation bedingten Veränderungen der physiko-chemischen Körperkonstanten sind, stoßen wir auf große Lücken, ja selbst bezüglich der physiologisch vorkommenden Schwankungen sind sie noch vorhanden. Weit mehr noch befinden wir uns im Unklaren darüber, wie wir ihnen begegnen sollen, und wie wir ein Versagen oder eine Schwäche der Regelungsorgane erkennen können. Ja, das gefürchtetste Ereignis, die Thrombose und Embolie, ist uns in ihrer eigentlichen Ursache noch völlig unbekannt, so daß wir ihrer Entstehung noch immer mehr oder weniger machtlos gegenüberstehen.

Wenn trotzdem im folgenden der Versuch gemacht werden soll, aus den vorliegenden Einzelergebnissen ein Bild der postoperativen Veränderungen der physiko-chemischen Körperkonstanten herauszuschälen, so geschieht es in dem Bewußtsein der Unvollständigkeit der vorhandenen Kenntnisse und in der Absicht, zu weiterer Forschung anzuregen.

Da alle Untersuchungen noch durchaus im Anfang stehen, wird es zunächst notwendig sein, erst einmal zu erkennen zu suchen, welche Veränderungen der einzelnen Konstanten überhaupt regelmäßig nach der Operation auftreten, und erst dann, wenn darüber Klarheit geschaffen ist, wird man versuchen können, zu ergründen, wie die einzelnen Faktoren einander gegenseitig beeinflussen. Zweifellos sind ja alle diese physiko-chemischen Veränderungen der Körperstoffe reaktionskinetisch aneinander gekoppelt, und erst wenn wir die normalen Zusammenhänge erkannt haben, wird es uns möglich sein, aus ihrer Verschiebung auf die Ursache der auftretenden Störungen zu schließen und vorbeugend einzugreifen. Noch sind wir, wie gesagt, von solchem Ziel weit entfernt; sein Erreichen ist nur möglich durch Zusammenarbeit Vieler, vorerst noch müssen die einzelnen Bausteine geschaffen werden, ehe das ganze Gebäude entstehen kann.

Die augenfälligste Veränderung der physiko-chemischen Konstanten der Körpersäfte nach der Operation ist die Störung des Säure-Basen-Haushaltes im Sinne einer Acidose, ihr ist eine große Anzahl von Untersuchungen gewidmet. Dabei betrifft diese Störung weniger die aktuelle Reaktion, die, wie wir in Kapitel 2 gesehen haben, mit außerordentlicher Zähigkeit konstant erhalten wird. Dies geschieht besonders durch Inanspruchnahme der im Blut vorhandenen Pufferreserven (Alkalireserve), an denen daher die Hauptveränderungen auftreten. Zum Verständnis dieser Veränderungen wird es notwendig sein, sich zunächst die physiologischen Schwankungen der Alkalireserve und ihr Zustandekommen vor Augen zu führen. Die Erörterungen seien also vorangestellt.

Mit den Veränderungen im Säurebasenhaushalt sind solche des Elektrolytgehaltes verknüpft (KRAUSS, ZONDEK u. a.), und andererseits stehen die Schwankungen im Blutzuckergehalt, wie wir von Diabetes her wissen, wieder mit dem Säure-Basen-Haushalt im Zusammenhang. Da die nach der Operation auftretende Acidose auch mit dem postoperativen Eiweißzerfall in Zusammenhang zu bringen ist, sei auch das Verhalten des Rest-N dabei mit besprochen.

Endlich sollen die Veränderungen dargelegt werden, die an den Eiweißen des Blutserums selbst und an ihrer Kolloidbeschaffenheit in Erscheinung treten.

a) Die Kohlensäurebindungsfähigkeit des Blutes und ihre physiologischen Schwankungen.

Die Stoffwechselvorgänge im lebenden Gewebe sind Verbrennungsprozesse, als deren Endprodukt in der Hauptsache Kohlensäure gebildet wird. Als Transportmittel für den dazu notwendigen Sauerstoff dient das Blut, das vermöge seines Hämoglobins zu leichter Sauerstoffaufnahme und -abgabe geeignet ist. Das Blut übernimmt aber auch weiterhin die Funktion, die im Gewebsstoffwechsel gebildete Kohlensäure — neben anderen, nicht flüchtigen, organischen Säuren — zu den Ausscheidungsorganen abzutransportieren.

Bereits zu Anfang des 19. Jahrhunderts hatte DAVY[1] gefunden, daß im Blut Kohlensäure vorhanden ist, eine Beobachtung, die später häufig bestätigt wurde. MAGNUS[2] wies dann mit Sicherheit nach, daß das Blut Sauerstoff, Stickstoff und Kohlensäure enthält, und daß das arterielle Blut mehr Sauerstoff und weniger Kohlensäure enthält als das venöse. Beim Menschen beträgt diese Differenz bezüglich des CO_2-Gehaltes zwischen arteriellem und venösem Blut etwa 43,2:52,8%[3]. Das Blut in den Capillaren verliert also offenbar durch Gasaustausch mit dem Gewebe an Sauerstoff und nimmt dafür Kohlensäure auf. Dieser Kohlensäuregehalt des venösen Blutes ist abhängig von dem Organ, das von dem Blut durchströmt wird, und von dessen Tätigkeit. Ja, selbst in den oberflächlichen Hautvenen finden wir große Schwankungen, die dadurch zu erklären sind, daß der Blutstrom in der Haut nicht nur dem Bedürfnis des lokalen Stoffwechsels angepaßt wird, sondern auch im Dienste der Wärmeregulation steht. Trotzdem kann der Gasgehalt einer Blutprobe aus einer oberflächlichen Hautvene wichtige Hinweise auf die Verhältnisse des Gesamtorganismus geben.

Die im Blut einfach gelösten Gasmengen sind dem Partialdruck des betreffenden Gases direkt proportional, die Bestimmung der Spannungswerte der einzelnen Gase kann also einen Aufschluß geben über die relativen Mengen, die sich in Lösung befinden. Bei gewöhnlichem Barometerstand beträgt die CO_2-Spannung für das arterielle Blut im Mittel 40 mm, für das venöse 50—60 mm Hg. Dabei ist der Löslich-

---

[1] DAVY: Ref. in Gilberts Ann. d. Phys. **11**, 399 (1803). — Vgl. LILJESTRAND, in BETHE, BERGMANN, EMBDEN u. ELLINGER: Handb. der norm. u. pathol. Physiol. **6**, 1, 444ff.

[2] MAGNUS: Poggendorfs Ann. d. Phys. u. Chemie **40**, 583 (1837); **66**, 177 (1845).

[3] Praktisch kann man bezüglich des Gasgehaltes beim Menschen das Capillarblut gleich dem arteriellen setzen. Ebenso erhält man die gleichen Gasverhältnisse wie im arteriellen Blut, wenn man die Hand der Versuchsperson etwa 10 Minuten lang in Wasser von 45—47° taucht und dann aus den oberflächlichen Venen des Handrückens das Blut entnimmt [GOLDSCHMIDT, S., u. A. B. LIGHT: J. of biol. Chem. **64**, 53 (1925)].

keitskoeffizient der Kohlensäure für Plasma, Gesamtblut und Blutkörperchen verschieden[1].

Im Gegensatz zu diesen gelösten Mengen können die chemisch gebundenen gewissermaßen als Vorräte aufgefaßt werden, durch die die Konzentration des gelösten Anteiles vor allzu großen Schwankungen geschützt wird. Wir werden die Bedeutung eines solchen Schutzes weiter unten noch kennenlernen.

Schon bei den ersten Untersuchungen über den Kohlensäuregehalt des Blutes war aufgefallen, daß er offenbar viel größer ist, als einer einfachen physikalischen Lösung entspricht. So nahm STEVENS[2] an, daß die Blutkohlensäure sowohl chemisch gebunden sei als auch in freier Form existiere, und verglich damit ihr Vorkommen in alkalischen Mineralwässern. Weitere Untersuchungen[3] zeigten dann aber, daß das Verhalten des Blutes bezüglich seiner CO_2-Aufnahme durchaus nicht dem einer Sodalösung gleicht (s. unten).

Bei wachsender Kohlensäurespannung nimmt das Blut immer mehr Kohlensäure auf, und zwar findet diese Zunahme bei niedrigen Drucken schneller statt als bei hohen (ZUNTZ[4], SETSCHENOW[5], BERT[6]). Für das Menschenblut wurden Bestimmungen über den quantitativen Zusammenhang von Kohlensäurespannung und -gehalt zuerst von CHRISTIANSEN, DOUGLAS und HALDANE[7] gemacht (vgl. unten Abb. 22 u. 23).

Daß ein Teil dieser Kohlensäure des Blutes als Bicarbonat (chemisch gebunden) vorhanden ist, geht unzweideutig daraus hervor, daß mit einer Erhöhung der Kohlensäurespannung und Aufnahme von Kohlensäure die Menge des diffusiblen Alkalis im Blut zunimmt[8]. Vergleicht man nun die Kohlensäureabsorptionskurve des Blutes mit der einer Bicarbonatlösung, so zeigen sich deutliche Unterschiede, aber auch für Blutserum, Gesamtblut und Blutkörperchen ist ihr Verlauf verschieden[9]. Außerdem stellte sich heraus, daß, je höher die CO_2-Spannung ist,

---

[1] VAN SLYKE, D. D., H. WU u. F. C. McLEAN: J. of biol. Chem. **56**, 824 (1923).

[2] STEVENS, H.: Observations on the healthy and diseased properties of the blood. London 1832.

[3] SETSCHENOW, J.: Sitzgsber. ksl. Akad. Wiss. Wien, Math.-naturw. Kl. **36**, 293 (1859). — PFLÜGER, E.: Die Kohlensäure des Blutes. Bonn 1864. — HOPPE-SEYLER, F.: Zbl. med. Wiss. **3**, 65 (1865). — GAULE, J.: Arch. f. Anat. u. Physiol. **2**, 469 (1878).

[4] ZUNTZ: Herrmanns Handb., S. 68.

[5] SETSCHENOW, J.: Mém. de l'acad. imp. des sciences de St. Petersbourg **26**, 44 (1879).

[6] BERT, P.: La pression barométrique, S. 985. Paris 1878.

[7] CHRISTIANSEN, J., C. G. DOUGLAS u. J. S. HALDANE: J. of Physiol. **48**, 244 (1919).

[8] LOEWY, A., u. N. ZUNTZ: Pflügers Arch. **58**, 511 (1894). — LEHMANN, C.: Ebenda S. 438. — GÜRBER, A.: Sitzgsber. physik.-med. Ges. Würzburg **1895**. 28. — HAMBURGER, H. J.: Arch. f. Physiol. **22**, 1 (1898) — Biochem. Z. **86**, 309 (1918). — RONA, P., u. P. GYÖRGY: Ebenda **56**, 416 (1913). — BAYLISS, W. M.: J. of Physiol. **53**, 162 (1919).

[9] ZUNTZ, N.: Inaug.-Dissert. Bonn 1868. — SETSCHENOW, J.: a. a. O. S. 9. — GAULE, J.: Arch. f. Physiol. **2**, 469 (1878). — JAQUET, A.: Arch. f. exper. Path. **30**, 335 (1892). — NAGEL, W.: Skand. Arch. Physiol. (Berl. u. Lpz.) **17**, 294 (1905). — HASSELBALCH, K. A.: Biochem. Z. **78**, 128 (1916).

bei der die Trennung des Serums vom Blut stattfindet, desto mehr
die Kohlensäureverbindungskurve nach oben verschoben wird[1]. Abb. 22,
die der Abhandlung von LILJESTRAND entnommen ist, vermag diese
Unterschiede am besten zu beleuchten: Bei der Bicarbonatlösung *I*
ist die aufgenommene CO_2-Menge am größten. Die Kurve steigt anfangs
fast senkrecht an, bei Erhöhung der Kohlensäurespannung über 10 mm
ist die Zunahme der Kohlensäurebindung (in der Hauptsache der gelösten CO_2 wegen) aber relativ gering. Demgegenüber liegt die Bindungskurve des Blutes *IV* zwar deutlich niedriger — die Menge des adsorbierten
CO_2 ist also geringer —, aber ihr Verlauf ist deutlich steiler, d. h. mit

steigender CO_2-Spannung
nimmt die Adsorption
wesentlich mehr zu als
bei der Bicarbonatlösung.
Kurve *II* stellt die Bindungskurve des sog. wah-
ren Plasmas dar, die da-
durch erhalten wird, daß
man den CO_2-Gehalt des
Serums bzw. Plasmas be-
stimmt, nachdem man das
betreffende Blut *vor der
Gewinnung von Serum oder
Plasma* mit Kohlensäure
bei verschiedenen Kohlen-
säurespannungen gesät-
tigt hat. Sie liegt etwas
höher als die des Blutes
und verläuft etwas steiler,
d. h. also, die Menge der
aufgenommenen Kohlen-
säure und die Zunahme
bei Erhöhung der Kohlen-
säurespannung ist etwas
größer als im Gesamt-

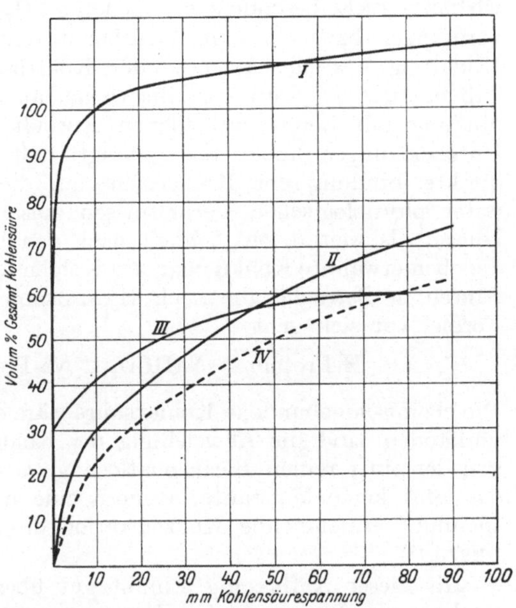

Abb. 22. Kohlensäureabsorptionskurven. *I* von einer 0,0484
normalen Bicarbonatlösung. *II* von wahrem Blutplasma.
III von Serum, das bei 44,5 mm Kohlensäuredruck abgetrennt wurde. *IV* von Blut. (Nach LILJESTRAND.)

blut. Demgegenüber liegt die Absorptionskurve *III* des bei 44,5 mm
CO_2-Spannung abgetrennten Serums im Anfang zwar etwas höher,
verläuft dann aber deutlich flacher und nähert sich dem Verhalten
der Bicarbonatkurve. Die Zunahme der Kohlensäureabsorption ist in
ihm demnach bei Erhöhung der CO_2-Spannung geringer als im Blut
und im wahren Plasma. Unter physiologischen Kohlensäurespannungen
(40—60 mm) nimmt also das Serum bei Erhöhung der Kohlensäurespannung etwas mehr Kohlensäure auf als eine Bicarbonatlösung und
das Blut wieder weit mehr als das Serum. Diese Eigenschaft des Blutes
ist zum wesentlichen Grade von den Blutkörperchen abhängig, sie
spielt sich aber auch zum Teil im Serum bzw. Plasma ab, wie aus dem

[1] HASSELBALCH, K. A., u. E. J. WARBURG: Biochem. Z. **86**, 410 (1918). —
JOFFE, J., u. E. P. POULTON: J. of Physiol. **54**, 129 (1920).

Verlauf der Kurven des „wahren Plasmas" hervorgeht. Während die Blutkörperchen unter gewöhnlichen Umständen pro Volumeneinheit weniger Kohlensäure enthalten, als das wahre Plasma, ist die relative Zunahme des Kohlensäuregehaltes bei Erhöhung der Kohlensäurespannung bei den Blutkörperchen größer als beim Plasma. Die Bindungskurve liegt also zwar niedriger, verläuft aber steiler (HASSELBALCH).

Für den Verlauf der Bindungskurve sind, wie man aus dem Dargelegten schließen kann, die Eiweißkörper des Blutes, besonders das Hämoglobin bzw. die Blutkörperchen verantwortlich zu machen. Sie wirken offenbar wie schwache Säuren, die entsprechend dem Massenwirkungsgesetz besonders bei niederer CO_2-Spannung die Kohlensäure verdrängen bzw. aus dem Bicarbonat freimachen. ZUNTZ[1] hatte zur Erklärung des Mechanismus der Kohlensäurebindung angenommen, daß sie außer in Form von Bicarbonat auch als leicht dissoziable Verbindung mit den verschiedenen Eiweißkörpern vorkomme. Neuere Untersuchungen haben aber gezeigt, daß eine irgendwie wesentliche direkte Bindung der Kohlensäure an die Eiweißkörper des Blutes unter physiologischen Verhältnissen ausgeschlossen sein dürfte[2]. So kommt als weitere Möglichkeit nach den bisherigen Kenntnissen nur die eben erwähnte Konkurrenz der Kohlensäure mit anderen schwachen Säuren in Betracht, die nach HENDERSON[3] reversibel nach folgender Formel vor sich geht:

$$\text{H-Protein} + \text{NaHCO}_3 \rightleftarrows \text{Na-Protein} + \text{H}_2\text{CO}_3.$$

Die chemisch gebundene Kohlensäure wäre demnach nur als Bicarbonat vorhanden, und die Abweichung der Kohlensäurebindung des Blutes von der einer reinen Bicarbonatlösung wäre dadurch zu erklären, daß das Blut keine konstante, sondern eine mit steigender Kohlensäurespannung zunehmende Konzentration des Bicarbonats besitzt (HENDERSON[4]).

Mit dieser Auffassung stimmt gut überein, daß sich die aktuelle Reaktion des Blutes aus den Werten von gebundener und freier Kohlensäure nach der für eine reine Bicarbonatlösung geltenden Formel berechnen läßt, und daß die so errechneten Werte für den p_H des Blutes mit den elektrometrisch gemessenen gut übereinstimmen (HASSELBALCH[5], s. auch Kap. 2).

Zu erklären bleibt noch die Tatsache, daß mit zunehmender CO_2-Spannung das vom Blut abgetrennte Plasma zunehmend mehr Kohlensäure enthält, bzw. daß die Bindungskurve des wahren Plasmas einen steileren Verlauf hat als die des bei einer bestimmten CO_2-Spannung abgetrennten Serums. Verantwortlich zu machen für diese Erscheinung ist ein Ionenaustausch zwischen Blutkörperchen und Serum (siehe auch Kap. 2).

---

[1] ZUNTZ, N.: Herrmanns Handb., S. 78.
[2] Vgl. LILJESTRAND: a. a. O. S. 497—498.
[3] HENDERSON, L. J.: Erg. Physiol. 8, 316 (1909).
[4] HENDERSON: a. a. O. S. 254.
[5] HASSELBALCH, K. A.: Biochem. Z. 78, 112 (1916).

Die Blutkörperchen sind offenbar nur für Anionen permeabel, während die Kationen (außer H-Ionen, die auch in dieser Beziehung eine Sonderstellung einnehmen) zurückgehalten werden. Leitet man in Blut CO_2 ein, so nimmt die Menge des titrierbaren Alkalis im Serum zu, sein Chlorgehalt dagegen ab[1]. Durch die Reaktion zwischen Alkali-Eiweißverbindungen und Kohlensäure im Innern der Blutkörperchen werden Kohlensäureionen frei, sie wandern in das Serum aus, und dafür treten in äquivalenten Mengen Chlorionen in die Blutkörperchen ein. An Stelle von NaCl tritt also im Serum $NaHCO_3$ auf. Schematisch lassen sich die Verhältnisse dieses „Leihens von Puffern" (s. Kap. 2) nach van Slyke[2] in folgender Weise veranschaulichen:

Tabelle 7. Schema des Ionenaustausches zwischen Blutkörperchen und Plasma bei Säurezufuhr.

Plasma	Blutkörperchen-wand	Blutkörperchen
(1) $H_2CO_3 + NaCl \rightleftarrows$ $NaHCO_3 + HCl$	$\rightarrow HCl \rightarrow$	(3) $HCl + K_2HPO_4 \rightleftarrows KH_2PO_4 + KCl$ (4) $HCl + KHbO \rightleftarrows HHbO + KCl$ (5) $HCl + KHb \rightleftarrows HHb + KCl$
(2) $H_2CO_3 + Na\text{-Pro-}$ tein $\rightleftarrows NaHCO_3$ $+ H\text{-Protein}$	$\rightarrow H_2CO_3 \rightarrow$	(6) $H_2CO_3 + K_2HPO_4 \rightleftarrows KH_2PO_4 + KHCO_3$ (7) $H_2CO_3 + KHbO \rightleftarrows HHbO + KHCO_3$ (8) $H_2CO_3 + KHb \rightleftarrows HHb + KHCO_3$

Es bedeutet: Na-Protein die Eiweißalkalisalze des Plasmas, H-Protein die entsprechende Eiweißmenge, die nicht an Alkali gebunden ist. KHbO und KHb sind die Alkalisalze und HHbO bzw. HHb die nicht an Alkali gebundenen Mengen von Oxyhämoglobin bzw. Hämoglobin.

Weiterhin ist für die Kohlensäurebindung des Blutes wichtig, daß die relative Sättigung des Hämoglobins mit Sauerstoff die Kohlensäurebindung und die dadurch bedingten Beziehungen zwischen Blutkörperchen und Plasma beeinflußt. Nach den Untersuchungen von Christiansen, Douglas und Haldane[3] nimmt das vollkommen reduzierte Blut mehr Kohlensäure auf als das mit Sauerstoff gesättigte, wie aus Abb. 23 hervorgeht. In ihr stellt II die Kohlensäurebindungskurve des Blutes bei Anwesenheit von Kohlensäure und Luft (also *mit* Sauerstoff) und I die bei Anwesenheit von Kohlensäure und Wasserstoff (also *ohne* Sauerstoff) dar. Diese Einwirkung des Sauerstoffs kann auch in vivo nachgewiesen werden (Douglas und Haldane[4]).

---

[1] Zuntz, N.: Dissert. Bonn 1868. — Hamburger: Z. Biol. **28**, 405 (1892) — Arch. f. Physiol. **1894**, 449 — Osmotischer Druck und Ionenlehre **1**, 202ff. Wiesbaden 1902. — v. Limbeck: Arch. f. exper. Path. **35**, 309 (1895). — Loewy u. Zuntz: Pflügers Arch. **58**, 432 (1894). — Gürber: Sitzgsber. physik.-med. Ges. Würzburg **1895**, 28. — Rona u. György: Biochem. Z. **56**, 416 (1913). — Hamburger: Ebenda **86**, 309 (1918). — Petry, A.: Beitr. chem. Physiol. u. Path. **3**, 1 (1913). — Höber: Pflügers Arch. **102**, 196 (1904) — Phys. Chemie der Zelle u. Gewebe, 5. Aufl., 445.

[2] van Slyke, D. D.: Physiologic. Rev. **1**, 163 (1921).

[3] Christiansen, Douglas u. Haldane: J. of Physiol. **48**, 244 (1914).

[4] Douglas u. Haldane: J. of Physiol. **56**, 76 (1922).

Die Erklärung für diese Tatsache wird darin gesehen, daß Oxyhämoglobin eine stärkere Säure ist als reduziertes Hämoglobin, und dahe die Kohlensäure teilweise austreibt. Die physiologische Bedeutung de Wirkung des Sauerstoffs auf die Kohlensäureaufnahme des Blutes lieg darin, daß sie den Gasaustausch mit den Geweben ermöglicht, ohne daß die Kohlensäurespannung und damit die aktuelle Reaktion des Blutes allzu große Schwankungen erleidet. Die Aufnahme der Kohlensäure aus den Geweben geschieht etwa nach der Linie des gleichen p_H (d. h. der Linie, die die beiden Kurven der Abbildung miteinande verbindet). Wie zu ersehen, wird dadurch die Abweichung vom Isopletl wesentlich verringert, und in der Tat ist nach neueren Untersuchunger das gemischte venöse Blut nur ganz wenig (entsprechend etwa 0,0 bis 0,04 p_H) saurer als das arterielle[1].

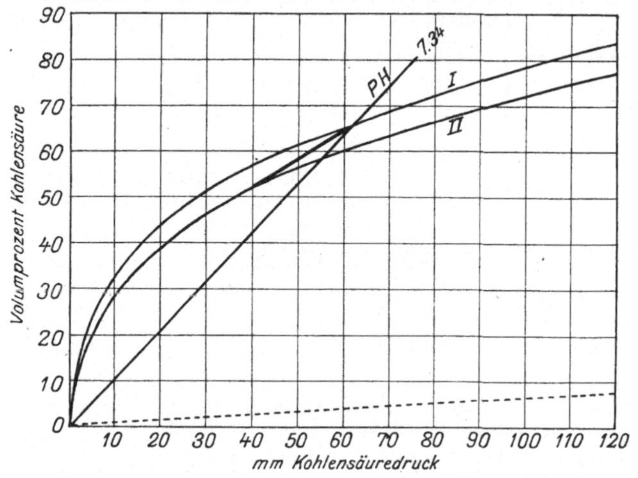

Abb. 23. Untere Kurve: Kohlensäureabsorptionskurve des Blutes bei Anwesenheit von Kohlen säure und Luft. Obere Kurve: Kohlensäureabsorptionskurve des Blutes bei Anwesenheit voı Kohlensäure und Wasserstoff. Punktierte Linie: physikalisch gelöste Kohlensäure. (Nach Christiansen, Douglas und Haldane.)

Das führt uns zu der Frage der Pufferwirkung des Blutes, die bereitʑ im Kapitel 2 erwähnt wurde.

Eine Pufferwirkung übt bekanntlich jede schwache Säure oder Base aus, da zur Neutralisation einer zugefügten Menge Alkali oder Säure nicht nur die freien H- oder OH-Ionen (die ja die Reaktion bestimmen benutzt werden, sondern auch die anfangs undissoziierte Säure ode Base dadurch wirksam ist, daß sie bei fortschreitender Neutralisatior immer weitere Ionen abspaltet. Ist neben der schwachen Säure nocl ein Salz derselben in der Lösung vorhanden, so wird dadurch die Disso ziation der freien Säure zurückgedrängt, die Pufferung wird also nocl größer. Für das Blut bedingt daher die Anwesenheit von Kohlensäure

---

[1] Vgl. D. W. Wilson: Physiologic. Rev. **3**, 295 (1923). — Liégeois, T. C. C. r. Soc. Biol. Paris **96**, 425 (1926).

und Bicarbonat eine kräftige Pufferung, die noch dadurch verstärkt wird, daß gleichzeitig mit der freien Kohlensäure auch die Bicarbonatkohlensäure zunimmt. Je größer die relative Zunahme der gebundenen Kohlensäure bei Erhöhung der CO_2-Spannung ist, desto mehr nimmt die Pufferungskraft zu. In den Kohlensäurebindungskurven gibt sich das an einem steileren Verlauf der Kurve zu erkennen, so daß also die Pufferungskraft eines Blutes um so größer ist, je steiler seine Bindungskurve verläuft.

Aus der erwähnten Beobachtung, daß die Kohlensäurebindungskurve des abgetrennten Serums nur wenig steiler verläuft als die einer Bicarbonatlösung (s. Abb. 22), geht hervor, daß andere Puffer als Bicarbonat hierbei nur eine unbedeutende Rolle spielen. Über die Frage, welches diese anderen Puffer sind, ist zur Zeit eine Einigkeit noch nicht vorhanden. Die Phosphate sind in so geringen Mengen im Serum vorhanden[1], daß sie kaum eine Rolle für die Pufferung spielen können. Auch die Wirkung der Eiweißkörper des Serums ist nur gering, wie aus den Beobachtungen an Ultrafiltraten[2] hervorgeht. Man hat sie sogar unter physiologischen Verhältnissen ganz in Abrede gestellt[3], doch läßt sie sich bei genügend empfindlicher Methodik auch bei dem physiologischen p_H des Blutes nachweisen[4]. Nach Evans bewirkt auch die Anwesenheit des NaCl im Serum eine Erhöhung der Pufferung, da es die Dissoziation des Bicarbonats zurückdrängt.

Aus dem Verlauf der Kohlensäurebindungskurve des Gesamtblutes geht auch die große Bedeutung der roten Blutkörperchen für die Pufferung hervor. Sie verläuft deutlich steiler als die des abgetrennten Serums. Diese Neigung der CO_2-Bindungskurve ist eng mit dem Hämoglobingehalt verknüpft (Hasselbalch[5], Barr und Peters[6]). Die Blutkörperchen spielen außerdem dadurch die Hauptrolle bei der Pufferung des Blutes, daß sie außer der Säuremenge, die sie selbst aufnehmen, dem Serum durch Ionenaustausch noch Puffer „leihen" (s. oben).

Aus der Kohlensäurebindung kann man nach der Hasselbalch-Hendersonschen Gleichung den p_H des Blutes bei einer gegebenen CO_2-Spannung errechnen (Näheres s. Kap. 2). Um feststellen zu können, ob die Kohlensäureabsorptionskurve einer Blutprobe gegen die Norm verschoben ist, genügt es offenbar, den Kohlensäuregehalt bei irgendeinem bekannten Kohlensäuredruck (oder p_H) zu bestimmen. Am besten wählt man zu diesem Zwecke eine CO_2-Spannung, die in der Nähe der

---

[1] Jones, M. R., u. L. L. Nye: J. of biol. Cbem. **47**, 321 (1921). — Abderhalden, E.: In Nagels Handb. d. Physiol. Erg.-Bd. **80**. Braunschweig 1910.

[2] Cyshny, A. K.: J. of Physiol. **53**, 391 (1920).

[3] Rona, P., F. Haurowitz u. H. Petow: Biochem. Z. **149**, 393 (1924). — Bayliss, W. M.: J. of Physiol. **53**, 162 (1919). — Mond, R.: Pflügers Arch. **199**, 187 (1923). — Mond, R., u. H. Natter: Ebenda **207**, 515 (1925).

[4] Campbell, J. M. H., u. E. P. Poulton: J. of Physiol. **54**, 159 (1920). — Evans, C. L.: Ebenda **55**, 159 (1921). — van Slyke, Wu u. McLean: J. of biol. Chem. **56**, 765 (1923). — Gollitzer-Meier, K.: Biochem. Z. **163**, 470 (1925). — Moser, H.: Kolloidchem. Beih. **25**, 69 (1927).

[5] Hasselbalch, K. A.: Biochem. Z. **80**, 251 (1917).

[6] Barr, D. P., u. J. P. Peters: J. of biol. Chem. **45**, 571 (1921). — Vgl. auch E. J. Warburg: Biochemic. J. **16**, 293 (1922).

normalen alveolaren Kohlensäurespannung (etwa 40 mm Hg) liegt. Aus praktischen Gründen hat man es in vielen Fällen vorgezogen, nicht das Blut selbst, sondern dessen wahres Plasma zur Bestimmung zu benutzen. VAN SLYKE und CULLEN[1] bestimmten den Kohlensäuregehalt des wahren Plasmas nachdem das Blut mit Alveolarluft einer gesunden Versuchsperson gesättigt ist, und nennen den gefundenen Wert für die totale gebundene Kohlensäure des Plasmas die „Alkalireserve" (der Name Alkalireserve wurde zuerst von JAQUET eingeführt). Eine gewisse Fehlerquelle liegt zweifellos darin, daß die von gesunden Personen entnommene Alveolarluft nicht konstant ist, doch mag das Vorgehen für praktische Zwecke genügen. Für genauere Untersuchungen ist es besser, die Sättigung mit Luft von bestimmtem CO_2-Gehalt (entsprechend etwa 40 mm Hg) auszuführen[2]. Als normal werden dabei Werte zwischen 50 und 67 Vol.-% angegeben. Verminderung der Alkalireserve, die auf Überladung des Blutes mit pathologischen Säuren hindeutet, wird als Acidose, ihre Erhöhung als Alkalose bezeichnet (s. S. 16). Die Bestimmung der Alkalireserve des Plasmas kann aber nur einen allgemeinen Einblick in die Richtung der Änderungen des Säure-Basen-Haushaltes geben. Will man genaueren Aufschluß haben, so ist notwendig, die Kohlensäurebindungs*kurve* des wahren Plasmas und noch besser des Gesamtblutes zu bestimmen, wie aus dem Folgenden hervorgeht.

Zunächst sei daran erinnert, daß die Kohlensäurekapazität des Blutes (d. i. der Kohlensäuregehalt bei bestimmter Kohlensäurespannung) für arterielles und venöses Blut bei ein und derselben Versuchsperson nicht dieselbe ist. Gewöhnlich liegt die Kohlensäurebindungsfähigkeit des *Blutes* einer Armvene niedriger als die des Arterienblutes[3]. An sich müßte man, wie ein Blick auf Abb. 23 lehrt, das Gegenteil erwarten. Im arteriellen Blut ist wesentlich mehr Sauerstoff enthalten als im venösen und dieser Sauerstoffgehalt bedingt — bei ein und demselben Blut — eine geringere Kohlensäurebindungsfähigkeit bei gleicher Kohlensäurespannung. Nun werden aber neben der Kohlensäure im normalen Stoffwechsel der Zelle auch noch andere organische Säuren gebildet, und diese beschlagnahmen einen Teil des für die Kohlensäurebindung verfügbaren Alkalis, so daß dadurch offenbar der Vorteil des geringeren Sauerstoffgehaltes aufgehoben wird.

Dagegen ist die Alkalireserve des Plasmas im venösen Blut durchschnittlich etwas höher als im arteriellen[4]. Das würde also heißen, daß im venösen Serum mehr Alkali vorhanden wäre als im arteriellen bzw. daß das Blut nach dem Durchgang durch das Gewebe alkali*reicher* geworden wäre, und würde unseren Kenntnissen über den Zellstoff-

---

[1] VAN SLYKE, D. D., u. D. E. CULLEN: J. of biol. Chem. **30**, 289 (1917).

[2] STADIE, W. C., u. D. D. VAN SLYKE: J. of biol. Chem. **41**, 191 (1920). — S. a. D. D. VAN SLYKE: Abderhaldens Handb. d. biol. Arbeitsmethoden **4** IV, 1245 (1926).

[3] FRASER, F. R., G. GRAHAM u. R. HILTON: J. of Physiol. **59**, 221 (1924).

[4] STADIE, W. C., u. D. D. VAN SLYKE: J. of biol. Chem. **41**, 91 (1920). — TÖNNIS, W.: Bruns Beitr. **147**, 250 (1929).

wechsel widersprechen. Doch ist der Widerspruch nur ein scheinbarer. Die betreffenden Autoren haben das Plasma von arteriellem und venösem Blut bei dem jeweils vorhandenen CO_2-Partialdruck abgetrennt und dann nach Sättigung mit einem Luft-CO_2-Gemisch entsprechend 40 mm Hg die aufgenommene Kohlensäure bestimmt. Nun ist aber die CO_2-Spannung im venösen Blut höher als im arteriellen, sein Bicarbonatgehalt daher relativ größer. Da aber die CO_2-Bindungskurve beim abgetrennten Serum oder Plasma, wie aus Abb. 22 ersichtlich, ungleich flacher verläuft, als die des Gesamtblutes oder wahren Plasmas, wird bei Rückgang auf die dem arteriellen Blut entsprechende CO_2-Spannung von 40 mm die Verminderung an aufgenommener CO_2 geringer, so daß der Wert an sich höher ist als der des arteriellen Serums. Die Abb. 24 vermag das Gesagte deutlich zu machen.

I ist die von FRASER, GRAHAM und HILTON bestimmte CO_2-Bindungskurve des arteriellen, II die des venösen Gesamtblutes.

Ia und IIa stellen die entsprechenden Kurven des wahren Plasmas dar, wie sie sich nach den Untersuchungen von JOFFE und POULTON ergeben.

Trennt man nun von I unter dem im arteriellen Blut vorhandenen CO_2-Partialdruck von 40 mm das Plasma ab und bestimmt seine CO_2-Bindungskurve, so hat sie nach JOFFE und POULTON den Verlauf der Kurve Ib.

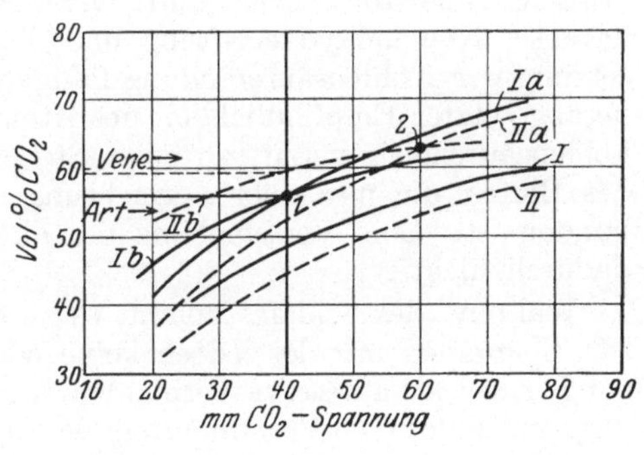

Abb. 24.

Sie schneidet die Kurve Ia bei 40 mm im Punkt 1. Entsprechend schneidet die Kohlensäurebindungskurve des bei 60 mm (ungefähres Mittel der venösen CO_2-Spannung) abgetrennten Plasmas die Kurve IIa bei Punkt 2 und hat den Verlauf IIb. Da Punkt 2 bereits höher liegt als Punkt 1, die Neigung der Kurven b aber wesentlich geringer als die der Kurven a, kommt die Kurve 2b in ihrem ganzen Verlauf höher zu liegen als 1b, und wenn man nun die CO_2-Kapazität bei einer beliebigen CO_2-Spannung (z. B. 40 mm) in den so erhaltenen Plasmaproben bestimmt, so ist die Alkalireserve des venösen Plasmas höher als die des arteriellen, obwohl im *Gesamtblut* die Säurebindungsfähigkeit geringer ist. Die Erklärung für diese Erscheinung liegt, wie oben erwähnt, in der Wirkung der roten Blutkörperchen (bzw. des Hämoglobins) und dem Ionenaustausch zwischen ihnen und dem Plasma. Diese Tatsache scheint wichtig für physiologische Fragen und nicht immer genügend berücksichtigt zu sein (vgl. die Untersuchungen am arteriellen, Pfortader-, Leber- und Nierenvenenblut von CHARIT[1]). Überhaupt besteht in der Literatur noch eine große Lücke bezüglich

---

[1] CHARIT, A. J.: Pflügers Arch. **214**, 332 (1926).

des Vergleichs des Säurebasenhaushaltes[1] des zu- und abführenden Blutes eines Organs, und es wäre wünschenswert, daß sie recht bald ausgefüllt würde, da sie ja auch für den Chirurgen die notwendige Unterlage geben muß für Veränderungen nach operativen Eingriffen an einzelnen Organen oder Gewebsbezirken. Bisher hat man sich beim Vergleich des arteriellen und venösen Blutes lediglich auf ihren Gesamtkohlensäuregehalt unter den intravitalen Verhältnissen beschränkt, und der ist (entsprechend dem Gasaustausch im Gewebe) höher im venösen Blut als im arteriellen.

Die Kohlensäurebindungsfähigkeit des Blutes ist schon unter physiologischen Bedingungen recht erheblichen Schwankungen unterworfen (s. auch Kap. 2). Mit den Jahreszeiten wechselt die alveolare Kohlensäurespannung und auch die Kohlensäurebindungsfähigkeit. Sie ist am höchsten, wenn die Tage am kürzesten, am tiefsten, wenn sie am längsten sind[2]. Hyperventilation, kräftige künstliche Atmung, Einatmung sauerstoffreicher Luft, verstärkte Ventilation nach Äthernarkose, Kohlenoxydvergiftung und Trauma führen zu einer Herabsetzung der Kohlensäurebindungsfähigkeit[3]. Umgekehrt kommt es bei herabgesetzter Empfindlichkeit des Atemzentrums oder bei Einatmung kohlensäurehaltiger Luft zu einer Steigerung des Kohlensäuregehaltes des Blutes, die mit einer Vermehrung der Kohlensäurekapazität verbunden ist. Eine Verschiebung der aktuellen Reaktion entsteht also dadurch nicht[4].

Während des Schlafes kommt es zu einer Erhöhung der alveolaren CO_2-Spannung, mit der jedoch keine oder nur unbedeutende Veränderungen der Alkalireserve verbunden sind[5]. Bei längerem Schlafentzug dagegen findet eine Verminderung der alveolaren Kohlensäurespannung und Verschiebung der allgemeinen Reaktionslage nach der alkalischen Seite statt[6].

Während der Magensaftsekretion steigt die CO_2-Spannung bei Gleichbleiben oder Verminderung der CO_2-Kapazität, es entsteht also Acidität des Blutes, während der Darmverdauung dagegen, besonders bei stickstoff- und kohlehydratreicher Kost, wird die Blutreaktion wieder alkalischer. Wie leicht verständlich, ist die Reaktion der zugeführten Nahrung auch von Einfluß auf die Alkalireserve des Blutes, so kann durch Verabreichung von Phosphorsäure oder Bicarbonat die gebundene CO_2 des Blutes willkürlich zwischen 40 und 60 Vol.-% verschoben

---

[1] Es erscheint unzweckmäßig, von einem „Säure-Basen-Gleichgewicht" zu sprechen, denn *Gleichgewicht* im physikalischen Sinne ist im Körper niemals vorhanden.

[2] STRAUB, H., KL. MEIER u. E. SCHLAGINTWEIT: Z. exper. Med. **32**, 229 (1923).

[3] HENDERSON, Y., u. H. W. HAGGARD: J. of biol. Chem. **33**, 345, 355, 365 (1918). — GOLLWITZER-MEIER, K. u. E. C. MEYER: Z. exper. Med. **40**, 70 (1924). — HAGGARD u. HENDERSON: J. of biol. Chem. **43**, 15 (1920); **47**, 421 (1921).

[4] HENDERSON u. HAGGARD: J. of biol. Chem. **33**, 333 (1918).

[5] ENDRES, G.: Biochem. Z. **142**, 53 (1923). — COLLIP, J. B.: J. of biol. Chem. **41**, 473 (1920). — S. a. K. GOLLWITZER-MEIER u. C. KROETZ: Biochem. Z. **154**, 83 (1924).

[6] KROETZ, C.: Z. exper. Med. **52**, 770 (1926).

werden[1]. Fleischdiät und Haferkost[2] bewirkt eine Acidose, die durch
perorale Gaben von Ammoniumchlorid noch erheblich gesteigert werden
kann[3], während umgekehrt lacto-vegetabile Kost eine Alkalose hervorruft[4] (s. Kap. 2). Interessant ist in diesem Zusammenhang, daß die
während der Zeit von 1915—1919 von STRAUB und MEIER[5] gefundenen
Werte für die Kohlensäurekapazität gesunder Normalpersonen in
Deutschland deutlich unter denen lagen, die von nichtdeutschen Untersuchern mitgeteilt wurden. Daß es sich hier um die Folgen der einseitigen
und schlechten damaligen Ernährungsverhältnisse in Deutschland
handelt, geht daraus hervor, daß die später in Deutschland gefundenen
Werte in guter Übereinstimmung mit außerhalb Deutschlands beobachteten standen[6]. Zweifellos ein Beweis für die Wirkung der von unseren
Feinden noch immer gern geleugneten Hungerblockade. (Auf die
Hungeracidose wird weiter unten eingegangen werden.)

Nach angestrengter Arbeit sinkt die Kohlensäurebindungskurve des
Blutes deutlich ab[7], besonders leicht nach statischer Arbeit[8]. Diese
Herabsetzung der Alkalireserve während und nach der Arbeit ist zum
größten Teil durch Übertritt von Milchsäure ins Blut bedingt[9].

Damit seien die Erörterungen über den normalen Säurebasenhaushalt des Blutes abgeschlossen, und ehe wir uns dem eigentlichen Thema,
den *postoperativen Störungen der physiko-chemischen Körperkonstanten*,
wieder zuwenden, sei kurz zusammengefaßt:

Die im Blut vorhandene Kohlensäure ist zu einem Teil rein physikalisch gelöst, zum anderen chemisch gebunden als Bicarbonat vorhanden. Diese gebundene Kohlensäure bildet den Vorrat, durch den
die Konzentration des gelösten Anteiles vor zu großen Schwankungen
geschützt wird.

Kohlensäurespannung und Bicarbonatgehalt stehen in bestimmten
gesetzmäßigen Zusammenhängen miteinander, und ihr Verhältnis ist
von Einfluß auf die aktuelle Reaktion des Blutes.

Serum, „wahres Plasma" und Gesamtblut zeigen bezüglich der
Kohlensäurebindungsfähigkeit bei wechselndem CO_2-Partialdruck verschiedenes Verhalten, das in den zwischen Blutkörperchen und Plasma
vor sich gehenden Austauschvorgängen seine Ursache hat.

---

[1] JANSEN, W. H., u. H. J. KARBAUM: Arch. klin. Med. **153**, 84 (1926). —
EMCENKO, A.: Ref. Ber. Physiol. **62**, 101 (1927).

[2] HASSELBALCH, K. A.: Biochem. Z. **46**, 403 (1912).

[3] HALDANE, J. B. S.: J. of Physiol. **55**, 265 (1921). — GAMBLE, J. L., u. G. S.
ROSS: Amer. J. Dis. Childr. **25**, 470 (1923).

[4] VAN SLYKE u CULLEN: J. of biol. Chem. **30**, 328 (1917).

[5] STRAUB, H., u. K. MEIER: Dtsch. Arch. klin. Med. **129**, 54 (1919).

[6] STRAUB, H., K. MEIER u. E. SCHLAGINTWEIT: Z. exper. Med. **32**, 229 (1923).

[7] MORAWITZ, P., u. J. C. WALKER: Biochem. Z. **60**, 395 (1914). — CHRISTIAN-
SEN, J., C. G. DOUGLAS u. J. S. HALDANE: J. of Physiol. **48**, 244 (1914). — BARR,
D. P., H. S. HIMWICH u. R. P. GREEN: J. of biol. Chem. **45**, 495 (1923). —
ARBORELIUS, M., u. G. LILJESTRAND: Skand. Arch. Physiol. (Berl. u. Lpz.) **44**,
215 (1923).

[8] LINDHARD, J.: Skand. Arch. Physiol. (Berl. u. Lpz.) **44**, 215 (1923).

[9] BARR, D. P., u. H. E. HIMWICH: J. of biol. Chem. **55**, 525, 539 (1923). —
Vgl. auch H. EPPINGER u. W. SCHILLER: Wien. Arch. inn. Med. **2**, 581 (1921).

Die Unterschiede in der Kohlensäurebindungsfähigkeit des arteriellen und venösen Blutes, die durch den verschiedenen Sauerstoffgehalt bedingt sind, werden besprochen und die physiologischen Änderungen der Kohlensäurebindungsfähigkeit dargelegt.

b) Die Störungen des Säurebasenhaushalts nach operativen Eingriffen.

Neben der gesetzten Wunde kommen bei jedem operativen Eingriff noch andere Faktoren in Frage, die geeignet sind, die physiko-chemischen Körperkonstanten zu stören. Es sind dies: der psychische Shock durch die Schmerzen, die Betäubung, der Wärmeverlust, der Blutverlust und Hunger und Durst bzw. die Art der Ernährung. Die Untersuchungen über sie sind nicht allzu zahlreich. Die meisten Untersucher haben sich immer nur mit der Frage beschäftigt, welche Veränderungen durch die Gesamtheit der mit der Operation verknüpften Eingriffe hervorgerufen werden. Und doch scheint es wünschenswert, sich auch über die Wirkung der einzelnen Faktoren Klarheit zu verschaffen, da es nur so möglich wird, das ärztliche Handeln der Widerstandskraft des Patienten individuell anzupassen.

Angst, Unruhe und Schmerz führen zu einer Verminderung der Alkalireserve des Blutes und zum Auftreten von Aceton im Harn (STEGEMANN und SAGUTTIS, BRAKETT, STONE und LAW[1]), außerdem kommt es dadurch zu einer Erhöhung des Blutzuckerspiegels und zu Zuckerausscheidung im Urin[2], und endlich sind schmerzhafte Traumen gewöhnlich von sprunghaften Veränderungen des Brechungsindex des Serums begleitet; und zwar erfolgt zunächst ein Abfall, d. h. eine Verminderung des Eiweißgehaltes und erst nach einiger Zeit wieder ein Anstieg[3]. Wenn auch die durch psychische Alterationen gesetzten Störungen offenbar nicht sehr nachhaltig sind, so können sie doch bei labilen Kranken zu unangenehmen Ereignissen führen, besonders, da sie in ihrer Richtung den Wirkungen der anderen bei der Operation beteiligten Faktoren entsprechen; und die in einem modernen Klinikbetrieb selbstverständliche Forderung, auf sie Rücksicht zu nehmen und sie nach Möglichkeit zu vermeiden, gewinnt in diesem Sinn weitere Bedeutung.

Die Wirkungen der Allgemeinnarkose werden im folgenden Kapitel näher besprochen werden. Hier sei nur erwähnt, daß sie vor allen Dingen in einer Störung des Säurebasenhaushaltes bestehen im Sinne einer Acidose, der bei Äthernarkose eine Alkalose folgt. Bei Chloroform und Avertin bleibt die nachfolgende Alkalose aus, woraus schon die klinisch bekannte größere Giftigkeit des Chloroform erhellt. Da bei Leberschädigungen der Ausgleich einer Acidose besonders langsam vor

---

[1] STEGEMANN u. JAGUTTIS: Med. Klin. **1925**, 209. — BRAKETT, STONE u. LAW, zitiert nach KAPPIS: Med. Klin. **1928**, 206.

[2] THANNHAUSER: Münch. med. Wschr. **1916**, 583. — REICHARDT, M., in BETHE, BERGMANN, EMBDEN u. ELLINGER: Handb. d. norm. u. pathol. Physiol. **10**. 128ff — vgl. auch die Fesselungshyperglykämie bei Tieren.

[3] BALACHOWSKY u. TURBABA: Biochem. Z. **182**, 233 (1922).

sich geht, ergibt sich die Forderung, bei Erkrankungen der Leber mit Chloroform und Avertin besonders zurückhaltend zu sein. Das Gleiche gilt für die Erkrankungen der Niere, die ja das Hauptausscheidungsorgan im Blut vorhandener, nicht flüchtiger Säuren ist.

Die örtliche Betäubung ist ebenfalls nicht ohne Einfluß auf die Blutzusammensetzung. Sie ruft ebenfalls eine Herabsetzung der Alkalireserve hervor[1], doch ist die Acidose wesentlich geringer als nach der Narkose BARTOLI[2]. Auch nach der Lumbalanästhesie tritt eine solche Acidose auf. Mit der Acidose ist im allgemeinen eine deutliche Acetonurie verknüpft. Über weitere, durch die örtliche Betäubung hervorgerufenen Veränderungen fehlen vorläufig Angaben noch vollständig, lediglich das Auftreten einer leichten Hyperglykämie ist nach den Selbstversuchen von DEWES[3] bekannt. Im allgemeinen dürften die durch die Lokalanästhesie bedingten Störungen aber wesentlich geringer sein als die durch die Narkose. Weitere Untersuchungen in dieser Richtung wären wünschenswert, um den Vorteil der örtlichen Betäubung gegenüber der Allgemeinnarkose auch in dieser Hinsicht ermessen zu können.

Der Wärmeverlust bei Operationen wird von STARLINGER auf 71% angegeben. Er stellt zweifellos eine sehr wechselnde Größe dar, muß aber bei großen Operationen, besonders bei Laparatomien trotz aller Verhütungsmaßnahmen in Rechnung gestellt werden. Inwieweit er eine Veränderung der physiko-chemischen Blutbeschaffenheit hervorruft, ist noch vollständig unbekannt, und doch ist rein theoretisch ein solcher Einfluß wohl zu erwarten, denn wir wissen, daß nach der R.G.T.-Regel alle chemischen Reaktionen bei Verminderung der Temperatur in der Schnelligkeit ihres Ablaufs deutlich vermindert sind. Besonders auf das Auftreten der postoperativen Pneumonien scheint der Wärmeverlust einen nicht zu vernachlässigenden Einfluß zu haben. Denn es muß auffallen, daß sie bei Operationen an den Extremitäten, selbst dann, wenn sie in Narkose ausgeführt werden, viel seltener zu beobachten sind als nach Operationen am Abdomen. Die Extremitäten sind physiologischerweise viel weniger empfindlich gegen Abkühlung als die durch Kleidung viel mehr geschützten Teile des Stammes. Auch hier scheint dem Verfasser ein aussichtsreiches Arbeitsgebiet für den Chirurgen sich zu eröffnen.

Den Blutverlust bei Operationen wird jeder Chirurg auf das Minimum einzuschränken versuchen. Seinen Einfluß können wir am besten aus den Beobachtungen nach Aderlässen ermessen. Auch er zeigt seine Wirkung besonders auf die Verhältnisse des Säure-Basen-Haushaltes[4]. Während kleinere Aderlässe keinen Einfluß auf p_H und Alkalireserve

[1] WYMER, J.: Zbl. Chir. **1927**, 2459. — KAPPIS: Med. Klin. **1927**, 1882.

[2] BARTOLI: Gior. Chir. med. **8**, 548 (1927). — VARDA u. BERESOW: Arch. klin. Chir. **144**, 222 (1927). — KAPPIS: a. a. O. — NOGARA: Clinica chir. **3**, 687 (1927). — HEIDECKER: Zbl. Chir. **54**, 1129 (1927).

[3] DEWES: Arch. klin. Chir. **122**, 173 (1922).

[4] KLEIN, O., u. E. RISSHAWAY: Z. exper. Med. **57**, 574 (1927). — LIÉGEOIS: C. r. Soc. Biol. Paris **96**, 425, 725 (1927). — BENNET: J. of biol. Chem. **69**, 675 (1926). — ENDRES u. NEUHAUS: Z. exper. Med. **47**, 585 (1925). — BARR, A. P., u. J. P. PETERS: J. of biol. Chem. **45**, 571 (1921).

des Blutes ausüben, tritt nach größeren Blutentnahmen eine deutliche
Verschiebung der aktuellen Blutreaktion nach dem Sauren und ein
Sinken der Alkalireserve auf, die allerdings sehr bald wieder zur Norm
zurückkehrt. Nur wenn eine schwere Anämie durch den Blutverlust
hervorgerufen wird, bleibt die Kohlensäurebindungskurve längere Zeit
flacher und niedriger als in der Norm (BARR und PETERS). Die Ursache
dieser Acidose dürfte in der Blutverdünnung zu erblicken sein, die
an dem Sinken des Eiweißgehaltes des Serums kenntlich wird (VEIL[1]).
Es ist ja bekannt, daß nach jedem Blutverlust ein Ersatz der verloren-
gegangenen Flüssigkeit durch Wassereinstrom aus dem Gewebe geschaffen wird. Dadurch wird zwar die Menge der in dem Gefäßsystem
kreisenden Flüssigkeit wieder erhöht, aber gleichzeitig sinkt der relative
Hämoglobingehalt des Blutes, und wir wissen aus den angeführten
Erörterungen über die Pufferungskraft, daß gerade das Hämoglobin
und die Blutkörperchen einen wichtigen Faktor für die Reaktionsregelung des Blutes darstellen. Die nach Aderlässen auftretende Hyper-
chlorämie wird aus dem Ionenaustausch zwischen Blutkörperchen und
Serum bei der Acidose verständlich; es mag bei ihr auch noch ein Chlor-
einstrom aus den Geweben mit wirksam sein. Durch die Blutverdünnung
wird auch die Viscosität des Serums herabgesetzt (GOTTSCHALK und
NONNENBRUCH[2]). Außerdem geht mit ihr eine Zunahme der Albumine
einher. Demgegenüber ist der Calciumgehalt des Blutes nach Aderlässen deutlich erhöht und mit dieser Erhöhung des Calciumspiegels
geht eine Zunahme der Gerinnungsfähigkeit parallel (NITZESCU und
RUNCEAMU[3]). Diese Zunahme der Gerinnungsfähigkeit wird auch dadurch bedingt, daß die feindispersen Plasmakolloide (Albumine) auf
Kosten der grobsispersen (Globulin, Fibrinogen) zunehmen, denn STUBER
und EHRICH[4] fanden, daß je größer die relative Menge der der Serum-
globuline, desto geringer die Gerinnungsfähigkeit des Plasmas. Auch
die spezifische Leitfähigkeit des Serums erhöht sich nach dem Aderlaß[5],
was ebenfalls aus der Blutverdünnung zu erklären ist. Dagegen ist
bezüglich der Ursache des nach großem Blutverlust erfolgenden An-
stiegs des Blutzuckerspiegels bislang noch keine Klarheit geschaffen.

Hunger wie Durst bewirken eine Acidose des Blutes, die allerdings
bei Nahrungsentziehung nur gering ist und auch bei voller Enthaltung
erst nach 2—3 Tagen deutlich in Erscheinung tritt, so daß die infolge
oder bei der Vorbereitung zur Operation notwendige Nahrungsenthaltung
wohl kaum einen wesentlichen Einfluß ausübt (HASSELBALCH[6]). Doch
ist diese Wirkung besonders dann in Betracht zu ziehen, wenn die
Erkrankung des Patienten selbst eine Verschlechterung der Nahrungsaufnahme bedingt. Solche Patienten sind naturgemäß, wie ja auch

---

[1] VEIL: Erg. inn. Med. **15**, 139 (1918).

[2] GOTTSCHALK u. NONNENBRUCH: Arch. f. exper. Path. **96**, 115 (1923).

[3] NITZESCU, J., u. J. RUNCEAMU: C. r. Soc. Biol. Paris **97**, 1109 (1927).

[4] STUBER u. EHRICH: Biochem. Z. **170**, 355 (1926).

[5] ENDRES: Z. exper. Med. **47**, 585 (1925); **48**, 141 (1926).

[6] HASSELBALCH: Biochem. Z. **68**, 206. — S. a. WALIMSTER: Klin. Wschr. **5**,
600 (1926). — MONRIQUAND, G. A., LADIER u. P. SÉDALLIAN: C. r. Soc. Biol. Paris
97, 763 (1927). — HÄBLER: Z. exper. Med. **54**, 524 (1926).

die klinische Erfahrung lehrt, durch die Operation mehr gefährdet als normal genährte Individuen, da bezüglich der Acidose die Wirkung von Hunger und Durst genau in derselben Richtung liegt wie die der anderen mit der Operation verknüpften Eingriffe.

Der operative Shock läßt sich experimentell auf zweierlei Arten erzeugen, einmal durch längeres Zerren an den Baucheingeweiden, und zum anderen durch Zertrümmerung größerer Gewebspartien, vor allen Dingen von Muskeln. Zwar ist das durch die beiden Eingriffe hervorgerufene klinische Bild das gleiche: niedriger Venendruck, niedriger und fallender Arteriendruck, Pulsbeschleunigung, Verminderung der Blutmenge bei normalen und erhöhten Zahlen von Erythrocyten und Hämoglobin. Auch die Veränderungen des Blutes und Serums liegen in gleicher Richtung, es tritt eine deutliche Leukocytose mit Linksverschiebung, erhöhter Reststickstoffgehalt und eine Acidose auf, kenntlich an der Verminderung der Alkalireserve. Auch die aktuelle Reaktion des Blutes wird, wenigstens in der ersten Zeit, nach dem Sauren zu verschoben. Der Blutzucker steigt, namentlich gegen Ende des Eingriffs, deutlich an, um nach 24 Stunden wieder zur Norm zurückzukehren, und die Reaktion des Urins wird in Übereinstimmung mit der im Blut auftretenden Acidose sauer, die Ammoniakzahl erhöht[1]. Während aber bei dem durch Zerren an den Baucheingeweiden erzeugten Shock nur rein reflektorische Wirkungen in Frage kommen, sind bei dem durch Gewebszertrümmerung hervorgerufenen auch die Wirkungen der Eiweißabbauprodukte mit in Betracht zu ziehen, wenigstens für die nicht sofort, sondern erst nach längerer Zeit auftretenden Veränderungen. Er gleicht also in gewisser Beziehung mehr dem sog. Peptonshock. Die Ursache der beim Shock zu beobachtenden Acidose sieht HENDERSON in einer zentrogenen Hyperventilation. Auch die Leukocytose dürfte zentral bedingt sein; sie läßt sich aber auch, wie die Untersuchungen von HOFF (s. Kap. 10) zeigen, durch die Wirkung der Eiweißabbauprodukte erklären. Beide Vorgänge gehen wohl auch hier Hand in Hand. Als Ursache dafür, daß die Acidose nicht durch die Regulationsvorrichtungen des Körpers sofort ausgeglichen wird, nimmt UNDERHILL an, daß nicht wesentlich mehr Säure in das Blut eintritt, sondern daß die Niere bei dem niedrigen Blutdruck nicht imstande ist, die gebildeten Säuren in genügendem Maße auszuscheiden. Durch diesen Umstand dürfte auch die Erhöhung des Reststickstoffs zu erklären sein. Der bei der Gewebszertrümmerung auftretende Shock stellt in gewisser Beziehung das Extrem dessen dar, was durch das Setzen einer Wunde bei der Operation bedingt wird. Auch hier liegen die Veränderungen wieder genau in derselben Richtung, wie wir sie sonst nach Operationen finden, und die an sich selbstverständliche Forderung, bei jeder Operation so schonend als möglich vorzugehen und dem Patienten so wenig wie möglich Schmerzen zu bereiten, gewinnt auch in dieser Richtung erneute Bedeutung.

---

[1] MENTEN u. CRILE: Amer. J. Physiol. **38**, 225 (1915). — WYMER, J.: Dtsch. Z. Chir. **195** (1926). — UNDERHILL, F. PH., u. M. RINGER: J. of biol. Chem. **48**, 533 (1921). — CANNON, W. B.: Arch. Surg. **4**, 1 (1922).

Das führt uns über zu den Veränderungen, wie sie ganz allgemein nach Operationen auftreten. Um sie kennenzulernen, scheint es zweckmäßig, daß wir uns noch einmal die Vorgänge klarmachen, die lokal in der Wunde bezüglich der Veränderungen der physiko-chemischen Konstanten auftreten (s. auch Kap. 7). Sie lassen sich kurz folgendermaßen zusammenfassen: Als Folge der gesetzten Wunde kommt es zu einer Zirkulationsstörung im Capillarsystem des Wundrandgebietes, die eine Störung des Zellstoffwechsels infolge Sauerstoffmangels hervorruft. Die Ansammlung von sauren Stoffwechselendprodukten und Eiweißzerfallsprodukten bedingt eine lokale Acidität und Undichtwerden der Capillarwand. Durch den vermehrten Abbau großer Moleküle in zahlreiche kleine kommt es zu einer osmotischen Hypertonie. Aus den undicht gewordenen Capillaren treten Wasser, Serum, Eiweißkörper und Leukocyten aus und das in der Umgebung der Wunde befindliche Gewebe wird durch die lokale Acidität in seinem Quellungszustand verändert. Der Körper sucht alle diese aufgetretenen Störungen wieder auszugleichen und bedient sich zum Abtransport der anormalen Stoffwechselprodukte des Blutes, in dem dann ebenfalls deutliche Veränderungen auftreten.

Unter den postoperativen Veränderungen hat schon frühzeitig das Auftreten von Acetonkörpern im Urin (zuerst von BECKER[1] beobachtet) die Aufmerksamkeit der Chirurgen erregt. Nach den Erfahrungen beim Diabetes wurde dann auch dem Verhalten der Alkalireserve mehr und mehr Beachtung geschenkt, wobei allerdings eine Verwirrung dadurch geschaffen wurde, daß wahllos einmal Ketonurie, ein andermal Verminderung der Alkalireserve als „Acidose" bezeichnet wurde. Wir wissen heute, daß beide Erscheinungen scharf voneinander zu trennen sind und bezeichnen als „Acidose" lediglich die Verminderung der Pufferreserven des Blutes.

Die Untersuchungen über die postoperative „Acidose" sind recht zahlreich[2], ihr Auftreten kann als durchaus gesichert gelten.

Ebenso zahlreich wie die Untersuchungen über postoperative Acidose sind auch die Vorschläge, die Operationsgefahr durch Verminderung der Acidose zu verringern. Und doch erscheinen dem Verfasser derartige Vorschläge verfrüht. Man ist gern geneigt — wieder in Analogie zum Diabetes — in der Acidose eine besondere Gefahr für den Körper zu erblicken und glaubt, wenn man sie (z. B. durch Alkalizufuhr) be-

---

[1] BECKER: Dtsch. med. Wschr. **1894**, 359 — Virchows Arch. **140**, 1 (1895).

[2] BERESOW: Arch. klin. Chir. **149**, 571 (1927). — BECK u. LAUBER: Dtsch. Z. Chir. **214**, 235 (1929). — MORRIS: J. amer. med. Assoc. **1917**, 68. — AUSTIN u. JONAS: Amer. J. med. Sci. **81**, 153 (1917). — NOGARA: Clinica chir. **3**, 682 (1927). — REIMANN u. BLOOM: J. of biol. Chem. **1922**, 53. — HERZ, M.: Zbl. Chir. **1925**, 1889. — VARELA FUENTES u. RUBINO: An. Fac. Med. Montevideo **12**, 95 (1927). — VAŇA: Mitt. Grenzgeb. Med. u. Chir. **40**, 514 (1927). — TÖNNIS, W.: Bruns' Beitr. **147**, 249 (1929). — ANTONIN, V.: Ref. Z.org. Chir. **44**, 194 (1928). — KAPPIS u. SOIKA: Schmerz **2**, 13 (1928). — ACHELIS, H.: Dtsch. Z. Chir. **207**, 184 (1927) — Narkose und Anästhesie **1928**, H. 11. — CALDWELL u. CLEVELAND: Surg. etc. **25**, 22 (1917). — CARTER: Arch. int. Med. **26**, 319 (1920). — CINIMATA u. BICH: Arch. ital. Chir. **21**, 38 (1928). — FARRA: Surg. etc. **32**, 328 (1921). — LABBÉ: Presse méd. **34** (1926).

kämpft, auch die Gefahr für den Patienten beseitigt zu haben. Dies Vorgehen ist ungefähr dasselbe, als wenn man z. B. bei Osteomyelitis das Fieber durch Antipyretica bekämpfen wollte, ohne sich um den Knochenherd zu bekümmern. Die Acidose ist im Grunde genommen nichts anderes als — ebenso wie das Fieber — ein *Symptom* einer vorhandenen Störung des normalen Körpergeschehens. Für den Diabetes ist man zu solcher Erkenntnis schon lange gekommen und die Hauptaufgabe der Therapie besteht heute dabei darin, ihre *Ursache*, den gestörten Kohlehydratstoffwechsel, zu bekämpfen. So muß auch für die Bekämpfung der postoperativen Acidose die Forderung lauten: Bekämpfung, oder anders, Unterstützung des Körpers in seinem Bestreben, die postoperativen Störungen *auszugleichen*, deren *eines Symptom* die Verminderung der Alkalireserve ist.

Es ist bei Untersuchungen an Menschen nicht immer möglich, die einzelnen, die Gesamtheit des operativen Eingriffes bildenden Faktoren, streng voneinander zu trennen. Wir haben gesehen, daß ihre Wirkung immer im Sinne einer Acidose liegt. Es bleibt aber noch zu untersuchen, ob auch der Wunde selbst ein solcher Einfluß zukommt, und ob diese „Wundacidose" den Hauptanteil der postoperativen Acidose überhaupt darstellt.

Es muß schon auffallen, daß eine länger dauernde Senkung der Alkalireserve durchaus nicht regelmäßig nach Operationen gefunden wird, und daß in weitaus der größten Zahl der Beobachtungen diese Acidose bereits nach 24 Stunden wieder ausgeglichen ist. So fand Beresow eine über das Maß der physiologischen Schwankungen hinausgehende Acidose nur bei 50% seiner operierten Kranken, Varela Fuentes und Rubino, Labbé, Beck, Cinimata und Bich und Massakowski sahen sie bei Operationen in Narkose fast regelmäßig, doch war diese Acidose (die meist bis zu einem CO_2-Gehalt von 30—40 Vol.-% ging) nur in den ersten 24 Stunden nach der Operation zu beobachten, spätestens am 3. Tage fanden sich wieder normale Werte der Alkalireserve oder sogar (nach Äthernarkose) eine leichte Alkalose (Beck). Bei Operationen in Lokalanästhesie ist die Acidose wesentlich geringer und auch seltener zu beobachten (Massakowski, Kappis und Soika, Antonin, Achelis). Daraus und aus der Beobachtung, daß nach Narkose allein (s. Kap. 9) eine etwa 24 Stunden dauernde Acidose des Blutes auftritt, geht hervor, daß die Ursache der beschriebenen Veränderungen in der Hauptsache in der Narkose zu suchen ist, wie auch Massakowski betont, daß die Senkung der Alkalireserve der Operationsdauer und der Menge des verbrauchten Narkoticums parallel geht. Es ist ja auch von vornherein nicht wahrscheinlich, daß eine vom Wundstoffwechsel herrührende Acidose bereits in den ersten 24 Stunden auftritt, denn nach den Untersuchungen von Girgolaff[1] ist die lokale Acidität des Wundgebietes in den ersten Tagen noch ganz gering, sie nimmt erst am 3. bis 5. Tag eine größere Ausdehnung an. In der ersten Zeit ist auch die Pufferungskraft des umgebenden Gewebes sicher noch

---

[1] Girgolaff: Zbl. Chir. **1924**, 2297.

groß genug, um soviel Säure bewältigen zu können, daß keine über das Maß des Physiologischen hinausgehende Veränderung im Blut hervorgerufen wird. Auch sonst scheinen beim gesunden Menschen die Regelungsvorrichtungen des Körpers zum Ausgleich der Störungen völlig zu genügen. Bei Störungen der Wundheilung dagegen (lokale Acidität der Entzündung), bei Leber- und Nierenschädigung oder Störungen der Atmungsregulation (Insuffizienz der Regelungsorgane) bleibt die postoperative Acidose noch längere Zeit bestehen (BECK und LAUBER, ACHELIS). Die aktuelle Reaktion des Blutes wird dabei infolge der außerordentlich guten Regelungsvorrichtungen (s. Kap. 2) nicht verändert (MASSAKOWSKI, BECK und LAUBER[1]). Danach würde es also scheinen, als ob bei ungestörtem Heilverlauf durch den Wundstoffwechsel überhaupt keine die physiologischen Schwankungen überschreitende Veränderungen der Alkalireserve hervorgerufen werden.

Und doch sind sie bei genauer Untersuchung zu finden, und es ist zu begrüßen, daß in neuester Zeit TÖNNIS[2] diese Frage einer experimentellen Untersuchung unterzogen hat. Er fand bei Operationen an Hunden, bei denen absichtlich eine größere Wunde gesetzt wurde (Kniegelenksresektionen, Laparatomien), eine Verminderung der Alkalireserve des Allgemeinblutes um 4—12 Vol.-% CO_2 am 2. bis 4. Tag nach der Operation. Zwar gehen die Schwankungen nicht viel über das Maß des Physiologischen hinaus, und die Verschiebung der Alkalireserve war auch durchaus nicht in allen Fällen zu beobachten. Daß aber vom Wundgebiet aus ein Säureeinstrom in das Blut erfolgt, geht aus seinen vergleichenden Untersuchungen am zu- und abströmenden Blut des Wundgebietes hervor, denn er fand (wenn überhaupt ein Acidose auftrat) diese im Blut der Vena femoralis (bei Kniegelenksresektionen) immer wesentlich stärker als im arteriellen Blut. Dabei trennte TÖNNIS das Blutserum bei der intravitalen CO_2-Spannung ab (das Blut wurde unter Öl aufgefangen und zentrifugiert) und bestimmte dann den CO_2-Gehalt des Serums bei einer CO_2-Spannung entsprechend 40 mm Hg. Nun ist durchaus anzunehmen, daß die CO_2-Spannung des aus dem Wundgebiet abströmenden Blutes — entsprechend der höheren CO_2-Spannung in der Wunde selbst — ebenfalls erhöht ist und aus den Darlegungen auf S. 95ff geht hervor, daß bei Erhöhung der CO_2-Spannung durch die Austauschvorgänge zwischen Blutkörperchen und Serum dessen CO_2-Gehalt (bezogen auf 40 mm Hg) erhöht wird, so daß die Zunahme der Acidose in dem vom Wundgebiet kommenden Blut wahrscheinlich noch größer ist, als in den TÖNNISschen Versuchen zum Ausdruck kommt. Vergleichende Untersuchungen an Gesamtblut oder „wahren Plasma“ und gleichzeitige Messungen der aktuellen Reaktion des Wundgebietes selbst lassen hier interessante Ergebnisse über die Zusammenhänge erwarten. Die Tatsache aber

---

[1] Die von VAŇA beobachtete Säuerung des Blutes um 0,08 p_H dürfte innerhalb der Fehlergrenzen der Methodik liegen, die Werte sind überhaupt mit Vorsicht aufzunehmen, da sie mit der Chinhydronmethode erhalten wurden, die für das Gesamtblut nicht brauchbar ist [s. a. REIMERS: Z. exper. Med. **67**, 326 (1929)].
[2] TÖNNIS: Bruns' Beitr. **147**, 250 (1929).

daß durch den Wundstoffwechsel eine Acidose hervorgerufen wird, kann als gesichert gelten, und das ist als ein wesentlicher Fortschritt zu betrachten.

Der Körper sucht die Störung seines Säure-Basen-Haushaltes so weit und so rasch als möglich auszugleichen. Als Ausdruck dieses Bestrebens fand TÖNNIS im Allgemeinblut der Vena jugularis die Senkung der Alkalireserve geringer, unter Umständen überhaupt nicht vorhanden, auch dann, wenn sie in dem vom Wundgebiet kommenden Serum deutlich war.

Obwohl also ein Säureeinstrom aus dem Wundgebiet als sicher bestehend gelten kann, kommt es nicht zu einer Acidität des Blutes, vielmehr wird seine aktuelle Reaktion — genau wie auch sonst — mit äußerster Zähigkeit konstant erhalten. In der Hauptsache ist hierfür die Binnenregelung verantwortlich zu machen, also die Pufferwirkung des Blutes und der Gewebe. Das geht deutlich daraus hervor, daß die Alkalireserve vermindert ist. Die Ausscheidung der so gebundenen Säuren geschieht dann durch die „Organe der Ausscheidungsregelung", in der Hauptsache Lunge und Niere.

Auch die Leber ist bei den Regelungsvorgängen mit beteiligt, doch will es dem Verfasser scheinen, daß ihre Bedeutung von den meisten Autoren überschätzt wird, wohl zum großen Teil infolge davon, daß man die postoperative Acidose zu sehr der beim Diabetes gleich gesetzt hat. Beide sind aber in ihren Ursachen grundverschieden. Die Acidose beim Diabetes ist eine Folge der Störungen des *Allgemeinstoffwechsels*, vor allen Dingen des Kohlehydratstoffwechsels, die postoperative Acidose — soweit sie die vom Wundstoffwechsel herrührende betrifft[1] — eine Folge *lokaler* Stoffwechselstörung im Wundgebiet.

Nach unseren bisherigen Kenntnissen genügt zum Ausgleich übermäßiger lokaler Säurebildung (z. B. bei erhöhter Tätigkeit eines Organs, bei der Milchsäurebildung während der Muskelarbeit) der Ausgleichsmechanismus von Binnenregelung durch Blut und Gewebe und Ausscheidungsregelung durch Lunge und Niere vollständig; die Ammoniakbildung in der Leber spielt nur eine untergeordnete Rolle, sie wird von manchen Autoren sogar als in diesem Sinne überhaupt unwesentlich betrachtet. Sie tritt erst in Aktion, wenn die genannten Möglichkeiten übermäßig beansprucht sind. Es ist nicht einzusehen, warum gerade bei der Wundacidose, die doch durchaus keinen abnorm hohen Grad erreicht, die Leber ganz besonders wirksam sein soll, da ja doch die anderen — normalerweise die Hauptarbeit der Regelung leistenden — Organe durchaus noch nicht erschöpft sein dürften. Anders allerdings dann, wenn die Erkrankung des Patienten selbst, derentwegen wir die Operation vornehmen, die Regelungsorgane des Säure-Basen-Haushaltes — also Lunge und Niere — in erheblichem Maße beansprucht und die Pufferreserven von Blut und Gewebe schon zum Teil beschlagnahmt hat; dann kann die Leber vikariierend eingreifen nach dem

---

[1] Die Narkoseacidose ist zum Teil auch eine Folge allgemeiner Stoffwechselstörung, z. T. eine solche der Störung der Atmungsregulation.

„Prinzip der doppelten Sicherung", und dann kann eine bestehende oder durch die Operation bedingte Schädigung der Leber von überragender Bedeutung werden (ACHELIS). Dasselbe gilt bei Erkrankung der Leber selbst und den damit fast immer verknüpften Störungen des Allgemeinstoffwechsels im Sinne einer Acidose. Dann sind eben die physiologisch wirksamen Regelungsvorrichtungen bereits auf das Äußerste angespannt und jede weitere Störung — wie sie durch Operation und Narkose einmal gegeben ist — kann zum Verhängnis werden. So wird verständlich, daß einerseits bei Lebererkrankungen die postoperative Acidose von längerer Dauer ist als sonst (BECK und LAUBER, ACHELIS) und daß andererseits STAVRAKI erklärt, die postoperative Acidose wirke nicht merklich auf den postoperativen Verlauf und sei nicht als eine Komplikation aufzufassen. Aus dem Gesagten geht aber auch hervor, daß es nicht genügen kann, durch Beeinflussung des — in manchen Fällen nach der Operation gestörten — Zuckerstoffwechsels allein die postoperative Acidose oder gar überhaupt die postoperativen Störungen der Körperkonstanten bekämpfen zu wollen.

Daß am Ausgleich der postoperativen Acidose die Niere wesentlichen Anteil hat, geht aus dem Verhalten des Urins hervor. Schon nach der Narkose allein tritt eine deutliche Zunahme der H-Ionenkonzentration des Urins auf, die der Blutacidose parallel verläuft. Ganz das Gleiche läßt sich bei der Hunger-, Blutverlust- und Shockacidose feststellen (WYMER[1]). Untersuchungen über die aktuelle Reaktion des Urins nach Operation am Menschen liegen bisher offenbar nur von LÖSSL[2] vor, der regelmäßig eine Zunahme der H-Ionenkonzentration fand, die am stärksten am 2. bis 4. Tag p. op. ausgesprochen war, um sich dann allmählich wieder der Norm zu nähern. Eine Wirkung der Betäubung (ob bei LÖSSLS Kranken in Narkose oder Lokalanästhesie operiert wurde, ist aus der Arbeit nicht zu ersehen) kann nach den Untersuchungen von WYMER nach mehr als 24 Stunden ausgeschlossen werden. Es bleibt also nur übrig, die auftretende Säuerung am 2. bis 4. Tag p. op. als Zeichen eines Ausgleichs der postoperativen Acidose zu betrachten. Hier klafft zweifellos noch eine große Lücke, die durch vergleichende Untersuchungen von Alkalireserve und Urin-p_H auszufüllen wünschenswert wäre.

Weit mehr Aufmerksamkeit hat man — in Analogie zum Diabetes — dem Auftreten der Ketone im Urin gewidmet. Dabei muß noch einmal betont werden, *daß Acidose und Ketonurie durchaus nicht gleichzusetzen sind.* So ist z. B. die Acidose nach säurebildender Diät nicht von einer Ketonurie begleitet, und andererseits kann sich unter dem Einfluß von Kohlehydratmangel eine Ketonurie *ohne* Veränderung des Blut-CO_2-Gehaltes entwickeln; ja, selbst bei Alkalose kann es zu einer Ketonurie kommen (AWDEJEVA[3]). Auch p. op. kann eine Acidose ohne Ketonurie auftreten (NOGARA[4]). Es kann auch, und

---

[1] WYMER, J.: Dtsch. Z. Chir. **195**, 399 (1926).
[2] LÖSSL: Dtsch. Z. Chir. **195**, 1928 (1926).
[3] AWDEJEVA, M. A.: Arch. klin. Chir. **149**, 649 (1928).
[4] NOGARA, G.: Clinica chir. **3**, 687 (1927).

das ist im Zusammenhang mit dem oben Gesagten wichtig, aus einer Ketonurie nicht ohne weiteres auf eine Störung des Kohlehydratstoffwechsels geschlossen werden, vielmehr besteht zwischen postoperativer Ketonurie und Kohlehydratstoffwechsel kein direkter Zusammenhang (Awdejewa). Ketonurie wird in einer großen Zahl der Fälle (die Angaben schwanken zwischen 40 und 70%) nach der Operation beobachtet, sowohl bei Allgemeinnarkose, als auch bei örtlicher Betäubung, doch tritt sie nach Allgemeinnarkose häufiger auf[1]. Die innere Ursache dieser Ketonurie ist noch ebenso unbekannt wie beim Diabetes. Ein Teil der Autoren sieht in den Störungen des Kohlehydratstoffwechsels die Hauptursache und schuldigt als äußeres Moment Hunger, Durst und psychische Erregung an, während die anderen die Störungen des lokalen Stoffwechsels im Wundgebiet (neben der Narkose) in den Vordergrund stellen. Beide Ansichten erscheinen berechtigt. Für uns ist es wichtig, daß bei *schwerer* Acidose, ganz gleich welchen Ursprunges, fast regelmäßig Ketonurie auftritt, und daß die Ketonurie ganz allgemein als ein Symptom des Bestrebens des Körpers zu betrachten ist, die vorhandenen Störungen auszugleichen. Sie allein ist, ebenso wie die Acidose, niemals *Ursache* postoperativer Komplikationen und verschwindet bei normalen Regelungseinrichtungen sehr bald wieder. Ihre Bekämpfung kann wirksam nur geschehen durch Erkennen ihrer jeweiligen primären Ursache, für die die Ketonurie selbst uns kaum Anhaltspunkte geben kann. Wichtig aber ist sie für uns vor allen Dingen dann, wenn sie — wie sehr häufig — bereits vor der Operation vorhanden, als ein Zeichen, das zur Vorsicht mahnt und uns veranlassen soll, nach vorhandenen Störungen des Regelungsstoffwechsels zu suchen.

c) Die postoperativen Veränderungen in den übrigen Bestandteilen des Plasma (mit Ausnahme der Eiweiße).

Die Beobachtungen beim Diabetes legten es nahe, das Auftreten der postoperativen Acidose und Acetonurie mit einer Störung des Kohlehydratstoffwechsels in Zusammenhang zu bringen. Wir haben schon oben gesehen, daß eine solche Annahme genauerer Untersuchung nicht standhält. Wohl wird in einer gewissen Anzahl der Fälle eine postoperative Glykosurie und Steigerung des Blutzuckerspiegels beobachtet, doch ist sie durchaus nicht regelmäßig vorhanden. Konjetzny und Weiland[2] fanden nur in 11% der Fälle und W. Löhr[3] überhaupt keine spontane Glykosurie nach Operationen. Eine Hyperglykämie fand Löhr bei 75% seiner operierten Kranken, Beresow[4] bei etwa

---

[1] Vgl. Gramén: Acta chir. scand. (Stockh.) Suppl.-Bd. 1 (1922). — Stegemann u. Jaguttis: Med. Klin. **1928**, 206. — Reimann u. Bloom: a. a. O. — Kappis: Med. Klin. **1927**, 1882. — Nogara: a. a. O. — Divnogorsky u. Kletz: Ref. Z. org. Chir. **37**, 27 (1924). — Levy: Dtsch. med. Wschr. **53**, 916 (1927). — Beresow: a. a. O.

[2] Konjetzny u. Weiland: Mitt. Grenzgeb. Med. u. Chir. **28**, 860 (1915).

[3] Löhr, W.: Dtsch. Z. Chir. **183**, 1 (1923) — Arch. klin. Chir. **121**, 13 (1922).

[4] Beresow: a. a. O.

90%; BLINOW und KOGAN[1] bei 65% eine Erhöhung, bei 35% dagegen eine Erniedrigung des Blutzuckerspiegels. Die letzten Autoren suchen die Ursache der Hyperglykämie in der Hauptsache im psychischen Trauma. Auch die Wirkung von Narkose (WYMER) und Lokalanästhesie (Adrenalinhyperglykämie, DEWES[2]) mag mitsprechen. Jedenfalls erreicht die Hyperglykämie niemals so erhebliche Grade, daß man sie wie SCHNEIDER[3] annimmt, für die Acidose verantwortlich machen kann und ebenso muß dahingestellt bleiben, ob die Hyperglykämie eine Folge der Acidose ist[4].

Sehr wahrscheinlich stehen Zuckerstoffwechsel und Säure-Basen-haushalt miteinander in Zusammenhang, darauf deuten auch die Befunde SCHNEIDERs hin, daß bei erhöhtem Zuckergehalt die Alkalireserve vermindert ist. Über den genauen Mechanismus dieses Zusammenhanges befinden wir uns aber noch völlig im Unklaren. Zustimmen kann man aber SCHNEIDER in der Anschauung, daß bei Versagen der Regelungsvorrichtungen des Säure-Basenhaushaltes auch fast immer die des Zuckerstoffwechsels ungenügend sind, und daß daher Kranke, die Zeichen einer solchen Störung aufweisen, als besonders gefährdet durch das Operationstrauma betrachtet werden müssen.

Daß die Hyperglykämie ihren Ursprung nicht in der Wunde selbst hat, geht aus den Untersuchungen von TÖNNIS hervor, der in dem vom Wundgebiet kommenden Blut — wenn sie überhaupt vorhanden war — keine stärkere Erhöhung des Zuckergehaltes als im arteriellen Blut fand. Nach alledem treten also die postoperativen Störungen des Zuckerstoffwechsels gegenüber den anderen Veränderungen in der Hintergrund.

Über postoperative Veränderungen des Elektrolytgehaltes des Blutes (außer dem Bicarbonat) liegen bisher genauere Untersuchungen nicht vor, und doch sind sie im Zusammenhang mit der Acidose durchaus wahrscheinlich. Nur für den Ca-Gehalt des Blutes nach Operationen hat SSAKAJAN festgestellt[5], daß er unverändert ist; DÜTTMANN[6] fand kurz nach der Operation eine Verminderung und dann nach 3 bis 8 Stunden eine Erhöhung des Calciumspiegels. Nach 24 Stunden waren die normalen Werte wieder erreicht.

Die Eiweißabbauprodukte sind nach Operationen — auch nach aseptisch verlaufenden — deutlich vermehrt. Dies wird kenntlich an dem Anstieg des Rest-N-Gehaltes, der nach größeren Operationen das

---

[1] BLINOW, N., u. M. KOGAN: Ref. Z.org. Chir. **44**, 116 (1929).

[2] DEWES: Arch. klin. Chir. **122**, 173 (1923).

[3] SCHNEIDER, E.: Arch. klin. Chir. **149**, 99 (1927).

[4] Die Untersuchungen dieses Autors können bei strenger Kritik nicht als beweiskräftig angesehen werden. Da eine Angabe über die Methode der p_H-Messung nicht gemacht ist, ist die Bewertung der Befunde schwierig. (In späteren Untersuchungen desselben Autors wurde die Chinhydronmethode verwandt, gegen die, wie erwähnt, beim Blut schwere Bedenken bestehen.) p_H-Werte des Blutes von 7,78 einerseits und 6,28 (!) andererseits machen die Annahme eines Versuchsfehlers sehr wahrscheinlich. Die übrigen p_H-Werte sind aber noch als normal zu betrachten.

[5] SSAKAJAN, P. G.: Ref. Z.org. Chir. **35**, 162 (1926).

[6] DÜTTMANN, G.: Bruns' Beitr. **142**, 398 (1927).

2—3fache des Ausgangswertes erreicht[1]. Diese Rest-N-Erhöhung geht ungefähr der Schwere und Dauer der Operation parallel. Sie ist am größten nach Operationen am Magen und an den Gallenwegen und nach Kropfoperationen, und erreicht auch bei ausgedehnten Gewebszertrümmerungen an Extremitäten eine ganz beträchtliche Größe. Die höchsten Werte werden im Verlauf der ersten 2 Tage gefunden, vom 3.—4. Tage ab gehen sie wieder zur Norm zurück. Daß diese Rest-N-Erhöhung eine Folge des im Wundgebiet statthabenden vermehrten Eiweißzerfalles und nicht die einer „relativen Niereninsuffizienz" ist (LEGEU), geht aus dem Verhalten des Urins hervor (s. unten) und aus den experimentellen Untersuchungen von TÖNNIS, der in dem vom Wundgebiet kommenden Blut stets den Rest-N höher fand als im arteriellen Blut.

Es ist die Aufgabe der Niere, diese im Blut kreisenden Eiweißschlacken wieder auszuscheiden, und so findet sich, 24 Stunden p. op. beginnend, ein vermehrter Stickstoffgehalt des Urins; diese vermehrte N-Ausfuhr dauert auch noch an, wenn im Blut bereits die normalen Rest-N-Werte wiederhergestellt sind, ein Beweis dafür, daß einerseits der Eiweißzerfall in der Wunde weiter statthat, und andererseits, daß die Rest-N-Erhöhung des Blutes nicht auf eine Insuffizienz der Niere zurückzuführen ist. Von Bedeutung wird die postoperative Acotämie in den Fällen, in denen schon vor der Operation eine gewisse Nierenschädigung bestand, dann kann, besonders nach großen Operationen, die Niere dem vermehrten Anspruch nicht mehr genügen und sich die Schwäche zu einer echten, bedrohlichen Niereninsuffizienz steigern. Da nach Gallenblasen- und Leberoperationen der Rest-N ganz besonders stark ansteigt, werden manche Fälle von tödlichem postoperativen Versagen der Nierentätigkeit nach solchen Operationen verständlich. Da auch die postoperative Acidose nach großen, mit erhöhtem Gewebszerfall (lokale Acidität) einhergehenden Operationen besonders ausgesprochen ist, und die Ausscheidung der gebildeten und vom Blut gebundenen Säure ebenfalls erhöhte Anforderungen an die Nierentätigkeit stellt, ergibt sich die Forderung, der Funktionstüchtigkeit der Niere vor solchen Operationen besondere Beachtung zu schenken und nach latenten Schädigungen zu suchen.

In diesem Zusammenhang muß auch der Wirkung gedacht werden, die die Infusion von Salzlösungen auf die Blutzusammensetzung ausübt, die wir so gern zur Bekämpfung des postoperativen Blutverlustes ausführen. Es war schon im Kapitel 3 dargelegt, daß die 0,9proz. NaCl-Lösung sehr zu Unrecht als „physiologisch" bezeichnet wird, und daß durch sie deutlich erkennbare Zell- und Organschädigungen hervorgerufen werden können[2]. Sie wird besser durch die physiologisch

---

[1] BÜRGER, M., u. M. GRAUHAN: Z. exper. Med. **27** (1922); **35** (1923); **42** (1924) — Klin. Wschr. **6**, 1716, 1767 (1927). — DÜTTMANN: a. a. O. — ARNAUD u. MOLINAC: C. r. Soc. Biol. Paris **88**, 107 (1923). — LEGEU: Arch. serol. de la clin. de Neihu **4** (1924). — CRAINISCIANU, ARNAUD u. BERESOW: a. a. O.

[2] Ausgenommen ist die Infusion von NaCl-Lösung beim Darmverschluß, bei dem das Kochsalz offenbar geeignet ist, entgiftend zu wirken.

äquilibrierten Salzlösungen, wie z. B. das Normosal, zu ersetzen sein, in denen durch die antagonistisch wirkenden Kationen Ca und K die Giftwirkung des Na aufgehoben ist. Da im Normosal außerdem noch Glykokoll enthalten ist, das einen gewissen kolloidosmotischen Druck entfaltet, wird es länger als Ringer-Lösung in der Blutbahn zurückgehalten, seine Anwendung ist also besonders für die Fälle geraten, in denen ein Auffüllen der im Gefäßsystem kreisenden Blutmenge notwendig ist. Noch besser — allerdings weniger bequem — ist die Infusion der von ATZLER und LEHMANN angegebenen physiologisch äquilibrierten Salzlösung mit Zusatz von Gummi arabicum (s. S. 31). Immer aber wird, wie aus den Untersuchungen von BEHRENS[1] hervorgeht, durch die Infusion auch physiologisch äquilibrierter Salzlösungen eine Hydrämie hervorgerufen, so daß das Ideal für die genannten Fälle nach wie vor die Bluttransfusion darstellt.

Anders, wenn man beabsichtigt, die Wasserverarmung der Gewebe und den damit verbundenen postoperativen Durst zu bekämpfen und der Niere ihre Ausscheidungsarbeit durch vermehrte Flüssigkeitszufuhr zu erleichtern. Dann hat die Zufuhr isotonischer Salzlösungen keinen oder nur geringen Erfolg, da ja durch sie die Flüssigkeitsaustauschbewegungen (s. Kap. 5) nur wenig beeinflußt und die Niere genötigt wird, die zugeführten Salze wieder mit auszuscheiden. Hier ist die Infusion von Zuckerlösungen (oder der Tropfeinlauf mit reinem oder Zuckerwasser) berechtigt. Der miteingeführte Zucker wird im Körper zu Wasser und Kohlensäure abgebaut. Die Kohlensäure kann bei intakter Atmungsregulation zwanglos durch die Lunge ausgeschieden werden und das Wasser steht zur Auffüllung der Gewebsdepots und als Lösungsmittel der Stoffwechselschlacken, ihre Ausscheidung durch die Niere erleichternd, zur Verfügung.

d) Die postoperativen Veränderungen im Kolloidzustand der Plasma-Eiweiße und die Frage der Thrombose.

Das Problem der postoperativen Thrombose hat, ebenso wie die damit eng zusammenhängende Frage der Blutgerinnung überhaupt, in den letzten Jahren in sehr zahlreichen Untersuchungen klinischer experimenteller und pathologisch-anatomischer Art eine eingehende Bearbeitung gefunden[2]. Trotzdem sind wir von einer endgültigen

---

[1] BEHRENS: Arch. f. exper. Path. **128**, 104 (1928).

[2] Ausführliche Literaturangaben s. bei v. SEEMEN: Arch. Klin. Chir. **148** 41 (1927) — v. SEEMEN u. BINSWANGER: Dtsch. Z. Chir. **209**, 157 (1928). — Vgl. ferner über Thrombose DEREWENKO: Beitr. allg. Path. u. pathol. Anat **48** (1910). — DIETRICH, A.: Zbl. Path. **1912**, Nr 10 — Münch. med. Wschr **1920**, Nr 32. — EBERT u. SCHIMMELBUSCH: Virchows Arch. **103** (1886); **10** (1886); **108** (1887) — Die Thrombose nach Versuchen und Leichenbefunden. Stuttgart 1888. — FEHLING, A.: Thrombose u. Embolie nach chirurg. Operationen. Stuttgart 1920. — GUTSCHY, L.: Beitr. allg. Path. u. pathol. Anat **34** (1903). — HELLY: Jahresvers. d. schweiz. Ges. f. Chir. Basel (Juni 1924). — HAUSER: Erg. Path. **19**, 2 (1921). — LUBARSCH, O.: Berl. klin. Wschr. **1928** — Dtsch. med. Wschr. **1912**, Nr 34, 48; **1914**, Nr 2; **1916**, Nr 1. — NETTER, H. Klin. Wschr. **1924**, Nr 49 — Pflügers Arch. **208** (1925). — SCHULTE, H.: Med Klin. **1926**, Nr 26. — STARLINGER u. SAMETNIK: Verh. Ges. inn. Med. **1927**, 152.

Klärung der Frage noch weit entfernt. Wenn daher im Folgenden der Versuch gemacht werden soll, darzustellen, inwiefern die Operation die Thrombosebildung begünstigt, so geschieht das einerseits in dem Bewußtsein der Mangelhaftigkeit unserer Kenntnisse und der Möglichkeit, daß neuere Untersuchungen die bisherigen Anschauungen vielleicht völlig umstoßen werden, andererseits in der Absicht, zu zeigen, wie notwendig noch weitere Forschung ist, um uns an das Ziel zu bringen. Das bisherige Ergebnis der Untersuchungen ist im großen Ganzen eigentlich nur die Bestätigung der klinischen Erfahrung, daß nach Operationen eine *Thrombosebereitschaft* besteht. Welche Faktoren an dieser Thrombosebereitschaft nach den bisherigen Erkenntnissen beteiligt sind, wird darzulegen sein. Dabei sei eines betont: Alle die zu beschreibenden Veränderungen treten bei *allen* Operationen auf, Thrombose aber nur in einem — glücklicherweise geringen — Teil der Fälle. Warum, das bleibt bislang noch dunkel, denn die Tatsache, daß bei Thrombosekranken das Blut beschleunigte Gerinnungsfähigkeit und Blutplättchenagglutination und raschere Senkungsgeschwindigkeit zeigt als normal, ist nur als ein *Symptom* der Thrombosebereitschaft zu deuten, und nicht als *Ursache* der Thrombose selbst. Es geht uns hier ähnlich wie mit der Entstehung von Carcinom auf dem Boden präcanceröser Veränderungen. Auch da wissen wir nur, daß durch sie eine Möglichkeit der Tumorentstehung, eine „Tumorbereitschaft", geschaffen ist, weshalb es aber dann zur Tumorbildung kommt, ist noch völlig unbekannt. Die Prophylaxe kann sich bei der Thrombose daher — genau wie dort — bislang nur darauf beschränken, die an der Thrombosebereitschaft beteiligten Veränderungen so weit als möglich zu vermeiden. Ein Umstand scheint dem Verfasser bei der Bearbeitung der ganzen Frage noch zu wenig beachtet worden zu sein: die aus klinischer Erfahrung bekannte Tatsache, daß bei Kindern postoperative Thrombosen (die infektiösen Thrombosen müssen für die Betrachtung ausscheiden) so gut wie niemals vorkommen. Ebenso verdient die Tatsache Beachtung, daß nach Operationen an Tieren niemals Thrombosen beobachtet werden, obwohl die postoperativen Blutveränderungen nach den bisherigen Ergebnissen dieselben sind, wie beim Menschen. Beachtung verdienen in diesem Zusammenhang auch die experimentellen Ergebnisse von Rost[1], dem es gelang, durch kaliumhaltige Nahrung bei weißen Mäusen spontane Thrombosen zu erzeugen. Hier scheinen Wege gegeben, der ganzen Frage näherzukommen.

Nach den heutigen Anschauungen sind es in der Hauptsache 3 Faktoren, die die Thrombose begünstigen: Verminderung der Blutströmung, Schädigung der Gefäßwand und Veränderungen der Blutflüssigkeit

---

164. — Über Gerinnung: Haffner: Pflügers Arch. **196** (1922). — Kitamura: Ebenda **203** (1924). — Mangold: Klin. Wschr. **1924**, 650. — Hekma: Biochem. Z. **143**, (1923). — Stübel, H.: Pflügers Arch. **156** (1914); **181** (1920). — Stuber, B., u. S. Tannhauser: Biochem. Z. **149**, 150 (1924). — Stuber, B., u. M. Sano: Ebenda **134** (1922). — Wöhlisch, E.: Z. exper. Med. **40** (1924) — Klin. Wschr. **1924**, Nr 19. — Zack, E.: Arch. f. exper. Path. **97** (1923).
[1] Rost: Zbl. Chir. **1929**, 52 (Mittelrhein. Chir. Vereinig. 1. Okt. 1928).

selbst. Dabei ist keiner der drei Faktoren als allein schuldig anzusehen aber, je mehr die eine Ursache ausgesprochen ist, desto weniger bedar es der Beihilfe der anderen (LEXER). Die Behinderung der Blutströmung bzw. die verminderte Triebkraft des Herzens dürfte bei den marantischer und den Thrombosen der Herzkranken im Vordergrund stehen. Be den postoperativen Thrombosen dagegen tritt ihre Bedeutung woh mehr in den Hintergrund, denn wir sehen häufig genug anscheinend gesunde, kräftige, sogar jugendliche Leute nach geringfügigen Traumer und relativ leichten Operationen, z. B. einer Herniotomie, die sie nu wenige Tage ans Bett fesseln, Thrombosen erleiden (HEUSSER). Gan zu vernachlässigen ist ihre Bedeutung aber sicher nicht. Es muß auf fallen, daß an dem Thrombosematerial der Würzburger Klinik in 35% der Fälle die Sektion einen pathologischen Herzbefund feststellte, auch wenn klinisch ein solcher nicht zu erheben war (BAUER[1]).

Die Veränderungen der Gefäßwand und ihres Endothels gewinner bei der entzündlichen Thrombose besondere Bedeutung. Es ist verständlich, daß an einem Blutleiter, dessen Innenwand nicht mehr glat ist, viel leichter eine Gerinnung stattfinden kann, als am intakten Gefäß Wissen wir doch auch, daß zum Zustandekommen der Blutgerinnung eine benetzbare Oberfläche notwendig ist und daß sie in vitro dadurch verhindert werden kann, daß durch Paraffinieren des Glases die Benetzbarkeit seiner Oberfläche aufgehoben wird. Je größer die Gefäßwand schädigung bzw. ihre Benetzbarkeit, desto leichter kann die Gerinnung eintreten. Allerdings finden wir auch bei infektiösen Thrombosen ferr vom Entzündungsherd, und im postoperativen Verlauf Thromboseentstehung an Stellen, an denen eine direkte Schädigung der Gefäßwand auszuschließen ist. Und doch spielen die Endothelveränderungen de Venenwand auch bei ihr eine Rolle, denn RITTER[2] konnte nachweisen daß die Endothelien der großen Venen auf Reize hin, die vom Blu oder von den benachbarten Gewebsschichten her sie treffen, mit ultravisiblen kolloidchemischen Veränderungen oder deutlich nachweisbare Quellung, Vakuolisierung, Kernalteration, Proliferation oder Nekrose reagieren. Derartige Veränderungen sind auch im postoperativen Zustand nachzuweisen. Bedeutsam in diesem Zusammenhang ist auch die Tatsache, daß die normale Gefäßwand im Gegensatz zu den übriger Geweben des Körpers einen relativ hohen F-Gehalt aufweist. Daß das Fluorion für die Gerinnung eine Rolle spielt, geht aus den Beobachtungen STUBERS[3] hervor, daß das Blut der Hämophilen deutlich nachweisbare Mengen von F enthält, während dies beim normalen Blu nicht zu finden ist, daß also offenbar der F-Gehalt die Gerinnung verhindert. Es ist durchaus möglich, daß bei Gefäßwandschädigunger ein F-Verlust eintritt und dadurch die örtliche Gerinnung begünstigt wird.

Im Vordergrund der Bedeutung für die postoperative Thrombose dürften die Veränderungen stehen, die an den Plasmakolloiden selbs

---

[1] BAUER, C.: Zbl. Chir. **1929**, 1670.
[2] RITTER, A.: Über die Bedeutung des Endothels für die Entstehung de Venenthrombose. Jena 1926.
[3] STUBER u. LANG: Verh. dtsch. Ges. inn. Med., 40. Kongr. **1928**, 370.

auftreten. Rein theoretisch sind sie zu erwarten, da, wie wir gesehen haben, sich die gelösten Stoffe des Serums, das „Milieu", ebenfalls verändern. Ob aber die zu beobachtenden Kolloidänderungen eine direkte Folge der beschriebenen Veränderungen im Dispersionsmittel selbst sind, oder ob beide eine gemeinsame, noch unbekannte Ursache haben, muß dahingestellt bleiben.

. Während der ersten Phase der Wundheilung, die vorwiegend durch alterativ-degenerative Vorgänge ausgezeichnet ist (W. Löhr[1]), findet sich eine Zunahme des Serumeiweißgehaltes. Sie geht parallel mit der Senkung der Alkalireserve und ist daher als Folge der Acidose zu betrachten und beruht auf Wasseraustauschbewegungen zwischen roten Blutkörperchen und Plasma, denn der Wassergehalt des Gesamtblutes erfährt keine Veränderung (Tönnis[2]). Sie bleibt auch aus, wenn keine Acidose auftritt.

Während dieser Zeit besteht auch eine Verschiebung der Plasmaeiweißkörper nach der feindispersen Richtung, eine relative Albuminämie, doch gehen die Schwankungen nicht über das Maß des physiologisch Vorkommenden hinaus (Tönnis). Auch sie dürfte durch die Acidose bedingt sein, denn Tönnis fand, daß Zufuhr von CO_2 zum Blut eine relative Albuminämie des Plasmas hervorruft.

Vom 4. bis 5. Tage p. op. ab, in der 2. Phase der Wundheilung, in der exsudativ-proliferative Vorgänge im Vordergrund stehen (W. Löhr), fand Löhr keine Veränderung des Serumeiweißgehaltes, während Hueck[3], Heusser[4], von Seemen und Binswanger[5], Burger[6] und Tönnis eine, wenn auch innerhalb der physiologischen Schwankungsbreite bleibende, so doch deutliche Hypoproteinämie feststellen konnten, die am 4. bis 5. Tage p. op. am stärksten ist und dann ganz allmählich wieder zurückgeht. Doch auch nach 8 Tagen, ja, unter Umständen sogar nach 20—30 Tagen p. op. ist der Eiweißwert vor der Operation noch nicht erreicht. Da einerseits ein Eiweißabstrom in das Wundgebiet selbst, der so groß ist, daß die Veränderungen im Gesamtblut zum Ausdruck kommen, ausgeschlossen sein dürfte, und Eiweißverlust durch Albuminurie nur in den seltensten Fällen zu beobachten ist, andererseits aber auch der Wassergehalt des Gesamtblutes abnimmt (Tönnis), so daß Austauschvorgänge zwischen Blutkörperchen und Serum nicht in Frage kommen, ist die Hydrämie nur durch Flüssigkeitseinstrom aus dem Gewebe zu erklären. Teleologisch betrachtet erscheint sie zweckmäßig, um der Niere die Ausscheidungsarbeit zu erleichtern.

Es geht mit dieser Blutverdünnung außerdem eine Verschiebung des Albumin-Globulinverhältnisses zugunsten des Globulins einher

---

[1] Löhr, W.: Mitt. Grenzgeb. Chir. **34**, 229 (1921) — Arch. klin. Med. **121**, 130 (1922) — Dtsch. med. Wschr. **1922**, Nr 12 — Dtsch. Z. Chir. **183**, 1 (1923).

[2] Tönnis, W.: a. a. O.

[3] Hueck: Arch. klin. Chir. **136** (1925).

[4] Heusser, H.: Dtsch. Z. Chir. **210**, 132 (1928).

[5] v. Seemen u. Binswanger: a. a. O.

[6] Burger, K.: Zbl. Gynäk. **50**, 299 (1926).

(W. Löhr, v. Seemen, Achelis[1], Okutani[2], Heusser, Tönnis). Die Schwankungen des Albumin-Globulinquotienten sind dabei je nach der Untersuchungsmethode verschieden groß (vgl. Heusser, Tönnis). Von den Globulinen ist besonders das Fibronogen regelmäßig und deutlich vermehrt (v. Seemen, Hueck, Heusser).

Durch diese Verschiebung der einzelnen Eiweißfraktionen wird auch der Kolloidzustand der Gesamtplasmaeiweße beeinflußt in dem Sinne, daß eine verminderte Stabilität der Kolloide resultiert (v. Seemen, Heusser). Diese erhöhte Plasmalabilität ist eine konstante und regelmäßige Folge von Operationen, mit ihr geht auch die Senkungsgeschwindigkeit der Erythrocyten parallel in dem Sinne, daß, je größer die Labilität des Plasmas, desto geringer die Senkungszeit der Erythrocyten. Obwohl die Senkungsreaktion von verschiedenen Faktoren abhängig ist, kann sie daher für klinische Zwecke als eine brauchbare Plasmalabilitätsreaktion aufgefaßt werden. Die Senkungsgeschwindigkeit hat ihr Maximum am 3. bis 5. Tag p. op. (Löhr, Heusser), sie vermindert sich nur ganz allmählich wieder und die Norm wird oft erst nach Wochen und Monaten erreicht.

Daß der Kolloidzustand der Plasmaeiweße nach der Operation eine Änderung erfährt, geht auch aus dem Verhalten der Viscosität[3] hervor. Zwar sind die absoluten Werte wechselnd, teils erhöht, teils erniedrigt oder auch gleichbleibend, aber die spezifische Viscosität (d. h. das Verhältnis der gefundenen und der für den betreffenden Eiweißwert normalen Viscosität [Spiro[4]]) ist nach der Operation regelmäßig erhöht.

Mit der Frage der Thrombose steht auch das Verhalten der Blutplättchen im Zusammenhang, da die Bildung des Thrombus eingeleitet wird durch ein Zusammenkleben der Blutplättchen untereinander und ein Verkleben mit der Gefäßwand.

Hueck fand in den ersten 5 Tagen nach der Operation eine (allerdings nicht ganz regelmäßige) Abnahme der Plättchenzahl, die vom 8. bis 11. Tag ausnahmslos von einer Zunahme der Plättchen mit wesentlicher Überhöhung gefolgt ist. Das stimmt gut mit der klinischen Erfahrung überein, daß die Mehrzahl der Thrombosen 6—10 Tage p. op. auftreten, ein Zeitpunkt übrigens, zu dem auch die obengenannten Veränderungen der Plasmakolloide am stärksten sind.

Heusser fand nun auch, daß dasjenige Plasma, das eine verminderte Kolloidstabilität besitzt (kenntlich an der größeren Senkungsgeschwindigkeit der Erythrocyten), beim Zusammenbringen mit Schweineserum eine vermehrte Agglutination der Blutplättchen und vermehrte Fibrinbildung zeigt.

---

[1] Achelis, H.: Dtsch. Z. Chir. **205**, 176 (1927) — Zbl. Chir. **1926**, 2774.

[2] Okutani: Jap. J. med. Sci., Trans. IX, Surg. etc. **1927**.

[3] Bolognesi: Zbl. Chir. **1908**, Nr 49; **1904**, Nr 34. — Mayesima: Mitt. Grenzgeb. Med. u. Chir. **24** (1912). — Frischberg: Dtsch. Z. Chir. **123** (1913). — Müller, W.: Mitt. Grenzgeb. Med. u. Chir. **21** (1910). — Odinoff: Ref. Z.org. Chir. **35** (1926). — Heusser: a. a. O.

[4] Spiro: Klin. Wschr. **1923**, Nr 37 — Kolloid-Z. **31** (1923). — Vgl. auch Petschacher L.: Z. exper. Med. **41** (1924).

Aus alledem geht also hervor, daß im Blut der Operierten eine erhöhte Thrombosebereitschaft besteht, die zwischen 5 und 8 Tagen p. op. am größten ist.

Alle die genannten Veränderungen treten in verstärktem Maße auf, wenn schon vor der Operation Krankheiten bestanden, die mit vermehrtem Eiweißzerfall einhergehen, oder wenn infektiöse Prozesse, große Gewebsdefekte oder Blutergüsse den Heilverlauf komplizieren. Sie lassen sich experimentell sowohl durch parenterale Eiweißinjektion wie durch Gewebsschädigung durch Bestrahlung u. a. hervorrufen[1]. Wird durch die Operation ein Herd stärkeren Gewebszerfalls (Tumor, Entzündungsherd usw.) beseitigt, so gehen die vorher bestehenden Veränderungen damit ebenfalls zurück. Daraus ergibt sich die schon lange bekannte Forderung, bei der Operation Schädigungen des Gewebes durch Quetschung usw. so weit als möglich zu vermeiden.

Wie haben wir uns nun die Entstehung der Thrombose vorzustellen?

Das Wesentliche bei der Entstehung der Thrombose ist nach EBERT und SCHIMMELBUSCH[2] die Zusammenballung der klebrig gewordenen Blutplättchen und das Verkleben der Blutplättchen mit der Innenwand der Gefäße, eine Ansicht, der sich zahlreiche Forscher angeschlossen haben (ASCHOFF[3], FERGE[4], ZURHELLE[5], KUSAMA[6], YATSUSHIRO[7], BENECKE[8] u. a.). Wodurch es zu diesem ersten Verkleben der Plättchen kommt, ist zunächst noch unbekannt (ASCHOFF, HELLY u. a.[9]). Ob dabei Änderungen in der Viscosität der Blättchen (EBERTH und SCHIMMELBUSCH) verminderte elektrische Ladung (HÖBER und MOND[10]) oder Entladung der Zellen durch adsorbiertes Eiweiß und Denaturierung dieses adsorbierten Fibrinogens (WÖHLISCH[11]) im Vordergrunde stehen, ist noch ebenso ungeklärt wie die Frage, ob diese Veränderung an den Zellen eine Folge der Veränderungen des Plasmas sind. Sicher besteht postoperativ eine vermehrte Agglutinationsneigung der Plättchen, und die genannten Veränderungen des Plasmas begünstigen sie, wie aus der Beschleunigung der Erythrocytensenkung hervorgeht. Ebensowenig ist bekannt, warum es zu einer Verklebung

---

[1] ACHELIS: Dtsch. Z. Chir. **205**, 176 (1927) — Narkose u. Anästhesie, **1928**, H. 11. — REISS: Arch. f. exper. Path. **51** (1904). — ROHRER: Arch. klin. Med. **121** — Schweiz. med. Wschr. **1922**, 52. — SCHNEIDER, E.: Strahlenther. **26**, 586 (1926). — v. PANNEWITZ: Röntgenkongreß 1927. — PETSCHACHER: Z. exper. Med. **47**, 348 (1926). — BEHRENS: Strahlenther. **26**, 692 (1927). — BERGER u. UNTERSTEINER: Wien. Arch. inn. Med. **9** (1924). — SCHIERGE u. SOLTI: Z. exper. Med. **39** (1924).

[2] EBERTH u. SCHIMMELBUSCH: a. a. O.

[3] ASCHOFF: Beitr. allg. Path. u. pathol. Anat. **52** (1912) — Beiträge zur Thrombosefrage. Leipzig 1912 — Vorträge über Pathologie 1926.

[4] FERGE: Med. naturw. Arch. **2** II (1909).

[5] ZURHELLE: Beitr. allg. Path. u. pathol. Anat. **47** (1909).

[6] KUSAMA: Beitr. allg. Path. u. pathol. Anat. **55** (1913).

[7] YATSUSHIRO: Dtsch. Z. Chir. **125** (1913).

[8] BENECKE: Handb. d. allg. Pathol. **2** II.

[9] HELLY: Schweiz. med. Wschr. **1925**, Nr 22.

[10] HÖBER u. MOND: Klin. Wschr. **1**, 2412 (1922).

[11] WÖHLISCH, E.: a. a. O.

der Plättchenhaufen mit der Gefäßwand kommt. Die von RITTER nachgewiesene Veränderung am Endothel der Venen ist dafür zweifellos von Bedeutung, und Blutstromverlangsamung kann begünstigend wirken. In neuerer Zeit haben auch KLEMENSIEWICZ[1] und DIETRICH[2] nachgewiesen, daß sich bei Anlagerung eines Thrombus im Innern des Gefäßes ein gallertiger Wandbelag finden läßt und damit die „primäre Fibrinmembran" von LAKET[3] und GUTSCHY[4] wieder zu Ehren gebracht. Die veränderten Viscositätsverhältnisse des Plasmas und die verminderte Stabilität seiner Eiweißkörper begünstigt diesen Vorgang. Auch die erhöhte Gerinnungsfähigkeit des Plasmas nach der Operation erleichtert ebenso wie die Gefäßwandschädigungen und die Veränderungen der Kolloidstabilität des Plasmas die Thrombenbildung. Sie allein als Ursache anzuschuldigen, ist aber kaum angängig; denn die Veränderungen kommen bei allen Operierten gleichmäßig vor. Und es muß bedenklich stimmen, daß nach den Experimenten von LONDON[5], die mehrfach bestätigt wurden — allerdings auch Widerspruch fanden — eine vorausgegangene Operation die Thrombenbildung in Venen, an denen Angiostomiekanülen angelegt wurden, verhindern kann. Das weist doch darauf hin, daß zu den genannter Veränderungen noch ein Faktor hinzukommen muß, der, vorläufig noch unbekannt, die eigentliche Ursache der Thrombose darstellt. Ob er als etwas gänzlich Neues auch die Grundursache der postoperativen Veränderungen überhaupt ist oder nur in einer verminderter Fähigkeit des Organismus besteht, die entstehenden Veränderunger auszugleichen, ist schwer zu sagen. Hier kann nur weitere Forschung Klarheit bringen. Doch will es dem Verfasser scheinen, daß man sich dabei nicht allzusehr auf die Veränderungen im Blut selbst beschränken, sondern auch dem Zustand des Bindegewebes mehr Beachtung schenken sollte, jenes Organes, das bei der Regelung der physiko-chemischen Körperkonstanten eine überaus wichtige Rolle spielt. Anfänge dazu sind bereits in der Aufstellung des „Typus embolicus" durch E. REHN[6] gegeben.

Für die Prophylaxe der Thrombose ergibt sich zunächst die besonders von LEXER stets betonte Forderung, möglichst rasch und unter möglichster Schonung der Gewebe zu operieren. Weiterhin ist für die Aufrechterhaltung der normalen Blutzirkulation durch Anregung der Herztätigkeit[7] und Vermeidung von Blutstauung in den Extremitäter

---

[1] KLEMENSIEVICZ: Wien. klin. Wschr. **1917**, Nr 33 — Beitr. allg. Path. u. pathol. Anat. **63** (1917).

[2] DIETRICH: a. a. O.

[3] LAKER: Sitzgsber. ksl. Akad. Wiss. Wien **90** (1884).

[4] GUTSCHY: Beitr. allg. Path. u. pathol. Anat. **34** (1904).

[5] LONDON: Handb. d. biol. Arbeitsmethoden Abtlg V, Tl 4, 192 (1917). — S. a. W. BUDDE u. H. KÜRTEN: Zbl. Chir. **1924**, 2684. — HABERLAND, H. F. O.: Ebenda **1925**, 922 — Arch. klin. Chir. **138**, 43 (1926) — GOLDSCHMIDT, W., u. W. SCHLOSS: Ebenda **140**, 542 (1926).

[6] REHN, E.: Arch. klin. Chir. **142**, 228 (1926) — Jkurse ärztl. Fortbildg (Dez. 1926).

[7] Da nach neueren Untersuchungen von KLINKE [Klin. Wschr. **8**, 1363 (1929)] Coffein die Gerinnungsfähigkeit des Blutes aufzuheben vermag, ist dieses als Herzmittel besonders zu empfehlen.

durch Hochlagern derselben und vorsichtige Bewegungen (Marsch-übungen im Bett) Sorge zutragen. Endlich ist die Tätigkeit der Ausscheidungsorgane, Lunge und Niere zu untersuchen und zu kräftigen. Um einen rascheren Ausgleich der Veränderungen der Plasmakolloidität zu erreichen, haben VON SEEMEN und BINSWANGER[1] Aderlässe, Zufuhr Ca-haltiger Ringerlösung per os und Traubenzuckerinfusionen empfohlen. Letztere sind besonders zu empfehlen, da sie geeignet erscheinen (ev. kombiniert mit Insulingaben) eine etwaige Insuffizienz der Leber zu bekämpfen. Ob mit der Zufuhr der Ringerlösung die Thrombose vermieden werden kann, müssen die Erfahrungen der LEXERschen Klinik lehren. Da sie nach den Untersuchungen der genannten Autoren die Wiederherstellung der normalen Kolloidbeschaffenheit des Plasmas beschleunigen hilft und auch dazu beiträgt, die Flüssigkeits- und Salzdepots des Körpers wieder aufzufüllen und die Tätigkeit der Niere zu erleichtern, andererseits sicher einen völlig unschädlichen Eingriff darstellt, erscheint die Nachprüfung ihrer Wirkung auch von anderer Seite durchaus wünschenwert. Solange wir die eigentliche Ursache der Thrombose nocht nich kennen, sind wir darauf angewiesen, mehr oder weniger empirisch vorzugehen und müssen Vorschläge, die wie der genannte theoretisch gut begründet sind, dankbar begrüßen.

e) Die Luft- und Fettembolie.

Im Zusammenhang mit der Thrombosefrage sei auch noch der Luft- und Fettembolie gedacht. Daß ein sich loslösender Thrombus, wenn er in die Gefäße des Kreislaufes kommt, diese dann verstopft, wenn sein Volumen größer ist als ihre lichte Weite, ist ohne weiteres verständlich. Anders bei der Embolie durch Luft- oder Fetttröpfchen. Dabei ist zunächst nicht einzusehen, weshalb diese in ihrer Gestalt doch völlig veränderlichen „Fremdkörper" nicht in der Lage sind, selbst die engsten Capillaren zu passieren. Ist doch das in den Gefäßen kreisende Blut ebenfalls eine Flüssigkeit, die nicht zäher ist als flüssiges Fett; und daß gasförmige Stoffe selbst durch die kleinsten Poren hindurchdringen können, ist allgemein bekannt. Die physikalische Chemie gibt auch für diese Erscheinung eine Erklärung. An jeder Grenzfläche zweier nicht miteinander mischbarer Stoffe herrscht eine Grenzflächenspannung, die bestrebt ist, die Grenzfläche (bei fehlender Benetzbarkeit) möglichst zu verkleinern. An der Grenzfläche flüssiggasförmig tritt sie als „Oberflächenspannung" in Erscheinung und bewirkt, wie der fallende Tropfen lehrt, daß die Flüssigkeit Kugelform annimmt. Denn die Kugel ist die Form, die bei größtem Volumen die kleinste Oberfläche hat. Die Kugelform als Folge der Grenzflächenspannung tritt auch dann auf, wenn zwei gegenseitig nicht lösliche Flüssigkeiten, wie z. B. Wasser und Äther[2] mechanisch miteinander

---

[1] v. SEEMEN u. BINSWANGER: a. a. O.

[2] Völlige Unlöslichkeit in physiko-chemischem Sinn ist nur selten vorhanden; bei gegenseitig begrenzt löslichen Flüssigkeiten wie Wasser und Äther tritt Emulsionsbildung immer dann auf, wenn die beiderseitigen Lösungsaffinitäten abgesättigt sind.

vermengt werden. In solchen „Emulsionen" läßt sich deutlich eine Arbeitsleistung der Oberflächenenergie beobachten. So oft die einzelnen Kugeln der emulgierten Flüssigkeit miteinander in Berührung kommen führt die mechanische Energie der Grenzflächenspannung eine Veränderung der Form herbei, indem aus zwei sich berührenden Kugeln unter Verkleinerung der Gesamtoberfläche eine einheitliche größere Kugel gebildet wird. Umgekehrt ist mit jeder Deformierung der Kugelform eine Vergrößerung der Oberfläche verbunden, und es muß zu ihrer Herbeiführung Arbeit entgegen der Grenzflächenspannung geleistet werden. Es ist ein allgemeines Gesetz, daß die Größe der Grenzflächenspannung mit Kleinerwerden der Kugel sehr schnell zunimmt. Gelangen nun solche Kugeln von Fett oder Luft in die Blutflüssigkeit, so wird in den kleineren Gefäßen zunächst die Kugelgestalt unter erzwungener Vergrößerung der Oberfläche zur Säulenform umgestaltet. Diese Säulenform wird, je mehr sie in die kleineren Gefäße hineinrückt, zunehmend länger. Vor allen Dingen aber kommt an den Gefäßgabelungen noch eine erheblich weiter gehende Oberflächenvergrößerung hinzu, wie sie zur Teilung der Masse Voraussetzung ist. Die den Blutstrom treibende Herzkraft versagt in dem Bestreben, die Oberflächenspannung zwischen Blut und Luft- oder Fettropfen am Ort der feineren Gefäßgabelung zu überwinden. allmählich, und schließlich bleibt der Embolus in mehr oder weniger weitgehender Deformierung als Hindernis der Zirkulation liegen. Die Grenzflächenspannung Blut-Luft bzw. die Blut-Fett, ist stärker geworden als der an der betreffenden Stelle wirksame Anteil der Herzkraft; ist diese Erscheinung in lebenswichtigen Organen genügend ausgebreitet, so ist der Tod des Individuums die Folge.

Kurze Zusammenfassung. Die neben der gesetzten Wunde bei jedem operativen Eingriff in Frage kommenden Faktoren, wie psychischer Shock, Betäubung, Wärme und Blutverlust, Hunger und Durst, wirken ebenso wie die Wunde selbst auf den Säurebasenhaushalt des Körpers im Sinne einer Acidose, als deren Ausdruck wir eine Herabsetzung der Alkalireserve finden. Sie überschreitet jedoch meist nicht oder nur wenig die Grenzen der physiologisch vorkommenden Schwankungen.

Als Zeichen der Bestrebungen des Körpers, diese Acidose wieder auszugleichen, findet sich vermehrte Säureausscheidung durch die Nieren.

Neben Änderungen des Säurebasenhaushaltes finden sich postoperativ solche des Zucker-, des Elektrolyt- und Reststickstoffgehaltes des Blutes.

An den Eiweißen des Blutes finden Änderungen des Kolloidzustandes statt, die die physiko-chemische Grundlage der Thrombosebereitschaft bilden. Die Ursache der Thrombose selbst aber bleibt vorläufig noch dunkel, wie überhaupt an zahlreichen Stellen dargelegt wird, daß weitere physiko-chemische Forschungen über die postoperativen Veränderungen noch dringend notwendig und wünschenswert ist.

Bei der Luft- und Fettembolie stehen physiko-chemisch Grenzflächenerscheinungen im Vordergrund.

9. Die physikalische Chemie der Narkose.

a) Die Theorien der Narkose.

Die älteren Theorien der Narkose waren alle Spezialtheorien der Hirnnarkose, denn sie standen unter dem Eindruck der Beobachtungen BERNSTEINS[1], daß beim Frosch nach Eintritt völliger Narkose die Erregbarkeit des peripheren motorischen Nervensystems (also auch des Muskels) noch keine merkliche Veränderung aufzuweisen braucht, eine Beobachtung, die jeder Chirurg aus der täglichen Erfahrung bei Operationen kennt. So bezeichnete CLAUDE BERNARD[2] die Allgemeinnarkose als „eine Narkose des zentralen Nervensystems". Auch die Theorien von BIBRA und HARLESS[3] und die spätere von HERRMANN[4], die in der Fett und fettartige Substanzen auflösenden Wirkung der Narkotica das Wesen der Narkose suchten, sind gewissermaßen nur Theorien der Hirnnarkose. Die weitere Anwendbarkeit dieser Theorien hat sie aber zu Vorläufern der modernen Lipoidtheorie gemacht. Und wenn in neuester Zeit CLOETTA und THOMANN[5] auf Grund ihrer Blutuntersuchungen annehmen, daß durch den Eintritt des Narkoticums in das Gehirn eine Störung des Ca-K-Gleichgewichts in diesem hervorgerufen werde, so ist auch dieser Gedanke nur als eine Spezialtheorie der Hirnnarkose zu bewerten. Die Allgemeinheit der narkotischen Wirkungen erfordert aber unbedingt Theorien, die auf alle Formen der lebenden Substanz anwendbar erscheinen.

α) **Die Erstickungstheorie der Narkose.** Auf Grund zahlreicher Analogien, die zwischen der Änderung der Erregbarkeit bei der Narkose und bei der Sauerstoffentziehung bestehen, hat zuerst VERWORN[6] 1903 die Narkose mit der Erstickung in Beziehung gesetzt, und die Narkose geradezu als eine Absperrung der Oxydationsorte von der Sauerstoffzufuhr durch die Narkotica bezeichnet. Zahlreiche Untersuchungen haben gezeigt, daß tatsächlich durch die Narkotica der Verbrennungsprozeß herabgesetzt wird. Das ist sowohl für zahlreiche Einzelzellen, wie rote Blutkörperchen, Hefen und Bakterien, für Seeigeleier und Fischspermatozoen, aber auch für Gewebe, wie Skelettmuskeln, Herzmuskeln, Leberläppchen, periphere Nerven und Rückenmark nachgewiesen[7]. Die Erstickungstheorie der Narkose ist aber damit nicht bewiesen. Dazu wäre der Nachweis erforderlich, daß die Oxydationsprozesse *allein* oder wenigstens *zuerst* durch die Narkose

---

[1] BERNSTEIN, J.: Moleschotts Untersuchungen zur Naturlehre **10**, 280 (1870).

[2] BERNARD, CL.: Leçons sur les anesthésiques et sur l'asphyxie. Paris 1875 — Leçons sur les phénomènes de la vie commune aux animaux et aux végétaux **2** I. Paris 1885.

[3] BIBRA, E. v., u. E. HARLESS: Die Wirkung des Schwefeläthers in chemischer und physiologischer Beziehung. Erlangen 1847.

[4] HERRMANN, L.: Arch. f. Anat. Physiol. u. wissenschaftl. Med. **1866**, 27.

[5] CLOETTA, M., u. H. THOMANN: Arch. f. exper. Path. **103**, 260 (1924).

[6] VERWORN, M.: Die Biogenhypothese. Jena 1903 — Dtsch. med. Wschr. **35**, 1593 (1909) — Narkose. Jena 1912.

[7] Ausführliche Literatur s. bei H. WINTERSTEIN: Die Narkose, S. 181ff. Berlin 1926.

beeinflußt werden. Das ist jedoch nicht der Fall. Schon Cl. Bernard[1] hatte festgestellt, daß bei Pflanzen die Beeinflussung der Respiration durch die Narkose nur ganz geringfügig ist, während die Assimilation völlig aufgehoben wird. Ebenso konnten O. Warburg[2] und J. Loeb und Wasteneys[3] zeigen, daß durch Narkotica die Furchung der See-igeleier unterdrückt werden kann, ohne daß dabei eine merkliche Hemmung der Oxydation herbeigeführt wird. Auch am Skelettmuskel und am Herzen wird nach Versuchen von Weizsäcker[4] und Rohde und Ogawa[5] durch die Narkotica die Tätigkeit ungleich stärker gelähmt, als der Sauerstoffverbrauch. Ebenso ist die Beeinflussung der beiden Funktionen am Zentralnervensystem verschieden. So zeigte Yamakita[6], daß die narkotische Lähmung des Kaninchenhirns weitgehend unabhängig ist von der Verminderung des Sauerstoffverbrauches. Endlich wies Winterstein[7] nach, daß bei völliger Aufhebung der Erregbarkeit der isolierten Froschmuskulatur durch Äthylalkohol nicht nur keine Verminderung, sondern sogar eine leichte Steigerung des Sauerstoffverbrauches stattfindet. Niwa[8] beobachtete bei Einwirkung von Cocain noch eine Erhöhung der Kohlensäurebildung, wenn bereits eine deutliche Herabsetzung der Erregbarkeit vorhanden war. Alles dies sind Beweise dafür, daß Erregbarkeit und Oxydationsgeschwindigkeit weitgehend voneinander unabhängig sind.

Überzeugend widerlegt wird die Erstickungstheorie der Narkose durch den Nachweis, daß auch anoxybiotische Vorgänge narkotisierbar sind. So konnte Winterstein[9] bei den dauernd anoxybiotisch lebenden Askariden sowohl mit Alkohol wie mit Chloroform eine völlige und reversible Lähmung erzeugen. Ebenso ergaben Untersuchungen von Veszi[10], daß auch obligat anaerob lebende Bakterien, wie Bac. oedemat. maligni und Bac. gangraenae sacrophysematos bovis (mit Äther) gut narkotisierbar sind. *Der Nachweis narkotischer Lähmung beim Fehlen jeder Oxydationshemmung und der Nachweis der Narkotisierbarkeit dauernd anoxybiotisch lebender Organismen muß als zwingender Gegenbeweis gegen die Erstickungstheorie anerkannt werden.*

Auf Grund ausgedehnter Tierexperimente hat in neuester Zeit Wieland geglaubt[11], die narkotische Wirkung von Stickoxydul und Acetylen (Narcylen) als „Erstickungsnarkose" bezeichnen zu können, und Schoen[12] sah eine Bestätigung der Wielandschen Anschauung

---

[1] Bernard, Cl.: a. a. O.

[2] Warburg, O.: Hoppe-Seylers Z. 70, 413 (1910).

[3] Loeb u. Wasteneys: J. of biol. Chem. 14, 517 (1913) — Biochem. Z. 56, 295 (1913).

[4] Weizsäcker, V.: Sitzgsber. Heidelberg. Akad. Wiss., Math.-naturwiss. Kl. B 1917.

[5] Rohde, E., u. S. Ogawa: Arch. f. exper. Path. 54, 104 (1906).

[6] Yamakita, M.: Tohoku J. exper. Med. 3, 414 (1922).

[7] Winterstein, H.: Biochem. Z. 61, 81 (1914).

[8] Niwa, S.: J. of Pharmacol. 12, 323 (1919).

[9] Winterstein, H.: Biochem. Z. 51, 143 (1913).

[10] Veszi, J.: Pflügers Arch. 170, 313 (1918).

[11] Wieland, H.: Arch. f. exper. Path. 92, 96 (1922).

[12] Schoen, R.: Münch. med. Wschr. 1924, 889.

darin, daß beim Menschen das venöse Blut während der Narcylennarkose einen auffallend hohen Sauerstoffgehalt aufweist. Er sieht dies als Zeichen einer besonders starken Herabsetzung der Gewebsatmung an. Dagegen ist anzuführen, daß bereits frühere Experimente von Bock[1] zeigten, daß die Wirkung des Stickoxyduls vom Sauerstoffdruck völlig unabhängig ist; und auch gegen die Schlüsse, die Wieland und Schoen aus ihren Untersuchungen zogen, sind gewichtige Einwände möglich, so daß Winterstein[2] wohl mit Recht betont, daß kein Anlaß vorliegt, für das Acetylen oder das Stickoxydul oder sonstige „betäubende Gase" einen anderen Wirkungsmechanismus anzunehmen als für alle anderen indifferenten Narkotica.

Gleichwohl war die Erstickungstheorie insofern fruchtbar, als sie Wieland zur Entdeckung der narkotischen Wirkung des Acetylens und in Gemeinschaft mit Gauss zur Ausarbeitung der Narcylennarkose geführt hat.

β) **Die Lipoidtheorie der Narkose.** Wenn man bedenkt, daß alle Zellen, ganz gleich welcher Funktion und welcher Herkunft (pflanzlicher oder tierischer) narkotisierbar sind, und die überraschende Erscheinung betrachtet, daß die kritische Konzentration (d. h. der Schwellenwert der für die Narkose erforderlichen Konzentration) für Menschen und für alle Tierarten, bis herab zu den Insekten, weitgehend gleich ist, sowie die Tatsache, daß sich die narkotische Wirkung auf alle Lebensvorgänge erstreckt, so wird man gebieterisch zu der Auffassung gedrängt, den Mechanismus dieser Wirkung in chemisch-physikalischen Veränderungen allgemeiner Art zu suchen.

So ist z. B. die kritische Konzentration, welche der Äther im Blut erreichen muß, um bei Hunden zur Narkose der Gehirnzellen zu führen, genau so groß wie die Ätherkonzentration einer Lösung, welche Froschlarven narkotisiert (Overton[3]). Und auch qualitativ sind die Haupterscheinungen der Narkose immer die gleichen, soweit es sich um „indifferente" Narkotica handelt (Äther, Chloroform, Alkohol usw.), d. h. Stoffe, deren Molekül zum Protoplasma der Zellen keine chemischen Affinitäten besitzt.

Bei den indifferenten Narkoticis besteht ein Parallelismus zwischen narkotischer Kraft und Teilungskoeffizienten Lipoid : Wasser. Je größer die Lipoidlöslichkeit des Narkoticums, desto geringer ist die Konzentration, die nötig ist, um den Schwellenwert der Narkose zu erreichen. Auf dieser Tatsache begründeten H. H. Meyer[4] und Overton[3] als erste unabhängig von einander, und fast gleichzeitig ihre Lipoidtheorie, die als allgemeine physikalisch-chemische Theorie der Narkose betrachtet werden muß.

Wie groß der Parallelismus ist, mag nachfolgende Tabelle zeigen, der Untersuchungen von Baum[5] zugrunde liegen.

---

[1] Bock, J.: Arch. f. exper. Path. **75**, 43 (1914).
[2] Winterstein, H.: Die Narkose, S. 204. Berlin 1926.
[3] Overton, E.: Studien über Narkose. Jena 1901.
[4] Meyer, Hans Horst: Arch. f. exper. Path. **42**, 109 (1899).
[5] Baum, F.: Arch. f. exper. Path. **42**, 119 (1899).

Tabelle 8.

Substanz	Teilungs-koeffizient Öl:Wasser	Schwellenwert der narkotischen Dosis in Mol. pro Liter
Trional	4,46	0,0018
Sulfonal	1,11	0,006
Chloralhydrat	0,22	0,02
Äthylurethan	0,14	0,04
Methylurethan	0,04	0,4
Alkohol	0,03	0,5

Für Lipoidtheorie schien weiterhin zu sprechen, daß das Narkoticum in lipoidreichen Organen, Zentralnervensystem usw. sich besonders stark angereichert findet; doch fehlt es auch nicht an gegenteiligen Ergebnissen, wie überhaupt die Lipoidtheorie einer genaueren Kritik und den neueren Untersuchungen nicht standhalten konnte[1].

γ) **Die Haftdrucktheorie von J. Traube.** J. Traube[2] konnte zeigen, daß die Oberflächenaktivität der Narkotica ihrer Wirkungsstärke parallel geht, und daß in besonderen Fällen, nämlich bei der Wirkung der Glieder einer homologen Reihe, Narkotisierfähigkeit und Oberflächenaktivität auch quantitativ zusammenhängen, ein Zusammenhang, den die Lipoidtheorie nicht erfordert. Die Grundzüge seiner „Haftdrucktheorie" lassen sich kurz folgendermaßen zusammenfassen:

Je oberflächenaktiver ein Stoff ist, um so weniger „haftet" er gewissermaßen im Wasser, denn um so größer ist entsprechend dem Gibbsschen Theorem die Kraft, die ihn aus der Lösung gegen die Oberfläche treibt. Der Druck, der dem Anziehungsvermögen des Stoffes für Wasser entspricht, und der sich in gleichem Sinne ändert wie die Oberflächenspannung des Wassers, wird als „Haftdruck" bezeichnet. Je kleiner der Haftdruck, um so leichter wandert der Stoff aus einer Lösung in eine andere, mit der er sich in Berührung gefindet; er wird also um so leichter von einer zweiten mit der Lösung in Berührung befindlichen Phase, gleich, ob sie fest oder flüssig ist, absorbiert werden. Da die Narkotica durch eine große Oberflächenaktivität (also geringen Haftdruck an Wasser) ausgezeichnet sind, werden sie sehr leicht aus dem die Zellen umspülenden wässerigen Medium in die Zellen eindringen, und dadurch würden die besonderen Permeabilitätsverhältnisse der Zellen, die eine wichtige Stütze der Lipoidtheorie bilden, eine einfache Erklärung finden. Die Traubesche Theorie würde also die Lipoidtheorie mit umfassen. Denn dort, wo die an das wässerige Milieu grenzende 2. Phase aus Lipoiden besteht, werden sich die Narkotica mit ihrem geringen Haftdruck an Wasser in überwiegender Menge in der lipoiden Phase ansammeln und so den Teilungskoeffizienten zugunsten der letzteren verschieben. Die Haftdrucktheorie ist

---

[1] Eine ausführliche Darstellung und Kritik der Lipoidtheorie findet sich bei Winterstein: Die Narkose, S. 281 ff. Berlin 1926.

[2] Traube, J.: Pflügers Arch. **132**, 511 (1910); **153**, 276 (1913); **160**, 501 (1915); **161**, 530 (1915).

also allgemeiner als die Lipoidtheorie und vermag auch die Massenwirkung der Narkotica in den Fällen zu erklären, wo die Lipoidtheorie versagt.

Als Stütze der Haftdrucktheorie war zu betrachten, daß gemäß der TRAUBEschen Regel[1] die isonarkotischen Konzentrationen in homologen Reihen mit wachsender C-Kette im Verhältnis $1:3:3^2:3^3$ ... abnehmen, wie Versuche von TRAUBE[2], WARBURG und WIESEL[3], FÜHNER[4] u. a. bewiesen. *Isonarkotische Lösungen der Glieder einer homologen Reihe sind also isocapillar.*

Und doch versagt in einer ganzen Reihe von Fällen die Haftdrucktheorie:

So hebt WARBURG[5] hervor, daß das Gesetz, nach dem isocapillare Lösungen die gleiche narkotische Kraft besitzen, nur für chemisch sehr ähnliche Stoffe gilt. Vergleicht man aber die Lösungen chemisch verschiedener Stoffe miteinander, so findet man keinen Parallelismus mehr zwischen Oberflächenaktivität und narkotischer Wirkung. So ist z. B. die molare narkotische Grenzkonzentration der Urethane kleiner als die der entsprechenden Alkohole, obwohl sie die Oberflächenspannung des Wassers weniger erniedrigen. Auch sonst ist der Parallelismus zwischen Oberflächenaktivität und physiologischer Wirkung nicht immer vorhanden (FREI und GRAND[6], CZANIK[7]). Ferner lassen nach den Versuchen von FÜHNER[8] Benzin und seine Bestandteile Pentan, Hexan, Heptan, Oktan) die Oberflächenspannung des Wassers gänzlich unbeeinflußt, sind dabei aber sehr wirkungsvolle Narkotica;

---

[1] Die TRAUBEsche Regel besagt, daß bei Stoffen, die einer homologen Reihe angehören, die Oberflächenaktivität mit der Länge der Kohlenstoffkette wächst, und zwar bei gleicher molarer Konzentration im Verhältnis $1:3:3^2:3^3$ usw. Näheres s. in den Lehrbüchern von FREUNDLICH, HÖBER u. a.

[2] TRAUBE, J.: Verh. dtsch. phys. Ges. **6**, 326 (1904). S. a. A. JOFFROY et R. SERVAUX: Arch. Méd. expér. d'anat. pathol. **1**, Ser. 7, 569 (1895).

[3] WARBURG, O., u. R. WIESEL: Pflügers Arch. **144**, 465 (1912). — WARBURG, O.: Biochem. Z. **119**, 134 (1921).

[4] FÜHNER: Biochem. Z. **120**, 143 (1921). — S. a. KUNO YAS: Arch. f. exper. Path. **74**, 399 (1913); **77**, 206 (1914). — Ferner E. PRIBRAM: Wien. klin. Wschr. **21**, Nr 30 (1908) — Pflügers Arch. **137**, 350 (1911). — GOLDSCHMIDT, K., u. E. PRIBRAM: Z. exper. Path. u. Ther. **6**, 1 (1909) (Parallelismus zwischen pharmakodynamischer Wirkung verschiedener Stoffe, Narkotica, Cocain und seiner Derivate und Capillaraktivität). — SCHWALB, H.: Arch. exper. Path. **70**, 71 (1912) (Wirkung von Ketonen der Terpenreihe auf Paramäcien). — ISHIZAKA, N.: Ebenda **75**, 194 (1914) (hämolytische Wirkung derselben). — BERCZELLER, L.: Biochem. Z. **66**, 173 (1914) (baktericide Wirkung). — McCLENDON, J. F.: Amer. J. Physiol. **29**, 289 (1911/12) (Erzeugung von Einäugigkeit bei Fischembryonen). — TRAUBE, J., u. N. ONODERA: Internat. Z. phys.-chem. Biol. **1**, 35 (1914) (Giftigkeit von Alkaloiden). — BATELLI, F., u. L. STERN: Biochem. Z. **52**, 226 (1913) (Oxydonzerstörende Wirkung der Narkotica). — CHRISTIANSEN, J.: Hoppe-Seylers Z. **102**, 275 (1918) (Desinfizierende Wirkung der Alkohole). — MACALLUM, A. B.: Erg. Physiol. **11**, 598 (1911) (Oberflächenspannung und Lebenserscheinungen, auch Narkose).

[5] WARBURG, O.: Biochem. Z. **119**, 134 (1921).

[6] FREI, W., u. H. GRAND: Z. exper. Med. **31**, 350 (1923).

[7] CZANIK, E.: Biochem. Z. **165**, 443 (1925).

[8] FÜHNER, H.: Biochem. Z. **115**, 235 (1921).

und ebenso sind Chloroform und andere Chlorsubstitutionsprodukte der niederen Kohlenwasserstoffe sämtlich starke Narkotica, aber dabei kaum oberflächenaktiv.

Ein weiterer Einwand gegen die Haftdrucktheorie ist der, daß wir es bei der Messung der Oberflächenspannung mit den Erscheinungen an der Grenzfläche Flüssigkeit-Gas zu tun haben, im Körper aber nur die Verhältnisse an den Grenzflächen flüssig-flüssig bzw. flüssig-fest in Frage kommen; und es ist ja bekannt, daß sich mit der Art der Grenzflächen in zahlreichen Fällen die capillarchemischen Verhältnisse an ihnen weitgehend ändern.

Doch bleibt die Frage zu klären, warum in so vielen Fällen ein Parallelismus zwischen Oberflächenspannung gegen Luft und narkotischer Wirkungsstärke besteht, und wodurch vor allen Dingen die weitgehende *quantitative* Übereinstimmung mit dem TRAUBEschen Capillaritätsgesetz zu erklären ist.

RICHET[1] und sein Schüler HOUDAILLE[2] haben die Regel aufgestellt, daß die Giftigkeit der Narkotica sich im umgekehrten Sinne ändere wie ihre Wasserlöslichkeit. FÜHNER[3] konnte die weitgehende Richtigkeit der RICHETschen Regel innerhalb einzelner Gruppen chemisch verwandter Stoffe bestätigen, so daß nach ihm die Wirkungsstärke der lipoidlöslichen Narkotica durch den reziproken Wert ihrer Löslichkeit im Wasser ebensogut meßbar ist wie durch ihre Lipoidlöslichkeit. Er[4] fand nun weiterhin, daß innerhalb der homologen Reihen die molare Wasserlöslichkeit ungefähr in dem gleichen Verhältnis abnimmt wie die Oberflächenaktivität zunimmt. Jedes folgende Glied der Reihe ist nämlich meist etwa 3—4mal weniger löslich als das vorhergehende. Die Wirkungssteigerung innerhalb der homologen Reihen ist also auch durch die Änderung der Wasserlöslichkeit quantitativ reproduzierbar, und das Bestehen des dem Capillaritätsgesetz ungefähr entsprechenden Zahlenverhältnisses ist nicht an das Vorhandensein einer Capillaraktivität im üblichen Sinne gebunden. Dieser Nachweis dürfte ein ebenso starker Gegenbeweis gegen die Haftdrucktheorie sein wie der Nachweis der Narkose *anoxybiotischer* Vorgänge gegen die *Erstickungstheorie* oder die Narkose *lipoidfreier* Mechanismen gegen die *Lipoidtheorie*.

Er betrifft aber nur die *äußere* Form, die TRAUBE seiner Theorie gegeben hat, nicht ihren *Kern*. Die Oberflächenaktivität gegen Luft ist ebenso wie die Lipoidlöslichkeit der Narkotica nicht geeignet als Maßstab für die Wirkungsstärke zu dienen. Die Theorie aber, daß capillarchemische Erscheinungen das Wesen der Narkose darstellen und die Wirkung der Narkotica bedingen, bleibt unerschüttert, und es ist TRAUBES Verdienst, als erster diesen Gesichtspunkt hervorgehoben zu haben.

---

[1] RICHET, CH.: C. r. Soc. Biol. Paris **54**, 775 (1893).
[2] HOUDAILLE, G.: Thèse. Paris 1893.
[3] FÜHNER, H.: Biochem. Z. **115**, 235 (1921); **120**, 143 (1921); **139**, 216 (1923).
[4] FÜHNER, H.: Ber. dtsch. chem. Ges. **57**, 510 (1924).

δ) **Die Adsorptionstheorie von O. Warburg.** Schon 1834 hat Faraday[1] beobachtet, daß Zusatz von Äther zu einem an Oberflächen reagierenden Knallgas die Reaktion zum Stillstand bringt; er erklärte das damit, daß der Äther die reagierenden Gase von der Oberfläche der festen Körper verdrängt. Später konnten Michaelis und Rona[2] die Verdrängung an Tierkohle adsorbierter Essigsäure durch Alkohole, und Rona und Toth[3] von Traubenzucker durch Urethane erweisen und dabei zeigen, daß diese Adsorptionsverdrängung dem Gesetz der homologen Reihen folgt.

Warburg und seine Mitarbeiter[4] erbrachten dann in zahlreichen Versuchen, besonders am Kohlemodell der Zellatmung, den Nachweis, daß Adsorption und Wirkungsstärke der Narkotica eng zusammenhängen. Die Bedeutung der Oberflächenenergie der Narkotica erhellt besonders deutlich aus der von ihnen erwiesenen Abhängigkeit der narkotischen Wirkungsstärke von der Struktur der Oberfläche: Stoffwechselvorgänge in *strukturfreien* Flüssigkeiten werden durch die Narkotica viel weniger beeinflußt als die der Zellen, die „Strukturwirkung" der Narkotica übertrifft die „Saftwirkung" bei weitem. Zerstörung der Struktur bewirkt eine Abnahme der Narkosestärke. Die hemmende oder lähmende Wirkung der Narkotica beruht also offenbar auf einer Beschlagnahme der Strukturen, an denen die Reaktionen stattfinden bzw. auf einer Verdrängung der die Reaktion bewirkenden Stoffe von der Oberfläche der Strukturen durch die Narkotica. Warburgs Theorie der Narkose geht also dahin, daß die narkotische Wirkung davon herrührt, daß die Narkotica mehr oder minder große Teile der wirksamen Oberflächen durch Adsorption mit Beschlag belegen und so die an ihnen haftenden Fermente verdrängen. Es müßte danach die Wirkungsstärke lediglich von der Größe der vom adsorbierten Narkoticum bedeckten Fläche abhängen; und er stellte für diese Wirkungsstärke eine einfache mathematische Formel auf, deren Geltung er an seinem Kohlemodell der Zellatmung beweisen konnte. Damit entspricht die Theorie den Forderungen idealer Wissenschaft. Und wenn auch experimentelle Beweise am lebenden Substrat für die Richtigkeit der Warburgschen Formel noch fehlen (Voraussetzung dafür wäre ja die genaue Kenntnis der Strukturform der Zelle, die uns vorläufig noch fehlt, und die Kenntnis der Adsorptionskonstanten der Narkotica), stellt sie doch eine Theorie dar, die nicht nur *Wirkungsstärke* und *Giftigkeit* der Narkotica umfaßt, sondern eine Theorie des *Wirkungsmechanismus* überhaupt ist, in die sich alle zugunsten und entgegen der sonstigen Narkosetheorien gemachten Beobachtungen gut und zwanglos einfügen lassen.

Denn die Beschlagnahme der für den Ablauf der chemischen Reaktionen wichtigen Strukturen und die Verdrängung der für sie notwen-

---

[1] Faraday, zitiert nach Warburg: Jber. ges. Physiol. **1**, 136 (1924).
[2] Michaelis, L., u. P. Rona: Biochem. Z. **15**, 196 (1909).
[3] Rona, P., u. K. v. Toth: Biochem. Z. **64**, 288 (1914).
[4] Warburg, O.: Pflügers Arch. **155**, 547 (1914); **158**, 19 (1914) — Biochem. Z. **119**, 134 (1921).

digen Fermente durch die Narkotica erklärt die Behinderung und Ein-schränkung aller Arten von Stoffwechselvorgängen und damit die Läh-mung aller von ihnen abhängigen Lebenserscheinungen.

Diese Theorie umfaßt aber auch die HÖBERsche Kolloidtheorie der Narkose, die für die reversible Verminderung oder Aufhebung der Erregung eine besondere Erklärung dringt. Da dies die klinisch wichtigste und augenfälligste Erscheinung der Narkose ist, soll sie ausführlicher besprochen werden.

ε) **Die Permeabilitätstheorie von HÖBER.** Kolloidchemische Vorgänge sind ja sicherlich neben der Blockierung der Reaktionsorte durch die oberflächenaktiven Narkotica für die reversible Aufhebung oder Verminderung der Erregung mit verantwortlich zu machen. Sie bilden die Grundlage der genannten Theorie, deren Anfänge bis auf H. RANKE[1] zurückgehen. Dieser Forscher glaubte, daß die analoge Wirkung der Narkotica auf Muskeln und Nervenfasern auf einer Einwirkung auf das Eiweiß der Gewebe beruhe. Bereits genauer wurde von CLAUDE BERNARD[2] die Anschauung präzisiert. Er glaubte in dem Auftreten einer reversiblen „Semi-Coagulation" das Wesen der Narkose suchen zu können. Da der Ablauf der Lebenserscheinungen an die normalen Bedingungen des Wassergehalts und der Halbflüssig-keit — d'humidité et de semi-fluidité — gebunden sei, würde das Aufhören dieses Zustandes beim Eintreten einer Koagulation auch ein Aufhören der Funktion bedingen, so wie etwa das Erstarren des Wassers beim Gefrieren seine mechanischen Eigenschaften verändert, die bei der Rückkehr zum flüssigen Zustand wieder erscheinen. Auch BINZ[3] deutet die im histologischen Bild zu beobachtende Trübung des Protoplasmas und das Dunkelwerden der Zwischensubstanz der Ganglien unter dem Einfluß narkotischer Stoffe als eine Gerinnung. Die von RANKE beobachtete Ausflockung von Eiweißlösungen durch Chloroform wurde später von SALKOWSKI[4] und FORMANEK[5] bestätigt und von MOORE[6] und ROAF[7] genauer untersucht. Sie fanden ebenso wie GOLDSCHMIDT und PŘZIBRAM[8], daß kolloide Lösungen von Lipoiden durch relativ kleine Mengen von Narkoticis ausgefällt werden können, während große Mengen sie lösen. Aber auch nicht lipoide hydrophile Sole werden, wie WARBURG und WIESEL[9] an Hefepreßsaft sahen, in gleicher Weise verändert.

---

[1] RANKE, H.: Zbl. med. Wiss. **1867**, 209; **1877**, 609.

[2] BERNARD, CL.: Leçons sur les anesthésiques et sur l'asphyxie. Paris 1875 — Leçons sur les phénomènes de la vie communs aux animaux et aux végétaux **1**, 2. édition. Paris 1885.

[3] BINZ, C.: Arch. f. exper. Path. **6**, 310 (1877); **13**, 157 (1881) — Vorlesungen über Pharmakologie. Berlin 1884.

[4] SALKOWSKI, E.: Dtsch. med. Wschr. **14**, 309 (1888) — Hoppe-Seylers Z. **31**, 239 (1900).

[5] FORMANEK, E.: Hoppe-Seylers Z. **29**, 416 (1900).

[6] MOORE, B., and E. ROAF: Proc. roy. Soc. Lond. B **73**, 382 (1904).

[7] GOLDSCHMIDT, R. u. PŘZIBRAM: Z. exper. Path. u. Ther. **6**, 1 (1909).

[8] PŘZIBRAM, E.: Wien. klin. Wschr. **21**, 30 (1908).

[9] WARBURG, O. u. WIESEL: Pflügers Arch. **144**, 465 (1912).

Die narkotische Lähmung der Oxydation in Gewebsextrakt geht der Fällung von Nucleoproteiden der Leber weitgehend parallel (BATELLI und STERN[1]); und Invertaselösungen zeigen unter Einwirkung der Narkotica zwar keine Fällung, aber doch eine Verstärkung des Tyndallphänomens als Ausdruck einer Dispersionsverminderung (MEYERHOF[2]). FREUNDLICH und RONA[3] erblicken die Ursache aller dieser Fällungen in einer Sensibilisierung der Flockbarkeit durch gleichzeitig anwesende Elektrolyte. Dadurch, daß die oberflächenaktiven Stoffe an der Grenzfläche von disperser Phase und Dispersionsmittel sich anreichern, sinkt das Grenzflächenpotential, es können infolgedessen schon viel kleinere Elektrolytmengen als sonst die kolloiden Teilchen über das kritische Potential hinweg entladen, und es kommt somit zur Koagulation der Teilchen.

Die Bedingungen für eine solche Ausflockung und damit Inaktivierung der Enzyme wären an sich innerhalb der Zelle durch die Anwesenheit von Salzen günstig. Trotzdem bleibt aber zu bedenken, daß nach den Untersuchungen von BATELLI und STERN die für die Fällung notwendige Konzentration der Narkotica erheblich größer ist als die narkotischen Grenzkonzentrationen; es bleibt also fraglich, ob die an sich mögliche Fällung mit der Narkose in ursächlichen Zusammenhang zu bringen ist.

Durch die Narkotica wird auch der Quellungszustand der Eiweiße verändert. So wird z. B. die Wasseraufnahme des Fibrins sowohl in destilliertem Wasser wie in $^n/_{100}$ Salzsäure durch sie gehemmt (KOCHMANN[4]). Ebenso verlieren Froschmuskeln bei der Narkose an Gewicht, sie geben also Wasser ab, um bei Aufhebung der Narkose wieder an Gewicht zuzunehmen.

Mit einer solchen Wasserabgabe geht ebenso wie mit einer Ausflockung eine Verdichtung der kolloiden Zellhülle einher, und damit kommt es zu Änderungen der Zellmembran-Permeabilität. Diese Permeabilitätsänderungen sind es, die HÖBER als Ursache der reversiblen Erregungshemmung bzw. -minderung betrachtet.

Narkose ist im Sinne der Pharmakologie die Aufhebung der Erregbarkeit bei einem höheren Tier. An dem von der Narkose am merklichsten betroffenen Organ, dem Nervensystem, dem Organ, dessen Funktion darin besteht, erregt zu werden und die Erregung zu leiten, äußert sich das Erregtsein in einem Aktionsstrom, und die Narkose bewirkt infolgedessen ein Verschwinden oder eine Verminderung des Aktionsstromes. Nun konnte HÖBER[5] zeigen, daß die Ursache der Aktionsströme in zeitlichen und örtlichen Permeabilitätsänderungen zu suchen ist. Behandelt man Froschschenkel lokal mit Neutralsalzen, so entsteht ein Ruhestrom, dessen Größe für die Anionen und Kationen

---

[1] BATELLI u. STERN: Biochem. Z. **52**, 226, 253 (1913).

[2] MEYERHOF: Pflügers Arch. **157**, 251 (1914) — Biochem. Z. **86**, 325 (1918).

[3] FREUNDLICH u. RONA: Biochem. Z. **81**, 87 (1917).

[4] KOCHMANN: Biochem. Z. **136**, 49 (1923).

[5] HÖBER, R.: Pflügers Arch. **106**, 559 (1905). — Ferner SEO (unter HÖBER): Ebenda **206**, 485 (1924).

(ebenso wie deren Wirkung auf die Durchlässigkeit kolloider Membranen) der Ordnung in den HOFMEISTERschen Reihen entspricht. Damit ist ein Zusammenhang zwischen diesen Strömen und den Permeabilitätsänderungen erwiesen. Diese durch Salze erzeugten Ruheströme können durch Narkose ebenso abgeschwächt werden wie die echten Ruheströme (HÖBER[1]).

Es liegen auch direkte Befunde darüber vor, daß Narkotica in relativ niedriger Konzentration eine Permeabilitätsverminderung bewirken. TRAUBE[2], ARRHENIUS und BUBANOVICZ[3] fanden, daß der Austritt von Hämoglobin durch kleine Narkoticumkonzentrationen verzögert, durch größere allerdings beschleunigt wird. Ebenso konnte OSTERHOUT[4] mit Leitfähigkeitsmessungen an Pflanzenzellen, und JOEL[5] an roten Blutkörperchen durch Narkose bewirkte Permeabilitätsänderungen nachweisen. Auch hierbei erfolgt bei höheren Konzentrationen eine erhöhte Durchlässigkeit. Alle diese Erscheinungen sind reversibel. Die gleichen Befunde wurden an tierischen Zellen durch chemische Untersuchungen (MC.CLENDON[6], HERMANN LANGE und B. W. MÜLLER[7], SIEBECK[8]) und osmometrisch von WINTERSTEIN[9] erhoben. Mit verschiedenen Methoden und an verschiedenen Objekten ist also der Einfluß der Narkose im Sinne einer Permeabilitätsänderung der Zellmembran nachgewiesen und eine „Permeabilitätstheorie der Narkose" (HÖBER) kann der Adsorptionstheorie zur Seite gestellt, resp. ihr ergänzend zugesellt werden. *Es entspricht die bei geringer Konzentration feststellbare reversible Permeabilitätsänderung der reversiblen Herabsetzung bzw. Aufhebung der Erregbarkeit d. h. der Narkose im engeren Sinn, während die bei hoher Konzentration eintretende irreversible Steigerung der Permeabilität die irreversiblen toxischen Wirkungen zu tiefer Narkose, d. h. den Gewebstod durch Narkose darstellt.*

b) Der Einfluß der Narkose auf die physiko-chemischen Konstanten des Körpers.

Nach den theoretischen Erkenntnissen über den Mechanismus der Narkose ist es einleuchtend, daß durch die Einwirkung der Narkotica auch die physiko-chemischen Konstanten der Körpersäfte eine Änderung erfahren müssen, und es fragt sich, wie weit die Regelungsvorrichtungen des Körpers imstande sind, sie auszugleichen.

---

[1] HÖBER, R.: Vjschr. naturforsch. Ges. Zürich **52** (1907) — Pflügers Arch. **120**, 492 (1907).

[2] TRAUBE, J.: Biochem. Z. **10**, 371 (1908).

[3] ARRHENIUS u. BUBANOVICZ: Med. K. Vetenst. Akad. Nobelinst. **2**, 32 (1913).

[4] OSTERHOUT: Science **37**, 111 (1913) — Bot. Gaz. **61**, 148 (1916) — J. of gen. phys. **1**, 299 (1914).

[5] JOEL (unter HÖBER): Pflügers Arch. **161**, 5 (1915). — S. a. R. HÖBER: Dtsch. med. Wschr. **41**, 273 (1915).

[6] MCCLENDON: Amer. J. Physiol. **38**, 173 (1915).

[7] LANGE, H., u. B. W. MÜLLER: Klin. Wschr. **1**, 23 (1922).

[8] SIEBECK: Arch. exper. Path. **95**, 93 (1922).

[9] WINTERSTEIN: Biochem. Z. **75**, 71 (1916) — Dtsch. med. Wschr. **1916**, Nr 12.

α) **Der Einfluß auf die osmotische Isotonie des Blutes.** Durch das in Lösung Gehen des Narkoticums im Blut wird die Zahl der gelösten Teilchen vermehrt, und es resultiert eine Erhöhung des osmotischen Druckes, die trotz der regulatorischen Einrichtungen anhält, da ja immer neue Mengen Narkoticum zugeführt werden. So fand HELLFRITSCH[1] bei Hunden eine Erhöhung von 0,04 bis 0,1° Gefrierpunkterniedrigung in dem sofort nach der Narkose entnommenen Blut. Ein Zusammenhang zwischen Gefrierpunktserniedrigung und Verbrauch an Narkoticum ließ sich dabei allerdings nicht feststellen. Doch ist dies an sich nicht verwunderlich, denn wir wissen aus den Untersuchungen von GRAMÉN[2], daß der Gehalt des Narkoseblutes an Äther von der Menge des zugeführten Narkoticum unabhängig ist. Verschiedenheiten der Aufnahme und Abgabe während der Narkose selbst, die verschiedene Tätigkeit des Atemzentrums und individuelle Unterschiede geben dafür eine genügende Erklärung. Es ist sehr wahrscheinlich, daß Untersuchungen über Gefrierpunktserniedrigung und Äthergehalt bestimmte Gesetzmäßigkeiten ergeben werden, leider fehlen sie zur Zeit noch vollständig. Mit Aussetzen der Zufuhr des Narkoticums treten die regulatorischen Organe sehr rasch in Funktion, und bereits 25 Minuten nach Beendigung der Narkose ist eine Erhöhung des osmotischen Druckes nicht mehr vorhanden, obwohl das Blut noch ganz erhebliche Äthermengen enthält, wie dies am Geruch kenntlich wird. Die Ausscheidung der flüchtigen Narkotica geschieht wohl in der Hauptsache durch die Lunge. Wir wissen ja aus klinischer Erfahrung, daß der Atem narkotisierter Patienten noch längere Zeit, oft bis zu 24 Stunden, deutlich nach Äther riecht. Da bereits viel früher der osmotische Druck wieder normale Werte aufweist, obwohl das Blut noch immer deutlich nach Äther riecht, ist anzunehmen, daß diese Rückkehr zur Norm in der Hauptsache der Wirkung der Binnenregulation, besonders also des Bindegewebes, zuzuschreiben ist.

Die Osmoregulation erfährt durch die Äthernarkose keine Störung. So fand HELLFRITSCH, daß der Ausgleich der durch Injektion hypertonischer Lösungen gesetzten Störungen des osmotischen Druckes während der Narkose ebenso rasch erfolgt wie bei nicht narkotisierten Tieren. Bereits 10 Minuten nach der Injektion ist keine Differenz mehr festzustellen. Auch hierbei dürfte die binnenregulatorische Wirkung des Bindegewebes vor allen Dingen in Kraft treten; denn die Zeit ist zu kurz, als daß in ihr wesentliche Salzmengen ausgeschieden sein könnten. Daß der fast momentane Ausgleich osmotischer Störungen vor allen Dingen durch Binnenregulation stattfindet, ist aus den Versuchen HAMBURGERS bekannt (s. S. 7 u. 10). Wie weit die Nieren bei den durch die Narkose gesetzten Störungen am Ausgleich mitarbeiten, ist noch unbekannt, da kryoskopische Messungen am Urin fehlen, doch dürfte der Vorgang kaum ein anderer sein als auch sonst bei der Osmoregulation: Zunächst fast momentane Einstellung des osmotischen Druckes

---

[1] HELLFRITSCH (unter HÄBLER): Inaug.-Dissert. Würzburg 1926.
[2] GRAMÉN, K.: Acta chir. scand. (Stockh.) Suppl.-Bd., 1 (1922).

durch die Binnenregulation auf normale Werte, ohne Rücksicht auf die völlig unphysiologische chemische Beschaffenheit und das gegenseitige Mengenverhältnis des Gelösten, und dann erst die Wiederherstellung der normalen Einzelkonzentrationen durch die Tätigkeit der Ausscheidungsregulation von Niere und Lunge (s. auch Kap. 1).

Die Δ-Erhöhung ist ein Moment, das neben anderen vielleicht zur Erklärung für das nach Operationen in Narkose zu beobachtende Durstgefühl mit herangezogen werden kann. Da die Wasserdepots durch die Binnenregulierung mehr oder weniger erschöpft werden, verlangt der Körper nach erneuter Zufuhr von außen, um möglichst rasch die normalen Verhältnisse wieder herzustellen und um genügend Lösungsmittel für die Ausscheidung durch die Niere zur Verfügung zu haben. Dieses Verlangen tritt in den die Regulation überwachenden Äußerungen des autonomen Nervensystems, in den Allgemeingefühlen, hier im Durst, zutage. Dabei darf man natürlich nicht vergessen, daß neben der Narkose auch noch die Operation mit dem postoperativen Eiweißverfall im gleichen Sinne wirksam ist. Auch von diesem Gesichtspunkte aus erscheint die Bekämpfung des Durstes durch Infusion von Salzlösungen, Normosal oder physiologischer Kochsalzlösung unzweckmäßig. Gelöste Stoffe sind ja in ausreichender Menge vorhanden, dem Körper fehlt lediglich *Wasser*, und wenn wir ihm *isotonische Salzlösungen* zuführen, so zwingen wir ihn nur, einen gewissen Teil Salz wieder mit auszuscheiden. Es besteht also ein grundsätzlicher Unterschied zwischen dem Flüssigkeitsmangel infolge von Blutverlust, bei dem *Salz und Wasser* verloren gegangen ist, und dem Flüssigkeitsmangel infolge *vermehrter Zufuhr oder Bildung gelöster Stoffe*. So wird auch die klinische Erfahrung verständlich, daß intravenöse oder subcutane Zufuhr von Zuckerlösungen günstiger auf das Durstgefühl wirkt als die von Salzlösungen. Der Zucker wird im Körper bis zu Kohlensäure und Wasser abgebaut, er wirkt also im Sinne einer Hypotonie. Die Ausscheidung der gebildeten Kohlensäure geht durch die Lunge leicht und zwanglos vonstatten, und ihre Vermehrung im Blut wirkt ihrerseits durch den Anreiz des Atemzentrums besonders günstig.

β) Der Einfluß auf den Säure-Basenhaushalt. Der Einfluß der Narkose auf den Säure-Basenhaushalt ist vornehmlich von amerikanischen und englischen Autoren untersucht worden[1]. Alle diese Untersuchungen leiden aber an einem gewissen Mangel insofern, als sie zumeist nur einen der zur Charakterisierung des Säure-Basenhaushaltes dienenden Faktoren berücksichtigen. Sie können somit, so wertvoll sie

---

[1] MENTEN u. CRILE: Amer. J. Physiol. **38**, 225 (1915). — CALDWELL u. CLEVELAND: Surg. etc. **25**, 22 (1917). — AUSTIN u. JONAS: Amer. J. med. Sci. **153**, 81 (1917). — MORRIS: J. amer. med. Assoc. **68** (1917). — REIMANN u. BLOOM: J. of biol. Chem. **36** (1918). — CARTER: Arch. int. Med. **26**, 319 (1920). — COLLIP: Brit. J. exper. Path. **1920**, 1. — PRENTICE, LUND u. HARBO: J. of biol. Chem. **44** (1920). — ATKINSON u. ETS: Ebenda **52** (1922). — VAN SLYKE, AUSTIN u. CULLEN: Ebenda **53** (1922). — HENDERSON u. HAGGARD: Ebenda **33** (1918). — GYÖRGY u. VOLLMER: Biochem. Z. **140**, H. 1/3 (1923) — Klin. Wschr. **1922**, 47. — NÜRNBERGER: Arch. Gynäk. **121**, 2 (1924). — McNIDER, J.: J. of exper. Med. **28**, 517 (1918).

als Einzeluntersuchungen sind, niemals ein klares Bild über die Frage geben, ob durch die Narkose eine über das Maß des Physiologischen hinausgehende Störung des Säure-Basenhaushaltes hervorgerufen wird (s. auch Kap. 2 und 8a). Weiterhin bezieht sich ein großer Teil der genannten Untersuchungen auf Tierexperimente, und es ist besonders in bezug auf den Säure-Basenhaushalt nicht ohne weiteres angängig, die Ergebnisse des Tierversuches auch auf den Menschen anzuwenden. Die Carnivoren verhalten sich in dieser Hinsicht ganz anders als die Herbivoren, und beide wieder anders als der Mensch. So ist es denn zu begrüßen, daß in neuester Zeit WYMER[1] ausgedehnte Untersuchungen über die durch die Narkose stattfindenden Veränderungen des Säure-Basenhaushaltes angestellt hat, bei denen er einmal *alle* in Frage kommenden Komponenten getrennt untersuchte und zum anderen die Wirkung bei Kaninchen, Hunden und Mensch miteinander verglich. Wertvoll ist bei seinen Untersuchungen auch, daß stets nur Narkosen ohne jeden anderen Eingriff vorgenommen und die Verschiedenheit der Wirkung von Äther, Chloroform und Avertin beleuchtet wurden.

Es ergibt sich folgendes Bild:

Am Ende der *Äthernarkose* findet sich eine Erniedrigung der Alkalireserve, die beim Menschen die Grenzen der physiologisch vorkommenden Schwankungen kaum überschreitet, beim Tier dagegen deutlicher ausgesprochen ist. Diese Acidose verschwindet beim Menschen innerhalb der ersten 24 Stunden nach Beendigung der Narkose wieder und macht einer mehr oder weniger starken Alkalose Platz. Beim Tier hält die Acidose länger an, dann tritt eine Alkalose ein, die ebenfalls etwas stärker ist als beim Menschen.

Mit der Acidose in der ersten Phase der Narkosewirkung geht anscheinend auch eine Verschiebung der H-Ionenkonzentration des Blutes nach dem Sauren einher, die beim Tier von allen Untersuchern übereinstimmend festgestellt wurde. Auch beim Menschen fand WYMER eine Acidität des Blutes am Ende der Narkose bei einer Dauer von $1-1^{1}/_{2}$ Stunden, doch ist sie nur ganz gering (0,01 bis 0,03 p_{H}), und hat bereits 3 Stunden nach Beendigung der Narkose einer Alkalität Platz gemacht. Demgegenüber hat TOMASSON[2] bei 2 Patienten eine Verschiebung der aktuellen Reaktion nach dem Alkalischen festgestellt, die 0,2 bzw. 0,15 p_{H} betrug. Beide Untersuchungen haben gewisse Unsicherheiten. TOMASSON bestimmte die Wasserstoffzahl colorimetrisch, eine Methodik, deren Fehlergrenze auf mindestens 0,1 p_{H} anzusetzen ist, und auch bei WYMERS Befunden ist zu bedenken, daß er die Wasserstoffzahl aus der CO_2-Bindung und alveolaren CO_2-Spannung errechnete, und die Bestimmung der letzten macht beim Menschen, der noch nicht völlig wach ist, derartige Schwierigkeiten, daß auch dabei die gefundenen Differenzen als innerhalb der Fehlergrenzen liegend betrachtet werden müssen. Zudem liegen nur Einzelergebnisse vor, so daß daraus wohl kaum allgemeine Schlüsse gezogen werden können.

---

[1] WYMER, J.: Dtsch. Z. Chir. **195**, 353 (1926); **211**, 281 (1928) — Narkose und Anästhesie **1**, H. 6 (1928).

[2] TOMASSON, H.: Biochem. Z. **170**, 330 (1926).

Vielmehr scheint beim Menschen eine Verschiebung der aktuellen Reaktion nach dem Sauren infolge der Regelungseinrichtungen nicht stattzufinden; jedenfalls überschreitet sie nicht die Grenzen der Schwankungen, die auch physiologisch schon vorkommen und in den verschiedenen Gefäßgebieten desselben Individuums errechnet und direkt gemessen wurden. Das Gleiche gilt von der beim Menschen nach 24 bis 36 Stunden beobachteten Verschiebung nach dem Alkalischen. Genauere Bestimmungen mit Hilfe direkter elektrometrischer Messung an einem größeren Material sind also durchaus wünschenswert.

Wie sehr die Regelungsorgane in Tätigkeit treten zeigt das Verhalten des Urins: Am Ende der Narkose eine Verschiebung der aktuellen Reaktion nach dem Sauren, also Ausscheidung saurer Valenzen zur Kompensation der Acidose (NÜRNBERGER, GYÖRGY und VOLLMER, WYMER). Diese Verschiebung ist flüchtig und bereits einige Stunden nach Beendigung der Narkose nicht mehr zu erfassen. Danach findet sich beim Menschen konstant eine deutliche, aber ebenfalls flüchtige Alkalität, die ihren Höhepunkt 6 Stunden nach der Narkose erreicht. Ganz die gleiche alkalische Zacke in der Kurve der Urinreaktion fanden VEIL[1] und ENDRES[2] nach natürlichem Schlaf, nur daß sie dabei bereits 2 bis bis 3 Stunden nach dem Erwachen auftritt. Sie ist als Zeichen dafür anzusehen, daß das Atemzentrum um diese Zeit wieder seine normale Erregbarkeit erhält. Ihr späteres Auftreten nach der Narkose weist darauf hin, daß diese normale Erregbarkeit dabei später eintritt als nach natürlichem Schlaf (WYMER).

Bei der *Chloroformnarkose* sind die anfänglichen Veränderungen ganz die gleichen: Verminderung der Alkalireserve und Säureausscheidung durch die Niere, die aktuelle Reaktion nicht oder nur innerhalb der Fehlergrenze (0,01 bis 0,03 p_H) nach dem Sauren verschoben. Die *Acidose* bleibt aber nach Chloroform *länger und hartnäckiger* bestehen; selbst nach 48 Stunden sind die normalen Werte noch nicht erreicht, und die „Überkompensation", die Alkalose, fehlt vollständig. Es handelt sich also hierbei um eine bedeutend schwerere Störung des Säure-Basenhaushaltes, und es wird verständlich, daß bei diesem Narkoticum der Säure-Basenhaushalt schwersten Störungen bis zum Versagen ausgesetzt sein kann, wenn auch nur eines der Regulationsorgane geschädigt ist (vgl. die unangenehmen Zwischenfälle bei Chloroformnarkose bei Leber- und Nierenschädigungen und die stets vorhandene Gefahr centrogener Asphyxie).

Ganz ähnlich dem Chloroform in seiner Wirkung ist das *Avertin*. Auch hierbei tritt nur die erste Phase der bei der Äthernarkose zu beobachtenden Verschiebungen auf: Die Alkalireserve sinkt unter die Norm, um sie erst nach längerer Zeit wieder zu erreichen. Niemals aber tritt eine Alkalose auf. Demgemäß zeigt auch der Urin bis 48 Stunden nach der Narkose eine saure Reaktion. Die H-Ionenkonzentration des Blutes ist beim Tier (bei dem relativ viel größere Dosen

---

[1] VEIL: Klin. Wschr. **1922**, 44.
[2] ENDRES: Biochem. Z. **132** (1922).

zur Anwendung kamen als beim Menschen) sehr erheblich erhöht und auch nach 48 Stunden noch nicht völlig normal. Beim Menschen lag die Verschiebung wiederum innerhalb der Fehlergrenze. Immerhin kann aus diesen Tatsachen, besonders den Ergebnissen der Tierversuche, geschlossen werden, daß die Einwirkung des Avertins auf die Regelungsorgane des Säure-Basenhaushaltes wesentlich stärker ist als die des Chloroforms, das seinerseits wieder eine größere Giftigkeit besitzt als Äther.

Ein der Alkalireserve spiegelbildliches Verhalten zeigt der Blutzucker: Vom Beginn der Narkose an ein Ansteigen des Blutzuckers, der erst nach 24—48 Stunden wieder normale Werte annimmt. Die Veränderungen des Säure-Basenhaushaltes verursachen also oder begleiten zum mindesten wesentliche Störungen des Kohlehydratstoffwechsels.

Wie kommen nun diese Veränderungen zustande? Das Absinken der Alkalireserve ist ein eindeutiges Zeichen dafür, daß saure Produkte in das Blut einwandern. Welcher Art diese Säuren sind, ist zur Zeit noch ungeklärt.

Der Annahme, daß Acetonkörper die Ursache der Acidose sind (REIMANN und BLOOM[1], GRAMÉN[2] und SCHULZE[3]) ist entgegenzuhalten, daß die Untersuchungen dieser Autoren alle an Patienten ausgeführt sind, bei denen neben der Narkose auch operative Eingriffe stattfanden, und daß bei operativen Eingriffen allein auch bereits eine Azothämie und Azoturie auftritt (GRAMÉN[2], BÜRGER und GRAUHAN[4]). Auch fand WYMER bei seinen Narkoseversuchen im Urin kein Aceton und keine Acetessigsäure, so daß die Verminderung der Alkalireserve zum mindesten nicht immer durch Acetonkörper bedingt ist. STEHLE, BOURNE und BARBOUR[5] sahen im Urin ein postnarkotisches Ansteigen von Na_2SO_4 und K_2SO_4, und SCHENK[6], MEYERHOF[7], LANGE und MEYER[8] stellten während und nach Chloroformnarkose eine Anhäufung von Zwischenprodukten des Phosphorsäure- und Kohlehydratstoffwechsels im Muskel fest. Es ist also wohl die Annahme berechtigt, daß die Abbauprodukte während der Narkose eine unvollkommene Verbrennung erleiden als Folge der mangelnden Oxydationsfähigkeit der Zelle. Daß eine solche Oxydationshemmung besteht, hatten wir bereits bei der Besprechung der Narkosetheorien kennen gelernt.

Zum Ausgleich dieser Acidose werden zunächst Niere (und Leber) als Organe der Ausscheidungsregelung herangezogen. Daneben wird durch den Säureüberschuß des Blutes auch das Atemzentrum zu vermehrter Tätigkeit angeregt (Reaktionsregelung durch CO_2-Ausscheidung), das andererseits wieder durch die Wirkung des Narkoticums

---

[1] REIMANN u. BLOOM: J. of biol. Chem. **36** (1918).
[2] GRAMÉN: Arch. chir. scand. Suppl. **1** (1922).
[3] SCHULZE: Zbl. Chir. **1924**, 49.
[4] BÜRGER u. GRAUHAN: Z. exper. Med. **35**, 16 (1923).
[5] STEHLE, BOURNE u. BARBOUR: J. of biol. Chem. **53** (1922).
[6] SCHENK: Arch. f. exper. Path. **99**, H. 3/4 (1923).
[7] MEYERHOF, O.: Pflügers Arch. **191**, 138 (1921).
[8] LANGE, H. u. MEYER: Z. physik. Chem. **141**, 233 (1924).

gelähmt wird. Die Anhäufung von Säure im Blut hat also für den Körper den Vorteil, daß sie gewissermaßen der Lähmung des Atemzentrums entgegenwirkt. Ist nun die primäre Lähmung durch das Narkoticum stärker als die Reizung durch die Acidose (was wohl normalerweise und besonders bei Chloroform der Fall ist), dann kann eine Verschiebung der aktuellen Reaktion des Blutes nach dem Sauren, eine Acidität, auftreten, die aber nur gering sein wird, da jede weitere Säuerung die Tätigkeit des Atemzentrums weiter anregt.

γ) **Der Einfluß auf Isoionie, Oberflächenspannung und Kolloidzustand des Serums.** Auch die Na-K-Ca-Isoionie ist bei der Narkose gestört. Nach Untersuchungen von CLOETTA und THOMANN[1] und STYASNY[2] sinkt parallel mit der Tiefe der Narkose der Ca-Gehalt des Blutes ab, um mit dem Erwachen wieder zur Norm zurückzukehren. Das entgegengesetzte Verhalten zeigt der K-Gehalt: ein Ansteigen während der Narkose und Rückkehr zur Norm mit dem Erwachen.

Die Oberflächenspannung des Plasmas zeigt geringe Erniedrigung, die wohl durch das in Lösung Gehen der stark oberflächenaktiven Narkotica bedingt sein dürfte.

Der Kolloidzustand der Serum-Eiweiße selbst wird aber durch die Narkose nicht beeinflußt. So ist die Kolloidstabilität des Plasmas gegen Änderungen der Temperatur und des Ionenmilieus, die Viscosität (CLOETTA und THOMANN[1]) und der onkotische Druck (BRAUN[3]) der gleiche wie vor der Narkose, und auch Eiweißgehalt und relative Konzentration der einzelnen Eiweißkörper sowie das spezifische Gewicht erleiden keine Veränderung.

Allgemein zusammenfassend läßt sich also sagen, daß die Narkose keine Störung der Eukolloidität des Plasmas bedingt, und daß die Regelungsvorrichtungen des Körpers auch während der Narkose ungehindert weiter tätig sind. Einzig und allein das Säure-Basengleichgewicht ist insofern verschoben, als die Alkalireserve herabgesetzt ist, doch überschreitet diese Acidose kaum das Maß der physiologischen Schwankungen. Die Titrationsalkalescenz des Blutes ist ja physiologischerweise schon nicht konstant und kann es nicht sein, da sie einen wichtigen Faktor bei der Binnenregelung der aktuellen Reaktion darstellt.

Gefährlich kann die Narkose nur dann werden, wenn die Organe der Ausscheidungsregelung nicht mehr genügend funktionsfähig sind, denn sie werden naturgemäß mehr beansprucht als normal.

Die Veränderung der Alkalireserve kann vielleicht auch eine Erklärung geben für die klinische Erfahrung, daß nach Äthernarkose besonders leicht postnarkotische Lungenschädigungen auftreten. Es erscheint möglich, daß die in der 2. Phase der Ätherwirkung auftretende Alkalose eine Verminderung der Atemtätigkeit zur Folge hat, die dann zur Hypostase und Pneumonie führt. So würde auch die an sich paradox erscheinende günstige Wirkung der Kohlensäureeinatmung klar.

---

[1] CLOETTA u. THOMANN: Arch. f. exper. Path. **103**, 260 (1924).
[2] STYASNY, H.: Tierärztl. Rdsch. **33**, 871 (1927).
[3] BRAUN (unter HÄBLER): Inaug.-Dissert. Würzburg 1926.

Die Überladung des Blutes mit CO_2 erzeugt eine Acidität, bewirkt also einmal eine vermehrte Tätigkeit des Atemzentrums und veranlaßt zum andern auch die Niere in erhöhtem Maße, die noch vorhandenen gebunden organischen Säuren auszuscheiden, bis endlich auf diesem Wege schneller auch in den Einzelbestandteilen die normale Zusammensetzung des Blutes wieder erreicht wird. Je früher dies geschieht, um so eher werden die Regelungsorgane entlastet, um die durch die neben der Narkose stattgefundenen operativen Eingriffe verursachten Störungen ausgleichen zu können.

Die Tatsache, daß die Eukolloidität des Blutplasmas, des Transportmittels für Nahrung und die zum Stoffwechsel der Zelle notwendigen Stoffe, des „Lebenssaftes", gewahrt bleibt, scheint wichtig dafür, daß die an den Zellen und Geweben auftretenden Veränderungen durch die Narkose reversibel, aufhebbar bleiben; denn nur so bleiben die für die Erhaltung des Lebens notwendigen Regelungsorgane in der Lage, ihre Tätigkeit aufrecht zu erhalten. Gehen die durch die Narkose bedingten Veränderungen so weit, daß die Störungen der physikochemischen Konstanten ein bestimmtes Maß überschreiten, dann sind irreparable Schädigungen lebenswichtiger Organe und ihrer Zellen unvermeidbar und der Narkosetod ist ihre Folge.

Zusammenfassung.

Es wird an Hand der Besprechung der einzelnen Narkosetheorien dargetan, daß die Narkose ein spezifisch kolloidchemisches Problem darstellt. Die Permeabilitätsänderung der Zellmembran, die Beschlagnahme der für den Ablauf der chemischen Reaktionen wichtigen Strukturen und die Verdrängung der für sie notwendigen Fermente sowie Änderungen im Kolloidzustand des Zellprotoplasmas selbst durch die Narkotica werden als Ursache der Behinderung und Einschränkung aller Arten von Stoffwechselvorgängen und damit der Lähmung aller von ihnen abhängigen Lebenserscheinungen erkannt.

Das in Lösung Gehen des Narkoticums im Blut bewirkt eine osmotische Hypertonie des Serums, die jedoch durch die auch während der Narkose ungehinderten Regelungsvorgänge sehr bald ausgeglichen wird.

Der Säure-Basenhaushalt wird durch die Narkose im Sinne einer Acidose beeinflußt, die die physiologisch vorkommenden Schwankungen nur wenig überschreitet und ebenfalls sehr rasch wieder ausgeglichen wird. Dabei zeigt sich der Äther als weniger gefährlich als Chloroform und Avertin.

Die Eukolloidität des Plasmas wird durch die Narkose nicht beeinflußt, so lange wenigstens, als nicht durch Überdosierung irreparable Schädigungen bedingt werden.

10. Die physikalische Chemie der Konkrementbildung.

Mit Konkrement bezeichnet man die verschiedensten Gebilde, denen gemeinsam ist, daß sie aus flüssiger Lösung entstehen und zusammenhängende Massen von bestimmter Form bilden. Von rein krystallinischen Konglomeraten unterscheiden sie sich durch ihren Aufbau. Chemische Zusammensetzung, äußere Form und innere Struktur sind ungemein wechselnd, und gerade die Eigenart der Struktur war es, die dazu führte, die Konkremente als eine besondere Art von Gebilden von rein krystallinischen Abscheidungen zu unterscheiden. Konkremente kommen nicht allein im menschlichen Körper vor, sie sind auch bei Pflanzen, Tieren, sogar in der anorganischen Natur bekannt. Die Konkremente liegen in einem Flüssigkeitsraum, sie haben zum umkleidenden Organ keine Verbindung, ihre Entstehung ist rein avital. Eine weitere Beteiligung der Organe, als daß deren Zellen das Material zur Bildung der Steine absondern oder irgendwie die Flüssigkeiten beeinflussen, ist nicht vorhanden.

Unerläßliche Voraussetzung zur Entstehung von Konkrementen ist der Zustand einer Übersättigung gelöster Stoffe. In solchen übersättigten Lösungen kann ganz allgemein die gelöste Substanz in der Form weiter bestehen bleiben, in der sie in gewöhnlicher Lösung vorhanden ist. Bringt man aber in sie einen dem gelösten Stoff gleichen Krystall ein, „impft" die übersättigte Lösung, so erfolgt nunmehr eine Abscheidung mehr oder weniger zusammenhangloser Einzelkrystalle. Geht diese Abscheidung langsam vor sich, so wächst die abgeschiedene Masse; findet sie schnell und in großen Mengen statt, so entstehen zahlreiche kleine Krystalle. Auch im Harn und in der Galle kommt es bei der gewöhnlichen Art der Ausfällung zum Auftreten zahlreicher kleinster krystallinischer oder amorpher Einzelgebilde, der „Sedimente", die miteinander ohne Zusammenhang sind, und nicht zur Bildung von Konkrementen. Dazu sind weitere Besonderheiten notwendig.

Aus der Erkenntnis heraus, daß eine Übersättigung der gelösten Stoffe für das Zustandekommen der Konkrementbildung unerläßlich ist, suchte man zunächst eine Klärung der Frage dadurch zu erreichen, daß man die Löslichkeitsgrenze für ihre Einzelsubstanzen durch Bestimmung ihrer Sättigungsprodukte in wäßriger Lösung feststellte. Übertrug man aber die so erhaltenen Zahlen auf Körperflüssigkeiten, so versagte die Deutung. Auch die Anwendung der Gesetze der Löslichkeit und Löslichkeitsbeeinflussung führte nicht zum gewünschten Ziel trotz sorgfältigster Untersuchungen (W. HIS und TH. PAUL[1], GUDZENT[2]). Erst durch Anwendung kolloidchemischer Erkenntnisse gelang es, Unstimmigkeiten der Art und Richtung zu erklären. Dabei ist von Interesse, zu verfolgen, wie frühzeitig von ärztlicher Seite die Kolloide als beteiligt bei der Konkrementbildung erkannt wurden. Schon die klassischen Meister HIPPOKRATES und GALEN führten die Entstehung der Harn- und Gallensteine darauf zurück, daß Schleimanhäufung in den Organen entstehe und die Entwicklung der Steine ermögliche. 1684 stellte A. v. HEYDE das Nachbleiben einer „Grundsubstanz" beim Auflösen der krystallinischen Bestandteile der Harnsteine fest. Einige Sätze aus der 1856 nach dem Tode ihres Autors von THEODOR BILLROTH herausgegebenen Mikrogeologie von MECKEL V. HEMSBACH seien hier zitiert, da sie die Bedeutung der Kolloide für die Konkrementbildung in den Vordergrund rücken: „Zwei nächste Ursachen sind in letzter Instanz zur Entstehung jedes wahren Harn- und Gallensteins erforderlich, die Anwesenheit eines organischen Stoffes, namentlich Schleim, in dem die Ablagerung von Salz erfolgen kann, und andererseits eine für diese Ab-

---

[1] HIS, W., u. TH. PAUL: Hoppe-Seylers Z. **31**, 1 (1900).
[2] GUDZENT: Hoppe-Seylers Z. **56**, 150; **60**, 25, 38; **63**, 455.

lagerung geeignete Harn- und Gallenflüssigkeit als Mutterlauge für Sedimente. Die Anwesenheit eines sich zersetzenden organischen Stoffes und namentlich Schleimes ist unbedingt notwendig, weil Harnsalz und Gallenstoff für sich zwar krystallinische, pulverige oder körnige Niederschläge bilden können, niemals aber feste größere Stücke; nur wo organische Bindemittel von Versteinerungsmasse durchdrungen werden, entstehen Steine." Daß die Beteiligung des Schleimes an der Steinbildung ein Irrtum ist, erkannte 1884 W. EBSTEIN[1]. Er nahm eine spezifische Gerüstsubstanz an, die die Ursache der Steinbildung wird und im normalen Harn fehlt. Die Bedeutung organischer Substanzen für die Steinbildung trat später dadurch zurück, daß MORITZ[2], E. PFEIFFER[3], POSNER[4] und SCHREIBER[5] zeigten, daß auch in den aus normalem Harn abgeschiedenen Krystallen ein organisches Gerüst enthalten ist. 1892 sprach Altmeister NAUNYN[6] zum erstenmal die myelinartig weichen Cholestearinkugeln, die in der Galle zu finden sind, als „Uranlage der Gallensteine" an. Eine Erklärung für ihre Entstehungsart konnte er aber nicht geben. Er schloß aus klinischen Gründen auf eine infektiös-entzündliche Entstehung. Eine endgültige Klärung fand die Frage durch die Untersuchungen von H. SCHADE[7], der seit 1909 das Problem vom physiko-chemischen Gesichtspunkt aus in Angriff nahm. Gleichzeitig wurde durch ASCHOFF und BACMEISTER sowie KLEINSCHMIDT[8] auf Grund pathologisch-anatomischer Untersuchungen dargelegt, daß in der Galle wie im Harn Steine nichtentzündlicher Entstehung von denen entzündlicher Genese abzutrennen sind.

Die Gesetze der Kolloidchemie sind auch bei den übersättigten Lösungen nicht zu entbehren. Selbst in den rein wässerigen Lösungen geht beim Auskrystallisieren des gelösten Stoffes ein Anwachsen in der Reihenfolge Atom — Molekül — Molekülaggregat — Kolloid — ausfallende Klümpchen oder Krystalle vor sich. Unter besonderen Bedingungen, hauptsächlich bei Anwesenheit von „Schutzkolloiden" im Lösungsraum, kann die kolloide Zwischenstufe besondere Stabilität zeigen. Zu solcher Schutzwirkung sind hydrophile Kolloide, zu denen auch die Eiweiße gehören, ganz besonders befähigt.

Daß die zur Konkrementbildung notwendigen krystalloiden Stoffe in den Körperflüssigkeiten in übersättigtem Zustand vorhanden sind, ist durch zahlreiche Untersuchungen erwiesen. Wenn es trotzdem normalerweise nicht zur Ausfällung kommt, so liegt das darin begründet, daß folgende physiologische Schutzeinrichtungen bestehen:

1. Durch Beifügung stabiler Kolloide zu den gelösten Stoffen ist die Löslichkeitsgrenze erhöht.

2. Durch rechtzeitigen Abtransport der übersättigten Flüssigkeiten nach außen wird die Ausfällung vermieden.

3. Durch die beigegebenen stabilen Kolloide (insbesondere Schleim) wird durch Schutzwirkung das Gelöste längere Zeit in kolloider Form erhalten, ohne daß Zusammenballung der Teilchen stattfindet, und außerdem umhüllen diese Schutzkolloide etwa sich bildende Krystalle sofort und verhindern die sogenannte „Keimwirkung".

---

[1] EBSTEIN, W.: Die Natur und Behandlung der Harnsteine. Wiesbaden 1884.

[2] MORITZ: 14. Kongreß f. inn. Med. Wiesbaden 1896.

[3] PFEIFFER, E.: 5. Kongreß f. inn. Med. Wiesbaden 1886.

[4] POSNER: Z. klin. Med. **9** (1885); **16** (1889).

[5] SCHREIBER: Virchows Arch. **153**, 147 (1898).

[6] NAUNYN, B.: Klinik der Cholethiasis. Leipzig 1892.

[7] SCHADE, H.: Physik. Chemie in der inn. Med. S. 297 ff., 353 ff. Leipzig u. Dresden 1920.

[8] ASCHOFF-BACMEISTER: Cholelithiasis. Jena 1910. — KLEINSCHMIDT, O.: Die Harnsteine. Berlin 1911. — Vgl. auch J. BOYSEN: Über die Struktur und Pathogenese der Gallensteine. Berlin 1909.

4. Dadurch, daß weder im Inneren der Flüssigkeit noch an der Grenzfläche der Schleimhaut (hier ist die Grenzflächenspannung praktich = Null) ein Ort für stärkere Adsorption oder Krystallisation gegeben ist, sind stets unzählig viele Adsorptionzentra im Lössungsraum vorhanden, die miteinander in ungefähr gleicher Konkurrenz bleiben.

Versagen diese physiologischen Schutzeinrichtungen, dann entstehen Sedimente (lockere, zusammenhanglos bleibende Ausfällungen), die von den vorhandenen Schleimmassen oder anderen Kolloiden umhüllt und durchsetzt sind[1]. Durch die Wirkung dieser Kolloide wird ein Heranwachsen zu größeren einheitlichen Krystallen oder sonstige Verfestigung der ausgefallenen Massen in absehbarer Zeit verhindert, sie bleiben entweder im Flüssigkeitsraum frei schwebend oder setzen sich als leichtbeweglicher Brei zu Boden.

Es müssen also zu der Übersättigungsausfällung noch weitere Besonderheiten hinzutreten. Sie lassen sich am besten erkennen, wenn man, der Darstellung von H. Schade[2] folgend, die Konkremente ihrer Genese nach folgendermaßen einteilt:

I. Reine Kolloidsteine; Beispiel: Reine Eiweißsteine.

II. Reine Krystalloidsteine; Beispiele: Reine Cholesterinsteine der Galle, reine Harnsäuresteine des Harns, ohne Entzündung entstanden.

III. Kombinierte Krystalloid-Kolloidsteine; Beispiele: Gallen- und Harnsteine entzündlicher Genese.

Die reinen Kolloidsteine entstehen, wenn in einer Körperhöhlenflüssigkeit eine erhebliche Menge von irreversibel ausfallenden Kolloiden (Fibrin und andere Eiweißstoffe) vorhanden ist, ohne daß dabei gleichzeitig eine Übersättigung mit Krystalloiden besteht, und wenn außerdem noch durch einen im Lösungsraum schwebenden Körper die Möglichkeit geboten wird, daß die ausfallenden Eiweißkolloide sich an einem allseits zugänglichen Adsorptionszentrum ansetzen, anstatt, wie es normalerweise geschieht, am kranken Gewebe haften zu bleiben. Sie zeigen, wie aus den Abb. 25 und 26 ersichtlich, eine konzentrische Schichtung des abgelagerten Kolloids, die makroskopisch und mikroskopisch deutlich kenntlich wird.

Abb. 25. Reiner Eiweißstein der Bauchhöhle, makroskopisch. (Nach H. Schade.)

Anders, in mancher Beziehung geradezu entgegengesetzt, ist die Entstehungsart der „reinen Krystalloidsteine". Zu ihrer Entstehung ist notwendig, daß der im übersättigten Zustand vorhandene krystalloide Stoff bei den gegebenen Lösungsverhältnissen zur tropfigen Entmischung befähigt ist, und daß ein Zusammenfließen der Tröpfchen

---

[1] Auch innerhalb der Krystallmasse der Sedimentteilchen sind Kolloide als „organisches Gerüst" nachgewiesen (Ebstein, Posner u. a.).

[2] Schade, H.: Münch. med. Wschr. **1909**, Nr 1, 2; **1911**, Nr 14 — Z. exper. Path. u. Ther. 8, 92 (1910) — Kolloid-Z. 4, 175, 261 (1909) — Kolloidchem. Beih. 1, 375 (1910).

nicht durch ein zu reichliches Dazwischentreten von Adsorption fremder Stoffe gestört wird. In der Galle sind es die reinen Cholesterinsteine, die diesen Typus repräsentieren. Sie kommen dadurch zustande, daß infolge von Gallenstauung die das wasserunlösliche Cholesterin (als Schutzkolloide) in Lösung erhaltenden Cholate resorbiert oder durch Autolyse vernichtet werden. Es erfolgt dann infolge der Anwesenheit geringer Mengen von Fett eine tropfige Entmischung des Cholesterins und ein allmähliches Zusammenfließen der Tröpfchen zu weichen

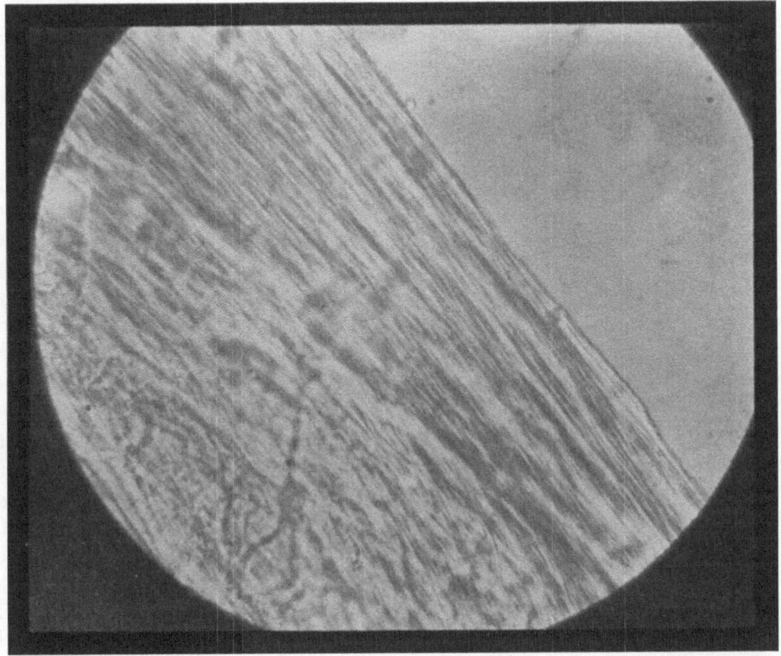

Abb. 26. Reiner Eiweißstein der Harnblase. Randschicht mikroskopisch. (Nach LICHTWITZ.)

myelinartigen Tropfen, die schon NAUNYN[1] als die Uranlage der Gallensteine bezeichnete (Näheres s. Kap. 16). Die Stauung, d. h. ein besonders langes Verweilen der Flüssigkeiten im Körper ist also ein sehr wichtiger zeitlicher Faktor bei der Entstehung dieser Steine.

Die so entstandenen, anfänglich weichen Gebilde werden mit zunehmender Krystallisation fester und zu einheitlichen radiärstrahligen Sphärolithen. Sie wachsen durch weitere Anlagerung neuer Tröpfchen und erreichen eine Größe bis hinauf zu mehreren Zentimeter Durchmesser. Die nachfolgende Abb. 27 zeigt einen Cholesterinstein der Galle in gewissermaßen noch jugendlichem Zustand. Man sieht hier in dem älteren zentralen Teil die radiär krystallinische Orientierung,

---

[1] NAUNYN, D.: Klinik der Cholelithiasis. Leipzig 1892.

während in den jüngeren Randmassen sie noch fehlt. Es ist als Bewei
für die sekundäre Auskrystallisierung zu betrachten, daß, wie aus de
Abbildung hervorgeht, keine scharfe Grenze zwischen Krystallstrah
lung und weichem Teil des Steins vorhanden ist. Die so entstandenen
Steine sind immer nur in der Einzahl vorhanden. Es ist von Bedeutung

daß unabhängig von der phy
sikalisch-chemischen Forschung
durch SCHADE[1] ASCHOFF-BAC
MEISTER[2] auf Grund ihrer patho
logisch-anatomischen Befund
feststellten, „daß der rein ein
heitlich radiär strahlige Chole
sterinstein der Galle das typische
Ausscheidungsprodukt aus de
einfach gestauten Galle darstellt“

Ist die Möglichkeit der trop
figen Entmischung nicht gegeben
so ist die Stauung als solche allei
nicht ausreichend, Steine ent
stehen zu lassen, es muß dann
noch eine krankhafte Veränderung
der Kolloidbeschaffenheit, wie sie
vor allen Dingen durch Ent
zündung oder Blutung· herbei
geführt wird, hinzukommen, um

Abb. 27. Cholesterinstein aus tropfiger Entmischung mit nachheriger einheitlich radiär
strahliger Umbildung. (Nach NAUNYN.)

die Ursache des festen Zusammenfügens der ausfallenden Masse zum
Stein zu geben. Es entstehen dann die *kombinierten Kolloid-Krystalloidsteine*. Ihre Entstehung ist für alle Krystalloide möglich. Diese kom

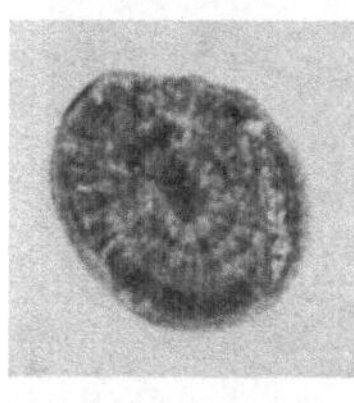

binierten Kolloid-Krystalloidsteine zeigen gegenüber
dem reinen Krystalloidstein eine völlig andere Struktur und Zusammensetzung. Einmal ist in ihnen die
Menge der den Krystalloiden beigesellten Kolloide
(meist Eiweiß von entzündlichen Prozessen) quantitativ viel größer. Zum anderen aber bringen die mit
ausfallenden Kolloide im Stein die ihnen zugehörige
konzentrische Schichtung zustande, die die Radiärstrahlung der Krystalloide senkrecht durchkreuzt.
Dabei überwiegt je nach dem Mengenverhältnis und
nach der Kraft des einen oder anderen formbildenden

Abb. 28. Kombinierter
Kolloid-Krystalloidstein der Galle.
(Sammlung der Würzburger Klinik.)

Teiles bald die konzentrische Schichtung, bald die
Radiärstrahlung. Beistehende Abb. 28 zeigt das typische Bild eines solcher
kombinierten Kolloid-Krystalloidsteines. Bei ihrer Entstehung übernimmt
das Kolloid die Aufgabe, die frisch ausgefällten, sedimentartig lockerer
krystalloiden Niederschläge zur einheitlichen Massen fest zusammenzu-
ballen. H. SCHADE konnte künstliche Steine dieser Art im Reagensglas erzeugen, indem er in Lösungen, die frisch ausgefällte lockere Krystalloid-

---

[1] SCHADE, H.: Münch. med. Wschr. **1909**, Nr 1, 2.
[2] ASCHOFF-BACMEISTER: Klinik der Cholelithiasis. Jena 1910.

niederschläge suspendiert enthielten, Fibringerinnung vor sich gehen ließ[1]. Das Fibrin ist dabei nur ein Beispiel dafür, daß irreversibel ausfallende Kolloide die Grundbedingung für die Entstehung dieser Steine sind. Damit ist jedoch nicht gesagt, daß gerade in den im Körper entstehenden Steinen das Fibrin diese Rolle übernimmt. Auch andere Eiweiße können in gleicher Richtung wirksam sein. Im Körper ist das Auftreten solcher irreversibel ausfallender Kolloide besonders bei der Entzündung möglich, und so wird erklärlich, daß gerade die gemischten Kolloid-Krystalloidsteine nach pathologisch-anatomischen Untersuchungen eine entzündliche Genese haben. Praktisch wichtig ist dabei auch, daß im Experiment schon allerkleinste Mengen irreversibler Kolloide genügen, um die Steinbildung zu erzeugen. Das bei den auf diese Art entstandenen Steinen gefundene Verhältnis von Kolloid zu Krystalloid ist nicht gleich dem Verhältnis, wie es ursprünglich in der Lösung bestand. Es entstehen vielmehr starke Verschiebungen der Mengenverhältnisse der einzelnen Stoffe, in der Regel namentlich bedingt durch adsorptive Anreicherung.

Daß das Kolloid bei der Ausbildung der Steine eine wichtige Rolle spielt, zeigen auch die Versuche der teilweisen Wiederauflösung: Löst man die krystalloiden Bestandteile der Steine durch Säure oder sonstige Mittel heraus, so erhält man ein fest zusammenhängendes Kolloidgerüst, das die genaue Struktur der Steinzeichnung aufweist. Wird andererseits durch Antiformin das eiweißartige Kolloidgerüst gelöst, so verschwindet damit gleichzeitig der Zusammenhalt des krystalloiden Anteiles, und es bleibt nur eine Schleimmasse feinverteilter Krystalle (SCHADE[2]). (Auf die Besonderheiten bei der Entstehung der als Schalensteine auftretenden kombinierten Kolloid-Krystalloidsteine der Galle, die man als „gewöhnliche Gallensteine "bezeichnet, wird im Kapitel 16 eingegangen werden.)

Eine besondere Form der kombinierten Kolloid-Krystalloidsteine stellen die sogenannten Röhrenabgüsse dar, die beim Menschen selten, häufig aber bei der Leberegelkrankheit der Rinder in den entzündeten Gallenwegen gefunden werden. Für die Entstehung dieser Formen sind in der Hauptsache die Verhältnisse der Oberflächenspannung ausschlaggebend. Normalerweise ist die Grenzflächenspannung zwischen Schleimhaut und der zugehörigen physiologischen Flüssigkeit praktisch gleich Null. Niemals ist an gesunden Schleimhäuten das Auftreten von Oberlfächenhäuten oder Ansetzen eines Niederschlags zu beobachten. Diese Beschaffenheit der Schleimhäute bewirkt, daß sie physiologischerweise rein gehalten werden, und daß die Entmischungsvorgänge in den mit Schleimhäuten ausgekleideten Höhlen so vor sich gehen, als ob überhaupt keine äußere Grenzfläche vorhanden wäre. So kommen in den Flüssigkeiten der Körperhöhlen mit gesunden Schleimhäuten alle Arten der Ausfällung (tropfige Entmischung, Kolloidausfällung usw.) ganz besonders rein vor. Ist infolge krankhafter Kolloidveränderung der Zellen die Grenzflächenspannung zwischen Schleimhaut und Flüssig-

---

[1] SCHADE, H.: Münch. med. Wschr. **1909**, Nr 1, 2.
[2] SCHADE, H.: Med. Klin. **1911**, Nr 15.

keit größer, so tritt eine Adsorption an dieser Fläche auf, und je mehr diese Adsorption die Oberhand gewinnt, um so leichter erfolgt das wandständige Haften von Ausfällungen. Zur Ausbildung der Röhrenabgüsse müssen dann aber noch die auch sonst für das Zustandekommen kombinierter Kolloid-Krystalloidsteine notwendigen Bedingungen erfüllt sein. Daß diese Konkremente solcher Art der Entstehung ihre Existenz verdanken, zeigt ihre den gemischten Steinen durchaus gleiche Struktur und chemische Zusammensetzung. Nicht immer muß bei entzündlicher Veränderung der Schleimhaut eine Ausbildung von Röhrenabgüssen zu finden sein. Es kann andererseits auch die entzündliche Schleimhaut krankhaft gerinnende Eiweißmassen absondern, die nachträglich sich sekundär durch Einlagerung von Krystalloiden

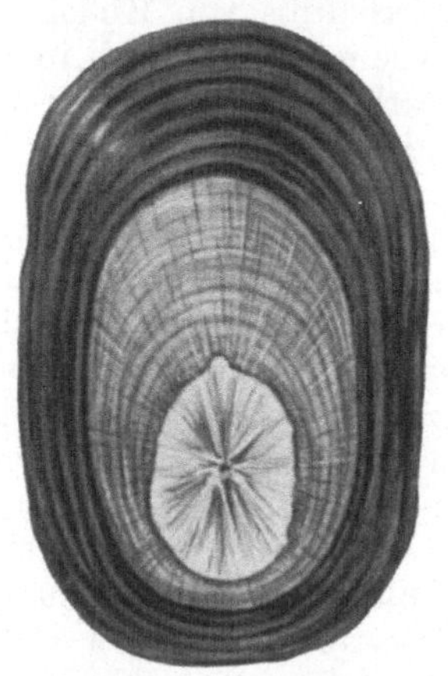

Abb. 29. Gallenstein mit absatzweise geänderter Formart. (Nach H. Schade.)

verfestigen und steinartig werden. Dieser Prozeß ist als Inkrustation von der Konkrementbildung prinzipiell unterschieden (vgl. unten S. 150).

Die geschilderten Arten der Konkrementbildung finden durchaus nicht immer in reiner Form statt. Auch an ein und demselben Stein ist unter Umständen infolge einer Umstellung der Verhältnisse des Außenmilieus während der Zeit der Steinbildung ein Wechsel in der Art der einander folgenden Schichten zu finden. Ein solches Beispiel der Kombinierung sind die Schalensteine der Galle. Ein besonders schönes Beispiel für den Wechsel der Steinaufbautypen bietet nebenstehende Abb. 29. Es ist deshalb besonders wichtig, weil bei ihm durch Krankengeschichte und Operationsbefund der aus der Steinstruktur ersichtliche Wechsel der Entstehungsbedingungen bestätigt wurde. Die einzelnen Schichten sind scharf voneinander getrennt: Zunächst war eine Periode entzündungsfreier einfacher Stauung vorhanden, sie führte zur Entstehung des radiärstrahligen einheitlichen Cholesterinsteines in der Mitte. Dann folgte eine lang anhaltende Zeit der Stauung mit leichter Entzündung und als deren Folge im zweiten Anteil des Steines Bildung radiärstrahliger und konzentrischer Schichten aus kombinierten Krystalloid-Kolloiden-Massen. Endlich brachte eine vierwöchige Zeit heftiger Entzündung mit stärkster Ausfällung von Eiweißmassen und Bilirubinkalk die letzte nur noch konzentrische Schichtung zeigende Auflagerung zustande (H. Schade). Dieses Beispiel zeigt am deutlichsten, wie sehr dank der genannten Gesetzmäßigkeiten aus der Struktur auf die Entstehungsart der Steine geschlossen werden kann. Mit Recht schrieb Schade[1]: ,,Wir dürfen anfangen, in den Steinen statt rätselhafter Gebilde wertvolle, von der Natur ge-

---

[1] Schade, H.: Z. exper. Path. u. Ther. 8, 92 (1910).

schriebene Dokumente über den Entwicklungsgang des Gallensteinleidens zu erblicken."

Die Konkremente des menschlichen Körpers wachsen im allgemeinen durch Apposition. Jede Schicht besitzt die Besonderheiten der Materialzusammensetzung und der Struktur, welche jeweils der Lösungsbeschaffenheit zur Zeit der Entstehung der einzelnen Schichten entsprochen hat und bewahrt sie noch auf lange (H. SCHADE). Bei Wachsen durch Apposition ist (namentlich gröbere) Schichtbildung auch noch möglich durch schubweise erfolgende Ablagerung, besonders bei gleichzeitigem Wechsel in der chemischen oder physikalischen Beschaffenheit der sich absetzenden Massen.

Mit der Frage des Wachstums steht in engstem Zusammenhang die in der medizinischen Literatur viel diskutierte Frage von der Bedeutung eines Kernes für die Steinbildung, jener Frage, die RÖSSLE als die „Kernfrage" der Steinbildung bezeichnete. Daß das Vorhandensein eines Kerns nicht unerläßlich für die Entstehung der Steinbildung ist, zeigen die Experimente SCHADES, der in vitro *ohne Vorhandensein eines Kernes* typische Konkremente entstehen lassen konnte.

Bei allen den soeben dargelegten Entstehungsarten kann ein Teil der eigenen Niederschlagsmasse, der zeitlich oder sonst irgendwie in der Entwicklung voraus ist, ebensogut wie ein fremdartiger Kern das Ansatzzentrum für die übrigen Teile werden. Es ist daher ein prinzipieller Unterschied zwischen Kern und übriger Steinmasse nicht gegeben. Trotzdem aber findet, wie wir aus Erfahrung der Klinik wissen, verhältnismäßig oft um einen Fremdkörper als Kern Steinbildung statt. Abgestoßene Gewebsstücke, Seidenfäden, Wurmeier oder andere Fremdkörper, selbst einfache Luftblasen können in dieser Richtung wirksam sein. Auch hierfür gibt die Kolloidchemie eine ausreichende Erklärung.

Alle diese Fremdkörper schaffen im Lösungsraum der physiologischen Flüssigkeit einen Ort besonderer Grenzflächenspannung. Dadurch wird der physiologische Schutz gegen die Konkrementbildung durchbrochen. Die mit abnorm hoher Grenzflächenspannung ausgestattete Oberfläche des Fremdkörpers sammelt durch Adsorption etwa ausfallende Massen. Es kommt hinzu, daß dieser Fremdkörper meist nicht reaktionslos in der Körperhöhle ertragen wird, sondern eine Entzündung der Schleimhäute hervorruft. Dadurch wird der Kolloidzustand der im Flüssigkeitsraum zur Abscheidung kommenden Kolloide verändert und eine Begünstigung des Steinbildungsprozesses geschaffen. Diese doppelte Wirkung ist allen Fremdkörpern gemein. Auch der Stein selbst kann in allen Stadien seines Wachstums in dieser Richtung wirken, solange er an seiner Oberfläche eine merkliche Grenzflächenspannung zur Lösung besitzt. Die Tatsache, daß Steine jahrzehntelang in den Körperhöhlen liegen können ohne zu wachsen und ohne Beschwerden zu machen, deutet darauf hin, daß sie eine Oberflächenbeschaffenheit gewinnen können, die die Adsorptionswirkung, wenigstens praktisch, ausschaltet. Die Umhüllung von Fremdkörpern mit Steinmasse steht also nicht im Gegensatz zur wahren Konkrementbildung, und es ist nicht richtig, sie im Gegensatz dazu als Inkrustation zu bezeichnen, denn die an dem Fremdkörper sich ansetzenden Schichter sind in keiner Weise von denen im Stein unterschieden.

Die Entstehung der Ablagerungen bei der Inkrustation der Schleimhäute ist grundsätzlich anderer Art. Bei ihr ist das Primäre eine Absonderung von Eiweißmassen, die noch *vor* ihrer Loslösung von der Schleimhaut zu Gelen werden und eine fest anhaftende, noch krystalloidfreie Membran an der erkrankten Gewebspartie bilden. Sekundär kommt dann die Einlagerung von Krystalloiden, namentlich vor Calciumsalzen zustande. Der Unterschied gegenüber der Konkrementbildung besteht darin, daß die inkrustierten Eiweißmassen niemals frei im Lösungsraum verteilt waren, und daß ihre Durchsetzung mit Krystalloiden erst sekundär ist. Ausgesprochen stark ist diese Art der Inkrustation in der Ausbildung der Lithopädien vertreten. Von der Konkrementbildung unterscheiden sich solche Bildungen sehr leicht durch das Fehlen typischer Struktur. Die Unterscheidung ist wichtig, weil von manchen Autoren, besonders LICHTWITZ[1], die Auffassung vertreten wird, daß die Konkrementbildung ein Inkrustationsprozeß sei, bei dem das Primäre die Kolloidfällung, das Sekundäre erst das Einwachsen des krystalloiden Materials sei. Die erwähnten experimentellen Ergebnisse SCHADES sprechen gegen eine solche Auffassung.

Für das Verständnis der Krystallisationsprozesse im Konkrement ist von Wichtigkeit die Abhängigkeit der Krystallformen von der Beschaffenheit des jeweils umgebenden Mediums. Beimengungen zu der Lösung, namentlich solche kolloider Art, üben auf die Krystallform einen wesentlichen Einfluß aus. So krystallisiert Harnsäure aus wäßriger Lösung in Wetzsteinform; setzt man Methylenblau zu, so entstehen gestreckte Doppelpyramiden, beim Zusatz von Bismarckbraun dagegen treppenförmige, häutchendünne Krystalle (R. MARC[2]). Derartige Beobachtungen sind schon frühzeitig gemacht worden (OREL[3], ULTZMANN[4], POSNER[5], SABBATINI und SELVIOLI[6]). Ein weiteres Beispiel gibt die auf Abb. 30 dargestellte Veränderung der Krystalle von Silbernitrat bei Zufügen von Methylenblau, die dem Lehrbuch von FREUNDLICH[7] entnommen ist. Anstatt der einfachen, regelmäßig gebauten Krystalle, die in reiner Lösung entstehen, entstehen Formen von dendritischem Bau. FREUNDLICH erklärt diesen Wechsel damit, daß die einzelnen Krystallflächen verschieden stark den Fremdstoff adsorbieren; dort, wo der Fremdstoff adsorbiert ist, erfährt die Krystallisation eine Verzögerung, und auf diese Weise kommen unregelmäßige Formen zustande. Wahrscheinlich werden gerade diejenigen Krystall-

---

[1] LICHTWITZ: Über die Bildung der Harn- und Gallensteine. Berlin 1914.

[2] MARC, R.: Z. physik. Chem. **61**, 385; **67**, 470; **68**, 104; **73**, 685; **75**, 710; **79**, 71.

[3] OREL: The influence of colloids of cristalline form and cohasion. London 1879.

[4] ULTZMANN: Die Harnkonkremente des Menschen und die Urachen ihrer Entstehung. Wien 1882.

[5] POSNER: Z. klin. Med. **9** (1885); **16** (1889) — Wien. klin. Wschr. **1911**.

[6] SABBATINI u. SELVIOLI: Arch. ital. de Biol. (Pisa) **58**, 252 (1913).

[7] FREUNDLICH, H.: Capillarchemie, 2. Aufl., S. 463 ff. Leipzig 1922.

flächen, die in reiner Lösung am schnellsten wachsen, auch am stärksten die Fremdstoffe adsorbieren, da sie die stärksten Restvalenzen besitzen. Gerade sie werden also bei Gegenwart eines Fremdstoffes von der Bremswirkung am ausgiebigsten betroffen; die in reiner Lösung am langsamsten wachsenden Flächen erleiden demgegenüber die geringste Bremsung. Als Folge solcher verschiedenartigen Adsorption tritt dann ein einseitiges Wachstum an einer bei normalen Krystallen sonst zurückbleibenden Fläche auf. So wird also verständlich, daß wir in den Konkrementen eine andere Krystallform der Stoffe antreffen, als wenn sie aus reiner Lösung auskrystallisieren.

Eine weitere Bedeutung des kolloiden Mediums für die Konkrementbildung liegt darin, daß es die intermediäre tropfige Entmischung der Krystalloide außerordentlich begünstigt. So hat schon OREL beobachtet, daß Oxalate bei Anwesenheit von Gelatine als „radiär gestreifte Kugeln" ausfallen. E. HATSCHEK[1] hat diese Befunde bestätigen und erweitern können. Auch im Blutserum fällt Calciumoxalat auf dem Wege der tropfigen Entmischung aus (H. SCHADE[2]), und für Calciumcarbonat liegen ähnliche Beobachtungen vor. Ein weites Feld für experimentelle Untersuchungen ist hier gegeben, um

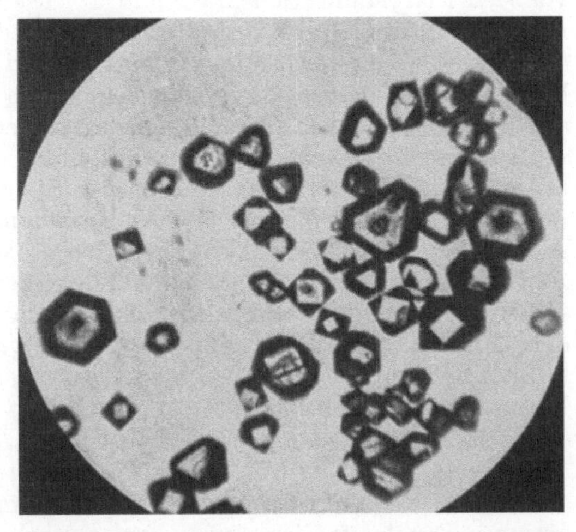

a

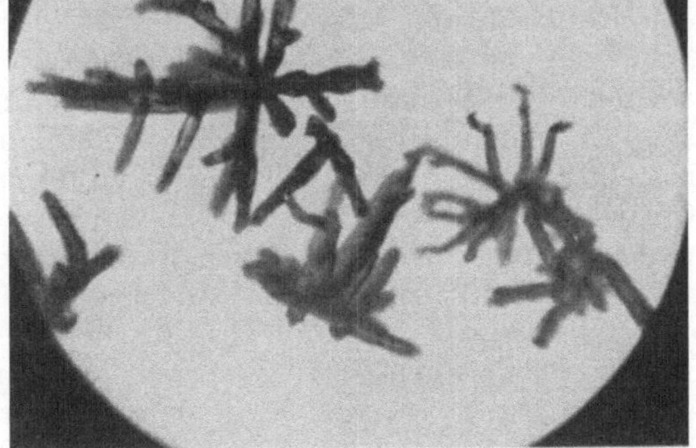

b

Abb. 30. Krystallisation von Silbernitrat, a) in reiner Lösung, b) bei Zusatz von Methylenblau. (Nach H. FREUNDLICH.)

---

[1] HATSCHEK, E.: Kolloid-Z. 8, 193 (1911).
[2] SCHADE, H.: Physik. Chemie in der inn. Med. S. 203.

die Bedingungen für das Zustandekommen besonderer Konkrementformen zu erklären.

Auch im fertigen Konkrement gehen dauernd weitere Umbildungen vor sich. Krystallisationskraft und Diffusion sind stets bestrebt, die Krystalle in stabilere Krystallformen überzuführen. So sieht man bei den reinen Cholesterinsteinen der Galle, daß die kleinen Krystalle bzw. unbeständigeren Krystallformen durch große, auch ihrer Formart nach beständigere Formen ersetzt werden. Dabei geht das Keimzentrum seiner Rolle als Ausgangspunkt der Radiärstrahlung verlustig. Auch die kolloiden Anteile der Steine verändern sich mit der Zeit. Durch Schrumpfung beim Altern kommen radiär von innen nach außen gerichtete Risse zustande oder es werden, besonders in den zentralen Partien der Steine, mit Flüssigkeit erfüllte Hohlräume geschaffen. Steine, die sehr stark kolloidhaltig sind, können sogar unter dem Einfluß der Schrumpfung bröckelig werden und in Stücke zerfallen. Bei multiplen Steinen ist durch gegenseitige Abschleifung eine Formänderung zu beobachten. SCHADE hält es auch für möglich, daß selbst Konkremente von der Härte der gewöhnlichen Gallensteine bei einer Temperatur von 37° durch den im Körper vorkommenden Druck deformiert werden. Er macht darauf aufmerksam, daß anhaltender geringer Druck oft eine ganz enorme Wirkung entfalten kann, und weist auf das Beispiel der Glas- oder Siegellackstange hin, die an beiden Enden unterstützt sich mit der Zeit nur infolge der eigenen Schwere so weit durchbiegt, daß sie mit ihrer Mitte den Boden berührt.

Von verschiedenen Autoren, besonders LICHTWITZ, wird angenommen, daß in den gemischten Kolloid-Krystalloidsteinen Ausfällungen der Krystalloide in Form LIESEGANGscher Ringbildung die Struktur der Konkremente bedingen. Obwohl die primäre Entstehung der Schichten im Konkrement durch Apposition gesichert ist, wäre eine sekundäre LIESEGANGsche Schichtung doch möglich. SCHADE bestreitet sie. Er macht geltend, daß zur Entstehung LIESEGANGscher Ringe in reiner Form, d. h. in ebenmäßigen Linien, eine Gallerte bzw. ein Gel als Diffusionsfeld erforderlich ist, das der Diffusion keine Hemmungen entgegensetzt. In dem durch Apposition gebildeten Kolloidgerüst der Konkrementschicht sind solche Hemmungspunkte aber durch die beigemengten Krystalloidniederschläge in großer Menge gegeben. Da sie völlig unregelmäßig verteilt sind, müßten, wenn tatsächlich sekundär LIESEGANGsche Ringe gebildet würden, sehr verzerrte Linienbildungen auftreten. Das ist aber niemals an Konkrementen zu finden, und deshalb hält SCHADE ihre Entstehung für ausgeschlossen und die Schichtbildung bei den Konkrementen im menschlichen Körper allein durch appositionelles Wachstum bedingt (s. auch Kapitel 16, S. 239, und 17, S. 256).

Im großen und ganzen läßt sich das Wachstum der Konkremente auf eine einheitliche Basis bringen. Zwei Grundvorgänge lassen sich unterscheiden, einmal die Kolloidanlagerung und als ihre Folge die konzentrische Schichtbildung, und zweitens die Krystalloidanlagerung aus der tropfigen Entmischung mit radiärstrahliger Struktur als Ende. Der Anfang beider Vorgänge ist prinzipiell der gleiche. Bei der tropfigen Entmischung lagern sich kleinste flüssige Tröpfchen an, wie SCHADE am Beispiel der Harnsäure und des Cholesterins mikroskopisch verfolgen konnte; ebenso entstehen beim Ausfallen der Eiweißkolloide flüssige oder gallertige Tröpfchen. In der Weiterentwicklung kommt aber der Inhalt der krystalloiden Tröpfchen bei Berührung mit dem Stein schnell zur typischen Erstform der Krystallisation: am Berührungspunkt schießen büschelförmige Krystalle auf. Durch Hinzukommen neuer Tröpfchen schließt sich die Reihe, und es entsteht am Stein zunächst eine Schicht mit noch „jugendlicher" Krystallstrahlung. Diese neue Schicht fügt sich bald durch krystallinischen Umbau dem Bau des Ganzen an, so daß eine einheitliche Radiärstrahlung der Gesamtmasse entsteht. Bei der Anlagerung kolloider Eiweißtröpfchen bleiben diese bei ihrer praktisch nicht vorhandenen Neigung zur Krystallisation in ihrem gallertig-weichen Zustand noch längere Zeit bestehen, allmählich aber altern sie und die Tröpfchen kommen unter Wasserverlust zum Entquellen. Bei der damit verbundenen Schrumpfung macht sich ein tangential gerichteter Zug geltend und unter der auftretenden Spannung und Längsstreckung plattet sich die gesamte Schicht ab. So entsteht, zunächst mikroskopisch, allein bei Wiederholung auch makroskopisch erkennbar, die typische Struktur der konzentrischen Schichtung (vgl. Abb. 31).

Abb. 31. Schema der Konkrementbildung. (Nach H. SCHADE.) a) Entstehung der Steinstruktur durch tropfige Entmischung eines Krystalloids: reiner Krystalloidstein mit einheitlich radiärer Krystallstrahlung. b) Entstehung der Steinstruktur durch Ausfallen kolloider Eiweißtröpfchen: reiner Kolloidstein mit konzentrischer Schichtung.

Der Vorgang der Konkremententstehung läßt sich also gegenüber der gewöhnlichen Krystallisation dahin definieren: *Konkremente sind Gebilde, bei denen die Eigenart der Struktur in ihrer tiefsten Ursache auf einem Zurgeltungkommen der intermediär tropfigen Entmischungsform beruht* (SCHADE).

Auch die im Tierreich vorkommenden Konkremente zeigen sich von denselben Gesetzmäßigkeiten beherrscht.

Schon MECKEL V. HEMSBACH hat auf die morphologische Zusammengehörigkeit aller in der Tierwelt vorkommenden geschichteten Steinbildungen hingewiesen. Ebenso wie die menschlichen Konkremente entstehen auch die tierischen frei in einem Flüssigkeitsraum und unabhängig von vorgebildeten zellulären Strukturen.

Sie wachsen durch Apposition und lassen jede der beim Menschen gefundenen drei Haupttypen erkennen: die konzentrische Schichtung reiner Kolloidsteine, die radiärstrahlige Form der reinen Krystalloidsteine und Radiärstrahlung und Schichtung beim kombinierten Krystalloid-Kolloidkonkrementen. Als besonderes Beispiel krankhafter Steinentwicklung beim Tier sei die von MECKEL V. HEMSBACH als das „regelmäßigste und schönste Ideal der Konkrementbildung" bezeichnete

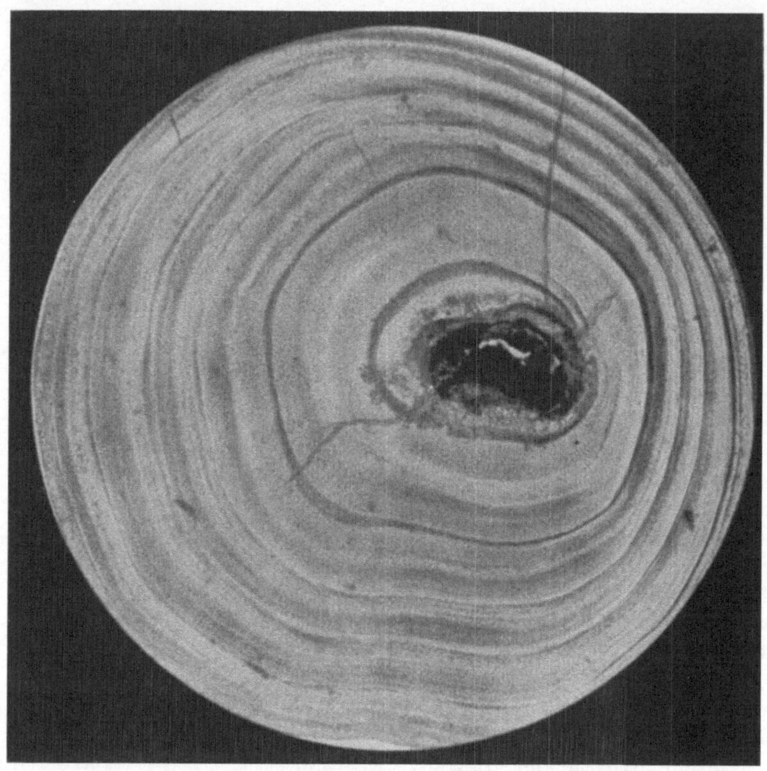

Abb. 32. Orientalische Perle. (Dünnschliff der Firma J. D. Möller, Optische Werke in Wedel, Holstein.) (Nach LICHTWITZ.)

Perle erwähnt (Abb. 32). Physiologische Konkremente stellen die Otholithe (Hörsteine) und die Statolithe (Zentralkörper in den Gleichgewichtsorganen) dar, die in verschiedenen, aber stets für die Konkrementbildung typischen Formen bei Medusen, Würmern, Krebsen, Mollusken und auch bei Wirbeltieren zu finden sind. Auch für die Bildung mancher tierischen Schalen, z. B. der Muschel, ist, wie MECKEL v. HEMSBACH betonte, eine enge Beziehung zur Konkrementbildung wahrscheinlich. Auch sie entstehen ohne weitere Beteiligung der Zeller aus einem von ihnen abgesonderten Sekret, in ihnen sind Kolloide und Krystalloide vereint und ihre Struktur zeigt Bilder, wie wir sie bei den Konkrementen kennen lernten. Artähnliche, vermutlich auch in der Entstehung verwandte Bildungen sind bei den Fischschuppen und an der Hornfläche der Schildkröte und sonst bei mannigfaltigem Tiermaterial zu finden. Von pflanzlichen Konkrementen sei an die in Cocosnüssen, im Bambus und in Farnen vorkommenden Gebilde erinnert, die nach Aussehen und Struktur den tierischen Perlen sehr ähnlich sind[1] (KORSCHELT).

Selbst auf die durch Ausfällen aus wäßriger Lösung entstehenden irdischen Steine lassen sich die Gesetze der Konkrementententstehung anwenden. H. SCHADE konnte die Struktur des Karlsbader Erbsensteines und des Lothringer Roggensteines durch Ableitung der Entstehung aus einer kombinierten Kolloid-Krystalloidausfällung erklären und experimentell begründen, und seine Deutung ist von fachwissenschaftlicher Seite voll anerkannt worden[2]. Ganz das Gleiche wie für die im tierischen Körper entstehenden Röhrenabgüsse gilt für die Steinbildungen, die man an den Röhren, in denen der Karlsbader Sprudel zutage geleitet wird, findet. Auch hier konnte SCHADE dieselbe Entstehung wie beim tierischen Konkrement beweisen.

Die genannten mineralischen Gebilde sind sämtlich kombinierte Kolloid-Krystalloidsteine, doch auch die reinen Krystalloidsteine mit ihrer Entstehung aus tropfiger Entmischung sind in der anorganischen Natur vertreten. Wie H. SCHADE[3] zeigte, geben hier die Hagelkörner ein vorzügliches Beispiel. Sie entstehen aus tropfiger Entmischung mit Luft als Medium und sie zeigen (ähnlich wie die Cholesterin- und Harnsäuresteine) bei Lupenvergrößerung deutlich erkennbare radiärstrahlige Struktur und die für die Entstehung aus tropfiger Entmischung typische Buckelung der Oberfläche.

Fassen wir noch einmal kurz zusammen, so läßt sich sagen: Konkremente kommen, ebenso wie beim Menschen und Tier, auch im Pflanzenreich und in der anorganischen Natur vor. Ihre Entstehung und Strukturbildung läßt sich physiko-chemisch auf folgende Gesetzmäßigkeiten zurückführen:

Krystalloidkonkremente entstehen dann, wenn das Krystalloid sich einmal in übersättigter Lösung befindet und zum anderen zu intermediär tropfiger Entmischung befähigt ist. Sie zeigen radiärstrahlige Krystallstruktur und ihre Entstehung ist beim Menschen durch reine Stauung ohne Entzündung zu erklären.

Reine Kolloidkonkremente zeigen konzentrisch geschichteten Aufbau. Für ihre Entstehung ist das Vorhandensein irreversibel ausfallender Kolloide Vorbedingung.

Gemischte Kolloid-Krystalloidsteine zeigen je nach Beteiligung des einen oder anderen Bestandteiles mehr oder weniger stark ausgebildete konzentrische Schichtung (als Strukturform der Kolloidkonkremente)

---

[1] KORSCHELT, E.: Fortschr. naturwiss. Forschg 7, 111 (1913). (Von E. ABDERHALDEN.)

[2] SCHADE, H.: Münch. med. Wschr. 1909, Nr. 1 u. 2. — Vgl. E. DITTLER: Kolloid-Z. 4, 277. — CORUN u. LEITMEIER: Ebenda 1, 290 (1909).

[3] SCHADE, H.: Kolloidchem. Beih. 1, 387 (1910). — Kolloid-Z. 4, 265 1910).

durchsetzt von radiärer Krystallstrahlung (der Strukturform der reinen Krystalloidsteine). Auch zu ihrer Entstehung ist die Anwesenheit irreversibel ausfallender Kolloide Vorbedingung, die im menschlichen Körper besonders bei entzündlichen Prozessen auftreten.

Für die Konkremente der anorganischen Natur und des Pflanzenreiches lassen sich dieselben Gesetzmäßigkeiten der Entstehung und Strukturbildung nachweisen.

So hat die physiko-chemische Lehre für die Konkrementbildung bereits weitgehende Klärung geschaffen. Zahlreiche Fragen sind allerdings noch offen und harren weiterer Bearbeitung. Besonders aber wird es für die Klinik wichtig sein, aus den Erkenntnissen Folgerungen für die therapeutische Beeinflussung der Steinbildung bzw. Steinauflösung zu ziehen.

11. Weißes Blutbild und physikalische Chemie.

Die im weißen Blutbild auftretenden Schwankungen haben schon seit langem für die Chirurgie praktische Bedeutung gewonnen und so scheint es berechtigt, die mit ihnen verknüpften Veränderungen und Besonderheiten der physiko-chemischen Konstanten des Körpers hier ebenfalls einer Betrachtung zu unterziehen. Es ist das Verdienst von F. Hoff[1], sie durch seine neuesten Untersuchungen in den Vordergrund des Interesses gerückt und weitgehend geklärt zu haben.

Ganz allgemein läßt sich bei den verschiedenen physiologischen und pathologischen Zuständen in den Veränderungen des weißen Blutbildes folgende *gesetzmäßige Reaktionsfolge der Leukocyten* erkennen: zuerst eine starke Vermehrung der myeloischen Zellen mit Auftreten jugendlicher bzw. unreifer Zellformen (neutrophiler Linksverschiebung) und meist gleichzeitiger absoluter Leukocytose. Dabei verringert sich in vielen Fällen die Zahl der eosinophilen Zellen.

Wird die die Veränderungen auslösende Ursache überwunden, so tritt zunächst eine zeitweilige Vermehrung der Monocyten auf, um endlich unter Absinken der Leukocytenzahl und Verschwinden der Linksverschiebung in eine Vermehrung der Lymphocyten überzugehen, bei der gleichzeitig wieder ein Anstieg der eosinophilen Zellen erfolgt (Dreiphasengesetz von Schilling[2]).

Diese gesetzmäßige Reaktionsfolge kommt bei folgenden Zuständen zur Beobachtung (Hoff[3]):

1. Entzündungen und Infektionen,
2. Fieberbewegungen,
3. Übergang einer akuten Infektion oder Entzündung in eine chronische,

---

[1] Hoff, F.: Zusammenfassend in Erg. Med. **13**, H. 1/2 (1929).

[2] Vgl. die zusammenfassenden Darstellungen von Schilling: Das Blutbild und seine klinische Verwertung. Jena 1926. — Naegeli: Blutkrankheiten und Blutdiagnostik. Berlin: Julius Springer 1924. — Pappenheim, in Kraus-Brugschs Spez. Path. u. Ther. **8** (1915).

[3] Hoff, F.: Erg. inn. Med. **33**, 225 (1928).

4. Sportliche Anstrengung,
5. Schwangerschaft,
6. Prämenstruelle Phase,
7. Coma diabeticum und Diabetesacidose.

HOFF konnte nun zeigen, daß bei allen den genannten Zuständen, von denen besonders die unter 1—3 genannten für den Chirurgen von Interesse sind, parallel mit der gesetzmäßigen Reaktionsfolge der Leukocyten eine Störung des Säure-Basenhaushalts nachweisbar ist. Und zwar geht mit einer Abweichung im Säure-Basenhaushalt im Sinne einer *Acidose* die erste Phase, d. h. myeloische Tendenz mit Linksverschiebung einher[1], während sich bei lymphatischer Tendenz eine *Alkalose* findet.

Daß dieser Zusammenhang kein zufälliger ist, konnte er dadurch erweisen, daß dieselben Veränderungen auch dann auftreten, wenn bei völligem Wohlbefinden der Versuchspersonen experimentell durch Ernährung und perorale Zufuhr von Salmiak bzw. Natriumbicarbonat eine Acidose resp. Alkalose erzeugt wurde.

Neben diesen Störungen des Säure-Basenhaushaltes bewirkt auch das Eindringen körperfremden Eiweißes auf parenteralem Wege dieselbe Reaktionsfolge der Leukocyten. Schon nach größeren Blutungen in die Körperhöhlen oder Gewebe läßt sich im Blut eine Leukocytose mit Linksverschiebung nachweisen. Nach der Resorption des Ergusses kommt es dann zum Leukocytenabfall mit relativer Lymphocytose. Dieselben Änderungen finden sich bei Einspritzungen körperfremder Eiweißstoffe, wie sie bei der Proteinkörpertherapie vorgenommen werden, und am meisten wirksam zeigen sich Bakterieneiweiße. Auch bei allen diesen Vorgängen ist eine Verschiebung des Säure-Basenhaushaltes vorhanden. In jeder Wunde ist nach den Messungen von GIRGOLAFF[2] die H-Ionenkonzentration deutlich erhöht, und in neueren Untersuchungen konnte TÖNNIS[3] zeigen, daß nach Operationen eine Senkung der Alkalireserve, ganz besonders stark in dem vom Wundgebiet kommenden, doch auch im Allgemeinblut ausgeprägt auftritt. Damit stimmt gut überein, daß nach Operationen und Verletzungen (auch aseptischen) ganz regelmäßig eine mehr oder weniger starke Leukocytose mit Linksverschiebung beobachtet wird. Vergleichende Untersuchungen über weißes Blutbild und Alkalireserve lassen hier interessante Zusammenhänge erwarten.

Besteht irgendwo im Körper ein Herd starker Entzündung oder Eiterung, so geht damit — neben der Überschwemmung des Blutes mit Zerfallsprodukten — auch eine deutliche Verminderung der Alkalireserve des Blutes einher. Gleichzeitig sehen wir eine Leukocytose mit Linksverschiebung auftreten, die dem Grad der Acidose parallel geht (HOFF). Einen solchen Parallelismus zwischen Acidose und Blutbild finden wir auch bei anderweitigen Krankheiten, so beim Diabetes, bei

---

[1] Vgl. auch E. FÖLDES u. J. SHERMANN: Z. klin. Med. **107**, 731 (1928).
[2] GIRGOLAFF: Zbl. Chir. **1924**, 2297.
[3] TÖNNIS, W.: Bruns' Beitr. **147**, 250 (1919).

akuten Infektionskrankheiten wie Malaria usw. und bei der Pneumonie (HOFF).

Die Beobachtung, daß bei Infektionskrankheiten die Schwankungen der Körpertemperatur mit den Veränderungen des Säure-Basenhaushaltes und des weißen Blutbildes parallel gehen, deutet darauf hin, daß zentral-nervöse Einflüsse eine wichtige Rolle spielen. Das beweist auch die Tatsache, daß nach Halsmarkdurchschneidung beim Kaninchen bei Einspritzung von Bakterieneiweiß in einer Menge, die beim normalen Tier eine starke Leukocytose macht, *keine* Leukocytose auftritt. Demgegenüber ist der Zusammenhang zwischen Acidose und Leukocytenverschiebung *unabhängig* von der zentralnervösen Regulation, denn wenn man bei Kaninchen mit durchtrenntem Halsmark durch Salmiakgaben eine Acidose herbeiführt, treten ebenfalls die gesetzmäßigen Änderungen des weißen Blutbildes auf (HOFF und v. LINHARDT[1]). So kann auch bei eitrigen Erkrankungen, z. B. bei Peritonitis, eine Leukocytose mit auffallend starker myeloischer Linksverschiebung auftreten, welche im Vergleich mit den zentralnervös regulierten Erhöhungen von Puls und Temperatur unverhältnismäßig hochgradig ist. Sie ist dann eine Folge der Acidose und ganz allgemein ein Zeichen für das Vorhandensein eines Herdes starker Säurebildung oder der Abgabe von leukocytensteigernden Stoffen aus einem örtlichen Entzündungsherd. Besonders dann, wenn Acidose und Blutbild in der Schwere ihrer Veränderungen im Mißverhältnis stehen zur Temperatur (die unter Umständen einen Abfall) und klinischen Erscheinungen (die vielleicht eine Besserung zeigen), ist dies ein Zeichen für den Ernst der Lage.

Mit dem dargestellten Zusammenhang zwischen Blutbild und Säure-Basenhaushalt sind die Beziehungen zwischen morphologischen und physiko-chemischen Veränderungen des Blutes noch nicht erschöpft.

Änderungen des Säure-Basenhaushaltes sind regelmäßig mit Änderungen im Mineralhaushalt verknüpft. Und dementsprechend geht auch mit Änderungen des Mineralstoffgehaltes eine Blutbildänderung (z. B. mit Ca-Vermehrung eine Leukocytose [WOLLHEIM[2]] einher.

Nach den Theorien von F. KRAUS und ZONDEK besteht weiterhin ein enger Zusammenhang zwischen den genannten physiko-chemischen Faktoren und dem Erregungszustand des vegetativen Nervensystems. Und so läßt sich klinisch und experimentell zeigen, daß gesetzmäßige Zusammenhänge zwischen den physikalisch-chemischen Faktoren und den vegetativen Regulationsvorgängen einerseits und der Morphologie des weißen Blutbildes andererseits bestehen. Die oben geschilderten Beziehungen zwischen Blutbild und Säure-Basenhaushalt stellen nur ein Glied dieser Zusammenhänge dar. Die nachfolgende schematische Übersicht von F. HOFF mag sie erläutern (Tabelle 9).

---

[1] HOFF, F., u. ST. v. LINHARDT: Z. exper. Med. **63**, 272 (1928).
[2] WOLLHEIM, E.: Klin. Wschr. **4**, Nr 41 — Biochem. Z. **151**, 416 (1924) — Z exper. Med. **52**, 508 (1926).

Tabelle 9. Schematische Übersicht der Abhängigkeit des Blutbildes von vegetativen Regulationseinrichtungen. (Nach Hoff[1].)

		Blutbild	
		Myeloische Tendenz	Lymphatische Tendenz
		Anstieg der Leukocytenzahl	Abstieg der Leukocytenzahl
		Linksverschiebung des gesamten weißen Blutbildes	Rechtsverschiebung des gesamten weißen Blutbildes
		Neutrophile Linksverschiebung	Neutrophile Rechtsverschiebung
		Verringerung der Eosinophilen	Zunahme der Eosinophilen
Vegetative Regulationen	Erregungszustand im vegetativen Nervensystem	Sympathicusübergewicht	Parasympathicusübergewicht
	Elektrolythaushalt $\frac{Ca}{K}$	Ca = Übergewicht	K = Übergewicht
	Säurebasenhaushalt	Acidose	Alkalose
	Wärmehaushalt	Fieber	Temperaturabfall

Aus dieser Darstellung der Verknüpfung von weißem Blutbild und physikalisch-chemischen Veränderungen ist ersichtlich, daß das Blutbild ein ausgezeichneter Indicator für tiefgreifende Veränderungen humoraler Art ist. Die praktische Bedeutung des weißen Blutbildes, die auch in der Chirurgie schon lange Anerkennung gefunden hat, hat durch die Erkennung dieser physikalisch-chemischen Zusammenhänge nun wichtige theoretische Grundlagen erhalten.

B. Fragen der speziellen Chirurgie.

12. Aus dem Gebiet der Erkrankungen des Bindegewebes.

Bis vor etwa 20 Jahren war man der Ansicht, daß das „Bindegewebe" (zuerst von JOHANNES MÜLLER so genannt) nur rein mechanische Funktionen besitze. Noch 1912 nennt BUTTERSACK[2] das Bindegewebe das „Aschenbrödel der anatomischen und physiologischen Forschung" und fordert erneut, wie schon 1910 auf Grund klinischer Beobachtungen, daß man ihm und seinen Erkrankungen mehr Beachtung schenken möge. Fast zur gleichen Zeit bezeichnet H. SCHADE[3] nach den Er-

---

[1] Hoff: Erg. Med. **13**.

[2] BUTTERSACK, F.: Latente Erkrankungen des Grundgewebes, insbesondere der serösen Häute. Stuttgart 1912 — Elastizität, eine Grundfunktion des Lebens. Stuttgart 1910.

[3] SCHADE, H.: Z. exper. Path. u. Ther. **11**, 362 (1912); **14**, 1 (1913).

gebnissen seiner physiko-chemischen Untersuchungen das Bindegewebe als „Organ" in dem Sinne, daß ihm bestimmte physiologische Funktionen und Krankheiten eigen sind. Und obwohl er und seine Schüler immer wieder auf die große Bedeutung dieses „Organes" für das ganze Körpergeschehen hingewiesen haben, wird auch heute noch, selbst in den neuesten Auflagen der Lehrbücher der Physiologie und Pathologie das Bindegewebe meist nur mit verstreuten Bemerkungen abgetan. Erst in allerneuester Zeit scheint man ihm, besonders auch von seiten der Anatomen und Physiologen mehr Beachtung zu schenken[1]. Und doch wird dem Kliniker die Bedeutung dieses Gewebes fast täglich vor Augen geführt. Der bekannte „Turgor", der „frische oder verfallene Gesichtsausdruck", das „pastöse Aussehen" sind alles Bezeichnungen, die letzten Endes einen bestimmten Zustand des Bindegewebes ausdrücken, ganz abgesehen vom Ödem, dessen Lokalisation im Bindegewebe man schon seit langem erkannt hat. Und auch die Wundheilung, ein Vorgang, mit dem der Chirurg fast täglich zu tun hat, ist, wie wir im Kapitel 7 sahen, ureigenste Funktion des Bindegewebs-„organes", und jeder Kliniker kennt heute das Krankheitsbild der „Bindegewebsschwäche" als Systemerkrankung (BIER), das in Neigung zu Hernien, zu Varizen, Plattfuß u. a. zum Ausdruck kommt.

. So scheint es wünschenswert, auch die physiko-chemische Seite der Fragen, die sich dem Chirurgen bei den Erkrankungen des Bindegewebes aufdrängen, im Zusammenhang zu besprechen. Die Berechtigung, diese Betrachtungen in den Abschnitt aus dem Gebiete der speziellen Chirurgie einzureihen, mag aus der Auffassung des Bindegewebes als „Organ" hergeleitet werden.

Wie bei allen Besprechungen der speziellen Organerkrankungen wird es nützlich sein, auch hier ihnen eine solche der physiologischen Funktionen voranzustellen. Sie sind zum größten Teil bereits in den Kapiteln des ersten Abschnittes ausführlicher dargestellt, so daß wir uns hier auf eine kurze Zusammenfassung beschränken können und nur das ausführlich besprechen wollen, was dort nicht Erwähnung fand.

Anatomisch besteht das Bindegewebe nicht so sehr aus Zellen als vielmehr aus dem zwischengelagerten „Paraplasma", das sich seinerseits aus der mikroskopisch „homogenen" Grundsubstanz und den „Fibrillen" zusammensetzt. Diese Besonderheit, die die cellularpathologische Forschung vielleicht gehemmt hat, ist für die physiko-chemische Betrachtung außerordentlich fruchtbar gewesen. Das Paraplasma stellt ein weitverzweigtes, überall im Körper vorhandenes Kolloidlager dar, in dem sich der „Saftstrom" des Körpers bewegt; Gewebssaft und Bindegewebskolloide stehen somit in innigster räumlicher Beziehung, und die Bedingungen für das Zustandekommen physiko-chemischer Wechselwirkungen zwischen beiden sind im weitesten Maße erfüllt. Und gerade an den physiko-chemischen Funktionen des Bindegewebes hat dieses *intercelluläre Kolloidlager* den Hauptanteil, die Bedeutung der *Bindegewebszelle* tritt hierin zurück. (Womit natürlich nicht gesagt

---

[1] Vgl. F. STANDENATH: Erg. Path. **22** II, 70 (1927).

sein soll, daß die aktive Tätigkeit der Bindegewebszelle überhaupt bedeutungslos sei, denn sie ist es ja letzten Endes, die die Bildung des Paraplasmas bewirkt.)

Folgende Funktionen des Bindegewebes lassen sich physiko-chemisch unterscheiden:

a) die physikalische, kolloidmechanische Bindegewebsfunktion;
b) die Funktion des Stoffaustausches;
c) die Depotfunktion;
d) die Funktion der Konzentrationsregelung.

a) Die physikalisch-kolloidmechanische Funktion

des Bindegewebes, die schon längst bekannte „Stützfunktion", stand bis vor kurzem im Vordergrund der Betrachtung, sie wurde als sein Hauptzweck, ja oft als einzige Leistung betrachtet. Das „Bindegewebe" sollte als solches seine Hauptbedeutung darin haben, die „Verbindung" zwischen den Zellen des Parenchyms zu schaffen, die intercellulären Räume „auszufüllen" und damit die Verschieblichkeit der Organe zu gewährleisten. Durch die Einführung der Kolloidchemie wurde diese Auffassung weitgehend vertieft.

Bei allen Gallerten, und eine solche stellen die Bindegewebskolloide dar, hängen die physikalischen Eigenschaften gesetzmäßig von der Zustandsart der die Gallerte aufbauenden Kolloide ab. Besonders Härte, Zug- und Reißfestigkeit, Dehnbarkeit und Elastizität sind auf das Engste mit dem Kolloidverhalten verbunden, so daß sie bei quantitativer Messung als Maßstab der Kolloidveränderungen sich gut verwerten lassen[1].

So hängen auch, wie Schade als erster betonte, die physikalischen Eigenschaften des Bindegewebes von der Zustandsart der Bindegewebs-*kolloide* gesetzmäßig ab, so daß jede Veränderung des Kolloidzustandes auch Veränderungen des physikalischen Verhaltens zur Folge hat. Nur eine „eutrophische" (Rindfleisch), besser „eukolloide" (Schade) Bindegewebsbeschaffenheit, d. h. normaler, optimaler Kolloidzustand, ermöglicht normale „Binde- und Stützfunktion". An dieser „Binde- und Stützfunktion" sind die verschiedensten physikalischen Eigenschaften der Bindegewebskolloide beteiligt. Sie im einzelnen, besonders für die einzelnen Bindegewebsanteile, darzustellen, ist bislang noch nicht möglich gewesen, doch lassen sich mit Hilfe des Schadeschen Elastometers schon jetzt klinisch wichtige Veränderungen im Elastizitätsverhalten des *Gesamt*bindegewebes darstellen.

Unter „Elastizität" verstehen wir im folgenden nach dem Vorschlag von C. Bach[2], der wohl jetzt in der Physik allgemein angenommen ist: „die jedem Körper innewohnende Eigenschaft, unter Einwirkung äußerer Kräfte eine Änderung seiner Gestalt zu erleiden, und mit dem Aufhören dieser Einwirkung die erlittene Formveränderung mehr oder minder vollständig wieder zu verlieren." Die Elastizität ist vollkommen, wenn die Formveränderung nach bestimmter Zeit wieder völlig ausgeglichen ist, sie ist vermindert, wenn der Ausgleich längere Zeit beansprucht, und es besteht (mehr oder minder ausgeprägte) „Plastizität",

---

[1] Vgl. H. Freundlich: Capillarchemie. Jena 1924.
[2] Bach, C.: Elastizität und Festigkeit. Berlin 1890. — Vgl. auch Häbler u. Pott: Klin. Wschr. **5**, Nr 29 (1926).

wenn der Ausgleich nicht oder nur teilweise stattfindet. Ein Beispiel möge das erläutern: Ein Gummiball, in dem durch Fingerdruck eine Eindellung erzeugt wird, nimmt sofort mit Nachlassen des Druckes seine alte Form wieder an, er besitzt *„vollkommene Elastizität"*. In einer Ton- oder Wachskugel dagegen bleibt die durch Druck hervorgerufene Eindellung dauernd bestehen, die Kugel besitzt keine Elastizität, sie ist *rein plastisch*. Den Übergang zwischen beiden Grenzzuständen stellt das Verhalten eines Balles aus Zellstoff oder eines prall gefüllten Kissens dar. Hier wird die durch Druck gesetzte Deformierung nur zum Teil und nur langsam ausgeglichen, auch längere Zeit nach dem Aufhören der deformierenden Kraft bleibt immer noch eine gewisse Eindellung bestehen, der Gegenstand besitzt mehr oder weniger *unvollkommene Elastizität*.

Ein quantitatives Maß der Elastizität läßt sich am besten dadurch finden, daß man den Elastizitätsverlust durch das prozentuale Verhältnis von der nach einer bestimmten Zeit verbleibenden Deformierung zur Gesamtdeformierung ausdrückt nach der Gleichung:

$$E.V.\,(\%) = \frac{\text{verbleibende Deformierung}}{\text{Gesamtdeformierung}} \cdot 100\,.$$

Ist die verbleibende Deformierung = 0, dann ist E. V. = 0%, d. h. die Elastizität vollkommen. Bleibt die verbleibende Deformierung nach einer bestimmten Zeit = der Gesamtdeformierung, so wird E. V. = 100%, d. h. es besteht reine Plastizität. Dazwischen sind alle Übergänge möglich.

Für den Wert der Vollkommenheit der Elastizität ist also die Größe der durch die betreffende Kraft erzeugten Gesamtdeformierung ohne Bedeutung. Diese Größe, also „die Kraft, die ein Körper einer Veränderung seiner Gestalt entgegensetzt" — die Elastizität der Physiker älterer Schule —, bezeichnet man mit BACH als *„elastischen Widerstand"*. Er ist der reziproke Wert der Größe der Gesamtdeformierung bei gleicher Kraftwirkung

$$E.W. = \frac{1}{\text{Gesamtdeformierung}} \cdot K\,.$$

Der elastische Widerstand kann bei gleich vollkommener Elastizität (ebenso wie bei vollkommener Plastizität) verschieden groß sein. Auch dafür ein Beispiel: Ein Gummiball und eine Billardkugel sind beide vollkommen elastisch, und doch ist bei gleicher Kraft die Deformierung des Gummiballes wesentlich größer als die der Billardkugel, die Billardkugel hat den größeren *elastischen Widerstand*. Der elastische Widerstand ist also nach dieser Definition das Gleiche wie Härte (Härte = Widerstandsgröße gegen mechanische Kräfte, bezogen auf den Effekt: Formveränderung).

Eng verwandt mit dem Begriff der Härte ist der der Festigkeit. Er bezeichnet den Widerstand, den ein Körper mechanischen Kräften, bezogen auf der Effekt: Zerreißung, entgegensetzt. Zerreißung ist völlige Trennung der Teilchen. Bei dehnbaren Körpern geht der Zerreißung ein längeres Stadium der zunehmenden Verschiebung der Teilchen im Innern der Masse voraus, wobei schließlich — die Zerreißung des Ganzen vorbereitend — kleinste Einzelrisse entstehen. Das Zerreißen dehnbarer Körper ist demnach ein über eine merkliche Zeit sich erstreckender Prozeß. Die Größe der Kraft, die eine völlige Überwindung der elastischen Kräfte, also Zerreißung, herbeiführt, bezeichnet man als *Elastizitätsgrenze*.

Als *elastische Nachwirkung* endlich wird die bei elastischen Körpern gesetzmäßig verzögert eintretende Gestaltveränderung nach Einwirkung oder Nachlassen deformierender Kräfte bezeichnet.

Am menschlichen Bindegewebe kann man, wie erwähnt, das Elastizitätsverhalten auch intra vitam mit Hilfe des von H. SCHADE angegebenen „Elastometer"[1] bestimmen.

---

[1] SCHADE, H.: Z. exper. Path. u. Ther. **11**, 369 (1912) — Münch. med. Wschr. **1926**, 2241 — Zusammenfassend: Methodik d. Gewebselastometrie in Abderhaldens Handb. d. biol. Arbeitsmethoden, Abtlg III, Tl A (1929). (Mit R. MAYR.)

Das Prinzip der Messung besteht darin, daß ein Metallstempel mit bestimmter Tastergrundfläche durch ein Gewicht gegen das Hautbindegewebe vorgedrängt und nach einer bestimmten Zeit der Tiefstand des Stempels im Körpergewebe abgelesen wird (Gesamtdeformierung). Wird die Belastung wieder entfernt, so kann der Stempel vom Körpergewebe wieder gehoben werden und kehrt mehr oder weniger vollständig bis zu seiner Anfangsstellung zurück (verbleibende Deformierung). Aus beiden Größen läßt sich nach der oben angegebenen Formel der „Elastizitätsverlust" errechnen, der etwa dem „bleibenden Elastizitätsverlust" der Physiker entspricht, sich aber beim menschlichen Bindegewebe aus verschiedenen Komponenten zusammensetzt.

Bis zu einer gewissen Belastungsgrenze zeigt das normale Bindegewebe des Menschen vollkommene Elastizität (wobei je nach der Apparatur ein gewisser E.V. noch als normal betrachtet werden muß, vgl. Schade).

Dabei erreicht der Taster nur in seltenen Fällen bei trockenem Gewebe sofort nach der Belastung seinen tiefsten Stand und kehrt nach der Entlastung sofort wieder zu dem entgültigen Wert zurück. In den meisten Fällen, und dieses Verhalten ist für das menschliche Gewebe als *normal* zu betrachten, sinkt der Stempel während der Belastung nach der ersten Minute noch ganz wenig tiefer ein, und ähnlich ist auch nach der Entlastung die Rückkehr verzögert. Dieses etwa der „elastischen Nachwirkung" der Physiker entsprechende Verhalten hat Schade als „Fließung" bezeichnet. Starke Fließung ist ein Zeichen für pathologische Veränderung des Gewebes.

Für das Zustandekommen der Fließung sind im lebenden Gewebe des Menschen zwei verschiedene Vorgänge in Betracht zu ziehen: ein „Fließen durch Abpressung" von Gewebswasser nach den benachbarten Gewebsteilen hin und ein „Fließen durch Dehnung". (Der letzte Begriff entspricht etwa der „Elastizitätsgrenze" der Physiker und zeigt eine Kolloidschädigung an.)

Beide Größen lassen sich mit Hilfe des Elastometers trennen: Zeigt sich bei einer bestimmten Belastung, bei der normalerweise kein E.V. vorhanden, ein solcher, so ist er als Folge einer „Fließung durch Abpressung" dann zu betrachten, wenn auch bei geringerer Belastung, herab bis zu den kleinsten Gewichten, noch ein (zunehmend geringer werdender) E.V. bestehen bleibt. Ein solches Verhalten ist ein Zeichen von vermehrter Flüssigkeitsansammlung im Bindegewebe und besonders deutlich ausgeprägt beim Ödem.

Zeigt andererseits das Bindegewebe einer Versuchsperson bei der üblichen Normalbelastung vollkommene Elastizität und keine elastische Nachwirkung, und man geht dann zu immer größeren Belastungen über, so wird sich bei einem bestimmten Gewicht „Fließung" und ein gewisser Elastizitätsverlust zeigen. Sie ist als „Fließung durch Dehnung" zu betrachten, und beruht auf einer irgendwie herbeigeführten Kolloidschädigung der elastischen Gewebsanteile.

Auch normales Gewebe hat eine gewisse „Elastizitätsgrenze" (der hier als solche bezeichnete Wert entspricht nicht ganz dem der Physiker), d. h. eine Belastungsgrenze, bei der die Elastizität nicht mehr vollkommen ist. Liegt diese Elastizitätsgrenze besonders niedrig, so ist dies ein Zeichen für vorhandene pathologische Kolloidveränderungen der elastischen Bindegewebsanteile.

Die Größe des „elastischen“ Widerstandes (= Härte) läßt sich am Lebenden ebenfalls nicht exakt messen, denn dazu wäre die Kenntnis der Gewebsdicke am Prüfungsort notwendig. Man kann aber relative Werte erhalten, indem man einmal die verschiedene Einsinktiefe des Tasters bei gleicher Belastung (bei verschiedenen Personen) miteinander vergleicht und andererseits die Einsinktiefe bei kleinster zu der bei sehr großer Belastung (etwa 20 und 500 g) bei derselben Person zueinander in Beziehung setzt[1].

Verminderte Härte kann einerseits in einer vermehrten Flüssigkeitsansammlung im Gewebe, andererseits in einer Veränderung der Kolloide in soloider Richtung ihre Ursache haben. Zur Abgrenzung beider Ursachen ist die Bestimmung der Elastizität und der Fließung durch Abpressung notwendig. Es kann z. B. ein Gewebe besonders weich sein (kindliches Bindegewebe), also verminderten elastischen Widerstand zeigen, dabei aber vollkommene Elastizität besitzen (HÄBLER und POTT[2]).

Vermehrte Flüssigkeitsansammlung im Gewebe (also Ödem, mit dem wohl meist auch Kolloidveränderungen in soloider Richtung einhergehen) läßt sich auch noch durch eine „verminderte Gegendruckabnahme“ erkennen. Entlastet man bei normalem Gewebe der Taster des Elastometers in bestimmten Zeitabständen stufenweise um kleine Beträge, so wird er durch den Gegendruck des Gewebes um eine gewisse Strecke gehoben. Beim Ödem dagegen bleibt er bei der ersten Entlastungsstufen auf seinem alten Stand stehen, und erst wenn eine größere Differenz gegenüber der Ursprungsbelastung erreicht ist kommt der Gewebsgegendruck zur Geltung, und der Taster hebt sich.

Wir sind auf die Messungen der elastischen Eigenschaften des Bindegewebes näher eingegangen, da ihre Prüfung geeignet erscheint, als klinisch brauchbarer Indicator für die „Eukolloidität der Gewebe“ zu dienen, denn nur sie gewährleistet optimale elastische Eigenschaften und mechanische Funktion. Noch allerdings fehlen für das menschliche Gewebe exakte Feststellungen dieser Größen. Anfänge dazu sind in den Messungen des Verfassers mit J. POTT über die Elastizität des Bindegewebes in verschiedenen Lebensaltern gegeben, doch scheint die Mitarbeit anderer dringend erwünscht. Denn solange solche normalen Werte in ausreichender Zahl nicht vorliegen, wird man sich jeweils nur auf Vergleichswerte beschränken müssen.

---

[1] Die Messung des elastischen Widerstandes ist auch mit dem von W. SCHULTZ [Med. Welt **1928**, Nr 49 — Allg. med. Zentralztg **95**, Nr 19 (1928). — Vgl. auch F. SCHMIDT-LA BAUME: Arch. f. Dermat. **156**, 383 (1928)] angegebenen „Hautspannungprüfer“ möglich, bei dem ein Tasterstempel durch Federdruck in das Gewebe hineingepreßt und seine Einsinktiefe registriert wird.

[2] HÄBLER u. POTT: Klin. Wschr. **5**, Nr 29 (1926).

b) Die den Stoffaustausch und die Flüssigkeitsbewegung zwischen Blut und Zelle vermittelnde Funktion des Bindegewebes (Funktion der Diffusionsvermittlung nach SCHADE).

Man hat sich lange Zeit dagegen gesträubt, dem „Paraplasma" bestimmte biologische Funktionen, also „Leben", zuzuschreiben. Die physiko-chemische Forschung war es, die solche biologischen Funktionen der Intercellularsubstanz mit aller Deutlichkeit erkennen ließ, und auch die neuesten Forschungen der Pathologen und Anatomen kommen zu dem Ergebnis, daß nicht nur an den Bindegewebszellen, sondern auch an Fibrillen und Grundsubstanz zahlreiche „Lebensäußerungen" sich erkennen lassen. „Wir müssen uns von der alten Vorstellung frei machen, daß nur die Zelle lebendig ist, und daß der Organismus ein ‚Zellenstaat' sei, seine Erkrankungen also erschöpft seien in der Kenntnis der Erkrankung seiner Zellen" (HUECK[1]). Die Funktionen der Diffusionsvermittlung und der Konzentrationsregelung sind solche biologische Funktionen, die bevorzugt dem Paraplasma eigen, und auch an der Depotfunktion ist es nicht unwesentlich beteiligt.

Bezüglich der Funktion der Diffusionsvermittlung ist ganz allgemein zu bemerken, daß geringe und mittlere Kolloidkonzentrationen bis etwa hinauf zu der Höhe, wie sie im Serum vorhanden, die Diffusionsgeschwindigkeit nur wenig herabsetzen. Auch in kolloiden Gelen von weichgallertiger Beschaffenheit ist die Diffusionshemmung nur gering, dagegen nimmt sie bei hohen Kolloidkonzentrationen verhältnismäßig rasch ansteigend zu. Besonders deutlich wird die Diffusionshemmung in festen Gallerten. Gerade bei ihnen ziehen Änderungen des Kolloidzustandes gesetzmäßig Änderungen der Diffusionsgeschwindigkeit nach sich, in dem Sinne, daß Einflüsse, welche die Dispersität des Kolloids erhöhen (soloide Wirkungen), die Diffusionsgeschwindigkeit steigern und umgekehrt geloide Einflüsse sie meist verringern.

Ferner sind adsorptive Prozesse von wesentlicher Bedeutung, indem sie das weitere Vordringen der diffundierenden Substanz im gallertigen Medium verzögern. So wirken sich indirekt auch Einflüsse, die das Adsorptionsverhalten ändern, auf die Diffusionsdurchlässigkeit aus.

Nach den Ergebnissen anatomischer Untersuchung grenzt an keiner Stelle des Körpers eine Parenchymzelle direkt an ein Blutgefäß, vielmehr ist immer eine mehr oder weniger dicke Schicht Bindegewebe dazwischengelagert. Und auch in ihm sind keineswegs „Saftbahnen" vorhanden in dem Sinne, daß die Gewebsflüssigkeit in einem scharf begrenzten Bette strömt. Vielmehr durchdringt der „Lösungsstrom" die kolloide Bindegewebsmasse (Fibrillen und Grundsubstanz) in gleichmäßiger Weise (HÖBER), er ist „ubiquitär" (Bartels[2]). Das Bindegewebe bildet also ein Leitsystem, das den Flüssigkeits- und Stoffaustausch zwischen Zelle und Blutstrom vermittelt. Alle Hemmungen und Steigerungen der Bindegewebsdurchlässigkeit müssen sich daher auf den Stoffaustausch zwischen Zelle und Blut auswirken. Jede Verminderung der Kolloidkonzentration der Bindegewebszwischenschicht, d. h. jede soloide Veränderung des Kolloids, erleichtert die Diffusion

---

[1] Ausführliche Darstellung vgl. STANDENATH: Erg. Path. **22** II, 103 (1928).
[2] Siehe STANDENATH: a. a. O. S. 106ff.; daselbst auch ausführliches Schriftenverzeichnis.

und beschleunigt somit den Stoffaustausch, und umgekehrt verlangsamt jede geloide Veränderung die Durchlässigkeit und damit die Ernährung der Zelle, und erschwert den Abtransport der im Zellstoffwechsel entstehenden Schlacken.

Bislang ist noch nicht bekannt, wie weit die Bindegewebsdurchlässigkeit unter physiologischen und pathologischen Verhältnissen schwankt. Es ist aber nicht daran zu zweifeln, daß solche Schwankungen sehr häufig, besonders aber unter krankhaften Bedingungen, vorkommen. Besonders ausgeprägt dürften derartige Störungen bei allen sog. „interstitiellen“ Entzündungen und bei cirrhotischen Prozessen sein. Für den Chirurgen wichtig ist diese Frage für die Verhältnisse in narbig veränderten Gebieten, besonders in Hinblick auf Plastiken und Transplantationen, z. B. nach Lupus usw.

Die treibenden Kräfte für den Stoffaustausch sind einerseits im hydrodynamischen Blutdruck, andererseits im Quellungsdruck der Plasma- und Gewebskolloide zu suchen, während osmotische Kräfte mehr zurücktreten und in der Hauptsache nur an der „Zellmembran“ zur Wirkung kommen (Näheres s. Kap. 5).

c) Die Depotfunktionen des Bindegewebes.

Von allen Depotfunktionen des Bindegewebes steht klinisch die Beteiligung an den Aufgaben des Wasserausgleiches im Vordergrund.

Wasseraufnahme und -abgabe durch das Bindegewebe geschieht physiko-chemisch betrachtet, durch Quellung bzw. Entquellung der Gewebskolloide. Die dabei in Erscheinung tretenden allgemeinen Gesetzmäßigkeiten sind im Kapitel 5 bereits näher erläutert worden. Es möge daher genügen, sie hier nur kurz zusammenfassend zu wiederholen.

Auf den Quellungszustand der Bindegewebskolloide und damit auch auf die Wasseraufnahme ist die „Milieubeschaffenheit“ (Ionenkonstellation, Salzgehalt) von wesentlichem Einfluß. Bei den intravital vorkommenden Änderungen des Milieus tritt dabei ein Antagonismus im Verhalten von Grundsubstanz und Fibrillen zutage, dessen Enderfolg das „Prinzip der Wassersparung“ (SCHADE) ist. Daneben können Änderungen im chemischen Aufbau die Wasserbindung beeinflussen, indem entweder weniger quellbare Substanzen in mehr quellbare umgewandelt werden und umgekehrt (FREUDENBERG[1]), oder indem Stoffe von verschiedener Quellfähigkeit (z. B. Fett) eingelagert werden. Auch hormonale Einflüsse sind von Bedeutung, wie aus den Beobachtungen über die Wirkung des Schilddrüsenhormons hervorgeht. Und zwar wird durch die normale Schilddrüsentätigkeit die Quellung der Kolloide herabgedrückt[2].

---

[1] FREUDENBERG, E.: Mschr. Kinderheilk. **24**, 273 (1923).

[2] Vgl. EPPINGER: Zur Pathol. u. Therap. d. menschlichen Ödems. Berlin 1917. — SCHAAL, H.: Biol. Z. **132**, 295 (1922). — ELLINGER, A.: Münch. med. Wschr. **1920**, 1399 — Klin. Wschr. **1922**, 249 — Verh. d. Dtsch. Ges. f. inn. Med. 34. Kongr. **1922**, 274 — NONNENBRUCH, W.: Patholog. u. Pharm. d. Wasserhaushaltes im Handb. von BETHE, BERGMANN, ELLINGER u. EMBDEN. **17** (1926).

Die Bedeutung der Thyreoideawirkung auf das Bindegewebe läßt sich am besten vielleicht durch folgendes Beispiel erläutern: „Das Sandfilter einer Wasseranlage pflegt nach einiger Zeit des Gebrauches durch Überladung mit adsorbiertem Material zu verschmutzen; es muß durch einen Oxydationsprozeß, der die adsorbierten Massen durch Verbrennung in einfachere, nicht mehr adsorptionsfähige Stoffe überführt, regeneriert werden. Auch beim Myxödem wird die große extracelluläre kolloide Bindegewebsmasse, welche — einem adsorbierenden Filter gleich — im Stoffwechselverkehr zwischen Zelle und Blutgefäße eingelagert ist, bei der Passage ungenügend verbrannter Substanzen leicht ‚verschmutzen‘. Das Thyreoidin bringt hier, indem es als Katalysator die Oxydierung entfacht, die Möglichkeit der Wiederreinigung, die Regeneration" (H. Schade[1]).

Als Antagonist des Thyreoidins kann das Insulin betrachtet werden, das die Quellung der Körperkolloide erhöht und klinisch eine Wasserspeicherung bewirkt[2].

Die Hormone haben offenbar die Aufgabe, die „Eukolloidität" des Protoplasmas (Isotonie, H—OH- und Na—K—Ca-Isoionie, Isoonkie usw.), die die Grundlage jeder normalen Zell- und Gewebsfunktion ist, aufrechtzuerhalten. Ähnliches gilt vom vegetativen Nervensystem, das als „Überwachungsstelle" aller dieser Regelungsvorgänge betrachtet werden muß und dessen Tonusschwankungen sich daher auch weiterhin auf den Quellungszustand der Bindegewebskolloide und damit die Wasseraustauschvorgänge auswirken.

Auch als Depot für Salze spielt das Bindegewebe eine wichtige Rolle, wie aus den Versuchen von Engels[3], Wahlgreen[4] und Padtberg[5] hervorgeht, die fanden, daß nach intravenöser Kochsalzzufuhr 68 bis 77% des im Körper zurückgehaltenen Chlors in der „Haut" gespeichert werden, und daß umgekehrt beim experimentellen Chlorhunger 60 bis 90% der abgegebenen Chlormengen aus der Haut stammen. Magnus[6] nannte daher das Unterhautzellgewebe das „Chlordepot" des Körpers. Es ist sehr wahrscheinlich, daß der extracellulären Bindegewebsmasse dabei diese Stapelfähigkeit zukommt, und daß die Kolloide als solche die Rolle des „Salzdepots" übernehmen.

Daß Körpereiweißstoffe prinzipiell in der Lage sind, aus Kochsalzlösungen in physiko-chemischer Art Chlor in ihrer Masse zu speichern, ist von Rona und György[7] an Serumeiweißstoffen und von M. H. Fischer[8] am quellenden Fibrin erwiesen worden, und auch Schade[9] konnte an exstirpierten Bindegewebsstücken bei Einbringen in Salzlösungen in einzelnen Fällen „positive Adsorption" nachweisen. Dabei ist Wasser- und Salzspeicherung völlig voneinander unabhängig.

---

[1] Schade, H.: Phys. Chemie i. d. inn. Med. **1923**, 392.
[2] Vgl. O. Klein: Klin. Wschr. **1926**, 2364 — Z. klin. Med. **100**, 458 (1924). — Falta: Wien. Arch. inn. Med. **5**, 581 (1923) — Wien. klin. Wschr. **1926**, 205, 243. — Pollak, L.: Ebenda **1924**, 55.
[3] Engels, W.: Arch. f. exper. Path. **51**, 346 (1904).
[4] Wahlgreen, V.: Arch. f. exper. Path. **61**, 97 (1909).
[5] Padtberg, J. H.: Arch. f. exper. Path. **63**, 60 (1910).
[6] Magnus, R.: Arch. f. exper. Path. **42**, 250 (1899); **44**, 68, 396 (1900); **45**, 210 (1901).
[7] Rona, T., u. G. György: Biochem. Z. **56**, 416 (1913).
[8] Fischer, M. H.: Kolloid-Z. **16**, 106 (1915).
[9] Schade, H.: Phys. Chemie i. d. inn. Med., S. 382. Dresden u. Leipzig 1923.

Ferner hat das Bindegewebe ganz zweifellos eine hervorragende Bedeutung als Depot für die Substanzen des Ernährungsstoffwechsels. Denn der „Saftstrom" in ihm bewegt sich (abgesehen von den Blut- und Lymphgefäßen) nicht in vorgebildeten Bahnen, sondern durchdringt alle Gewebsteile gleichmäßig, und so wird allen Gewebsteilen (Fibrillen, Grundsubstanz und Zellen) ein erheblicher Einfluß auf die chemische Zusammensetzung des Gewebssaftes zugeschrieben werden müssen. Und wenn auch die Stapelung des Fettes im Bindegewebe offenbar ein vorwiegend cellulärer Prozeß ist (denn das Fett kommt innerhalb der Bindegewebs*zelle* selbst zur Ablagerung), geht doch der Weg von den Gefäßen zur Bindegewebszelle durch eine Schicht reiner Grundsubstanz, so daß eine anreichernde Wirkung dieser Grundsubstanz für die aufbauenden Substanzen wie Fettsäuren und Glycerin sehr wohl mit beteiligt sein kann. Daß das Bindegewebe als Speicher auch für Kohlehydrate in Betracht kommt, zeigen die Untersuchungen von Schöndorff[1], der im Tierexperiment nach kurz vorhergehender reichlicher Fütterung auch das „Fell" der Tiere in nicht unbeträchtlichem Maße an der Stapelung des Glykogens beteiligt fand. Auch am Eiweißstoffwechsel ist das Bindegewebe als Speicherungsorgan beteiligt. So sahen van Slyke und G. M. Meyer[2] in die Blutbahn eingespritzte Aminosäuren sehr schnell in das „Gewebe" verschwinden, wo sie in 5—10mal größerer Konzentration angereichert wurden als im Blut. Sie befinden sich dort in sehr lockerer (wahrscheinlich adsorptiver) Bindung und lassen sich durch Wasser sehr leicht wieder entfernen. Erst allmählich geht die Umwandlung zu eigentlichen Gewebsproteiden vor sich.

So lückenhaft noch unsere Kenntnisse in dieser Beziehung sind, läßt sich doch soviel sagen, daß das Bindegewebe ganz sicher im intermediären Stoffwechsel eine wichtige Rolle nicht nur als Durchgangsgebiet, sondern auch als Regelungs- und Speicherorgan für alle wichtigen Nährstoffe spielt, und daß diese Funktion nicht nur der aktiven Tätigkeit seiner Zellen zukommt, sondern auch seinen intercellulären Kolloidmassen, in denen sie kolloid-chemischen, vornehmlich adsorptiven Charakter hat.

d) Die Funktion der Konzentrationsregelung

Die Funktion der Konzentrationsregelung ist eine der wichtigsten Funktionen des Bindegewebes. Ihre Erkennung war erst durch die physikalische Chemie möglich. Wir haben im ersten Abschnitt dieses Buches gesehen, daß an der Aufrechterhaltung der physiko-chemischen Körperkonstanten das Bindegewebe hervorragenden Anteil hat, indem es überall als das Organ der Binnenregelung auftritt und die Aufgabe übernimmt, die durch den Stoffwechsel und die Lebenstätigkeit der Zellen dem Körper dauernd drohenden Störungen seiner physikochemischen Konstanten (Isotonie, H—OH-Isoionie, Na—K—Ca-Isoionie und Isoonkie) auszugleichen, so daß die für die Eukolloidität des Plas-

---

[1] Schöndorff, B.: Pflügers Arch. **99**, 191 (1903).
[2] van Slyke, D. D., u. G. M. Meyer: J. of biol. Chem. **16**, 167 (1913). — Vgl. auch Standenath: a. a. O. S. 125.

mas notwendigen Bedingungen erhalten werden können. Und zwar sind es nicht die Bindegewebs*zellen*, die diese Funktion übernehmen, sondern die ausgedehnten *inter*cellulären *Kolloidlager*, deren Wichtigkeit und Bedeutung erst durch die physikalische Chemie in den Vordergrund der Beachtung gerückt wurde.

Auch klinisch läßt sich diese Beteiligung an den Ausgleichsvorgängen mit Hilfe der Elastometrie erweisen.

Schon H. SCHADE[1] hatte beobachtet, daß bei einem Studenten nach Genuß einer größeren Flüssigkeitsmenge das Bindegewebe verminderte Elastizität zeigte. Der Verfasser hat in Gemeinschaft mit H. WEISSEN-RÖDER diese Beobachtung in noch unveröffentlichten Untersuchungen an größerem Material nachgeprüft: Gesunde Versuchspersonen des gleichen Konstitutionstyps, die bezüglich ihrer Ernährung standardisiert wurden, bekamen 1 l Wasser zu trinken. Dabei trat bei einem Teil bereits nach 20 Minuten starker Harndrang auf, und es wurde ein stark verdünnter Urin mit niedrigem spezifischen Gewicht entleert. Bei diesen Personen waren keine Änderungen im Elastizitätsverhalten des Bindegewebes nachweisbar. Bei dem anderen Teil dagegen trat kein Urindrang auf (erst nach 1 Stunde und später) und die Schwankungen im spezifischen Gewicht des Urins waren nur ganz gering, dagegen zeigte das Bindegewebe neben einem geringen Elastizitätsverlust einen deutlich geringeren elastischen Widerstand und vermehrte Fließung, also Zeichen kolloider Wasseraufnahme. Die Veränderungen gehen ganz allmählich wieder zur Norm zurück, und zwar beginnend ungefähr mit dem Zeitpunkt, an dem verdünnter Urin ausgeschieden wird.

Die Zufuhr der großen Flüssigkeitsmenge bedingt eine Verdünnung des Blutes und damit Störung der osmotischen Isotonie. Die Entfernung aus dem Körper geschieht durch die Niere. Bei den Personen, bei denen der verminderte elastische Widerstand und der Elastizitätsverlust eine vermehrte Flüssigkeitsansammlung im Bindegewebe erkennen lassen, wird das zugeführte Wasser hier zunächst abgelagert und damit der normale Wassergehalt des Blutes wieder hergestellt, die Niere hat bei ihnen Zeit, die Ausscheidung allmählich und ohne größere Arbeitsleistung vorzunehmen. Dagegen ist die Arbeitsbeanspruchung oder -leistung der Niere bei dem erstgenannten Typ wesentlich größer.

Es ist bislang nicht zu sagen, welches Verhalten das klinisch wertvollere ist. Nierenschädigungen waren bei keiner der Versuchspersonen klinisch nachweisbar, doch will es dem Verfasser scheinen, daß der Organismus, dessen Bindegewebe sich in so ausgezeichneter Weise an der Konzentrationsregelung beteiligt, wie das bei der zweiten Gruppe der Versuchspersonen der Fall ist, auch gegen anderweitige Störungen seiner physiko-chemischen Konstanten besser geschützt ist. Hier scheint ein Gebiet vorzuliegen, dessen Bearbeitung wertvolle Ergebnisse erhoffen läßt und dringend wünschenswert ist.

Ebenso wie die Physiologie der Bindegewebsfunktionen hat auch die *Pathologie und Klinik* der Bindegewebserkrankungen durch die

---

[1] SCHADE, H.: Z. exper. Path. u. Ther. **14**, 1 (1913).

physiko-chemische Betrachtungsweise eine Erweiterung und Vertiefung erfahren, allerdings klaffen auch hier noch große Lücken und nur ein allgemeiner Überblick ist bislang möglich.

Besonders für die *Konstitutionslehre* scheint die Beachtung der Beschaffenheit der Bindegewebskolloide von Wichtigkeit, und es ist interessant, daß diese Bedeutung schon im „Status strictus" und „Status laxus" der Methodiker vor etwa 2000 Jahren zur Geltung kam. Sie wurde dann, je nach der Einstellung der wissenschaftlichen Zeitrichtung, mehr oder weniger wieder vernachlässigt und nur von vereinzelten Autoren betont, und erst in neuester Zeit ist sie durch BIER und seine Schule wieder in den Vordergrund gerückt worden. Ursache dieser Vernachlässigung war wohl das Fehlen deutlich erkennbarer morphologischer Unterschiede im „Gewebe" der einzelnen „Konstitutionstypen". Die Kolloidchemie scheint geeignet, auch hier neue Wege zu bahnen, und vielleicht zu einer größeren Einheitlichkeit der Rubrizierung führen zu können.

Es kann nicht Aufgabe dieser Darstellung sein, auf den heutigen Stand der Konstitutionslehre näher einzugehen, eine ausgezeichnete Übersicht findet sich in dem erwähnten Sammelreferat von STANDENATH. Nur eines sei hervorgehoben, daß sich im großen Ganzen zwei entgegengesetzte Typen herausschälen lassen: Einmal der *Status mesenchymo-hypoplasticus-hypotonicus*, unter dem die Atonie des fibrösen Gewebes (STROMEYER), die Asthenie (STILLER), die Bindegewebsschwäche (BIER), die Anomalie des gesamten Stratum fibrosum (VOGEL) und die Osteogenesis imperfecta und Chondrodystrophie zusammengefaßt werden kann. Er äußert sich nicht nur morphologisch in einer Unterentwicklung, sondern auch funktionell in einem Mangel an dem, was wir als „Tonus" zu bezeichnen gewöhnt sind. Klinisch tritt vor allen Dingen eine Neigung zu Ptosen, Hernien, Varicen, Prolapsen, Plattfuß u. a., ganz allgemein also eine Insuffizienz der Stützfunktion des Bindegewebes zutage. Daß die Ursache dieser Störungen tatsächlich in einer Veränderung des Allgemeinbindegewebes liegt, zeigen die Untersuchungen von KLUGE[1], der bei „asthenischen" Frauen am Bindegewebe der Extremitäten über das Maß des Normalen hinausgehenden Elastizitätsverlust und ein Herabrücken der Elastizitätsgrenze mit Hilfe des SCHADEschen Elastometers regelmäßig feststellen konnte. Wir haben oben gesehen, daß die Ursache dieses geänderten Elastizitätsverhaltens in einer Änderung des Kolloidzustandes der Bindegewebskolloide zu suchen ist. Auch die histologischen Untersuchungen von HUECK[2] haben gezeigt, daß es die Fasermasse ist, die primär bei der Asthenie anormal ist. Die „Konstitution der schlaffen Faser" der alten Ärzte[3] kommt also gegenüber der „Asthenia universalis" STILLERS wieder zu ihrem Recht, und die „Minusvariante des Bindegewebes" (PAYR[4]) wird

---

[1] KLUGE, F. E. (unter SCHADE): Inaug.-Dissert. Kiel 1926.

[2] HUECK, W.: Beitr. allg. Path. u. pathol. Anat. **66**, 330 (1920).

[3] WUNDERLICH: Pathologie. 1852. — SPIESS, G. A.: Pathol. Physiologie. Frankfurt 1857.

[4] PAYR, E.: Arch. klin. Chir. **114**, 878, 894 (1920); **116**, 614 (1921) — Zbl. Chir. **49**, 1 (1922).

als Veränderung des Kolloidzustandes der paraplasmatischen Bindegewebsanteile kenntlich. Es erscheint wünschenswert, die Untersuchungen KLUGES zu ergänzen und zu erweitern, denn wir wissen, daß für Menschen derartiger Veranlagung unbefriedigende Heilung von Weichteilwunden, mangelhafte Narbenbildung, Minderwertigkeit und Dehnbarkeit postoperativen Narbengewebes, Rezidivneigung nach Hernien-, Prolaps- und Organbefestigungsoperationen, schlechte Granulations- und Callusbildung charakteristisch ist (BIER[1], VOGEL[2]) und die Erkenntnis, daß die Ursache dieser Störung in den Gewebskolloiden gelegen, läßt es möglich erscheinen, durch Kolloidbeeinflussung eine wirklich kausale Therapie zu treiben. Eine solche Kolloidbeeinflussung ist ganz sicher möglich durch Änderung des Milieus (Neutralsalzwirkung; vgl. auch die Jodtherapie der Altersbeschwerden), die durch chemische Mittel, vielleicht auch durch Ernährungstherapie (H- und OH-Ionenwirkung) erreicht werden kann. Noch allerdings sind wir von einem solchen Ziel weit entfernt, da uns, wie gesagt, die genauen Unterlagen fehlen.

Den Gegensatz zu dem genannten Konstitutionstyp stellt der *Status mesenchymo-hypertonicus-hyperplasticus* dar, unter dem die „Exsudative Diathese" (CZERNY), die Polyserositis (BAMBERGER) und Polyarthritis (STILL), der Arthritismus und der Status thymico-lymphaticus zusammengefaßt werden können. Er ist kurz charakterisiert durch Hyperfunktion, gesteigerte Reizbarkeit, erhöhte Reaktions- (Leistungs-) Fähigkeit mit vorzeitiger Abnutzung und rascher Ermüdung und Neigung zu bindegewebiger Hyperplasie. Es ist jener Typ, der nach PAYR eine „Plusvariante" von Bindegewebe, Knochensystem und Lymphapparat besitzt, und für den Neigung zu Bindegewebshyperplasie, Narbenkeloiden, derben Narbenmassen in der Subcutis, zu Adhäsionsbildungen in allen serösen Häuten und in den Gelenken (PAYR), aber auch zu „Abnützungskrankheiten", wie Arthritis deformans, Atheromatose u. a., charakteristisch ist.

Auch für ihn sind Kolloidveränderungen des Paraplasmas als Grundlage der Erscheinung anzunehmen, die sich bei der exsudativen Diathese in einer Labilität der Wasserverbindung (LEDERER[3], CZERNY[4]) und des Salzstoffwechsels (MENSCHIKOFF[5]) zu erkennen gibt. Da für die Wundheilung, d. h. die Ausfüllung eines Defektes durch neugebildetes Bindegewebe, einmal soloide Umbildung der vorhandenen und dann wieder geloide Veränderung der von den Zellen neu gebildeten Kolloide notwendig ist (s. Kap. 7, S. 83 u. 86), letzten Endes also eine Änderung des Wassergehaltes, so ist wahrscheinlich, daß die Neigung zu Hyperplasien und übermäßiger Narbenbildung ebenfalls in einer besonders großen Eignung der Kolloide zu Veränderungen in soloider und geloider Richtung

---

[1] BIER, A.: Dtsch. med. Wschr. **1917**, Nr 27/30 — Münch. med. Wschr. **1926**, 1404.

[2] VOGEL, K.: Münch. med. Wschr. **1905**, 1433; **1913**, 851.

[3] LEDERER, R.: Z. Kinderheilk. **10**, 365 (1914) — Z. angew. Anat. **1**, 218 (1914).

[4] CZERNY, A.: Jb. Kinderheilk. **61**, 199 (1905).

[5] MENSCHIKOFF: Mschr. Kinderheilk. **10**, 439 (1913).

begründet liegt. Genauere Kenntnis dieser Veränderungen läßt auch hier therapeutische Beeinflussung möglich erscheinen.

Bei den beschriebenen Zuständen handelt es sich um primäre angeborene Abweichungen (des Baues und der Funktion) des Bindegewebes. Den Übergang zu den erworbenen Veränderungen stellt die *physiologische Altersdifferenzierung* dar. Sie tritt klinisch in dem Gegensatz zwischen dem saftigen Unterhautbindegewebe des Kindes und dem fast „leeren" Hautpolster des Greises auf das Deutlichste in Erscheinung. Während die parenchymatösen Organe durch Teilung ihrer Zellen gewissermaßen die Möglichkeit der „Wiederverjüngung" besitzen, machen sich, wie bei allen Kolloiden, auch bei denen der extracellulären Bindegewebsanteile deutliche Erscheinungen des „Alterns" bemerkbar, die vor allem in einer ständig fortschreitenden Abnahme der Dispersität bestehen. Aus der weichen, wasserreichen, hochdispersen jugendlichen Gallerte wird es langsam in das feste, wasserarme Gel des Greises umgewandelt, ein Vorgang, der in gleicher Richtung, nur zeitlich wesentlich

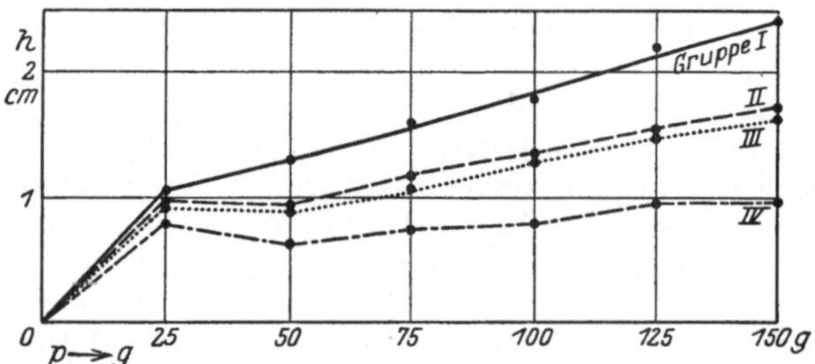

Abb. 33. Elastischer Widerstand des Bindegewebes in verschiedenen Lebensaltern.
(Nach HÄBLER und POTT.)

schneller bei der Wundheilung (s. Kap. 7) durchlaufen wird. Kolloidchemisch ist diese Veränderung als Entquellung zu betrachten, wie sich auch aus den Wasseranalysen ergibt[1]. Parallel damit ändert sich auch das physikalische und chemische Verhalten. Zwar bleibt die Elastizität vollkommen, aber der elastische Widerstand wird mit zunehmendem Alter immer größer, d. h. das Bindegewebe wird härter[2]. Auch die Elastizitätsgrenze wird im Alter deutlich niedriger als beim jugendlichen Gewebe. Die beifolgende Abb. 33, die der Arbeit des Verfassers entnommen ist, stellt die Veränderungen des elastischen Widerstandes — gemessen mit dem SCHADEschen Elastometer an Gesunden — graphisch dar. Die Werte sind das arithmetische Mittel der Messungen von je 11 gesunden Personen, bei Gruppe I zwischen 8 und 19, Gruppe II 23—29, Gruppe III 30—39 und Gruppe IV 42—57 Jahren. Auf der

---

[1] CHITTENDEN, R. H., u. W. GIES: J. of exper. Med. 1, 186.

[2] HÄBLER u. POTT [Klin. Wschr. 5, Nr 29 (1926). — BÖNNINGER: Z. exper. Path. u. Ther. 1, 180 (1905)] spricht davon, daß mit zunehmendem Alter die „Elastizität" des Bindegewebes geringer werde, doch ist das, was er gemessen, nicht die Elastizität im oben angegebenen Sinne, sondern der elastische Widerstand.

Ordinate ist jeweils die Größe der Einsinktiefe und auf der Abszisse die Belastungsgewichte wiedergegeben. Es ist deutlich zu erkennen, daß das jugendliche Gewebe den geringsten elastischen Widerstand besitzt, zwischen 20 und 40 Jahren sind die Altersveränderungen nur gering, um dann im höheren Alter deutlich weiter zuzunehmen. Man kann sich den Unterschied am besten klar machen, wenn man das Verhalten eines Gummi- und eines Korkstopfens miteinander vergleicht (Abb. 34). Beide sind voll elastisch, aber der Gummi zeigt deutlich geringeren elastischen Widerstand (= Härte) als der Kork.

Weiterhin sinkt mit zunehmendem Alter die Diffusionsdurchlässigkeit[1] und die Beeinflußbarkeit durch chemische Mittel (Auflösbarkeit in Natronlauge[2]), und die Färbbarkeit ist geändert[3]. Auffallend ist weiterhin die Altersabnahme des Kieselsäuregehaltes[4]. Alle diese Veränderungen geben zwar keine Erklärung für die Altersveränderungen, sie zeigen aber deutlich, daß solche vorhanden, und.daß sie besonders im Kolloidverhalten begründet sind.

Drei Stadien lassen sich unterscheiden, die gesetzmäßig physiologischerweise im Verlauf des Lebens des Individuums durchschritten werden: Das Bindegewebe des Kindes und in der Periode des Körper-

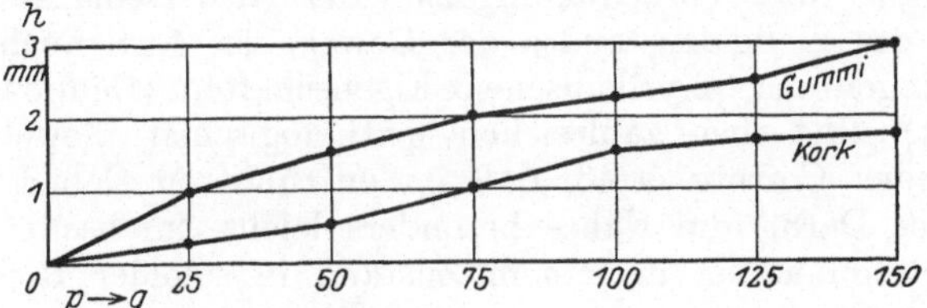

Abb. 34. Elastischer Widerstand eines Kork- und Gummistopfens gleicher Dicke.

wachstums ist durch höchste Flüssigkeitsfüllung und maximale Quellfähigkeit charakterisiert, die Bindegewebslymphe spielt beim Kind eine große Rolle und der „lymphatische Apparat" ist hoch entwickelt. Dieser für das Kindesalter charakteristische Zustand bildet sich schon im 2. Lebensjahrzehnt zurück (vgl. den großen Unterschied im elastischen Widerstand), und es schließt sich das zweite Stadium an, in dem der Quellungszustand zwar zurückgebildet, aber das Gewebe noch immer vollsaftig ist. Es ist dies die langdauernde und nur langsam sich ändernde Periode des „kräftigen Mannesalters", in dem der Ge-

---

[1] Ganz allgemein ist aus klinischer und pathologischer Erfahrung bekannt, daß die Membrandurchlässigkeit der Gewebsscheiden im Alter geringer ist als in der Jugend, sowohl für echt gelöste Substanzen wie für Kolloide und corpusculäre Elemente. [Vgl. die Durchlässigkeit der kindlichen Darmwand für Bakterien und die Feststellung von J. W. Nordenson: Skand. Arch. Physiol. (Berl. u. Lpz.) 37, 216 (1919), daß die Gewebsscheide des Glaskörpers beim Menschen unter gleichen Versuchsbedingungen in der Jugend bis zum 15. Lebensjahr 230 ccm, bei 5. bis 86. Jahre dagegen nur 15 ccm Wasser durchtreten läßt.]

[2] Schade, H.: Z. exper. Path. u. Ther. 11, 369 (1912).

[3] Schultz, A.: Münch. med. Wschr. 1922, 371.

[4] Schulz, H.: Pflügers Arch. 84, 67 (1901); 89, 112 (1903). — Vgl. auch R. Bierich: Virchows Arch. 239 (1922).

samtorganismus und mit ihm das Bindegewebe höchste Leistungsfähigkeit und Funktionstüchtigkeit entfaltet. Im höheren Alter tritt dann, parallel zur allgemeinen Stoffwechselabnahme, auch das Bindegewebe in das Stadium der Rückbildung ein: An Stelle der hydrophilen weichgequollenen Kolloide treten harte, fast feste Gele, der Wassergehalt reduziert sich und die „Polster" des Bindegewebskolloids sinken ein. Daneben treten häufig hypertrophische Bildungen des Bindegewebes auf. „Es scheint", sagt SCHADE, „als versuche der Körper den Verlust an gut quellbarer Bindegewebsmasse von den Zellen aus durch Neubildung von Bindegewebe zu ersetzen; aber selbst in dem neugebildeten Gewebe bleibt der Wassergehalt und die Quellung gering, der Ausfall der Funktion wird anscheinend nur teilweise ersetzt."

Oft ist es schwer, zwischen Alterserscheinung und Krankheit scharf zu unterscheiden. So ist auch beim Bindegewebe noch strittig, ob die Kalkeinlagerung in die Grundsubstanz noch als normale Alterserscheinung zu betrachten ist. Die kolloiden Vorgänge des Alterns gehen unmerklich in die der pathologischen Dyskolloidität über. Auf die physikochemischen Vorgänge bei der Verkalkung (die zum Teil noch recht ungeklärt sind) hier näher einzugehen, müssen wir uns versagen, nur das sei betont, daß Vorbedingung zu jeder Niederschlagsbildung eine Änderung des Kolloidzustandes der Gewebe ist (vgl. auch Kap. 14).

Änderungen der physikalischen Eigenschaften (Dehnbarkeit, Zerreißbarkeit) sind bei zahlreichen pathologischen Gewebsprozessen häufig. Jeder Chirurg weiß, daß im entzündeten Gebiet (z. B. am Magen oder Darm) die Nähte besonders leicht durchschneiden. Das Bindegewebskolloid ist in seinem Zustand in soloider Richtung verändert und damit weniger widerstandsfähig geworden, und man ist genötigt, sich durch besondere Nahttechnik den veränderten Verhältnissen anzupassen.

Primäre Kolloidschädigungen sind allgemein sehr häufig das erste Glied in der Kette pathologischer Gewebsveränderungen. So ist wahrscheinlich, daß auch die Entstehung der Hämorrhoiden ihre Ursache in einer anfänglich nur kolloid-chemischen bedingten Abartung der Dehnbarkeit hat. Venöse Stauungen sind in der Gegend des Analringes häufig, durch sie wird (ähnlich wie bei den Geburtswegen intra partum) die Dehnbarkeit der Gewebe gesteigert. Durch den fortgeleiteten Druck der Bauchpresse bei der Defäkation wird eine solche einmal vorhandene Stelle erhöhter Dehnbarkeit im Gewebe oder an der Gefäßwand als Ort des geringsten Widerstandes am stärksten zur Ausdehnung gebracht, und, je weiter die Dehnung fortschreitet, desto schwieriger wird die Wiederherstellung des Normalzustandes, besonders dann, wenn durch Entzündungsprozesse (s. Kap. 6) weitere kolloidphysikalische Veränderungen hinzukommen, die die Elastizität der Bindegewebsfaser verringern. Die lokale mechanische Insuffizienz wird größer, bis schließlich die erweiterten Venen klinisch als Hämorrhoiden hervortreten. Mikroskopische Veränderungen schließen sich diesen kolloidchemischen notwendig an (H. SCHADE). Auch bei den Varicen ist bekannt, daß eine abnorme Zerreißbarkeit eine fast regelmäßige Veränderung ist.

Daß Stauung zu Veränderungen der Elastizität des Gewebes führt, konnte in noch unveröffentlichten Versuchen der Verfasser in Gemeinschaft mit WEISSENRÖDER nachweisen. Legt man bei gesunden Versuchspersonen eine BIERsche Stauung nur für $^1/_2$ Stunde an, so findet sich nach Abnahme der Stauung, mit Hilfe des Elastometers nachweisbar, eine deutliche Verringerung des elastischen Widerstandes, die nur ganz allmählich, im Verlauf von 1—2 Stunden, wieder ausgeglichen wird. Bei häufig wiederholten Stauungen werden die Veränderungen noch deutlicher.

Das Hauptproblem der Bindegewebspathologie, dessen Klärung in physiko-chemischer Beziehung das Verdienst von H. SCHADE[1] ist, stellt die Ödemfrage dar. So mannigfaltig die Ursachen der Ödementstehung sind, müssen sie alle das gemeinsam haben, daß sie am Orte der Ödementstehung lokale Ursachen dafür schaffen. Der Hauptsitz der Ödeme ist das Bindegewebe. In diesem Bindegewebsraum sind Capillarfunktion und Eigenkräfte des Bindegewebes zu einer Einheit der Wirkung verbunden. Wie in den Capillaren (vgl. Kap. 5 über Onkodynamik der Capillaren) wirken auch im Bindegewebe die drei wasserbewegenden Kräfte: mechanischer, onkotischer und osmotischer Druck. Der mechanische Druck, als Gewebsspannung (LANDERER[2]) meßbar, ist bestrebt, Flüssigkeit aus dem Gewebe abzupressen. Ihm entgegen wirkt der onkotische Druck (durch Quellungsversuche bestimmbar [SCHADE und MENSCHEL[3]]) und der osmotische Druck (über den die Kryoskopie des Gewebssaftes Aufschluß gibt[4]), Flüssigkeit anziehend.

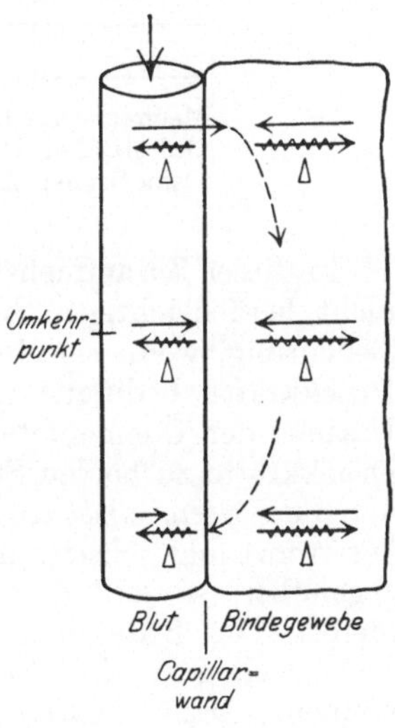

Abb. 35. Schema der wasserbewegenden Kräfte an der Capillarwand im Bindegewebe bei „maximaler Flüssigkeitsruhe". (Nach H. SCHADE.)

Über die Verhältnisse an der Capillarwand gibt am übersichtlichsten ein Schema von H. SCHADE[5] (Abb. 35) Klarheit, in dem das energetische Bild einer normal durchströmten Capillare (vgl. Abb. 8 u. 9, S. 49) durch die Energetik eines Bindegewebes vervollständigt ist, das im Zustand einer „maximalen Flüssigkeitsruhe" und auch osmotisch ohne Differenz zum Blut gedacht ist. Dabei ist der Begriff „Capillare" nicht im anatomischen Sinne zu verstehen, sondern dient als kurze Bezeichnung des „gesamten permeablen Anteiles der Strombahnen".

Das Schema läßt ohne weiteres erkennen, daß verschiedene Energieveränderungen möglich sind, die eine Umstellung des Ganzen im Sinne

---

[1] Vgl. die zusammenfassende Darstellung von H. SCHADE: Erg. inn. Med. **32**, 427 (1927).

[2] LANDERER, A.: Die Gewebsspannung. Leipzig 1884.

[3] SCHADE, H., u. H. MENSCHEL: Z. klin. Med. **96**, 285 (1923).

[4] Vgl. E. EYBER (unter SCHADE): Inaug.-Dissert. Kiel 1928.

[5] SCHADE, H.: Erg. inn. Med. **32**, 444 (1927).

einer „Ödementstehung" bedingen. (Die Änderungen im entgegengesetzten Sinne werden in der Richtung „Flüssigkeitsresorption" wirksam.) Auf der Blutseite wirken in diesem Sinne: 1. Steigen des mechanischen Blutdruckes in der Capillare, 2. Sinken des onkotischen Druckes,
3. Sinken des osmotischen Druckes des Blutes. Auf der Bindegewebs-
seite sind es dagegen: 1. Sinken der mechanischen Gewebsspannung,
2. Steigen des onkotischen Druckes, 3. Steigen des osmotischen
Druckes. In der nachfolgenden Tabelle sind diese Energieänderungen
(+ = Steigen, — = Sinken) kurz zusammengestellt.

Tabelle 10. Energetische Faktoren mit Richtung
„Ödementstehung". (Nach H. SCHADE.)

	Blutseite	Gewebseite
Mechanischer Druck . . .	+	—
Onkotischer Druck . . .	—	+
Osmotischer Druck . . .	—	+

In dieser Zusammenstellung ist die Beschaffenheit der Capillarwand
nicht berücksichtigt. Sie ist für die Ödementstehung nur dann von
Bedeutung, wenn sie eine Änderung der an ihr zustande kommenden
Druckkräfte bedingt. „Erhöhte Durchlässigkeit" allein kann nicht
Ursache der Ödementstehung werden, denn, sofern die Verteilung der
Druckkräfte zu beiden Seiten der Capillarwand die gleiche bleibt, wird
nur die *Flüssigkeitsbewegung* beschleunigt, dem schnelleren Flüssigkeits
ausstrom steht jenseits des Umkehrpunktes ein vermehrter Rückstrom
gegenüber, so daß der „summarische Flüssigkeitseinstand" gewahr
bleibt. Von Bedeutung wird die erhöhte Durchlässigkeit dann, wenn
sie so weit geht, daß die Eiweiße die Capillarwand zum Teil passieren
können. Dann kommt an der Capillarinnenwand der flüssigkeits
anziehende onkotische Blutdruck nur noch mit dem Teilbetrag zur
Wirkung, für den die Wandundurchlässigkeit fortbesteht, es entsteh
das „Ödem zufolge membranogener Hypoonkie der Capillarwand" (vgl
S. 63 u. 64).

Die verschiedenen Ödemarten lassen sich nach dieser Betrachtung
folgendermaßen einteilen (dabei sei unter Hinweis auf die erwähnte
ausführliche Arbeit SCHADES darauf verzichtet, näher auf die Einzel
heiten einzugehen):

1. Stauungsödeme kardialer und sonstiger Herkunft.

Sie sind charakterisiert als Ödeme aus mechanischer Ursache, wobei
in den Capillaren die Erhöhung des inneren Seitenwanddruckes rück
wirkend durch die Stauung vom Venengebiet her bewirkt wird. Abb. 3(
stellt die veränderten Verhältnisse schematisch dar (vgl. auch Abb. 8
S. 49). Bei solchen Ödemen kann der onkotische und osmotisch
Druck des Gewebes normal sein und auch die Capillarwand — wenig
stens im Beginn des Stauungsödems — noch volle Eiweißdichtigkei
besitzen.

Derartige Stauungsödeme einfachster Art lassen sich nicht scharf von den Stauungsödemen mit sekundärer Schädigung der Capillarwand trennen. Diese Schädigung besteht in einem Undichtwerden für Eiweiße (kenntlich am Eiweißgehalt der Ödemflüssigkeit) und ist als Folge der mechanischen Primärwirkung zu betrachten. Das läßt sich deutlich am Beispiel der Stauungsbinde erweisen: Hier genügt beim völlig gesunden Menschen der mechanische Binnendruck, um regelmäßig ein Überwiegen des Flüssigkeitsaustritts aus der Capillare[1] und ein Ödem von merklichem Eiweißgehalt im Gewebe[2] zu erzeugen. Durch solche Capillarwandschädigung wird das Auftreten des Stauungsödems, wie ein Blick auf obige Tabelle lehrt, wesentlich begünstigt. Auch die

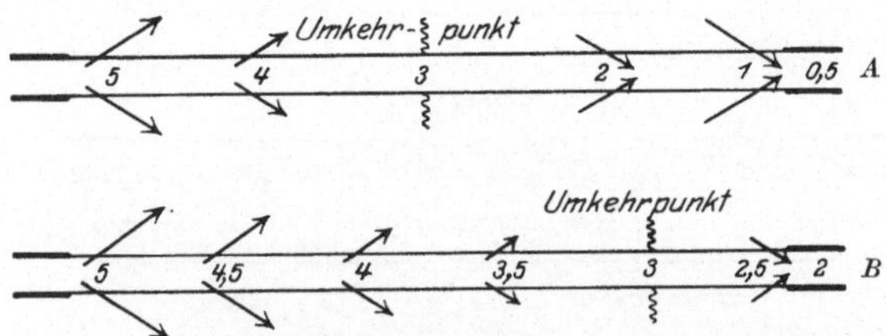

Abb. 36. Schema der Entstehung der Stauungsödeme. *A* Normalverhalten. *B* Verhalten bei erhöhtem Venendruck. (Nach H. SCHADE.)

klinische Verteilung der Ödeme im Körper bei Stauung vom Herzen her weist auf das Vorwiegen eines mechanischen Momentes als Ursache hin. Das Stauungsödem entsteht am leichtesten an den tiefstgelegenen Körperpartien, an denen sich die mechanischen Ursachen am meisten steigern.

2. Ödeme infolger wahrer Hypoonkie des Blutes.

Für sie ist charakteristisch, daß der onkotische Druck des Blutes erniedrigt ist, daher ist die Summe der den Flüssigkeitsrückstrom in die Capillare bedingenden Kräfte vermindert, der Umkehrpunkt der Flüssigkeitsbewegung wird derart verschoben, daß der Ausstrom den Rückstrom überwiegt. Das Schema der Abb. 37 vermag die Verhältnisse übersichtlich darzustellen (vgl. dazu Abb. 9, S. 49). Klinisch sind unter diese Gruppe die Ödeme bei Nephrosen zu rechnen, bei denen tatsächlich eine Verminderung des onkotischen Blutdruckes nachweisbar ist[3]. Diese Ödeme bilden sich — im Gegensatz zu den Stauungsödemen — immer dort am frühesten und stärksten aus, wo der relativ geringste Gewebswiderstand den Austritt von Flüssigkeit am leichtesten gestattet (Augengegend, Handrücken, Scrotum usw.).

---

[1] Vgl. A. BÖHME: Über Schwankungen der Serumkonzentration beim gesunden Menschen. Habilitationsschrift Kiel 1911.

[2] MENDE: Dtsch. Z. Chir. **150**, 379 (1919).

[3] SCHADE, H., u. F. CLAUSSEN: Z. klin. Med. **100**, 365 (1924). — GOVAERTS, M. P.: C. r. Soc. Biol. Paris **99**, 678 (1923) — Presse méd. **1924**, Nr 96 — Bull. Acad. Méd. Belg. März 1924.

3. Ödeme infolge membranogener Hypoonkie der Capillarwand.

Sie sind bedingt durch eine lokal erhöhte Durchlässigkeit der Capillarwand für Eiweiße, als deren Folge der onkotische Blutdruck nur noch mit dem Teilbetrag wirksam bleibt, für den die Eiweißdichtigkeit fortbesteht. Als Beispiel solchen Ödems sei das entzündliche Ödem erwähnt, dessen Entstehung im Kapitel 6, S. 62 näher dargestellt ist. Auch bei Nierenerkrankungen ist dieser Faktor an der Ödementstehung mit beteiligt.

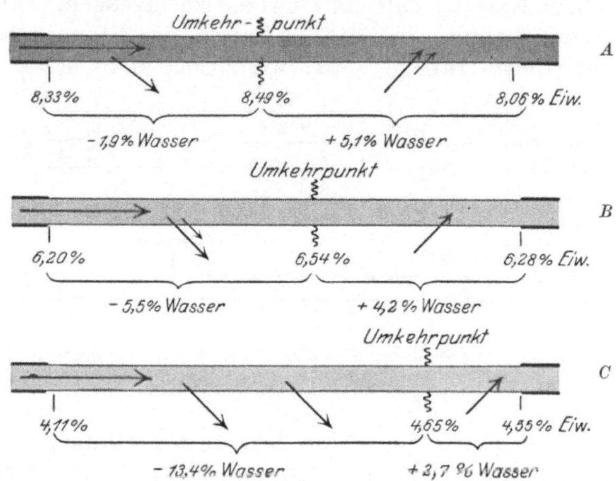

Abb. 37. Modellversuch über Ödementstehung zufolge Bluthypoonkie. *A* Normalverhalten. *B* und *C* Verhalten bei vermindertem onkotischem Druck. (Hier durch den geringeren Eiweißgehalt bedingt.)

4. Kolloidbedingte Ödeme (Quellungsödeme),

die durch ein gesteigertes Quellungsvermögen des Gewebes entstehen. Als Beispiele für sie seien die Alkaliödeme[1], die Jodsalzödeme und die Kochsalzödeme bei den Säuglingen[2] genannt.

5. Osmotisch bedingte Ödeme.

Bei ihnen ist die osmotische Hypertonie des Gewebssaftes derart überwiegend, daß sie so gut wie allein die Flüssigkeitsbewegung beherrscht. Ein Beispiel dieser Art gibt das Ödem bei schwerer Entzündung, besonders im zentralen Gebiet des Entzündungsherdes (siehe Kap. 6, S. 62).

Es ist nicht immer möglich, die klinisch nachweisbaren Ödeme unter eine dieser Gruppen allein einzureihen. Meist sind mehrere Faktoren gemeinsam an der Ödementstehung beteiligt, so ganz besonders beim Entzündungsödem. Immer aber spielt der Zustand des Bindegewebskolloids dabei eine Rolle, und es erscheint notwendig, ihm mehr als bisher auch dann Beachtung zu schenken, wenn seine Veränderungen

---

[1] Hess, L., u. H. Müller: Z. exper. Path. u. Ther. **17**, 59 (1915). — Schade, H.: Verh. d. 34. Kongr. d. dtsch. Ges. f. inn. Med. **1922**, 286.
[2] Vgl. F. L. Meyer: Erg. inn. Med. **17**, 562 (1919).

nicht im Vordergrund der Erscheinungen stehen. Es sei hier besonders auf die den Chirurgen interessierenden Ödeme nach Frakturen am Unterschenkel und Knöchel hingewiesen, bei denen die „Gewebsgegendruckabnahme" infolge Elastizitätsschädigung durch die Ruhigstellung und durch entzündliche Prozesse wahrscheinlich eine größere Rolle spielt als die rein mechanische Stauung.

Mit diesem Hinweis seien die Abhandlungen über die physikochemischen Fragen der Bindegewebserkrankungen geschlossen, ein Gebiet, auf dem noch vieles unklar und dessen Bearbeitung dringend wünschenswert und erfolgversprechend ist.

Und wir fassen zusammen: Dem Bindegewebe mit seinen ausgedehnten intercellulären Kolloidlagern sind folgende Funktionen eigen:

Die *physikalisch kolloidchemische Funktion,* zu der es durch seine verschiedenen elastischen Eigenschaften befähigt wird. Die Prüfung dieser elastischen Fähigkeiten erscheint geeignet, als klinisch brauchbarer Indicator für die Eukolloidität der Gewebe zu dienen, denn nur dann sind sie voll entwickelt, wenn der normale Kolloidzustand des Bindegewebes gewahrt ist.

Die Funktion der Diffusionsvermittelung des Bindegewebes ist dadurch gegeben, daß der „Lösungsstrom" der Gewebsflüssigkeit auf seinem Weg zwischen Blutbahn und Zelle die kolloide Bindegewebsmasse überall in gleichmäßiger Weise durchdringt, und somit Zustandsänderungen in diesen Kolloiden die Diffusion der Stoffwechselprodukte beschleunigen oder verlangsamen.

Die Depotfunktion des Bindegewebes tritt vor allen Dingen in seiner Beteiligung an den Aufgaben des Wasserausgleiches in Erscheinung, dabei geschieht Wasseraufnahme und -abgabe durch die Gewebskolloide durch Quellung bzw. Entquellung und wird von deren Gesetzen beherrscht.

Seine Depotfunktion für Salze und andere gelöste Stoffe übt das Bindegewebskolloid vornehmlich durch Vorgänge adsorptiver Art aus.

Die weitaus wichtigste Funktion des Bindegewebes liegt in seiner Betätigung als Organ der Konzentrationsregelung. Diese Beteiligung an den Ausgleichsvorgängen läßt sich klinisch mit Hilfe der Elastometrie erweisen.

Für die Konstitutionslehre ist die Beschaffenheit der Bindegewebskolloide von hervorragender Bedeutung, denn die einzelnen Konstitutionstypen lassen sich auf Unterschiede im Zustand der paraplasmatischen Bindegewebskolloide zurückführen.

Die physiko-chemische Altersdifferenzierung des Bindegewebes kennzeichnet sich darin, daß besonders die elastischen Eigenschaften sich mit zunehmendem Alter verändern. Desgleichen ändern sich mit zunehmendem Alter Diffusionsdurchlässigkeit und chemisches Verhalten.

Primäre Kolloidschädigungen des Bindegewebes werden als erstes Glied in der Kette zahlreicher pathologischer Gewebsveränderungen, so besonders der Hämorrhoiden und Varicen, erkannt.

Das Hauptproblem der Bindegewebspathologie stellt die Frage der Ödementstehung dar. An ihr sind ebenso wie an den Wasseraustauschvorgängen im Körper überhaupt neben den Vorgängen an der Capillarwand auch die am Bindegewebskolloid von wesentlicher Bedeutung. Und es ist möglich, bezüglich der physikalisch-chemischen Vorgänge bei ihrer Entstehung die einzelnen Ödemarten einzuteilen in Stauungsödeme, Ödeme infolge wahrer Hypoonkie des Blutes, Ödeme infolge membranogener Hypoonkie der Capillarwand, Quellungsödeme und osmotisch bedingte Ödeme.

13. Aus dem Gebiet der Erkrankungen des Muskels.

Während man früher geneigt war, den Muskel als eine „Wärmemaschine" zu betrachten, trat seit den Untersuchungen von A. Fick die Auffassung in den Vordergrund, daß chemische Vorgänge bei der Muskelkontraktion beteiligt sind; dadurch war das Problem der Muskelkontraktion zwar gefördert, aber noch keineswegs gelöst. Heute wissen wir, daß die Kolloide die Hauptrolle beim Zustandekommen der Muskelkontraktion spielen, die Frage ist also eine typisch physikochemische. Trotz dieser Erkenntnis ist aber eine Klärung noch lange nicht erreicht. Das beweist schon die Tatsache, daß fast jeder Forscher, der sich mit dieser Frage beschäftigt, eine neue Theorie aufstellt, Theorien, die einander zum Teil direkt widersprechen, und die doch alle mannigfaltige Argumente für sich haben.

Es würde den Rahmen dieses Buches überschreiten, auf die Theorien näher einzugehen. In der Hauptsache sind es zwei große Gesichtspunkte, auf die sich die Theorien der Muskelkontraktion gründen. Ihnen liegt die Beobachtung zugrunde, daß der Muskel in Säure sich kontrahiert und die Feststellung, daß bei seiner Tätigkeit in ihm Milchsäure gebildet wird. So entstand die „Säuretheorie" der Muskelkontraktion, die in der Milchsäure die physiologische Verkürzungssubstanz erblickt, d. h. jene Substanz, die auf die contractile Fibrille einwirkt und sie zur Verkürzung bringt.

Die Anhänger dieser „Säuretheorie" sind in zwei Lager gespalten, je nachdem sie die „Oberflächenspannungshypothese" oder die „Quellungshypothese" anerkennen.

Die Oberflächenspannungshypothese[1] nimmt an, daß die Muskelfibrillen aus unsichtbaren länglichen, in eine Grundmasse eingebetteten Gebilden aufgebaut sind, die mit ihrer Längsachse parallel zur Achse der Fibrillen stehen. Durch chemische Prozesse, und zwar durch Bildung der Milchsäure, steige die Spannung an der Oberfläche dieser länglichen Körperchen, so daß sie sich unter Verkleinerung ihrer Oberfläche und Abrundung verkürzen.

---

[1] Siehe dazu Bernstein: Pflügers Arch. **85**, 271 (1901); **162**, 1 (1916). — v. Fürth: Erg. Physiol. **17**, 363 (1919). — Tiegs, Amer. J. exper. Biol. **1**, 11 (1924) — Trans. roy. Soc. Australia **47**, 142 (1923). — Stübel: Pflügers Arch. **180**, 209 (1920); **201**, 629 (1923) — Jber. Physiol. **1920**.

Die Quellungshypothese[1] stützt sich ihrerseits darauf, daß Säuren die Quellung eiweißartiger Substanzen mächtig begünstigen, und daß die Quellung bei Gebilden von gestreckter Form mit einer Verkürzung einhergeht, daß also die Volumenvermehrung unter *Wasseraufnahme* erfolgt, indem der Querdurchmesser sehr stark wächst, während der Längsdurchmesser (wenn auch meist weniger) abnimmt. HILL[2] und MEYERHOF[3] wiederum glauben, daß die Säure eine Entquellung oder Fällung (Entionisation) der Muskelkolloide bewirke.

Den Anhängern der Säuretheorie stehen gegenüber hauptsächlich BETHE[4] und EMBDEN[5]. Dieser nimmt neuerdings eine Alkalisierung des Muskels als kontraktionserregendes Moment an, während jener die physiologische Verkürzungssubstanz als überhaupt noch unbekannt betrachtet.

Gegen die Säuretheorie machen WÖHLISCH und SCHRIEWER[6] geltend, daß der isoelektrische Punkt des Muskeleiweiß so weit im Sauren liegt (etwa bei p_H 5,7), daß unmöglich bei den im arbeitenden Muskel vorkommenden H-Ionenkonzentrationen eine *Säure*quellung des Muskel*eiweißes* zustande kommen kann. Sie glauben, daß die bei der Säurewirkung gefundenen Kontraktionen auf eine Quellung des *Collagens* und nicht der Fibrillen zurückzuführen ist. Auch thermodynamische Überlegungen sprächen gegen die Säuretheorie[7].

Wir sind also von einer Klärung dieser so interessanten Frage noch weit entfernt und wissen noch nicht, wie die „kolloidchemische Maschine" Muskel arbeitet.

Aus dem Gesagten ergibt sich aber von selbst, daß es notwendig ist, auch für die klinische Betrachtung das Kolloidverhalten des Muskels in den Vordergrund zu stellen. An zielbewußter Arbeit ist allerdings in dieser Hinsicht noch wenig geleistet, wohl mit wegen der Unkenntnis der rein physiologischen Vorgänge. Immerhin sind manche wichtige Einzelheiten bekannt, die es ermöglichen, Anfänge einer *klinischen Kolloidchemie des Muskels* aufzubauen.

Der Quellungsgrad des arbeitenden Muskels ist gegenüber dem des ruhenden vermehrt[8], und zwar nimmt der Muskel während der Arbeit etwa 7—8% Wasser auf. Kann kein Wasser mehr von der Muskelfaser aufgenommen werden, so hört die Arbeitsfähigkeit fast plötzlich auf (STEGGERDA[9]). Ferner ist für den arbeitenden Muskel eine gesteigerte

---

[1] ENGELMANN: Sitzgsber. preuß. Akad. Wiss., Physik.-math. Kl. **39**, 694 (1906). — McDONGALL: J. anat. a. physiol. **32**, 193 (1898). — FISCHER, M. H. u. STIETMANN: Kolloid-Z. **10**, 65 (1912). — PAULI, WO.: Die Kolloidchemie der Muskelkontraktion. Dresden 1912. — HÖBER, Z. Elektrochem. **19**, 738 (1913).

[2] HILL: J. of Physiol. **47**, 305 (1913).

[3] MEYERHOF: Pflügers Arch. **182**, 232 (1920) — Naturwiss. **12**, 1137 (1913).

[4] BETHE: Pflügers Arch. **199**, 491 (1923).

[5] EMBDEN: Klin. Wschr. **6**, 628 (1927).

[6] WÖHLISCH u. SCHRIEWER: Z. Biol. **83**, 265 (1925).

[7] WÖHLISCH: Sitzgsber. physik.-med. Ges. Würzburg **52**, 90 (1927). — HAFFNER, E.: Arch. f. exper. Path. **105**, 307 (1925).

[8] LANDOIS-ROSEMANN: Lehrbuch der Physiologie des Menschen, 13. Aufl., 480 (1913).

[9] STEGGERDA, F. R.: Proc. Soc. exper. Biol. a. Med. **24**, 915 (1927).

Durchsichtigkeit bekannt (RANVIER, BERNSTEIN[1]). Klinische Untersuchungen haben ergeben, daß durch die Arbeitsleistung eine Härtezunahme des Muskels herbeigeführt wird, die nach 10—15 Minuten Ruhe wieder ausgeglichen ist. Durch tägliche anstrengende Übung wird die Muskelhärte vermehrt, und zwar sind nicht nur Übungen der einzelnen Muskelgruppen, sondern auch allgemein turnerische oder gymnastische Übungen in diesem Sinne wirksam. Auch Aufenthalt auf dem Lande und an der See bedingt bei Kindern einen Anstieg des Härtegrades der Muskulatur, der unabhängig von der allgemeinen Gewichtszunahme ist (OPITZ[2]). Allgemeinerkrankungen, körperliche und geistige Ermüdung, bringen eine Verringerung der Muskelhärte mit sich. Auch nervöse Reize sind von Einfluß und verändern die elastischen Eigenschaften. So fand BEAUJEAU[3] am isolierten Muskelpräparat die Elastizität vollkommen, wenn die Nerven intakt waren. Wurde der Nerv durchschnitten, so änderte sich die Dehnbarkeit zwar nicht, aber die Elastizität war weniger vollkommen.

Unterschiede im physikalischen Verhalten finden wir auch in den verschiedenen Lebensaltern: Die Festigkeit des ruhenden Muskels ist beim Jugendlichen wesentlich größer als beim Greis, und aus der klinischen Erfahrung ist bekannt, daß große individuelle Unterschiede nicht nur in bezug auf die körperliche Leistung, sondern schon im äußeren Verhalten bestehen: Nicht nur die Härte der Muskulatur ist verschieden, sondern auch die Größe der bei der Kontraktion auftretenden „Wulstbildung", und wir wissen, daß geringe körperliche Betätigung und schon kurze Zeit der Ruhigstellung ein auffallend starkes Weichwerden und Schwinden der Muskelmasse zur Folge hat und umgekehrt.

Härte und Contractilität sind ebenso wie die Elastizität Eigenschaften, die in engster Beziehung zur Kolloidbeschaffenheit des Protoplasmas stehen, und so sind bei allen Veränderungen der physikalischen Eigenschaften des Muskels auch solche seiner Kolloidbeschaffenheit zu erwarten. Zwar sind sie nicht so groß, daß mikroskopische Unterschiede erkennbar werden, daß sie aber vorhanden, beweist der von verschiedenen Autoren erhobene Befund der veränderten Quellung des Muskels bei der Ermüdung[4]. Ebenso spricht dafür die Tatsache, daß im ermüdeten Muskel die Fähigkeit zur Synthese von Lackacidogen herabgesetzt ist. Durch Erholung wird diese Kolloidveränderung vollkommen aufgehoben und damit auch die normale Fähigkeit zur Lackacidogensynthese wiederhergestellt (EMBDEN und JOST[5]).

Die Reihenfolge der Veränderungen stellt sich folgendermaßen dar: Das Primäre sind die Änderungen der Kolloidbeschaffenheit, bedingt

[1] LANDOIS-ROSEMANN: a. a. O. S. 487.
[2] OPITZ, H., u. H. ISBERT: Jb. Kinderheilk. **111**, 165, 177 (1926).
[3] BEAUJEAU, A. DE: J. Physiol. et Path. gén. **25**, 241 (1925).
[4] Vgl. LANDOIS-ROSEMANN: Lehrb. d. Phys. d. Menschen, 13. Aufl., 480 ff. (1913).
[5] EMBDEN, G., u. H. JOST: Dtsch. med. Wschr. **51**, 636 (1925).

durch Ermüdung, Krankheit, Alter oder individuelle Unterschiede. Ihre Folge ist eine Veränderung der physikalischen Eigenschaften, Elastizität, Härte, Dehnbarkeit, allgemein gesagt des „Tonus", und der Funktionstüchtigkeit. Gehen die primären Kolloidveränderungen nicht über ein gewisses Maß hinaus, so sind sie und mit ihnen die physikalischen Eigenschaften und Funktionstüchtigkeit völlig reversibel. Erst schwerere Kolloidschädigungen bedingen irreparable Veränderungen und damit auch Änderungen im mikroskopischen Bild (vgl. die Contracturen und Atrophien).

Auch von der Beschaffenheit des umspülenden Milieus ist die Muskelleistung wesentlich abhängig. Für die normale Muskelfunktion ist das der Blutisoionie entsprechende Verhältnis der Na- und Ca-Salze unentbehrlich. Bringt man den Muskel in ein Ca-freies Milieu, so tritt ein Zustand anhaltender Zuckungen ein. „Wir verdanken es dem Ca-Gehalt unseres Blutes, daß unsere Muskeln nicht fortwährend zucken (J. LOEB[1])." Mit Verminderung der Ca-Konzentration wird auch die Erregbarkeit des Muskels zunehmend größer (BOUCKAERT und COLLE[2]). Bei tonischer Contractur zentralen Ursprungs, also auch bei der Erregungscontractur des isolierten Muskels, wird die Menge des im Muskel vorhandenen nicht auswaschbaren K vermehrt. Diese Menge des „gebundenen K" nimmt in Durchströmungsversuchen mit Erhöhung des Kaliumgehaltes der Spülflüssigkeit zu, Vermehrung des Calciumgehaltes vermindert es (NEUSCHLOSZ[3]). Von Bedeutung in diesem Zusammenhang ist auch die Tatsache, daß bei parathyreopriver Tetanie und ebenso bei Guanidinvergiftung (also bei beiden Formen echter, ohne Lactacidogenverbrauch einhergehender Erregungscontracturen) es zu der gleichen Steigerung des $Ka:Ca$-Quotienten im Blutserum kommt; diese geht allerdings bei der Tetanie mit einer *Vermehrung des* K, bei der Guanidinvergiftung mit der *Verminderung des* Ca im Muskel einher. Der gleiche Effekt im Sinne alkalotischer Stoffwechselumstimmung wird also durch völlig verschiedenen Mechanismus der Genese hervorgerufen[4]. Bei der durch maximale Muskelarbeit hervorgerufenen Contractur findet diese Verschiebung des $K:Ca$-Quotienten im Muskel nicht statt, ebenso nicht bei der Tetanus-Toxinvergiftung (BEHRMELT[5]). Eine Verminderung des NaCl-Gehaltes führt bei Durchströmungsversuchen zu fibrillären Zuckungen auch dann, wenn der Muskel entnervt ist. Die Zuckungserregung ist dabei nicht nur vom Verhältnis der Na- und Ca-Ionen abhängig, sondern auch der absolute Gehalt beider Ionen kommt in Betracht (BENDA[6]).

Wie weit sich die H—OH-Isoionie während der Funktion in der Muskelfibrille verändert, ist noch nicht genau geklärt. Es steht lediglich

---

[1] LOEB, J., in Oppenheimers Handb. der Biochemie **2** I, 129 (1913).

[2] BOUCKAERT, J. P. u. COLLE: C. r. Soc. Biol. Paris **96**, 434 (1927).

[3] NEUSCHLOSZ: Pflügers Arch. **213**, 40 (1926); **213**, 47 (1926). — Ders. u. TRELLER: Rev. Soc. argent. Med. **37**, 93 (1924).

[4] Ein Beweis dafür, daß Tetanie nicht durch vermehrte Guanidinbildung bedingt ist.

[5] BEHRMELT, H.: Z. Kinderheilk. **41**, 499 (1926).

[6] BENDA, R.: Z. Biol. **63**, 531 (1914).

fest, daß im arbeitenden Muskel die Milchsäurebildung erhöht ist (MEYERHOF und LOHMANN[1]), und daß im Bindegewebe in der Muskelnachbarschaft eine Vermehrung der H-Ionen auftritt (SCHADE, NEUKIRCH und HALPERT[2]).

Auch osmotische Veränderungen der umspülenden Flüssigkeit beeinflussen die Muskeltätigkeit. Der mit Erhöhung des osmotischen Druckes der umgebenden Lösung einhergehende Wasserverlust vermindert seine Funktion, und zwar fällt die Funktionseinstellung mit dem Tiefpunkt des Gewichtes nahe zusammen (M. BURGER und L. LENDLE[3]). Die Verschiebung im Wassergehalt des Muskels wird sowohl durch intravenöse Injektion hypo- und hypertonischer Lösungen hervorgerufen, wie durch perorale Zufuhr (BAER[4]).

Säuren und Salze beeinflussen den Quellungszustand und den Glykogenabbau im Muskel[5], und zwar ergibt sich für den Quellungseinfluß der Kationen folgende, der HOFMEISTERschen Reihe entsprechende Reihenfolge: $Li < Na < NH_4 < Ca < K$. In gleicher Reihenfolge ordnen sich die Ionen auch in ihrem Einfluß auf die Kontraktion. Von den zweiwertigen Ionen rufen Ca'', Ba'' und Sr'' Kontraktion, Mg'' Erschlaffung hervor. Die stärkste Wirkung übt das Ca'' aus, doch ist sie kleiner als die von K (GELLHORN[6]). In der Wirkung auf den Glykogenabbau lautet die Anionenreihe: $Rhodanat < I < Br < Nitrat < Cl < Acetat < Sulfat < Tartrat$, wobei bei dem Cl der geringste Einfluß vorhanden ist; während die links von ihm stehenden Ionen den Abbau verlangsamen, beschleunigen ihn die auf der rechten Seite stehenden (WEBER[7]). Auch andere Substanzen haben Einfluß auf den Grad der Muskelquellung: Veratrin läßt den Muskel entquellen[8], Coffein dagegen bringt ihn zur Quellung[9]. Es ist wahrscheinlich, daß diese Quellungsbeeinflussung zur pharmakologischen Wirkung dieser Substanzen in enger Beziehung steht[10].

Für die Pathologie des Muskels hat die Kolloidchemie ebenfalls wichtige Anwendungen gefunden. Beim sog. einfachen Muskelrheumatismus läßt sich eine deutliche Veränderung des Kolloidzustandes meßbar nachweisen (H. SCHADE[11]). Vergleichende Untersuchungen, speziell

---

[1] MEYERHOF, O., u. K. LOHMANN: Biochem. Z. **168**, 128 (1926) — Handb. d. norm. u. pathol. Phys. von BETHE BERGMANN, EMBDEN u. ELLINGER 8 I. I, 1 (1925).

[2] SCHADE, H., P. NEUKIRCH u. A. HALPERS: Z. exper. Med. **24**, 11 (1921).

[3] BURGER, M., u. L. LENDLE: Arch. f. exper. Path. **109**, 1 (1925).

[4] BAER, K.: Arch. f. exper. Path. **119**, 102 (1926).

[5] PRIBRAM, E.: Kolloidchem. Beih. **2** I (1910). — FISCHER, M. H.: Das Ödem. Dresden 1928. — SCHWARZ, G.: Biochem. Z. **37**, 34 (1911). — ARNOLD: Kolloidchem. Beih. **5**, 411 (1914). — LICHTWITZ u. A. RENNER: Hoppe-Seylers Z. **92**, 104 (1914).

[6] GELLHORN, E.: Pflügers Arch. **213**, 779 (1926).

[7] WEBER, J.: Hoppe-Seylers Z. **145**, 101 (1925).

[8] SANTESSON: Skand. Arch. Physiol. (Berl. u. Lpz.) **14** I (1903). — GREGOR: Pflügers Arch. **101**, 71 (1904).

[9] BELÁK, A.: Biochem. Z. **83**, 165 (1917).

[10] Vgl. H. MEYER u. R. GOTTLIEB: Die exper. Pharm., S. 356, 358 (1910).

[11] SCHADE, H.: Arch. f. exper. Med. **7**, 275 (1919) — Münch. med. Wschr. **1921**, Nr 4.

auch in der Narkose, haben die so lebhaft umstrittenen rheumatischen Härten des Muskels bestätigt und ergeben, daß diese Härten auch nach dem Tode in gleich umschriebener Art bestehen bleiben, und daß sie sogar noch bei Eintritt der Totenstarre nachweisbar sind. Da mikroskopische Untersuchungen keine Unterschiede erkennen lassen, können diese über den Tod hinaus bestehenden Härten nur in einer ultramikroskopischen Veränderung, d. h. in einer abweichenden Kolloidbeschaffenheit, bestehen. Die Elastizität der verhärteten erkrankten Muskelpartie ist wesentlich verringert. Die Veränderungen entsprechen denen, die durch Kälte hervorgerufen werden und liegen wohl im Sinne einer Gelbildung. SCHADE hat sie daher als „Myogelose" bezeichnet. Mit dieser Auffassung steht in bestem Einklang, daß durch den mechanischen Eingriff der Massage die Härten gut beeinflußbar sind. Denn es ist allgemein bekannt, daß hart gewordene Stellen in kolloiden Massen, wie z. B. im Kautschuk, durch mechanische Bearbeitung oft sofort wieder weich und normal elastisch werden. Der nichtentzündliche Muskelrheumatismus ist also wohl oft in seiner Ätiologie auf Kälteeinfluß zurückzuführen. Dafür spricht auch seine gute Beeinflußbarkeit durch Salicylsäure, von der wir wissen, daß sie die Kältesteife aufzuheben imstande ist (MENSCHEL[1]). Auch die bei starker Überanstrengung des Muskels auftretende Härte, herabgesetzte Elastizität und Schmerzhaftigkeit beim Fehlen mikroskopischer Veränderungen ist als Gelose, und zwar (im Gegensatz zur „Kältegelose") als „Überanstrengungsgelose" aufzufassen. Selbstverständlich ist die geloide Veränderung nicht mit Gerinnung identisch. Sie bedeutet lediglich eine Abweichung des normalen Kolloidverhaltens in der Richtung auf Gerinnung, ohne daß dabei dieses Endstadium erreicht wird. Die Kolloidstörung als solche stellt also zwar ein wichtiges, aber keineswegs eindeutiges Krankheitssymptom dar und es erwächst aus ihrer Feststellung die weitere Aufgabe, ihre klinische Ätiologie und möglichst auch physiko-chemische Entstehungsart zu erforschen.

14. Aus dem Gebiet der Knochen- und Gelenkerkrankungen.

Auch für die Physiologie und Pathologie des Knochens hat die physikalische Chemie zahlreiche neue Erkenntnisse geschaffen. Wenn auch der Knochen in gewisser Beziehung der beständigste und stabilste Teil des Körpers ist, ist er doch aus Kolloiden und Krystalloiden aufgebaut und einer ständigen Veränderung unterworfen. Wir wissen ja auch, daß selbst in sehr festen Gebilden, z. B. in Glas und Metallen, Bewegungen in der Masse, Fließen und Diffusion nachweisbar sind; die Bewegungen sind nur so gering, daß eine relativ sehr lange Beobachtungszeit notwendig ist, um sie sichtbar zu machen. Bekannt ist, daß sich ein Glasstab, an beiden Enden unterstützt, infolge seiner eigenen Schwere mit der Zeit so weit durchbiegt, daß seine Mitte die

---

[1] MENSCHEL, H.: Z. exper. Med. **56**, 358 (1927).

feste Unterlage erreicht, und W. Ostwald konnte zeigen, daß Blei bei gewöhnlicher Temperatur im Laufe von Jahren in Gold hineindiffundiert, wenn man beide Metalle im Schraubstock zusammenpreßt. Wenn das bei derart festen Körpern vorkommt, wieviel mehr müssen wir ähnliche Vorgänge in der viel weicheren Knochensubstanz erwarten. Es ist mit Recht anzunehmen, daß diese langsam ablaufenden Vorgänge gerade im Knochen am Zustandekommen krankhafter Vorgänge wesentlich beteiligt sind, besonders dann, wenn durch irgendwelche Einflüsse die Festigkeit des Knochens eine, wenn auch nur minimale, bei kurzdauernder Prüfung vielleicht nicht einmal feststellbare, Verminderung erfährt.

Seine physikalischen Eigenschaften — Festigkeit einerseits und gewisse Biegsamkeit andererseits — verdankt der Knochen der in ihm vorhandenen innigen Vereinigung von Krystalloiden und Kolloiden. Löst man durch Säure die Krystalloide aus dem Knochen, so erhält man das weiche, biegsame und schneidbare Gerüst der hydrophilen Gele, und zerstört man andererseits die Kolloide durch Verbrennen oder Verdauung, so bleibt ein, die äußere Form des Knochens zwar noch aufweisendes, aber äußerst brüchiges Gerüst von Salzen zurück.

Sieht man von dem in geringen Mengen vorhandenen Mg, Cl und Fl ab, so bestehen die Mineralsubstanzen des Knochens aus tertiärem Calciumphosphat [$Ca_3(PO_4)_2$] und sekundärem Calciumcarbonat [$CaCO_3$]. Dabei überwiegt die Phosphorsäure bei weitem, es kommen auf 7 Ca_3 $(PO_4)_2$ nur 1 $CaCO_3$. Das molare Verhältnis von $Ca:PO_4:CO_3$ beträgt nach Gassmann[1] etwa $10:5,7:0,8$. Dieses Verhältnis ist relativ konstant und entspricht der Wernerschen[2] Formel für Apathite. Ob die Annahme Gassmanns, daß der Kalk im Knochen als komplexe Verbindung mit PO_4 und CO_3 vorliege, richtig ist oder nicht, darüber ist Klarheit noch nicht geschaffen. Während ein Teil der Autoren sich ihm anschließt (de Jong[3]), wird sie von anderen (Hofmeister[4] und Kleinmann[5]) abgelehnt.

Das Verhältnis von $CaCO_3$ zu $Ca_3(PO_4)_2$ ist, wie Morgulis[6] durch vergleichende Analysen am Femurknochen zeigen konnte, für die einzelnen Tierarten verschieden, und auch beim Menschen bestehen individuelle Unterschiede, ja selbst bei ein und derselben Person ist die Konstanz nur einigermaßen gewahrt, wenn man lange Röhrenknochen im Ganzen untersucht. Dagegen verhalten sich Spongiosa und Compacta, selbst ein und desselben Knochens, ganz verschieden bezüglich ihres Wasser- und Salzgehaltes (Block[7]).

---

[1] Gassmann: Z. physik. Chem. **70** (1910); **83** (1913); **90** (1918).

[2] Werner: Ber. dtsch. chem. Ges. **40** (1907).

[3] Jong, F. W., de: Rec. Trav. chim. Pays-Bas et Belg. (Amsterd.) **45**, 445 (1926).

[4] Hofmeister: Erg. Physiol. **10** (1910). — S. a. Wells: J. med. Res. **14** (1905/06). — Tanaka: Biochem. Z. **38** (1912).

[5] Kleinmann, H.: Biochem. Z. **196**, 118 (1928).

[6] Morgulis: J. of biol. Chem. **50** (1922).

[7] Block: Verh. d. 22. Kongr. d. dtsch. orthop. Ges. **1928**, 365.

Mit zunehmendem Alter erfolgt eine relative Zunahme des Gehaltes an Carbonaten auf Kosten der Phosphate (WILDT u. WEISKE[1], BLOCK[2]).

Für die Zusammensetzung und Ablagerung der Mineralien im Knochen ist die Beschaffenheit der umspülenden Gewebsflüssigkeit von wesentlicher Bedeutung, und sie entnimmt wiederum die in ihr enthaltenen Salzbestandteile dem Blut, so daß es notwendig ist, sich bei allen Betrachtungen über die Verkalkungsvorgänge auch die Zustandsform und Konzentration der Kalksalze im Blut vor Augen zu führen. Allerdings ist auch über diese Frage definitive Klarheit noch nicht geschaffen.

Der Gesamt-Ca-Gehalt des Serums beträgt normalerweise beim Erwachsenen 10—12 mg%, beim Jugendlichen fast genau 10%. Während alle anderen anorganischen Ionen des Serums dialysabel sind, sind Ca und zum geringen Teil auch Mg nicht völlig dialysierbar (RONA und Mitarbeiter[3]). Die Menge dieses nicht dialysierbaren Anteiles wird von RONA und seinen Mitarbeitern mit 30—40%, von anderen Autoren[4] mit 50—55% angegeben, sie ist also immerhin ganz beträchtlich. Ob das adialysable Ca im Serum, wie heute meist angenommen wird[5], als undissoziierte Ca-Eiweißverbindung besteht oder ob es, wenigstens zum Teil, wie DHAR[6] annimmt, als kolloides Ca-Phosphat oder Carbonat aufzufassen ist, dafür liegen endgültige Beweise bislang noch nicht vor.

Von dem bei einem Gesamt-Ca-Gehalt von 10 mg% vorhandenen rund 5 mg% dialysierbarem Ca ist wiederum nur ein Teil ionisiert. Die Menge dieses ionisierten Anteiles wird bestimmt durch die jeweils vorhandene Konzentration der H-, Bicarbonat- und Phosphationen und kann nach den Löslichkeitsberechnungen von WARBURG[7] etwa 1,8 mg% betragen.

Es bleiben demnach noch ca. 3,2 mg% Ca, das entweder in einer unbekannten, aber dialysablen Verbindungsform oder als übersättigtes Ca-Phosphat und Ca-Carbonat vorliegt.

HOLT, LA MER und CHOWN[8] fanden nun, daß bei Schütteln von sterilem Serum mit tertiärem Ca-Phosphat sein Ca-Gehalt und ebenso die Phosphatmenge abnimmt, und sie schlossen daraus, daß das Serum eine an Ca-Phosphat übersättigte Lösung darstelle. Bei einer Nach-

---

[1] WILDT u. WEISKE, zitiert nach ARON: Handb. d. Biochem. 2. Jena 1909.

[2] BLOCK: a. a. O. S. 186.

[3] RONA u. TAKAHASHI: Biochem. Z. **31**, 336 (1911). — RONA u. GYÖRGY: Ebenda **48**, 278 (1913). — RONA u. TAKAHASHI: Ebenda **49**, 371 (1913). — RONA u. GYÖRGY: Ebenda **56**, 416 (1913). — RONA u. L. MICHAELIS: Ebenda **102**, 268 (1920). — RONA u. H. PETOW: Ebenda **137**, 356 (1923). — RONA, F. HAUROWITZ u. H. PETOW: Ebenda **149**, 392 (1924). — RONA, PETOW u. E. WITTKOWER: Ebenda **150**, 468 (1924).

[4] NEUBAUER, B. S., u. J. B. PINCUS: J. of biol. Chem. **57**, 99 (1923).

[5] Über die verschiedenen in der Literatur niedergelegten Ansichten siehe KLEINMANN: a. a. O. S. 100.

[6] DHAR, E.: Z. anorg. u. allg. Chem. **162**, 243 (1927).

[7] WARBURG, ERIK J.: Biochem. Z. **178**, 208 (1926).

[8] HOLT, L. E. JR., V. K. LA MER u. B. H. CHOWN: J. of biol. Chem. **64**, 509 (1925); **64**, 567 (1926) — Proc. Soc. exper. Biol. a. Med. **22**, 283 (1925).

prüfung der Versuche stellten HASTINGS, MURRAY und SENDROY[1] fest, daß zwar tatsächlich der Ca-Gehalt des Serums abnimmt, daß aber das Ca nicht als Phosphat, sondern als *Carbonat* ausfällt. Sie lehnten daher, ebenso wie KLINKE[2], eine Übersättigung des Serums mit $Ca_3(PO_4)_2$ ab.

KLEINMANN[3] hat dann in neuerer Zeit die genannten Versuche nachgeprüft und sie auch auf Ringerlösung ausgedehnt. Er fand, daß $Ca_3(PO_4)_2$ als Bodenkörper einen Ca-Verlust des Serums bewirkt, eine Wirkung, die weder Ca-Carbonat, noch andere an sich feste Körper haben. Dabei nimmt gleichzeitig der Gesamt-CO_2-Gehalt der Lösung ab und die H-Ionenkonzentration zu. Bei Anwendung von ganz geringen Mengen Bodenkörper sinkt außer dem Gesamt-CO_2-Gehalt auch der Gesamt-P-Gehalt des Serums, bei großen Bodenkörpermengen *steigt* dagegen der Phosphatgehalt des Serums an. Überhaupt steht die ganze Erscheinung in Beziehung zur Bodenkörpermenge. Je mehr Bodenkörper vorhanden sind, desto größer der Ca-Verlust, der bei genügender Bodenkörpermenge bald ein völliger wird, und desto größer ist die Abnahme des CO_2-Gehaltes. Es kann sich also nicht um ein einfaches Animpfen einer übersättigten Lösung handeln, denn für diese ist die Bodenkörpermenge gleichgültig. Da die Erscheinung auch in Ringerlösung — sogar noch leichter — darzustellen ist, kann aber auch nicht, wie KLINKE annimmt, die Adsorption einer unbekannten kolloidalen Verbindung im Serum mit dem Bodenkörper vorliegen. Die Erscheinungen werden von KLEINMANN dadurch erklärt, daß der feste Bodenkörper Calciumphosphat aus der Lösung auf dem Wege der Austauschadsorption Carbonationen aufnimmt und Phosphationen abgibt. Es folgt dann sekundär H-Ionenzunahme und Ausfällung des Calciums als Ca-Phosphat, denn durch die Austauschadsorption geht das PO_4-Ion in Lösung und das Löslichkeitsprodukt wird überschritten. Diese — erst im Serum gebildeten — Calciumphosphatkrystalle stellen dann die Impfkrystalle für die übersättigte Ca-Phosphatlösung dar und bewirken dessen Ausfallen und somit die Abnahme an PO_4'''. Es kann also die anfängliche Abnahme des PO_4-Ions in der Lösung als Beweis dafür angesehen werden, daß gleichzeitig mit der Umsetzung des Bodenkörpers $Ca_3(PO_4)_2$ in Carbonat ein Ausfallen von Ca-Phosphat entsprechend dem Animpfen von übersättigter Lösung einhergeht.

Der Deutung, daß das Ca-Phosphat im Serum in übersättigter Lösung vorhanden ist, widerspricht lediglich ein Versuch von KLINKE, der auch von KLEINMANN bestätigt wird, daß beim Gefrieren und Wiederauftauen von Serum sein Ca-Gehalt unverändert bleibt. Denn beim Ausfrieren einer übersättigten Lösung scheiden sich alle Salze ab, sie lösen sich beim Auftauen jedoch nur nach dem normalen Lösungsverhalten, niemals aber entsteht wieder eine übersättigte Lösung. Beim Serum handelt es sich aber nicht um echte Lösungen, so daß die Versuche KLINKES nicht unbedingt als Gegenbeweis gegen die sonst äußerst

---

[1] HASTINGS, A. B., C. D. MURRAY u. J. SENDROY: J. of biol. Chem. **71**, 723, 783, 797 (1927).

[2] KLINKE: Klin. Wschr. **6**, 791 (1917).

[3] KLEINMANN: a. a. O. S. 110.

wahrscheinlîche Annahme eines Übersättigungszustandes des Calcium-
phosphates zu gelten brauchen, denn es ist nicht zu übersehen, in welcher
Zustandsform das Calciumphosphat im eiweißhaltigen Serum ausfriert,
und durchaus möglich, daß es gar nicht zur Bildung von krystallinischem
Calciumphosphat kommt.

Eine Übersättigung des Serums mit Ca-Phosphat scheint nach alledem
außerordentlich wahrscheinlich. Für das restliche Calcium ist das
Vorhandensein einer noch unbekannten dialysierbaren Bindungsform
nicht auszuschließen, mit dem gleichen Recht kann es aber auch als
übersättigtes Calciumcarbonat angenommen werden, solange nicht
gültige Beweise für ihr Vorhandensein erbracht sind.

Die zahlreichen Beobachtungen über die Entstehungen der Kalkablagerungen haben zu einer ebenso großen Zahl von Theorien der
Verkalkung geführt, die nicht ohne weiteres miteinander vergleichbar
sind, denn einige beziehen sich nur auf das Knochenwachstum, manche
nur auf dystrophische Verkalkungen oder auf künstliche Verkalkungsvorgänge, die den Kalkstoffwechselstörungen nachgebildet wurden. Als
das Ideal muß aber eine Theorie bezeichnet werden, die die den verschiedenen Vorgängen gemeinsame Erscheinung auch für alle gemeinsam
geltend erklärt.

Die einzelnen Theorien lassen sich im großen Ganzen in drei
Gruppen teilen:

Die eine Gruppe von Autoren sieht die Verkalkung im Knochen als
einen besonderen, durch die Lebenstätigkeit der Zellen bedingten Vor-
gang an und stellt ihn in Gegensatz zu den übrigen Verkalkungen.
So hält RÖHMANN[1] nach dem Vorangehen von KLOTZ[2] die Knochensalze
„den Knochenapatit“ für ein „spezifisches Sekretionsprodukt“ der
Endothelzellen der Blutcapillaren oder mittelbar der Osteoblasten.
Diese Auffassung ist neuerdings im Anschluß an die Darstellung der
Knochenverkalkung durch STUMP[3] und WEIDENREICH[4] von JAMES
C. WATT[5] wieder aufgegriffen worden.

Er betrachtet die sog. „provisorische“ Verkalkung des Knorpels
und alle dystrophischen Vorgänge als einfache „Ablagerung“ und faßt
im Gegensatz dazu die Kalksalzablagerung in der Knochengrundsubstanz
als eine Sekretion der Knochenbildungszellen auf. Er stützt seine Auffassung auf die Tatsache, daß durch die Tätigkeit der Knochenbildungszellen der Knochen nicht nur aufgebaut, sondern auch aufgelöst und
umgeformt wird. Wenn die Kalkablagerung beim Aufbau ohne Tätigkeit der Knochenzellen erfolgen solle, dann wäre nicht einzusehen,
warum entsprechend dieser Tätigkeit beim Abbau der osteoiden Substanz die Kalkablagerungen verschwänden. Ferner sei sicher, daß
Kalksalze bei Alkalibedarf als Ersatz für das Alkali an das Blut ab-

[1] RÖHMANN: Über künstliche Ernährung und Vitamine. Berlin 1916.
[2] KLOTZ, D.: J. of exper. Med. 7, 613 (1905).
[3] STUMP, C. W.: Amer. J. Anat. 59 II, 136 (1925).
[4] WEIDENREICH, U.: Verh. anat. Ges. — Anat. Anz. 57 (1923).
[5] WATT, J. C.: Biol. Bull. Mar. biol. Labor. Wood's Hole 44, 280 (1923) —
Arch. Surg. 10, 2, 983 (1925) — Med. J. Austral. 2, 85 (1925).

gegeben würden und umgekehrt, und ein solcher Vorgang sei nur als
Tätigkeit des lebenden Gewebes denkbar; und endlich unterscheide
sich die reine Ablagerung dadurch von der Knochengrundsubstanz,
daß in dieser die Salze eine einheitliche, nicht mehr trennbare Masse
darstellen, während sich bei der reinen Ablagerung stets neben dem
Phosphat auch die reinen Carbonatkrystalle erkennen lassen.

Wenn auch eine Mitbeteiligung der Zellen an der Verknöcherung
sicher nicht geleugnet werden kann, ist die Anschauung, daß die
abgelagerten Salze Sekretionsprodukte dieser Zellen seien und die von
den Autoren dafür gegebene Begründung abzulehnen. Einmal ist, wie
oben dargelegt, die Annahme, daß die Kalksalze im Knochen in Form
komplexer Verbindung vorhanden seien, absolut unbewiesen, zum
anderen kann das typische Phosphat-Carbonatgemisch, wie aus Versuchen von HOFMEISTER[1] hervorgeht, auch ohne Zelltätigkeit entstehen, und endlich finden genau dieselben Ablagerungen im Gewebe
bei der dystrophischen Verkalkung statt, ohne daß dabei Osteoblasten
auftreten. Den Knochenbildungszellen kann nur insofern eine Wirkung
zugesprochen werden, als sie die für die Ablagerung der Kalksalze
notwendigen oder günstigen Verhältnisse schaffen, Verhältnisse, die
bei anderweitigen Verkalkungen auch auf anderem Wege zustande
kommen können. Wir werden weiter unten sehen, welches diese Bedingungen sind.

Die zweite Gruppe sieht die Ursache der Verkalkung im Auftreten
bestimmter chemischer Körper oder Verbindungen, die eine besondere
Verwandtschaft zum Calcium haben und es gewissermaßen abfangen.
Man kann diese Theorie daher auch als die Theorie der „Kalksalzfänger" (PFAUNDLER[2]) bezeichnen.

Sie nahmen ihren Ausgang von der im Verlauf von Fettgewebs-
nekrose auftretenden Verkalkung. LANGHANS[3], KLOTZ[4] und TANAKA[5]
konnten dabei die Bildung von Kalkseifen nachweisen. KLOTZ[4], GRANDIS
und MAINI[6] und besonders PFAUNDLER[7] knüpften an die Tatsache,
daß freie Fettsäuren Kalk zu binden vermögen die Vorstellung, daß
auch bei der Bildung von Calciumphosphat und -carbonat eine Bindung
des Calciums an bestimmte chemische Körper vorliege. „Ein anscheinend von den Knochen- (und Knorpel-) Zellen in einem gewisser
fortgeschrittenen Stadium ihrer Entwicklung ausgehender formativer
Reiz verursacht eine fortschreitende Umwandlung der Bestandteile
des umgebenden Gewebes, wodurch dieses eine spezifische Affinität
zu den Kalksalzen des Blutes gewinnt. Die derart zum „Kalksalzfänger" umgewandelte Masse wird zunächst von gelösten Kalksalz-
massen durchdrungen, die mit der organischen Grundsubstanz in Ver-

[1] HOFMEISTER: a. a. O.
[2] PFAUNDLER: Jb. Kinderheilk. Erg.-Bd. **40**, 123 (1903).
[3] LANGHANS: Dtsch. Z. Chir. **22** (1885).
[4] KLOTZ, O.: J. of exper. Med. **7**, 613 (1905).
[5] TANAKA: Biochem. Z. **35**, 113 (1911).
[6] GRANDIS u. MAINI: Arch. ital. de Biol. (Pisa) **1900**.
[7] PFAUNDLER, a. a. O., s. a. PFAUNDLER, PFEIFFER u. MODELSKI: Wien. med.
Wschr. **54**, 1405 (1904) — Hoppe-Seylers Z. **81** (1912).

bindung treten und bei deren Abbau präcipitieren (PFAUNDLER)."
Dagegen wendete HOFMEISTER ein, daß PFAUNDLERS Adsorptionstheorie auch auf Phosphorsäure ausgedehnt werden müsse, und auch
wenn diese bewiesen wäre, fehle noch die Erklärung der Präcipitation
des Kalkphosphates. Die schon ziemlich lange zurückliegenden Er-
klärungen und Versuche PFAUNDLERS wurden dann in neuerer Zeit
von FREUDENBERG und GYÖRGY[1] weitergeführt und durch physiko-
chemische Methoden gestützt.

Nach den Ergebnissen ausgedehnter Versuche über die Kalkbindung
des Knorpels in vitro unter verschiedenen Bedingungen stellen sie sich
den Verkalkungsvorgang als in drei Phasen verlaufend vor:

Bei verminderter Stoffwechseltätigkeit werden die im mormalen
Gewebe die Verkalkung hemmenden Stoffe nicht mehr in genügendem
Maße gebildet und es bildet sich z. B. im Knorpel (mit seinem geringen
Stoffwechsel)

1. aus Calcium + Eiweiß: Calciumknorpeleiweiß,

2. aus Calciumeiweiß + Phosphat: Calciumeiweißphosphat und aus
Calciumeiweiß + Carbonat: Calciumeiweißcarbonat und

3. aus Calciumeiweißphosphat: Eiweiß + Calciumphosphat und aus
Calciumeiweißcarbonat: Eiweiß + Calciumcarbonat.

Gegen diese Anschauung macht RABL[2] geltend, daß alle die Versuche nur die analytisch gemessene Bindung von Calcium an Eiweiß
beweisen, daß aber Calciumbindung an Eiweiß und Verkalkung zwei
völlig verschiedene Dinge seien. Er nimmt seinerseits an, daß das von
ihm in der Umgebung der Verkalkungszonen mit Hilfe mikrochemischer
Methoden nachweisbare — noch nicht gefällte — Calcium an Eiweiß-
abbauprodukte — niedere Peptide, Aminosäuren und ähnliche Substanzen
— gebunden sei. Werden diese Abbauprodukte dann weiter zertrümmert,
so entstehen schließlich Ammoniak und Fettsäuren, die dann wieder
zu Kohlensäure verbrannt werden können. So bleibt beim Abbau von
Peptid-Kalksalzkomplexen schließlich kohlensaurer Kalk in alkalisch
reagierendem Gewebe übrig, und diese alkalische Reaktion disponiert
zu weiterer Verkalkung. Phosphate seien in den Gewebssäften in
genügender Menge vorhanden, um mit den aus den organischen Verbindungen frei werdenden Calciumsalzen zu Kalkniederschlägen zu
führen.

An sich stellt auch diese Anschauung in gewissem Sinne eine Theorie
der „Kalksalzfänger" dar. Gegen die Deutung, die FREUDENBERG und
GRYÖRGY ihren Untersuchungsergebnissen gaben, wendet ferner KLEIN-
MANN ein, daß die Versuche selbst nur die bekannte Tatsache variieren,
daß Eiweißkörper auf der alkalischen Seite ihres isoelektrischen Punktes
Kationen binden, und daß sie mit Erdalkali wenig dissoziierte Verbindungen bilden, aus denen Calcium abgespalten wird, wenn ein Ion
hinzukommt, dessen Verbindungen noch weniger dissoziiert sind. Der

<hr>

[1] FREUDENBERG u. GYÖRGY: Biochem. Z. **110**, 229 (1920); **115**, 96 (1921);
118, 50 (1921); **121**, 131 (1921); **121**, 142 (1921); **124**, 299 (1921) — Jb. Kinderheilk.,
N. F. **96**, 46, 5 (1921) — Erg. inn. Med. **24**, 18 (1923).
[2] RABL, C.: Virchows Arch. **245**, 542 (1923) — Klin. Wschr. **2**, 202, 1644 (1923).

Einwand kann gelten, doch wird jede andere Theorie, wenn sie gegenüber der FREUDENBERG-GRYÖRGYschen den Vorzug haben soll, auch die Ergebnisse der umfangreichen und für die Verkalkungsforschung grundlegend wichtigen Versuche dieser Forscher erklären müssen.

Die dritte Gruppe von Autoren führt die Kalkablagerung auf Änderungen der Löslichkeitsverhältnisse zurück. PAULI und SAMEC[1] nahmen an, daß durch den hohen Eiweißgehalt des Knorpels die Löslichkeit der Kalksalze erhöht und so die Imprägnation des Knorpels mit Kalk, zunächst in gelöster Form, begünstigt werde. Diese mit löslichen Kalksalzen durchdrungenen Knorpelmassen fallen dann einem Abbau anheim, der zur Präcipitation der Kalksalze führen soll. Dagegen wendet HOFMEISTER[2] ein, daß die Theorie nur zu einem geringen Teil mit den vorliegenden Erfahrungen in Einklang zu bringen sei. Er zieht seinerseits zur Erklärung die Schwankungen im Kohlensäuregehalt der Lymphe des verkalkenden Gewebes heran. Zu einem Zeitpunkt, an dem die Kohlensäure überwiegt, sättige sich das Substrat mit gelöstem Calciumphosphat und -carbonat. In einem späteren Zeitpunkt, wenn die Lymphe kohlensäurearm geworden sei, gebe es dann an diese Kohlensäure ab, worauf die aufgenommenen Kalksalze ausfallen. Dadurch gewinne das Substrat die Fähigkeit zurück, neuerdings gelöste Kalksalze bis zur Sättigung zu adsorbieren, und bei neuerlicher Abnahme des Kohlensäureüberschusses fallen diese wieder aus, und so fort. Bei einem bestimmten Grad der Imprägnation mit ausgefälltem Kalksalz müßte wegen der veränderten physikalischen Bedingungen die Aufnahme ein Ende finden. Daß der vorher ausgefallene Kalk in Perioden des Kohlensäureüberschusses nicht wieder gelöst wird, werde dadurch erklärt, daß, wie bekannt, ein durch Neutralisation entstandener Niederschlag nur sehr langsam in äquivalenten Säuremengen wieder in Lösung geht, wie denn überhaupt feste Körper und Suspensionen — wegen der relativ kleinen Oberfläche — weniger reaktionsfähig sind als Lösungen. HOWLAND und KRAMER[3] gehen von der Annahme aus, daß das Blutserum eine mit Calcium übersättigte Lösung sei, in der die Serumeiweißkörper Ca in Lösung halten. Da die Lymphe weniger Eiweißkörper enthält, könne es, besonders wenn die CO_2-Spannung sinkt, leicht zu einem Ausfallen von Kalksalzen kommen. Derart günstige Bedingungen sollen gerade im Knorpel, in den der Markhöhle naher Teilen, sich finden, während die übrigen Gewebe durch ihre CO_2-Bildung vor der Verkalkung geschützt seien. Abgesehen davon, daß PAULI und SAMEC gerade das Gegenteil — einen besonderen Eiweißreichtum des verkalkenden Substrates — als Ursache der Verkalkung annehmen, ist mit FREUDENBERG und GYÖRGY gegen diese Theorie einzuwenden, daß nach ihr die Kalksalze in der Lymphe, also in den Gewebsspalten, ausfallen sollen, während im histologischen Bild zu beobachten ist,

---

[1] PAULI u. SAMEC: Biochem. Z. 17, 235 (1909) — Fortschr. naturwiss. Forschg. Berlin u. Wien 4 (1912).

[2] HOFMEISTER: Erg. Physiol. 10 (1910).

[3] HOWLAND u. KRAMER: Amer. J. Dis. Childr. 22 (1921) — Mschr. Kinderheilk. 25, 279 (1923).

daß die Grundsubstanz des Knorpels und die Knochenfibrillen verkalken.

Auf Grund der durch die obenerwähnten Versuche (s. S. 88) sichergestellten Tatsache, daß das Einbringen von tertiärem Calciumphosphat in Serum oder Ringerlösung ein Ausfallen des gelösten Calciums (bis zum völligen Verschwinden desselben) als Phosphat und Carbonat bewirkt, nimmt KLEINMANN[1] an, daß alle Kalkablagerungen im Gewebe aus Krystallkeimen hervorgehen. Ergänzt sich die Lösung, aus der das Ca ausgefallen ist, oder nimmt sie ihre ursprüngliche Zusammensetzung wieder an, so muß der Vorgang der Kalkausfällung ständig fortschreiten, und die Ablagerung muß als Phosphat und Carbonat gemeinsam auftreten.

Das Bestechende an dieser KLEINMANNschen Darstellung ist, daß sie für alle im Organismus auftretenden Verkalkungen eine gemeinsame Erklärung gibt. Es bleiben damit zwischen der physiologischen Verkalkung beim Wachstum, der pathologischen Verkalkung infolge Stoffwechselstörung und der dystrophischen Verkalkung nur Unterschiede in der Ursache des Auftretens der ersten Krystallkeime bestehen.

Das Auftreten der ersten Krystallkeime (die die Verkalkung einleiten) beim autolytischen Zerfall von Geweben, die besonders leicht verkalken, wie Knorpel und Bindegewebe, erklärt KLEINMANN nach seinen ausführlichen Versuchen damit, daß diese Gewebe aus Eiweißkörpern bestehen, die eine stärker saure Natur haben als die Eiweißkörper der Muskulatur und anderer Organe. Daher binden sie größere Mengen Ca als andere Gewebsarten und können beim autolytischen Zerfall am ehesten Ca-Ionen frei machen. Bei jeder Autolyse werden aber auch Phosphationen frei und jede Vermehrung der Phosphat- und Calciumionen im Gewebssaft genügt, um das Auftreten der ersten Krystallkeime von Calciumphosphat zu ermöglichen. Ebenso kann jeder Vorgang einer Eiweißgerinnung Calciumphosphat mitreißen und somit zur Bildung der Krystallkeime führen.

Die KLEINMANNschen Untersuchungen über die isoelektrische Zone des Knorpels und seine Theorie erklären auch die Befunde von FREUDENBERG und GYÖRGY und ebenso stimmen seine Untersuchungen über den Säuregrad absterbender oder abgestorbener Gewebe gut mit den theoretischen Vorstellungen überein, so daß die KLEINMANNsche Theorie als diejenige bezeichnet werden kann, die zur Zeit am meisten befriedigt und alle bisherigen experimentellen Ergebnisse zu erklären imstande ist.

Noch ein weiterer Befund, der sich sehr gut in den Rahmen der genannten Anschauung einfügt, ist für die Frage der Verkalkung von Wichtigkeit: der Nachweis, daß im Knorpel und in verkalkenden Geweben ein Ferment (die Phosphatase) enthalten ist, das aus organischen Estern anorganische Phosphorsäure abspaltet (ROBINSON[2], KAY[3]). Diese Fermente finden sich besonders im ossifizierenden Knorpel, im normalen dagegen nicht, und ROBINSON nimmt an, daß durch sie aus

---

[1] KLEINMANN: Biochem. Z. **196**, 98, 146, 161 (1928).

[2] ROBINSON: Biochemic. J. **17**, 286 (1923).

[3] KAY: Biochemic. J. **20**, 79 (1926) — Brit. J. exper. Path. **7**, 177 (1926).

den organischen Phosphorverbindungen des Blutes das Phosphation
in Freiheit gesetzt und dann mit dem Serum-Calcium nach Überschreiten
des Löslichkeitsproduktes als tertiäres Kalkphosphat in dem verkalkenden
Knochen deponiert wird. Gegen diese Annahme ist geltend gemacht
worden, daß organische Phosphatverbindungen nur in den roten Blutkörperchen vorhanden seien, also kaum mit der Phosphatase des
Knorpels in Berührung kommen, doch konnte KAY auch im Plasma
geringe Mengen organischer, hydrolysabler Phosphorverbindungen nachweisen.

Im großen Ganzen kann man sich wohl der Meinung RABLS an-
schließen[1]: „Es genügt der Nachweis, daß die Phosphatase im Knochen
gesteigert ist, und ebenso genügt der Nachweis, daß Calcium (zunächst
in gelöster Form) herangeholt wird, um das Ausfallen von Kalk zu
erklären. Die Natur geht bekanntlich beide Wege, doch würde einer
genügen." Die Bildung der Kalkniederschläge selbst in dem bekannten
Verhältnis von Phosphat und Carbonat geschieht dann wohl in der
von KLEINMANN geschilderten Weise. Die aktuelle Reaktion ist dabei
ganz sicher von Einfluß auf die Verkalkungsvorgänge, denn es ließ
sich bei Versuchen in vitro zeigen, daß die optimalen Bedingungen
bei der normalen Blutreaktion gegeben sind. Schon ganz geringe Vermehrung der H-Ionenkonzentration kann die Kalkablagerung hemmen
oder völlig verhindern (SHELLING, KRAMER und ORENT[2]).

Die Ablagerung der Krystalloide und Kolloide geht im Knochen
durchaus nicht regellos vor sich, vielmehr zeigt er die Eigenart, daß
der Aufbau seiner Bälkchen genau den Richtungen des auf ihn wirkenden
Zuges und Druckes folgt (H. v. MEYER[3], J. WOLFF[4]). Diese archi-
tektonische Knochenstruktur entspricht durchaus den Gesetzen der
Bautechnik.

Man hat geglaubt, das Zustandekommen dieser Struktur auf die
Tätigkeit der Zellen zurückführen zu können. Nun finden wir aber
auch während der Wachstumsperiode und auch unter pathologischen
Verhältnissen, z. B. bei deform geheilten Knochenbrüchen, immer
wieder die gleichen Gesetze der Lagerung der Bälkchen entsprechend
den Druck- und Zuglinien, wie wir das an Röntgenbildern sehr schön
beobachten können. Es muß also schwer fallen, sich eine nähere
Vorstellung von einer so planmäßigen Tätigkeit der Zellen unter so
geänderten Verhältnissen zu machen. Die physikalische Chemie läßt
dagegen eine einfache avitale Deutung gewinnen. Kolloide haben an
sich die Eigenschaft, aus ihrer Masse heraus Fasern zu bilden, die sich
in der Richtung des größten Zuges lagern. (H. SCHADE[5] konnte ein

---

[1] Nach einer brieflichen Mitteilung an den Verfasser, für die auch an diese
Stelle nochmals gedankt sei.

[2] SHELLING, D. H., BENJ. KRAMER u. ELSA R. ORENT: J. of biol. Chem. 77,
157 (1928).

[3] MEYER, H. v.: Arch. f. Anat. 1867, 615.

[4] WOLF, J.: Arch. f. Physiol. 1901, Suppl.-Bd. 239.

[5] SCHADE, H.: Phys. Chem. in der inn. Med., S. 426. Dresden 1923. — Vgl.
auch O. LEWY: Arch. Entw.mechan. 18, 184 (1904).

sehr schönes Beispiel dieser Art der Differenzierung an einem geronnenen Pleuraexsudat beobachten). Manche Krystalloide dagegen, unter ihnen auch Calciumphosphat, zeigen ein Wachstum ihres Niederschlages bevorzugt in der Richtung des größten Druckes („piezopositive" Krystalle). Bei gemeinsamer Ablagerung von Kolloiden und Krystalloiden (wie sie auch im Knochen stattfindet) entstehen unter dem Zusammenwirken dieser Gesetzmäßigkeiten entsprechend den Zug- und Druckkräften ganz charakteristische Strukturen, wofür die Konkrementbildung (s. Kap. 11) sehr schöne Beispiele gibt. Und es ist von Bedeutung, daß SCHADE bei Konkrementen Bildungen sah, in denen die Anpassung der „Architektonik" an die geänderten mechanischen Verhältnisse ebenso ausgesprochen war, wie man es sonst an der Spongiosa normaler oder deformer Knochen findet. Auch für die konzentrische Anordnung der Lamellen, die die HAVERSschen Kanäle umgeben, lassen sich Analogien in der Kolloidchemie finden. LIESEGANG[1] wies darauf hin, daß sie in ihrer Art weitgehend den nach ihm benannten „rhythmischen Strukturen" (LIESEGANGsche Ringe) entsprechen. Die genannten Untersuchungen allerdings haben sämtlich bisher mehr für den physiologischen Aufbau als für die Klinik Interesse gewonnen und stehen noch durchaus im Anfang.

Die als Folge dieses Aufbaus aus einem Gemisch von Kolloiden und Krystalloiden und aus der Struktur des Knochens selbst sich ergebenden physikalischen Eigenschaften, Festigkeit, Härte und Elastizität lassen ebenfalls bestimmte Gesetzmäßigkeiten vermuten und bereits erkennen, obwohl genauere Untersuchungen bislang noch fehlen. Nach einigen weit zurückliegenden Untersuchungen auf diesem Gebiet, die besonders von WERTHEIM[2], RAUBER[3], MESSERER[3] u. a. vorgenommen wurden, ist in neuerer Zeit von GOECKE[5] das Problem mit den Methoden moderner Technik wieder in Angriff genommen, und es ist zu erhoffen, daß weitere Forschung in dieser Richtung auch über viele Erkrankungen des Knochens Klarheit bringen wird.

Die Zugfestigkeit der Compacta des menschlichen Knochens beträgt durchschnittlich 10 kg/qcm (WERTHEIM[2], RAUBER[3], HÜLSEN[4]). Die Druckfestigkeit ist bei Beanspruchung in der Knochenlängsrichtung größer (20,6 kg/qcm) als bei Beanspruchung in querer Richtung (15,5 kg/qcm; HÜLSEN). Wird der innere Zusammenhang zwischen der organischen Zelle und ihrem Gerüst gestört, so vermindert sich die Festigkeit ganz erheblich, überhaupt ist der Zustand des untersuchten

---

[1] LIESEGANG: Naturwiss. Wschr. **1910**, Nr 41 — Beitr. zur Kolloidchemie des Lebens. Dresden 1909. — Vgl. GEBHARD: Arch. Entw.mechan. **32**, 727 (1911). — PAULI, W., u. M. SAMEC: Biochem. Z. **17**, 235 (1909).

[2] WERTHEIM, G.: Ann. de Chir. et Phys. **21** (1847).

[3] RAUBER: Elastizität und Festigkeit der Knochen. Leipzig 1876. — Siehe auch O. MESSERER: Über Elastizität und Festigkeit der menschlichen Knochen. Stuttgart 1880.

[4] HÜLSEN, C.: Spezifisches Gewicht, Elastizität und Festigkeit des Knochengewebes. Anzeiger d. biolog. Laborat. St. Petersburg 1898.

[5] GOECKE, C.: Verh. d. 20. Kongr. d. dtsch. orthop. Ges., S. 114 — Ebenda 21. Kongr., S. 168 — Bruns' Beitr. **143**, 539 — Dtsch. med. Wschr. **1926**, 108.

Knochens nicht gleichgültig für die Ergebnisse; Versuche im Laboratorium ergeben andere Resultate als solche unter vitalen Bedingungen. Temperatursenkung und Austrocknung erhöhen den Elastizitätsmodul (RAUBER).

Bei Druckversuchen am sponiösen Knochen kommt komplizierend hinzu, daß die zahlreichen Hohlräume zwischen den Knochenbälkchen mit Zellen aus wässeriger Eiweißlösung gefüllt sind, die hydraulische Kräfte auf die umgebende Spongiosawandung ausüben, so daß beim spongiösen Knochen kein einheitlicher Versuchskörper mit nur einem Bauelement, der Knochensubstanz, geprüft wird, sondern ein Gemisch.

GOECKE[1] fand die Zugkurve der Knochencompacta weitgehend ähnlich der des Holzes. Sie steigt vom Nullpunkt als gerade Linie bis zur Proportionalitätsgrenze an, um nur einen knappen kurzen Bogen bleibender elastischer Dehnung zu zeigen; ohne Einschnürung und ohne scharfe Fließgrenze (wie das z. B. für Kupfer oder Flußeisen charakteristisch ist) erfolgt kurz hinter der Krümmung der Bruch.

Ganz anders verhält sich die Druckkurve der Spongiosa, z. B. eines Wirbels. Innerhalb der Anfangslasten ist die elastische Dehnung größer als die Last, erst bei größeren Belastungen wird das Verhältnis gleich und die anfänglich zur Abszissenachse konvexe Kurve streckt sich zur Geraden.

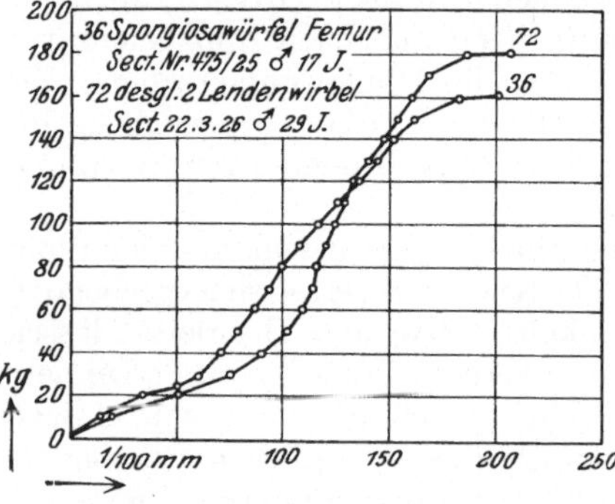

Abb. 38. Spannungs - Dehnungs - Diagramm der Spongiosa des Femur eines 17 jährigen und des 2. Lendenwirbels eines 29 jährigen Mannes. (Nach GOECKE.)

Dieser Bereich der elastischen Dehnung ist sehr groß. Jenseits der Proportionalitätsgrenze biegt die Kurve allmählich um und nähert sich der Horizontalen, bis der Bruch erfolgt. Dabei bestehen, wie aus Abb. 38 hervorgeht, keine wesentlichen Unterschiede zwischen der Spongiosa der großen Röhrenknochen und der der Wirbel. Die Bruchgrenze des Wirbelknochens beim gesunden Erwachsenen fand GOECKE zwischen 57 und 70 kg/qcm, Werte, die mit den von MESSERER[2] gefundenen ungefähr übereinstimmen. (Über die Altersunterschiede s. unten.) Dabei bestehen, wie schon MESSERER fand, Unterschiede unter den einzelnen Wirbeln, ohne daß sich bis jetzt haben bestimmte Gesetzmäßigkeiten finden lassen. Selbst die Tragfähigkeit der einzelnen Teilflächen des Wirbeldaches ist nicht gleich, vielmehr läßt sich gewissermaßen eine Topographie der Bruchlasten aufstellen, und zwar übertreffen die Vorder- und Seitenwände die hintere randständige Deckfläche um 10% und das Zentrum des Wirbeldaches um 20% an

---

[1] GOECKE: a. a. O. S. 195.
[2] MESSERER, O.: Über Elastizität und Festigkeit der menschlichen Knochen. Stuttgart 1880.

Festigkeit, und auch die Druckkurven zeigen verschiedenen Verlauf
(Abb. 39).

Durch statische Belastung erlangt der Knochen gesetzmäßig in
gewissen Grenzen eine Verdichtung und Sprödigkeit, dann später erhöhte
Formbarkeit bei verminderter Tragfähigkeit. Den gleichen Einfluß
üben wenige große Einzelstöße und gehäufte kleine Stoßbelastungen
aus. Rhythmische Dauerstoßbelastung kann ohne vorherigen Einbruch
des Gewebes einen Zustand relativer Knochenerweichung erzeugen, bei
dem die Bruchgrenze stark herabgesetzt wird, und eine auffällige Erhöhung des Formveränderungsvermögens in Erscheinung tritt. Es ist
sehr wahrscheinlich anzunehmen, daß dieser Zustand die Ursache für
sekundäre Veränderungen nach Traumen abgibt, und es ist interessant,
daß die Beobachtung der anfänglichen Verdichtung und späteren Erweichung an Würfeln von Leichtholz nachgeahmt werden kann. Bis

zu einer Belastung von 20 kg
pro qcm zeigt beim Wirbel
die Spongiosa des Knochens
vollkommene Elastizität,
sofern genügend Zeit zur
Erholung vorhanden ist.
Diese Belastungsstufen entsprechen etwa denen, wie
sie im Leben vorkommen.
Höhere Belastungen der
Spongiosa hinterlassen eine
irreversible, irreparable
Formveränderung, die ganz
sicher nicht ohne Reaktion
auf die lebenden Knochen-
zellen sein kann. Über-

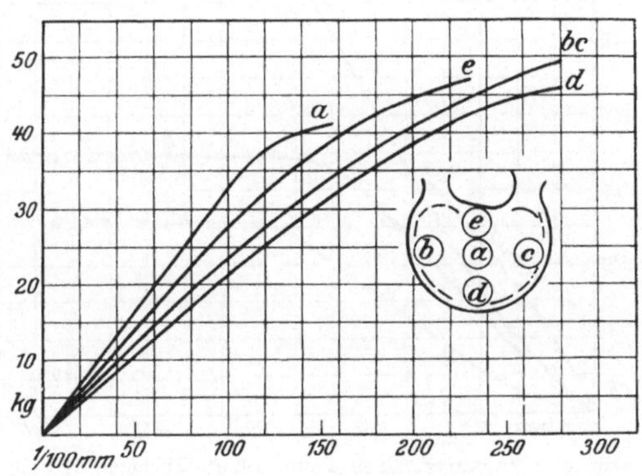

Abb. 39.   Topographie der Tragfähigkeit am normalen
12. Brustwirbel. (Nach GOECKE.)

schreiten der Elastizitätsgrenze bringt also den Knochen in den Ge-
fahrbereich der sekundären Deformität durch Zellschädigung.

Wird der Knochen durch rhythmische Beanspruchung vorbehandelt,
so zeigt sich eine Abnahme der Tragfähigkeit und Zunahme der bleibenden Verkürzung, d. h. eine Verschlechterung der elastischen Eigenschaften des Materials.

Wohl handelt es sich bei diesen Untersuchungen noch um erste
Anfänge der Erforschung der physikalischen Eigenschaften des
Knochens, und doch lassen sich aus ihnen gewichtige Hinweise für
die Pathogenese der Erkrankungen des Knochensystems erkennen,
auf die wir später noch zu sprechen kommen werden, und es ist
dringend zu wünschen, daß die Untersuchungen GOECKES weiter
ausgebaut und fortgeführt werden.

Wie alle Kolloide und die aus ihnen bestehenden Gewebe ist auch
der Knochen dauernden Veränderungen seines Zustandes unterworfen.
Mit zunehmendem Alter des Individuums vermindert sich stufenweise
der Wassergehalt zugunsten der anorganischen und organischen Sub-

stanz (BLOCK[1]). Mit dieser Veränderung des Wassergehaltes geht auch eine solche der physikalischen Eigenschaften einher. Bekannt ist schon aus klinischen Beobachtungen, daß der Knochen des Greises außerordentlich brüchig ist. Man könnte nun meinen, daß die Ursache dieser Brüchigkeit mehr in einer Veränderung der anorganischen Bestandteile als der des kolloiden Gerüstes läge, doch fand MASON[2] bei 50 Fällen vergleichender Messung von Druckfestigkeit und Aschegehalt keine regelmäßigen Beziehungen zwischen Aschegehalt und Alter, während die physikalische Festigkeit mit dem Alter deutlich geringer wird. Das weist doch auf eine vorwiegende Bedeutung der Kolloide hin.

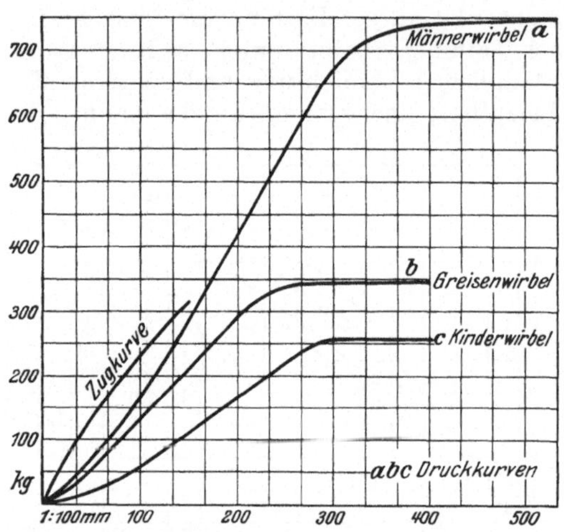

Abb. 40. Zugkurve eines Femurschaftstäbchens. Druckkurven von Wirbeln in verschiedenen Lebensaltern. (Nach GOECKE.)

Die Bruchgrenze des Knochens ist beim Kinder- und Greisenwirbel niedriger als beim Erwachsenen (s. Abb. 40). Gegenüber dem Knochen des Kindes und des Erwachsenen zeigt der Greisenwirbel eine weitere Materialverschlechterung insofern, als die Fließgrenze ebenfalls niedriger und der Bereich der elastischen Dehnung kürzer ist. Der Widerstand, den der Knochen bei Belastung der Deformierung entgegensetzt, ist bei Erwachsenen am größten, bei dem Knochen des Greises wesentlich geringer und am geringsten bei dem des Kindes. Da aber der Bereich der Proportionalität zwischen Belastung und Dehnung beim Kind größer ist als beim Greis, ist die Materialeigenschaft des kindlichen Knochens doch als die bessere von beiden zu betrachten. Ein weiteres Zeichen für den greisenhaften Knochenschwund ist die Abnahme der Tragkraft auf 20—30 kg/qcm und der Dehnung auf 9,6—12,3% beim Wirbel des Greises gegenüber Werten von 57—70 kg/qcm bzw. 12,8—21,3% beim Erwachsenen. Und während der Wirbel des Erwachsenen bei kurzdauernder Belastung von 15 kg/qcm nur eine kaum merkliche bleibende Verkürzung aufweist, beträgt bei dem eines 76jährigen Greises bei derselben Belastung die dauernde Verkürzung bereits ca. 25%. Ebenso ist die Materialverschlechterung, die, wie oben dargelegt, durch rhythmische Dauerstoßbelastung erzeugt wird, beim Wirbel des Greises wesentlich größer als bei dem des Erwachsenen (GOECKE). Diese Erkenntnis, so spärlich die Untersuchungen vorerst noch sind, ist wichtig für die

---

[1] BLOCK: Verh. d. 22. Kongr. d. dtsch. orthop. Ges. 1927, 365. — Vgl. auch Oppenheimers Handb. d. Biochemie 2 II, 118 (1913). (E. WILDT.)
[2] Zitiert nach OPPENHEIMER: a. a. O. S. 189—190.

Pathogenese aller der Untersuchungen des Knochensystems, die wir als Alterserkrankungen kennen und weitere Forschung in dieser Richtung scheint geeignet, Klärung über noch viele Fragen zu bringen, besonders auch in bezug auf die Wirkung des einmaligen Traumas eines Unfalls oder der ständigen kleinen Traumen des täglichen Lebens als Ursache der erwähnten Erkrankungen.

Von den *Erkrankungen des Knochensystems* hat vor allen Dingen die Frage der *Frakturheilung* Interesse für den Chirurgen. Wenn auch eine aktive Zelltätigkeit dabei, wie aus dem mikroskopischen Bild erkenntlich, keineswegs geleugnet werden kann, so bleibt doch offen, weshalb trotz Anwesenheit der bei der Bruchheilung vorhandenen Zellen und trotz exaktester Ruhigstellung und Einrichtung der Bruchstücke in so manchen Fällen die Konsolidierung ausbleibt. Nun haben wir bei der Besprechung der physiologischen Verkalkung des Knochens gesehen, daß für die Ablagerung der Kalksalze an dem knorpelig vor-gebildeten Knochen bestimmte physiko-chemische Verhältnisse und Gesetzmäßigkeiten notwendig sind, und man kann daher wohl auch annehmen, daß in den Fällen ausbleibender Konsolidierung der Fraktur diese physikalisch-chemischen Verhältnisse derart gestört sind, daß es nicht zu einem Ausfallen der Kalksalze kommen kann. Die vorliegenden Untersuchungsergebnisse sind zwar zur Zeit noch recht spärlich, sie lassen aber doch schon einen allgemeinen Überblick gewinnen.

Wie für die physiologische Verkalkung ist auch für die des Callus notwendig, daß Calcium in erhöhten Mengen herangeholt oder die Phosphatase gesteigert wird, damit es zur Bildung der ersten „Keim-krystalle" kommen kann. Eine solche Kalkanreicherung im Callus konnten EDEN[1] und seine Mitarbeiter nachweisen. Sie fanden im jungen Callus, auch wenn er noch ganz weich und makroskopisch unverknöchert war, den Calciumgehalt deutlich höher als sonst in den Geweben des Körpers. Er ist dagegen noch etwas geringer als der des normalen Knochens und das molare Verhältnis Ca:P beträgt anstatt 1:0,6 nur 1:0,2 bis 0,4. Es wird also zuerst Ca und erst später Phosphorsäure und Kohlensäure in das junge Callusgewebe aufgenom-men. Zur Klärung der Frage, woher der in dem Callus zur Ablagerung kommende Kalk stammt, untersuchte SEGOVIA[2] vergleichend Knochen, die im Stadium der Frakturheilung sich befanden und normale Knochen derselben Tiere und fand, daß zwischen ihnen keine Unterschiede im Kalkgehalt bestanden. Es ist also anzunehmen, daß der Kalk aus dem Knochen selbst, aus der Nachbarschaft der Fraktur, entnommen wird. Das stimmt gut mit der Erfahrung überein, daß wir bei fast allen Frakturheilungen deutliche Abbauvorgänge in der Nachbarschaft des Bruches im Röntgenbild beobachten können, und daß dieser Abbau für die spätere Konsolidierung außerordentlich förderlich ist (FRITZ KÖNIG[3]). Daß die zur Verknöcherung notwendige anfängliche Calciumvermeh-

---

[1] EDEN, R.: Münch. med. Wschr. **1924**, 1160 — Arch. Klin. Chir. **120**, 419 (1923). — HERMANN, E.: Ebenda **130**, 284 (1924).

[2] SEGOVIA, J.: Z. orthop. Chir. **48**, 572 (1927).

[3] KÖNIG, FRITZ: Arch. Klin. Chir. **146**, 624 (1927).

rung rein örtlich bedingt ist, dafür sprechen auch die von RUDD[1] und
TISDALL[2] angestellten Untersuchungen, die im Blut während der Frakturheilung keine Erhöhung des Calciumspiegels feststellen konnten. In
jüngster Zeit hat zwar GUSSAROW[3] experimentelle Untersuchungen veröffentlicht, nach denen er eine Erhöhung des Serumkalkes vom Moment
der ersten Kalkablagerung im Callus bis zur völligen Konsolidation des
Bruches gefunden zu haben glaubte; aber abgesehen davon, daß die
veröffentlichten Kurven und Werte keinen stetigen Anstieg, sondern
außerordentlich große Schwankungen zeigen, haben ausgedehnte, noch
unveröffentlichte Nachprüfungen des Verfassers im physiko-chemischen
Laboratorium der Würzburger Klinik keine über das Maß des Physiologischen hinausgehenden Schwankungen des Ca-Gehaltes während der
Frakturheilung erkennen lassen, so daß bislang wenigstens die obenerwähnte Anschauung als zu Recht bestehend anerkannt werden muß.
Die Annahme einer Vermehrung des Blut-Ca während der Frakturheilung ist auch garnicht notwendig, denn wenn einmal durch die
ersten Krystallkeime (KLEINMANN) die Anfangsbedingungen zur Ausfällung der Kalksalze erfüllt sind, dann genügt der normale Gehalt
des Serums an Calcium (das sich ja in ihm in übersättigter Lösung
befindet), um die Niederschlagsbildung weiter fortschreiten zu lassen.
Wahrscheinlich ist jedoch, daß die Zustandsform des Serumkalkes
dabei verändert wird. Dafür sprechen Beobachtungen von GEFTER[4],
der bei allen mit verstärkter Knochenentwicklung einhergehenden Zuständen (auch bei Frakturheilung) eine Verminderung der Alkalireserve
fand, denn durch die Acidose wird die Ionisation des Ca im Blut vermehrt; im gleichen Sinn ist die Tatsache zu verwerten, daß bei Frakturen
im Blut eine Neutrophilie und Linksverschiebung auftritt (HARTMANN[5]),
was nach den Untersuchungen von HOFF (vgl. Kap. 10) einerseits
ebenfalls für acidotische Stoffwechselveränderungen bzw. Anwesenheit
eines acidotischen Herdes im Körper spricht, andererseits auch als
Zeichen einer Änderung des Ca:K-Gleichgewichtes betrachtet werden
kann. Anders verhält sich der Gehalt des Blutes an anorganischem
Phosphor. Bei Kindern beträgt seine Menge während der Periode der
Knochenbildung ziemlich konstant 5,4 mg%. Zu derselben Zeit, zu der
die Epiphysenlinie verschwindet, sinkt er auf 2,1 mg%, um während
des ganzen Lebens auf dieser Höhe zu bleiben. Im Anschluß an Frakturen, wenn die aktive Knochenbildung beginnt, steigt er wieder
zu der Höhe wie bei normalem Knochenwachstum an, um nach 8 bis
9 Wochen, wenn der Callus fest geworden, wieder zur Norm zurückzukehren (TISDALL und HARRIS[6]). Diese Steigerung des Phosphatspiegels fehlt häufig bei Pseudarthrosebildung, doch kann sie auch vor-

[1] RUDD, G. V.: Med. J. Austral. **2**, 398 (1927).
[2] TISDALL u. R. J. HARRIS: J. amer. med. Assoc. **79**, 884 (1922).
[3] GUSSAROW, J. J.: Arch. Klin. Chir. **155**, 39 (1929).
[4] GEFTER, F.: Moskov. med. Z. **1925**, 16 — Ref. Kongreßzbl. inn. Med. **41**, 683 (1926).
[5] HARTMANN, H.: Arch. Klin. Chir. **130**, 151 (1924).
[6] TISDALL u. HARRIS, R. J. a. a. O.

handen sein. Das deutet wiederum darauf hin, daß neben der allgemeinen Erhöhung auch örtliche Prozesse beteiligt sein müssen, die vielleicht wichtiger sind (TISDALL und HARRIS). Für die Verknöcherung des Callus ist aber zum mindesten normaler Gehalt des Serums an Ca und P notwendig. Setzt man ihn durch Ernährungsänderung herab, so daß das Produkt Ca · P kleiner als 30, dem normalen Wert, wird, so kommt es nicht zur knöchernen Vereinigung des Bruches (PETERSEN[1]). Eine solche Verminderung des Ca · P-Produktes aber als alleinige Ursache der ausbleibenden Verknöcherung anzusehen, ist nicht angängig, denn auch bei Pseudarthrosebildung wird in der Mehrzahl der Fälle dieser Wert normal gefunden (RAVDIN und JONAS[2]).

Woher die Phosphatvermehrung stammt, ist noch nicht sichergestellt, wahrscheinlich ist auch sie örtlichen Ursprungs. Zur Zeit der Verknöcherung des Callus befindet sich der Muskel der Umgebung in tetanischem Zustand (REHN[3]), und dabei können nach EMBDEN Phosphate abgegeben werden. Außerdem stehen aus den Kernen der zertrümmerten Zellen organische Phosphate zur Verfügung, die durch die fermentative Wirkung der den Knochenbildungszellen (ROBINSON) entstammenden Phosphatase zu anorganischem Salz aufgespalten werden.

Ganz sicher spielt bei den Vorgängen auch die aktuelle Reaktion eine Rolle. Jede Verminderung der H-Ionenkonzentration führt zu vermehrter Bildung molekularer Calcium-Phosphatverbindung. (NITSCHKE und FREYSCHMIDT[4]). Ihre Vermehrung begünstigt umgekehrt die Lösung der ausgefällten Kalksalze. Ebenso bewirkt eine Verminderung der Alkalireserve des Blutes eine Entkalkung des sonst normalen Knochens (s. S. 204).

Nach Analogie der Vorgänge bei der Wundheilung war auch am Orte der Fraktur eine lokale Acidität anzunehmen. Wie weit diese geht, und wie lange sie anhält, darüber fehlen zur Zeit noch genauere Untersuchungen, ebenso wie über ihre Beziehungen zur Verknöcherung des Callus. GOETZE[5] fand (mit Indicatoren) frisches Callusgewebe saurer als bereits verknöcherten Callus und auch dessen Reaktion wieder saurer als die des normalen Knochens. Bei operativ behandelten Frakturen war die Acidität des Callusgewebes stärker als die von Callus subcutaner Frakturen desselben Stadiums. Versuche des Verfassers, elektrometrisch unter Berücksichtigung der CO_2-Spannung die aktuelle Reaktion am Orte der Fraktur zu messen, scheiterten an technischen Schwierigkeiten. H. GREUNE[6] hat dann in jüngster Zeit auf Veranlassung des Verfassers versucht, dadurch der Frage näherzukommen, daß er mit Indicatoren getränkte und mit Collodium überzogene Baumwollfäden an die Frakturstelle brachte. Er fand dabei regelmäßig etwa

---

[1] PETERSEN: Bull. Hopkins Hosp. **35**, 378 (1924).
[2] RAVDIN u. JONAS: Ann. Surg. **84**, 37 (1926).
[3] REHN, E.: Arch. klin. Chir. **127**, 64 (1923).
[4] NITSCHKE u. FREYSCHMIDT: Biochem. Z. **174**, 287 (1926).
[5] Nach brieflicher Mitteilung an den Verfasser, für die Herrn Prof. GOETZE auch an dieser Stelle besonders gedankt sei.
[6] GREUNE, H.: Inaug.-Dissert. Würzburg 1930 (noch nicht erschienen).

vom 5. Tage ab eine Verschiebung der aktuellen Reaktion nach dem Sauren um 0,2—0,4 p_H, die bis zur 3. Woche anhielt, bis zu einer Zeit, zu der im Röntgenbild sich beginnende Kalkablagerung zeigte. Wenn wir uns auch nicht verhehlen dürfen, daß diesen Untersuchungen infolge der mangelhaften Berücksichtigung der CO_2-Spannung noch eine große Unsicherheit anhaftet, so läßt doch die Regelmäßigkeit des Befundes annehmen, daß tatsächlich bei der Frakturheilung örtliche Säuerung stattfindet, die wahrscheinlich noch höhere Grade erreicht als oben angegeben.

Der Verfasser glaubt, daß man sich den Vorgang der Bruchheilung in physiko-chemischer Beziehung etwa folgendermaßen vorstellen kann: Ist eine Verletzung des Knochens zustande gekommen, so erfolgt genau wie bei jeder Wunde (s. S. 81) zunächst eine lokale Zunahme der H-Ionenkonzentration und CO_2-Spannung. Dadurch wird einmal die Zustandsform des vorhandenen Calciums im Sinne einer Zunahme der Ionisation (also der für jede chemische Reaktion notwendigen Form) verändert, und zum anderen aus den Knochen der Umgebung Kalk gelöst. Mit Einsetzen der reparativen Vorgänge kehrt auch die normale Reaktion wieder zurück und die CO_2-Spannung sinkt. Die Reaktion nähert sich einerseits dem Optimum der Phosphatasewirkung und schafft andererseits die Möglichkeit, daß das in größeren Mengen herangeholte Calcium ausfallen und es zur Bildung der ersten Krystallkeime kommen kann. Die dazu notwendige Erhöhung der Phosphatkonzentration wird durch die Wirkung der Phosphatase und Steigerung des Blutphosphatgehaltes gewährleistet. Tritt infolge irgendwelcher Störungen die Rückbildung der lokalen Acidität nicht ein, oder besteht eine Änderung der allgemeinen Stoffwechselrichtung im Sinne einer Acidose, so kann es nicht zur Ausfällung der Kalksalze kommen. Typische Beispiele dafür sind: Eintretende Infektion, alte Blutergüsse, langdauernder Zerfall zertrümmerten Gewebes (lokale Acidität) und Schwangerschaft (Acidose) sowie Störung der Blutzirkulation (infolgedessen ungenügender Ausgleich der lokalen Acidität), bei denen bekanntlich die Bruchheilung verzögert ist. In diesem Fall kann die Therapie durch die Injektion alkalischer Pufferlösungen, sekundären Natriumphosphats (Ossophyt) oder Erhöhung der Zirkulation durch rhythmische Stauung die Störung günstig beeinflussen oder beseitigen. Eine weitere Möglichkeit der Störung besteht darin, daß die Bedingungen zu der anfänglich notwendigen Anhäufung und Herbeischaffung von gelöstem Kalk nicht gegeben sind, kenntlich an den Fällen mangelnden Abbaues in der Umgebung, der Fraktur. Dabei kann· die Schaffung einer Entzündung und der mit ihr verbundenen lokalen Acidität durch Injektion von Jodtinktur, durch operative Eingriffe mit und ohne Einlegung von Fremdkörpern günstig sein. Transplantation von Knochenstücken an die Bruchstelle wirkt im gleichen Sinne, denn das Transplantat wird abgebaut und dadurch das gelöste Ca vermehrt und außerdem bewirkt sie eine allgemeine Steigerung des Calciumspiegels im Blut (SCHMIDT und OBRASTZOW[1]). Die entwickelte Anschauung stimmt also gut mit den

---

[1] SCHMIDT, A. A., u. G. D. OBRASTZOW: Biochem. Z. **172**, 262 (1926).

klinischen Beobachtungen überein und es wäre wünschenswert, sie experimentell genauer zu begründen. Ein weites und aussichtsreiches Feld physiko-chemischer Forschung harrt hier der Bearbeitung, speziell durch den Chirurgen.

Eine Analogie zu den Vorgängen bei mangelhafter Bruchheilung ist in der Rachitis und Osteomalacie gegeben. Sie bilden eine nosologische Einheit, die sich als allgemeine Stoffwechselstörung mit besonderem Hervortreten pathologischer Knochenveränderung charakterisieren läßt. Die Ossificationsstörung führt zu Kalkverarmung des Skeletts, die sich dann in Erweichungsprozessen, Malacie, Deformität, Infraktionen, Frakturen, oft auch kompensatorischen Wucherungen äußert. Dabei besteht eine gewisse Altersdisposition insofern, als die gleiche Osteopathie im Kindesalter als Rachitis, später im Alter von 25—45 Jahren (mit Bevorzugung des weiblichen Geschlechts) als Osteomalacie, zuletzt im Greisenalter als Osteoporose auftritt. Die Erscheinungen, die auf eine allgemeine Stoffwechselstörung hinweisen, treten mehr in den Hintergrund.

Wenn auch die Rachitis mehr für den Kinderarzt Interesse hat, so sollen die dabei vorhandenen Veränderungen physikalisch-chemischer Art doch kurz besprochen werden[1]. Für den rachitischen Knochen ist eine verminderte Festigkeit charakteristisch, die wohl vor allen Dingen ihre Ursache in einer Verminderung des Salzgehaltes hat. Diese Kalkverarmung greift aber nicht auf das Blut über, sondern hier finden wir selbst bei schwersten floriden Prozessen noch normale Kalkwerte. Dagegen ist der Phosphatgehalt des Blutes stets stark erniedrigt (IVERSEN-LENSTRUP[2]). Außerdem besteht bei der Rachitis gesetzmäßig eine ausgesprochene Änderung der Stoffwechselrichtung im Sinne einer Acidose (Alkalireserveverminderung [FREUDENBERG und GYÖRGY[3]]).

Wie bei der Rachitis ist auch bei der Osteomalacie der Salzgehalt des Knochens, der beim Erwachsenen etwa 60—70% beträgt, auf 20—40% herabgesetzt[4] und die Ausscheidung von Calcium und Phosphor gesteigert. Ebenso ist der Phosphorspiegel des Serums und oft auch, jedoch nicht gesetzmäßig, der Calciumspiegel erniedrigt. Die acidotische Stoffwechselrichtung kommt in einer Verminderung der alveolaren Kohlensäurespannung und Erniedrigung der Alkalireserve zum Ausdruck (NOWACK-PORGES, BLUM und Mitarbeiter[5]). Daß Rachitis und Osteomalacie eng zusammengehören, geht auch aus den Versuchen von RABL[6] hervor, der bei durch Ernährung acidotisch gemachten Ratten teils sog. Rattenrachitis, teils reine Osteoporose, teils Knochenatrophie mit starken Verkalkungsstörungen .auftreten sah.

---

[1] Zum genaueren Studium sei auf das Werk von STEPP u. GYÖRGY: Avitaminosen. Berlin: Julius Springer hingewiesen.

[2] IVERSEN-LENSTRUP: 1. nordisch. pädiatr. Kongr. 1919. — HORLAND, M., u. MR. K. KRAMER: J. of biol. Chem. **68** (1926).

[3] FREUDENBERG u. GYÖRGY- Mschr. Kinderheilk. **28** (1924).

[4] Nähere Literaturangabe s. bei STEPP u. GYÖRGY: Avitaminosen u. verw. Krankheitszustände, S. 283. Berlin: Julius Springer 1927.

[5] Literatur bei STEPP-GYÖRGY: a. a. O. S. 390ff.

[6] RABL, C.: Arch. klin. Chir. **137**, 619 (1926).

Die Erkenntnis, daß mit der Acidose bei der Rachitis Störungen der Verkalkung einhergehen, hat auch zu praktischen Folgerungen geführt: Durch perorale Salmiakgaben, die acidotisch wirken, gelingt es, rachitisch verkrümmte Knochen derart kalkarm zu machen, daß sie wieder biegsam werden und ihre Deformität unblutig ausgeglichen werden kann. Durch örtliche energische Stauung (Erhöhung der CO_2-Spannung und damit der Acidität) kann die Allgemeinwirkung an den verkrümmten Knochen gesteigert werden, so daß sie früher ihre Biegsamkeit erlangen, ehe eine gefahrbringende Erweichung des Gesamtskeletts durch die Acidose eintritt (RABL[1]). Auch bei PERTHESscher Krankheit, Apophysitis calcanei und SCHLATTERscher Krankheit ist Verminderung des Serum-Calciums oder -Phosphors oder beider nachgewiesen worden (DURHAM und OUTLAND[2]).

Liegt die Störung bei den genannten Erkrankungen in einer *allgemeinen* Veränderung des Stoffwechsels im Sinne einer Acidose, so können *lokale* Verschiebungen des Säure-Basengleichgewichts ganz ähnliche Erscheinungen hervorrufen. Mit jeder Entzündung geht gesetzmäßig eine lokale Acidität einher, die um so stärker ist, je intensiver der Entzündungsvorgang. Durch diese lokale Acidität kommt es zu einer Auflösung der Kalksalze im Knochen, der dadurch seine Härte verliert und „schneidbar" wird, wie aus klinischen Erfahrungen sehr wohl bekannt ist. Die Verminderung des Kalkgehaltes des Knochens im entzündlichen Gebiet läßt sich analytisch gut nachweisen (BLOCK[3]) und das in-Lösung-Gehen des Knochenkalkes wird an einer Erhöhung des Calciumgehaltes des osteomyelitischen Eiters deutlich (HÄBLER[4]).

Ob mit den Veränderungen des Salzgehaltes bei den genannten Erkrankungen auch Schädigungen des Kolloidbestandes des Knochens einhergehen, ist bislang nicht bekannt, aber sehr wahrscheinlich.

Hier sei auch auf eine zuerst von LÜCKE[5] angegebene und später, offenbar unabhängig davon von H. SCHADE[6] noch erweiterte Methode verwiesen, die vielleicht geeignet ist, auch kleinere Unterschiede im physikalischen Verhalten des Knochens klinisch erkennen zu lassen: Die Perkussion des Knochens und vergleichende Messung der Leitfähigkeit für Stoß- und Schallwellen. LÜCKE stellte fest, daß der erkrankte Knochen bei Ostitis, Osteomyelitis und Abscedierung bei der Perkusion gedämpften Schall finden läßt, und SCHADE fand, daß die Stoßwellen eines Schlages mit dem Perkussionshammer auf das Sternum bei allgemeinem Ödem des Armes vom Radiusköpfchen her nicht mehr aufgenommen werden konnten, während von der gleichen Stelle her beim gesunden Arm die Aufnahme prompt erfolgte. Er fand weiter, daß die Schallwellen einer schwingenden Stimmgabel im osteomyelitisch erkrankten Knochen schlechter geleitet werden als im gesunden, und hält es für möglich, daß bei bestimmter Technik auf diesem Wege eine klinisch brauchbare Methode zur Erkennung der Erkrankungen des Knochens erreicht werden kann.

---

[1] RABL, C.: Arch. klin. Chir. **131**, 211 (1924) — Jb. Kinderheilk. **116**, 63 (1927).
[2] DURHAM, H., u. T. A. OUTLAND: J. Bone Surg. **10**, 301 (1928).
[3] BLOCK: a. a. O. S.370—372.
[4] HÄBLER C.: Klin. Wschr. **8**, 1569 (1929).
[5] LÜCKE, A.: Verh. dtsch. Ges. Chir., 6. Kongr. 1877, 69.
[6] SCHADE, H.: Physikalische Chemie in der inn. Med., S. 428.

Bei den unter die Gruppe der Epiphysionekrosen gehörenden Krankheiten, bei der Arthritis deformans und bei der Scoliosis scheinen Kolloidschädigungen und damit bedingte Veränderungen der Elastizität des Knochens im Vordergrund zu stehen. So fand GOECKE[1] an arthritischen und skoliotischen Wirbeln die elastische Dehnung und die Bruchgrenze deutlich vermindert, und es ist sehr wahrscheinlich, daß mechanische Kolloidschädigungen, wie wir sie im Experiment bei zu großer oder zu lange fortgesetzter Belastung auftreten sehen und thermische Kolloidschädigungen wie bei der Kältewirkung an den Extremitäten (vgl. die Arthritis deformans der Lokomotivführer und Heizer) die Gesamtursache aller dieser Erkrankungen bilden (SCHADE, BLOCK, HÄBLER). Dabei ist wohl ein nicht geringer Teil der morphologisch kenntlichen Zellveränderungen erst sekundärer Natur: Je mehr das Bälkchensystem des Knochens der mechanischen Beanspruchung nachgibt, desto mehr werden auch die in den Lücken gelegenen Zellen des Markes durch die abnormen mechanischen Verhältnisse beeinflußt (SCHADE). Auch hier wieder ein Arbeitsgebiet, das der Bearbeitung harrt.

Haben wir gesehen, daß sogar der feste Knochen in gewisser Beziehung der normalen Beanspruchung gegenüber insuffizient sein kann, so tritt das an den Gelenken noch viel deutlicher in Erscheinung. Es ist durchaus nicht so selten, daß bei völlig Gesunden Teile des Gelenkknorpels infolge des einfachen Gebrauchs „abgeschliffen werden". BEITZKE[2] fand solche Defekte als Folge normaler Abnutzung im Alter von 20—40 Jahren bei 60% aller Menschen, nach dem 50. Jahre schon bei 95% und jenseits des 50. Lebensjahres sogar in 100% aller Fälle. Bekannt ist auch, daß der Mensch am Abend etwa 3 cm kleiner ist als nach der Nachtruhe, und daß die Größenabnahme in den ersten Morgenstunden am größten ist. Als Ursache dieser Erscheinung muß die Abplattung der Zwischenwirbelscheiben und vielleicht auch der Gelenkknorpel infolge elastischer Nachwirkung angesehen werden.

Die Frage nach dem elastischen Verhalten des Gelenkknorpels hat große Bedeutung, denn auch für die nach Ruhigstellung und Entzündung zu beobachtenden Versteifungen der Gelenke kommen zweifellos Schädigungen der kolloiden Dehnbarkeit und Elastizität der Gewebe als wichtiger Faktor in Frage, soweit nicht zellige Infiltration und Verwachsungen die Ursache sind.

So ist es denn zu begrüßen, daß in neuerer Zeit von BÄR[3] und GOECKE[4] genauere Untersuchungen über das Elastizitätsverhalten des Gelenkknorpels angestellt worden sind. Dabei fand sich, genau wie beim Knochen, die beste Materialeigenschaft am Knorpel des Erwachsenen, die schlechteste beim Greisenknorpel. Das Spannungs-Dehnungs-Diagramm (Abb. 41) des jugendlichen Knorpels hat den flachsten, das des Greisenknorpels den steilsten Verlauf. Beim Rippenknorpel des

---

[1] GOECKE: Bruns Beitr. **143**, 539.
[2] BEITZKE: Z. klin. Med. **74**, 215 (1912).
[3] BÄR, E.: Roux' Arch. **108**, 740.
[4] GOECKE: Verh. d. 22. Kongr. d. dtsch. orthop. Ges., S. 120.

Kindes liegt die Bruchgrenze bei 50 kg/qcm mit einer Verkürzung von 25%, beim Erwachsenen wesentlich höher, bei 85—110 kg/qcm mit 22% Verkürzung, während der Greisenknorpel seine Bruchgrenze schon

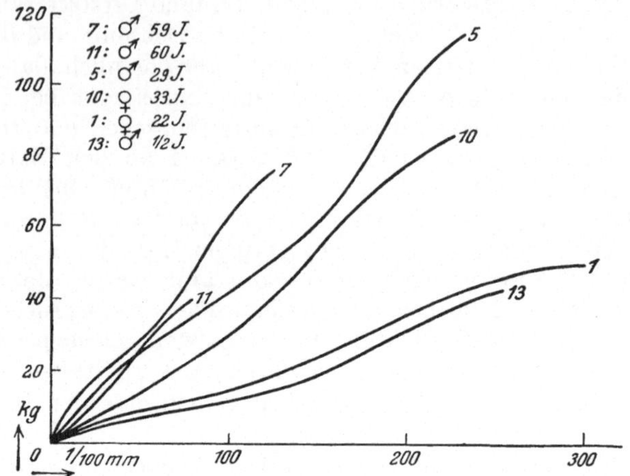

Abb. 41. Spannungsdehnungsdiagramme vom Rippenknorpel. (Nach GOECKE.)

bei 40 kg/qcm und nur 10% Verkürzung hat. Das Formveränderungsvermögen bei ruhender und wachsender Last ist also beim kindlichen Knorpel am größten, bei dem des Erwachsenen ebenfalls noch recht groß und am geringsten beim Greisenknorpel. Dagegen zeigt der weiche kindliche Knorpel nur wenig elastische und große bleibende Dehnung, also mehr plastische Eigenschaften, während der Knorpel des Erwachsenen, sowohl bei ruhender wie bei wachsender Belastung fast vollkommene Elastizität aufweist, die sich in großer elastischer und

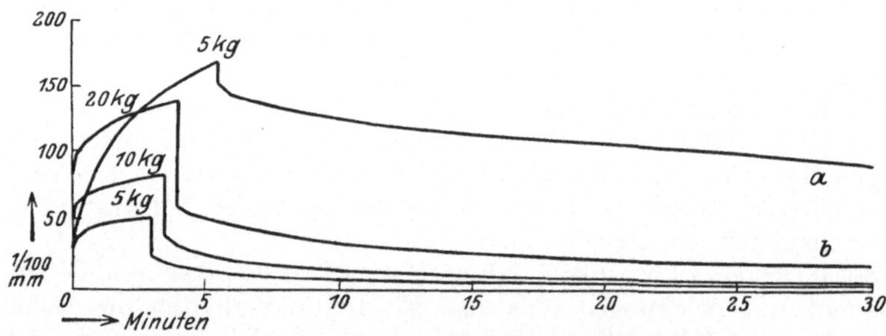

Abb. 42. Zeitlicher Verlauf der Formänderung des Gelenkknorpels bei ruhender Last. a) eines 1/2 j. Kindes. b) eines 30 j. Mannes. (Nach GOECKE.)

nur geringer bleibender Dehnung ausdrückt (Abb. 42). Der Knorpel des Greises zeigt auch hierin wieder die schlechtesten Eigenschaften, indem bei geringer Formveränderung die elastische Dehnung verhältnismäßig am geringsten und die bleibende am größten ist, was besonders deutlich an den Elastizitätskurven bei wechselnder Belastung kenntlich wird (Abb. 43). Das Verhältnis von Elastizität und bleibender

Dehnung ist am günstigsten beim Knorpel des Erwachsenen, beim alternden Knorpel überwiegt wieder die bleibende Dehnung über die Elastizität. In dem Verlust der Fähigkeit, durch elastische Nachwirkung Formveränderungen wieder auszugleichen, liegt die Ursache für die

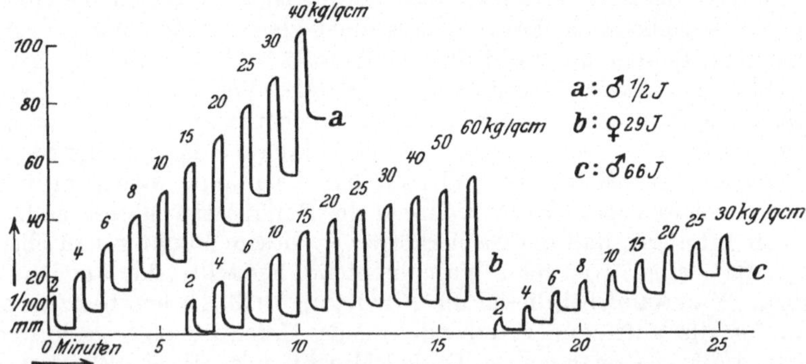

Abb. 43. Elastische und bleibende Dehnung des Gelenkknorpels bei wachsender Last. (Nach GOECKE.)

leichte Beschädigungsmöglichkeit des Greisenknorpels (GOECKE). Länger dauernde Belastung an umschriebener Stelle schädigt die Elastizität des Knorpels deutlich, während kurzdauernde, beliebig oft wiederholte Belastung gleicher Stärke keine Schädigung hervorruft. Bei Stoß-beanspruchung oder kurzdauernder Belastung, wie sie bei Bewegungen stattfindet, wo die An-griffsfläche dauernd wechselt, stellt der Ge-lenkknorpel also eine ideale Pufferung dar (BÄR). Und doch erlei-det der Knorpel durch rhythmische Stoßbela-stung mit dem KRUPP-schen Schlagwerk, durch die die Gelenkbeanspru-chung im Leben nachge-ahmt werden kann, eine deutliche Verschlechte-rung seiner Material-eigenschaften. Dabei verhalten sich jugend-licher und alter Knorpel

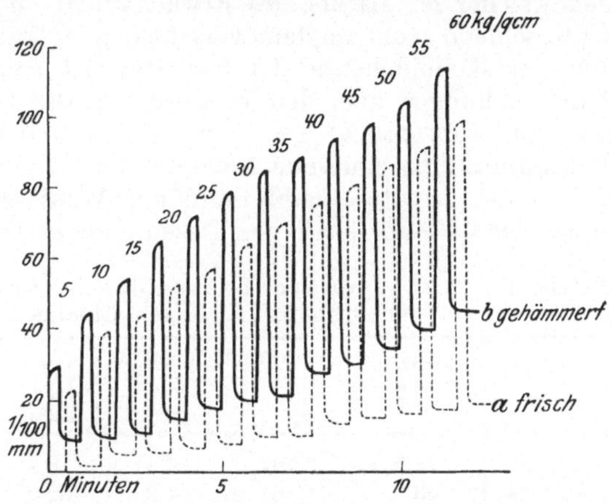

Abb. 44. Dehnung des Knorpels nach Stoßbeanspruchung. (Nach GOECKE.)

verschieden: Der jugendliche wasserreiche Rippen- und Gelenkknorpel verliert an Tragfähigkeit, er wird weicher, dabei relativ dehnbarer und elastischer. Beim Knorpel erwachsener oder alter Personen erniedrigt sich die Bruchgrenze ebenfalls, aber dabei tritt eine Verdichtung der Materie auf, die sich darin ausdrückt, daß das Formveränderungs-vermögen geringer wird. (Abb. 44.) Die bleibende Dehnung wird im

Verhältnis zur elastischen größer, der Knorpel also mehr plastisch, und der gehämmerte Knorpel des Erwachsenen ähnelt in seinem Verhalten dem Gewebe alternder Individuen mit arthritisch verändertem Gelenkknorpel (GOECKE).

Das physikalische Verhalten des Knorpels ist an verschiedenen Stellen ein und desselben Gelenkes durchaus nicht gleich, vielmehr zeigen sich, entsprechend dem unterschiedlichen Aufbau und der Anordnung der trajektoriellen Fasern deutliche Unterschiede, die wiederum in gesetzmäßigem Zusammenhang mit der funktionellen Beanspruchung stehen. (BENNINGHOFF[1]). Der Knorpel der Gelenkpfanne ist im allgemeinen weicher als der des Kopfes, und zwar hat die Pfanne wiederum in der Mitte einen weicheren Kern, während die Randpartien härter sind. Es ist von Interesse, daß die Gelenkkörper in diesem Punkt genau ebenso beschaffen sind, wie man Maschinenteile herstellt, die aufeinander reiben. Man kann bei diesen die Abnützung dadurch herabsetzen, daß man für die aufeinander reibenden Teile Material von verschiedener Härte wählt; so setzt man z. B. den Maschinenlagern ein Weichmetall zu. Die physikalischen Eigenschaften der Gelenkteile gewähren also eine optimale Eignung für die Funktion. Jede Veränderung des normalen Baues, die makroskopisch erkennbare gelbliche Verfärbung und Auffaserung oder auch nur mikroskopisch erkennbaren Veränderungen der Struktur gehen mit einer Verschlechterung der physikalischen Eigenschaften einher.

Wir hatten bereits erwähnt, daß der jugendliche Knorpel wesentlich weicher ist als der des Erwachsenen, und daß die Ursache dieser Unterschiede wohl in dem verschiedenen Wassergehalt zu suchen ist. Aus der Kolloidchemie der Gallerten ist solches genugsam bekannt. Untersuchungen über den Wassergehalt des Knorpels liegen von BÜRGER und SCHLOMKA[2] vor; nach ihnen findet vom ersten bis vierten Dezennium eine dauernde Abnahme des Wassergehaltes von 74 bis auf 60% statt. Später bleibt dann der Wassergehalt konstant, dagegen steigt der Calciumgehalt von Dezennium zu Dezennium, wie beigefügte

Tabelle 11. **Analysenergebnisse des Knorpels in verschiedenen Lebensaltern.** (Nach BÜRGER u. SCHLOMKA.)

Alter Jahr	Trockenrückstd. g-%	Die feuchte Substanz enthält			Die trockene Substanz enthält		
		N g%	Ca mg%	Chol. mg%	N g%	Ca mg%	Chol. mg%
bis 9	24,2	2,70	32,8	18,8	12,02	156,2	84
10—19	33,2	4,16	44,2	52,0	12,80	125,1	134
20—29	34,8	4,40	77,0	100,4	12,70	250,0	326
30—39	41,9	4,71	166,0	134,4	11,20	445,8	269
40—49	41,1	5,24	348,0	118,0	12,73	617,5	243
50—59	39,6	5,12	509,0	108,0	12,18	1231,0	257
60—69	41,8	5,39	599,0	143,0	12,85	1399,0	314
70—79	40,9	5,50	—	—	13,47	—	—
80—89	—	6,04	—	540,8	—	—	—

---

[1] BENNINGHOFF: Z. Anat. **75** (1925) — Z. Zellforschg **2** (1925).
[2] BÜRGER, M., u. G. SCHLOMKA: Z. exper. Med. **55**, 287 (1927).

Tabelle 11 erkennen läßt. Im vierten bis fünften Dezennium ist dieser Anstieg besonders stark und sprunghaft, und es ist durchaus wahrscheinlich, daß die bedeutende Verschlechterung der Materialeigenschaften des Greisenalters in dieser Zunahme des Mineralgehaltes begründet ist, während andererseits die Unterschiede zwischen dem kindlichen und dem Knorpel des Erwachsenen durch ihren verschiedenen Wassergehalt bedingt sein dürften.

Die Permeabilität des Gelenkknorpels fand HARPUDER[1] sehr gering. Die Durchtrittsgeschwindigkeit der einzelnen Ionen hängt dabei von ihrer Stellung in der HOFMEISTERschen Reihe, die der Nichtelektrolyte von ihrer Lipoidlöslichkeit ab.

Die Untersuchungen über die Beschaffenheit der normalen Gelenkflüssigkeit sind außerordentlich spärlich, wohl deshalb, weil am Lebenden überhaupt kaum Gelegenheit zu ihrer Gewinnung gegeben ist, und die zu erhaltenden Mengen außerordentlich gering sind. Die Punktion eines gesunden Gelenkes lediglich aus wissenschaftlichem Interesse wird wohl jeder verantwortungsbewußte Kliniker ablehnen.

Tabelle 12. Analysenergebnisse normaler Synovia.

	Synovia eines gemästeten Stallochsen (Ruhe) Prom.	Synovia des Weidetieres (Bewegung) Prom.
Wasser	969,9	948,5
Feste Stoffe	30,1	51,1
Mucinähnliche Stoffe	2,4	5,6
Albumin und Extraktivstoffe	15,7	35,1
Fett	0,6	0,7
Salze	11,3	9,9

So ist man auf Ergebnisse an Tieren oder Leichen beschränkt, und es sei hier die aus WAGNERs Handbuch[2] entnommene Tabelle der Analyse wiedergegeben (Tab. 12). Für die Viscosität der normalen Synovia fand SCHNEIDER[3] Differenzen von 3,9—1409 bezogen auf Wasser = 1. Diese Werte scheinen dem Verfasser nur mit außerordentlicher Vorsicht zu verwerten zu sein. Ganz abgesehen davon, daß derartige Unterschiede in der Kolloidbeschaffenheit normaler Körperflüssigkeiten sonst an keinem Ort zu finden und auch durch die Funktion des Gelenkes nicht zu erklären sind, widersprechen sie ganz und gar der klinischen Erfahrung. Ein Wert von 3,9 würde etwa der Zähigkeit des Blutserums entsprechen, ein solcher von 1490 dagegen schon den einer recht dicken und zähen Gallerte darstellen. Der Verfasser hat bei experimentellen Untersuchungen an Tieren und Operationen Gelegenheit gehabt, zahlreiche normale Kniegelenke zu eröffnen, derartige Unterschiede in der Zähigkeit der Synovia sind aber nie beobachtet worden. Es ist nicht unwahrscheinlich, daß Gerinnungen oder postmortale Veränderungen (SCHNEIDER untersuchte nur an Leichen) die

---

[1] HARPUDER, K.: Biochem. Z. **169**, 308 (1926).
[2] WAGNER: Wagners Handb. **1** III, 463.
[3] SCHNEIDER, J.: Biochem. Z. **160**, 325 (1925).

Ursache der Differenzen sind und eine Nachprüfung wäre dringend erwünscht.

Zahlreicher sind die Untersuchungen über die Beschaffenheit von Gelenkergüssen. Soweit sie sich auf nicht entzündliche Ergüsse beziehen, kann man aus ihnen wohl auch Schlüsse auf die Zusammensetzung der normalen Synovia ziehen. CAJORI[1] fand, daß der Gehalt an diffusiblen Substanzen: Rest-N, Zucker, Milchsäure, Harnsäure, CO_2, Na und Ca annähernd dem des Blutes entspricht, der Cl-Gehalt etwas niedriger ist, soweit es sich um rein seröse Ergüsse handelt, die Trockensubstanz und der Gesamteiweißgehalt etwas geringer, die Viscosität etwa 4—5 mal höher als die des Blutserums. Die aktuelle Reaktion entspricht, soweit es sich um nicht entzündliche, rein seröse Ergüsse handelt, der des Blutserums (p_H ca 7,3—7,5), sofern die im Körper vorhandene CO_2-Spannung berücksichtigt wird (HÄBLER[2], BECK u. LAUBER[3]).

Werte, die alkalischer angegeben werden (SEELIGER[4], LASCH[5]), sind auf ein Entweichen der Kohlensäure zurückzuführen. Genau wie beim Blut erhält man ohne Berücksichtigung der CO_2-Spannung Werte bis zu p_H 8,8, je nachdem, wie weit die Kohlensäure entfernt wurde (HÄBLER, BECK und LAUBER).

Für die in den Gelenken auftretenden Entzündungen gelten dieselben Gesetzmäßigkeiten, wie sie im Kapitel 6 dargelegt sind. Es liegt im anatomischen Bau des Gelenkes begründet, daß bei ihnen das Auftreten eines entzündlichen Ergusses im Vordergrund der klinischen Erscheinungen steht. Seine Entstehung ist genau wie bei anderweitigen Exsudaten in serösen Körperhöhlen rein avital zu erklären. Infolge der mit der Entzündung gesetzmäßig einhergehenden lokalen Acidität der Gewebe der Synovialmembran werden ihre Capillaren für die Bluteiweiße undicht, und es resultiert eine membranogene Hypoonkie des Capillarblutes, da der flüssigkeitsanziehende onkotische Druck des Blutplasmas nur noch mit dem Teilbetrag an der Capillarwand wirksam bleibt, für den die Eiweißundurchlässigkeit fortbesteht. Dadurch wird der Punkt des Kräftegleichgewichtes zwischen flüssigkeitsauspressendem Blutdruck und -anziehendem onkotischem Druck des Plasmas nach dem venösen Teil der Capillaren zu verschoben und der Ausstrom überwiegt den Rückfluß (vgl. S. 63). Da die Capillaren der Synovialmembran nur durch eine dünne Zellage von der Gelenkhöhle getrennt sind, ist diesem Flüssigkeitsaustritt zunächst kein Widerstand geboten und er kann so lange erfolgen, bis das verhältnismäßig große Reservoir der Gelenkhöhle von ihm erfüllt ist. Die Exsudation schreitet fort und dehnt allmählich immer mehr die elastischen Wände der Gelenkkapsel aus, so lange, bis deren elastischer Druck so groß wird, daß er (zusammen mit dem verbleibenden Rest des onkotischen Druckes des Plasmas) dem hydrodynamischen Blutdruck so weit die Waage halten kann, daß der Strömungsumkehrpunkt wieder nach der Mitte der Capillarstrecke

---

[1] CAJORI, F.: Arch. int. Med. **87**, 92 (1926).
[2] HÄBLER: Dtsch. Z. Chir. **209**, 211 (1928) — Arch. Klin. Chir. **156**, 20 (1929).
[3] BECK u. LAUBER: Arch. Klin. Chir. **155**, 469 (1929).
[4] SEELIGER: Dtsch. Z. Chir. **198**, 11 (1926).
[5] LASCH: Arch. Klin. Chir. **150** (1928).

zurückrückt. So wird verständlich, daß, wie ROSTOCK[1] fand, die Gelenkexsudate unter einem erhöhten Druck stehen, der Werte bis zu 70 mm Wasser (= etwa 6 cm Hg, also etwa dem Höchstwert des arteriellen Capillardruckes) erreichen kann. Je größer die lokale Acidität und damit die Undichtigkeit der Capillaren, desto größer muß auch der hydrodynamische Druck des Exsudates sein, der weiterem Flüssigkeitsausstrom Einhalt gebietet. So erklärt sich, daß bei traumatischen Gelenkexsudaten der hydrodynamische Druck um so größer ist, je frischer der Erguß, denn wir wissen aus den Messungen von GIRGOLAFF, daß sich in jeder Wunde im Beginn eine deutliche lokale Acidität findet, die Werte bis zu p_H 6,3 erreichen kann und erst allmählich mit fortschreitender Heilung wieder zurückgeht. Vergleichende Messungen über den hydrodynamischen Druck von Gelenkexsudaten und ihre aktuelle Reaktion fehlen bislang leider noch, sie lassen interessante Ergebnisse und das Erkennen von Gesetzmäßigkeiten erwarten. Besteht die Entzündungsacidität in unveränderter Stärke fort, so kann aber trotzdem ein völliger Stillstand der Exsudation deshalb nicht erfolgen, weil durch den dauernden Binnendruck des Ergusses die Elastizität der fibrösen Gelenkkapsel mehr und mehr erschlafft, und damit der Widerstand, der weiterer Exsudation durch sie geboten wird, immer mehr abnimmt. Werden nun mit Nachlassen der Entzündung oder durch Abscheiden von Fibrin die Capillaren wieder dichter, so wird die flüssigkeitsanziehende Kraft des onkotischen Blutdruckes wieder größer. Zu ihr addiert sich der in gleicher Richtung wirkende erhöhte hydrodynamische Druck des Exsudates, so daß der Strömungsumkehrpunkt nach dem arteriellen Teil der Capillare (über die Mitte hinaus) verschoben wird und Flüssigkeitseinstrom = Resorption des Ergusses resultiert. Die Therapie kann helfend eingreifen, indem einmal durch Entleeren des Ergusses dem Erschlaffen der Elastizität der Gelenkkapsel vorgebeugt wird; damit kann aber — solange wenigstens die lokale Acidität des Gewebes und die Eiweißundichtigkeit der Capillaren fortbesteht — nicht verhindert werden, daß erneut ein Erguß auftritt. Dies kann nur erreicht und die Resorption des bestehenden Ergusses viel wirksamer begünstigt werden durch mechanische Kompression. Einmal verhindert sie an sich bei bestehendem Erguß schon eine weitere Dehnung der Gelenkkapsel, zum andern aber teilt sich der Kompressionsdruck gemäß dem Prinzip der hydraulischen Presse allseitig weiterwirkend dem Exsudat mit und kommt an der Capillarwand nach innen wirkend und Flüssigkeit einpressend zum Ausdruck. Das beigegebene Schema (Abb. 45) vermag im Vergleich mit den Abb. 14 u. 15 auf S. 63 diese Wirkung am besten zu beleuchten.

So ergibt sich aus dem Entstehungsmechanismus des Gelenkexsudates heraus die aus praktischer Erfahrung schon bekannte Forderung, nach jeder Entleerung eines Gelenkergusses durch mechanische Kompression sein Wiederauftreten zu verhindern, daneben aber auch durch antiphlogistische Maßnahmen die lokale Acidität der Entzündung zu beseitigen, um für die Capillaren wieder ihre normale Eiweißdichtigkeit zu

---

[1] ROSTOCK: Dtsch. Z. Chir. **213**, 314 (1929).

erzielen. Und noch in einer weiteren Richtung kann die Therapie wirksam sein, indem durch Hochlagern des erkrankten Gliedes der hydrodynamische Blutdruck vermindert und damit die flüssigkeitsaustreibende Kraft verringert wird (HÄBLER[1]).

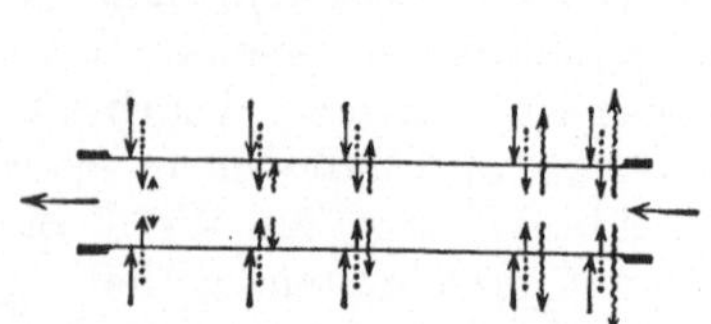

Schema der Druckkräfte.

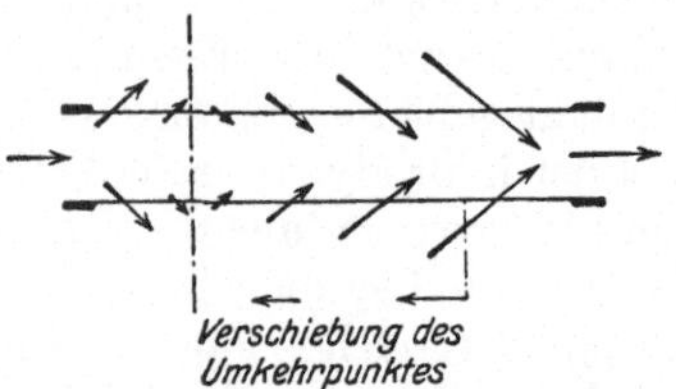

Schema der zugehörigen Flüssigkeitsbewegung.

Abb. 45. Schema der Verhältnisse des Flüssigkeitsaustausches an eiweißundichten Capillaren bei erhöhtem mechanischen Außendruck. (Resorption zufolge Überkompensierung der membranogenen Hypoonkie des Capillarblutes durch den mechanischen nach innen wirkenden Druck.)

Doch nicht in jedem Fall ist solches Vorgehen angezeigt. Durch die infolge der lokalen Acidität auftretende erhöhte Durchlässigkeit der Capillaren wird auch der Durchtritt im Exsudat gelöster Stoffe — selbst solcher kolloider Größe — begünstigt, und das um so mehr, je größer die Undichtigkeit. So fand ROSTOCK[2] bei Gelenkempyemen die Resorption von Jodsalzen wesentlich schneller und höher als bei aseptischem Exsudat und auch bei traumatischen Ergüssen in frischen Fällen rascher verlaufend als in alten Fällen. Sind nun in den Gelenkergüssen giftige Stoffe, besonders Bakterientoxine, enthalten, so würde die Erhöhung des hydrodynamischen Druckes im Exsudat ihren Hindurchtritt durch die Capillarwand beschleunigen, ja durch Anlegen eines Kompressionsverbandes sogar — genau wie bei Ultrafiltern — unter Umständen Stoffe, die sonst zurückgehalten werden, in die Blutbahn hineingepreßt werden. Es ergibt sich somit die Forderung, bei den eitrigen, Bakterien und Toxine enthaltenden Gelenkexsudaten durch Entleerung des Ergusses (neben der Entfernung der Giftstoffe) ihren Eintritt in die Blutbahn zu verhindern und die Flüssigkeitsbewegung an den Capillaren gerade in der Einstellung auf Ausstrom aus der Blutbahn zu erhalten so lange, bis die Capillaren wieder so weit abgedichtet sind, daß die — meist hochmolekularen und kolloiden — Toxine sie nicht mehr passieren können. Auch hier wieder eine Erfahrung, die, in der Praxis schon längst bekannt, durch die physikochemische Betrachtung ihre Erklärung findet.

Die physiko-chemischen Veränderungen in den entzündlichen Gelenkergüssen gleichen in ihrer Richtung denen anderweitiger entzündlicher Exsudate. Ihre CO_2-Spannung ist erhöht und ihre aktuelle Reaktion ist, je intensiver die Entzündung, desto mehr, nach dem Sauren verschoben. Seröse und serofibrinöse Exsudate haben Werte von $p_{H\ 18°}$ 7,50—7,01 bzw. $p_{H\ 37°}$ 7,40—7,02 bei einer CO_2-Spannung von 5,2—8,2 Vol.-%. Serös-eitrige Ergüsse der chronischen Entzündung $p_{H\ 18°}$ 6,97—7,06 bzw. $p_{H\ 37°}$ 6,80—7,03 bei 10—14 Vol.-% CO_2. Akut eitrige Exsudate

---

[1] HÄBLER: Arch. Klin. Chir. **156**, 20 (1929).
[2] ROSTOCK: Dtsch. Z. Chir. **215**, 76 (1926).

zeigen wesentlich höhere Werte ($p_{\mathrm{H}\ 18°} < 6{,}6$,) die bis zu der enorm hohen Acidität von $p_{\mathrm{H}\ 37°}$ 5,6 und CO_2-Spannungen von über 20 Vol.-% hinaufgehen können (HÄBLER[1], HÄBLER u. WEBER[2], BECK u. LAUBER[3]). Ein Parallelismus zwischen p_{H} und CO_2-Spannung ist dabei nur in der Grobeinstellung der Werte vorhanden. Gegenüber anderweitigen serösen Exsudaten (bei denen immer eine, wenn auch nur geringe Vermehrung der H-Ionenkonzentration gegenüber dem Blut vorhanden ist) zeigen die serösen Gelenkergüsse die Besonderheit, daß ihre aktuelle Reaktion in der Mehrzahl der Fälle der des Blutes entspricht. Die Erklärung dieser Erscheinung dürfte in dem anatomischen Bau des Gelenkes zu suchen sein. Die Synovialmembran mit ihrem weitverzweigten Capillarnetz bietet dem Gelenkexsudat eine außerordentlich große Oberfläche zum Austausch mit dem Blutserum dar, das nur durch eine Zellage von dem Exsudat getrennt ist. Dieses Blut, das außerdem noch in raschem Wechsel stets wieder erneuert wird, ist ein außerordentlich guter Puffer und als solcher geeignet, die in dem Exsudat vorhandenen H-Ionen aufzunehmen, zu binden und abzutransportieren. Wird die Entzündung stärker und damit die Säureproduktion intensiver, so genügt dieser Mechanismus nicht mehr, die gebildete H-Ionenmenge ist zu groß und ihre Entstehung zu rasch, als daß sie völlig gebunden und abtransportiert werden könnte und es resultiert schließlich dann doch eine Acidität des Ergusses[4] (HÄBLER).

In dieser Möglichkeit der besonders raschen Beseitigung der Acidität ist eine Schutzvorrichtung des Gelenkes gegen die Schädigung der Entzündung zu erblicken. Gegenüber dem Bindegewebe ist der Gelenkknorpel schon gegen ganz kurzdauernde Säurewirkung außerordentlich empfindlich. Er erleidet dadurch Störungen seines Quellungszustandes und als Folge davon irreparable Schädigungen im Sinne einer Arthritis deformans (SEELIGER[5], HÄBLER u. WEBER[6]).

Auch bezüglich des osmotischen Druckes zeigen die serösen Gelenkergüsse die Besonderheit, daß bei ihnen viel häufiger als sonst bei serösen Exsudaten eine Hypotonie gegenüber dem Blutserum besteht. Daß diese Hypotonie kein Beweis für die Entstehung des Exsudats durch aktive Sekretionstätigkeit der Zellen ist, sondern durch die Wirkung der Acidität erklärt werden kann, ist bereits im Kapitel 6 dargestellt. Ihr besonders häufiges Auftreten bei den serösen Gelenkergüssen dürfte ebenfalls dadurch zu erklären sein, daß im Gelenk die Stoffwechselzerfallsprodukte infolge der guten Austauschverhältnisse zum Blut sehr rasch abtransportiert werden können, so daß es kaum oder nicht zu einer derartigen Anhäufung kommt, daß eine osmotische Hypertonie resultiert.

[1] HÄBLER: Arch. Klin. Chir. **156**, 20 (1929).

[2] HÄBLER u. WEBER: Dtsch. Z. Chir. **209**, 211 (1928).

[3] BECK u. LAUBER: Langes Arch. **155**, 469 (1929).

[4] Vergleichende Untersuchungen über CO_2-Spannung, Alkalireserve und p_{H} des arteriellen und lokal-venösen Blutes bei Gelenkerkrankungen lassen hier interessante Ergebnisse erwarten.

[5] SEELIGER: Dtsch. Z. Chir. **198**, 11 (1926).

[6] HÄBLER u. WEBER: Dtsch. Z. Chir. **209**, 211 (1928).

In Übereinstimmung mit der Anschauung, daß die Gelenkexsudate als Ultrafiltrate des Serums aufzufassen sind, zeigen sie stets niedrigere Eiweißwerte als das Blutserum, eine Erscheinung, die auch sonst bei anderweitigen entzündlichen Exsudaten gefunden wird.

Bezüglich der Abweichung ihres Elektrolytgehaltes von dem des zugehörigen Blutserums ließen sich ebenfalls bei ihnen zwei, von der Acidität abhängige entgegengesetzte Typen erkennen, deren Extrem in der beigegebenen Abb. 46 schematisch dargestellt ist: Typ A mit Zunahme von Cl und Abnahme von Na, K und Ca, bei Gleichbleiben des Bicarbonat- und anorganischen Phosphorgehaltes findet sich vornehmlich bei serösen Exsudaten, deren Reaktion der des Blutserums entspricht. Ihm steht bei den serös-eitrigen und eitrigen Exsudaten mit starker Acidität der Typ B gegenüber, der durch Zunahme der Kationen und Abnahme der Anionen ausgezeichnet ist. Diese beiden Formen sind nicht immer rein ausgesprochen, vielmehr finden sich zahlreiche Übergänge. Die Erklärung ihrer Entstehung aus der lokalen Acidität ist im Kapitel 6 gegeben.

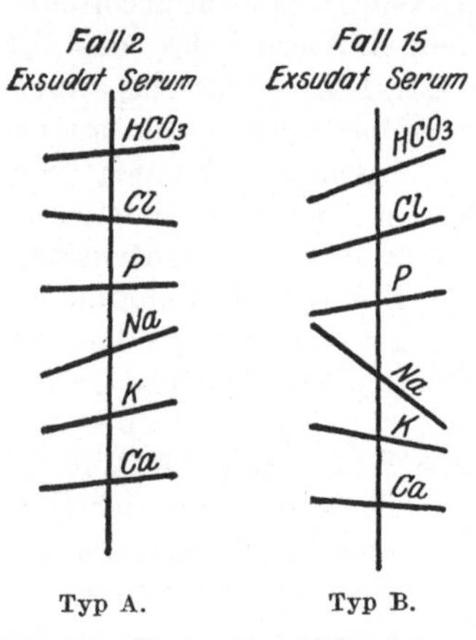

Abb. 46. Typen der Elektrolytverschiebung bei Gelenkexsudaten. (Nach HÄBLER.)

Die bei der Arthritis deformans auftretenden Gelenkergüsse zeigen gegenüber anderweitigen Gelenkexsudaten in ihrem physiko-chemischen Verhalten keinerlei Besonderheiten. SEELIGER hatte geglaubt, die Ursache der Arthritis deformans darin suchen zu können, daß durch die Herabsetzung der Alkalescenz der Synovia es zu Schädigungen des Gelenkknorpels komme, der dadurch in seiner Grundsubstanz eine Zustandsänderung erführe. Daß diese Anschauung nicht stichhaltig ist, geht schon daraus hervor, daß die aktuelle Reaktion der Gelenkexsudate bei Arthritis deformans meist nicht von der des Blutserums abweicht (HÄBLER u. WEBER). Nun lassen sich aber durch Einbringen von Säure in das Gelenk die typischen Erscheinungen der Arthritis deformans erzeugen, wie auch die genannten Autoren zeigen konnten. Dasselbe findet aber in noch viel stärkerem Maße statt, wenn man destilliertes Wasser in das Gelenk einbringt. Es ist bekannt, daß destilliertes Wasser ein außerordentlich starkes „Quellungsgift" ist, so daß daraus geschlossen werden kann, daß die Ursache des Auftretens arthritischer Erscheinungen nach derartigen Eingriffen in einer Schädigung des Quellungszustandes des Gelenkknorpels zu suchen ist. Eine solche Schädigung des Quellungszustandes und damit der Elastizität ist auch allen anderen Eingriffen gemeinsam, durch die sich experimentell eine Arthritis deformans erzeugen läßt. Vergegenwärtigen wir uns weiter, daß die Materialbeschaffenheit und Elastizität des Gelenkknorpels im Alter wesentlich verschlechtert ist (GOECKE) und daß bei Veränderung der statischen Verhältnisse im Gelenk Knorpelflächen der Beanspruchung durch die Belastung ausgesetzt werden können, die nicht dieselben elastischen Eigenschaften haben wie die normalerweise betroffenen (s. S. 208), so wird damit auch das gehäufte Auftreten der Arthritis deformans im Alter und bei Veränderungen der Statik aus der gleichen Ursache heraus verständlich. Damit steht im Einklang, daß die Materialbeschaffenheit des Knorpels bei Arthritis deformans wesentlich verschlechtert gefunden wird (GOECKE). (Experimentelle Untersuchungen in dieser Richtung sind in unserem Laboratorium zur Zeit im Gange.) Durch die Veränderung der Elastizität des Gelenkknorpels sind die Zellen des darunterliegenden Knochens nicht mehr in genügender Weise gegen die Druckbeanspruchung des täglichen Lebens geschützt; sie geraten also durch sie in einen Reizzustand, infolge dessen dann alle die Erscheinungen auftreten, die wir im mikroskopischen Bild bei der Arthritis deformans finden. Verständlich wird nach dieser Anschauung auch der therapeutische Erfolg der parenteralen Schwefelinjektionen, da nach den Untersuchungen von MEYER-BISCH bekannt ist, daß durch sie Änderungen im Quellungszustand des Gelenkknorpels erzeugt werden. Auch hier harrt wieder ein weites und aussichtsreiches Gebiet physiko-chemischer Forschung der Bearbeitung durch den Chirurgen.

Wir fassen zusammen: Trotz noch zahlreicher bestehender Unsicherheiten kann über die Vorgänge bei der Verkalkung im Organismus folgendes als relativ sicher angenommen werden:

Von den im Serum normalerweise vorhandenen 10—12 mg% Gesamt-Ca ist etwa die Hälfte als adialysable Verbindung vorhanden.

Von dem dialysierbaren Teil sind nur etwa 1,8 mg% ionisiert, der Rest von ca. 3,2 mg% befindet sich, wahrscheinlich als Ca-Phosphat oder -Carbonat, in übersättigter Lösung.

Bei der Verkalkung ist entweder die Phosphatase im Knochen gesteigert und dadurch werden aus den organischen Phosphatverbindungen des Blutes und der Gewebe Phosphationen in Freiheit gesetzt, und es kommt somit zum Ausfallen erster kleiner Mengen von tertiärem Calciumphosphat infolge Überschreitens des Löslichkeitsproduktes, oder es wird Calcium, zunächst in gelöster Form, in vermehrter Menge herangeholt und auch damit die Ursache der Ausfällung von Kalksalzen gegeben.

Diese ersten „Keimkrystalle" bewirken dann, analog den Vorgängen in vitro, ein weiteres Ausfallen des gelösten Calciums (bis zum völligen Verschwinden desselben) als Phosphat und Carbonat. Solange sich die Lösung, aus der das Ca ausgefallen ist, wieder ergänzt oder ihre ursprüngliche Zusammensetzung wieder annimmt, muß auch der Vorgang der Kalkausfällung weiter fortschreiten und die Ablagerung als Phosphat und Carbonat gemeinsam auftreten.

Bei diesen Vorgängen spielt die H-Ionenkonzentration eine große Rolle, sie beeinflußt einerseits den Dissoziationsgrad des Ca und andererseits entspricht die optimale Reaktion bei Verkalkungsvorgängen in vitro der normalen Blutreaktion, während schon geringe Verschiebung nach dem Sauren die Verkalkung hemmen oder völlig aufheben kann.

Das Zustandekommen der „Knochenarchitektonik" läßt sich rein avital aus den Gesetzmäßigkeiten bei der gemeinsamen Ablagerung von Kolloiden und Krystalloiden erklären.

Der Knochen verdankt seine physikalischen Eigenschaften der in ihm vorhandenen innigen Vereinigung von Kolloiden und Krystalloiden. Diese Mineralsubstanzen bestehen vorwiegend aus tertiärem Calciumphosphat und sekundärem Calciumcarbonat in einem Verhältnis von etwa 7 : 1. Dabei verhalten sich Spongiosa und Compacta bezüglich ihres Wasser- und Salzgehaltes verschieden.

Die physikalischen Eigenschaften (Elastizität, Festigkeit usw.) sind für Compacta und Spongiosa verschieden, selbst an ein und demselben spongiösen Knochen (z. B. Wirbel) lassen sich Unterschiede der einzelnen Teilflächen nachweisen und eine „Topographie der Tragfähigkeit" aufstellen.

Statische Belastung, vereinzelte große Einzelstöße und gehäufte kleine Stoßbelastungen bewirken eine Verschlechterung der Materialeigenschaften, die bis zu einer Belastungsgrenze, die etwa den vitalen Verhältnissen entspricht, bei genügender Erholungszeit reversibel ist, bei Überschreiten dieser Grenze aber irreparable Schädigungen bewirkt.

Mit zunehmendem Alter verändern sich die elastischen Eigenschaften des Knochens wesentlich als Folge des Alterns seiner Kolloide, und zwar zeigt der Knochen des Erwachsenen die beste, der des Greises die schlechteste Materialbeschaffenheit. Auch wird die Widerstandskraft gegen die durch Einzelbelastung oder rhythmische Dauerstöße bedingte Materialveränderung mit zunehmendem Alter geringer. Hier sind anfängliche Beziehungen zu pathologischen Veränderungen und den „Alterserkrankungen" des Knochensystems gegeben, deren Ausbau dringend wünschenswert ist.

Die Vorgänge bei der Frakturheilung lassen sich nach den bisherigen, allerdings noch spärlichen experimentellen Ergebnissen etwa folgendermaßen darstellen: Wie bei jeder Wunde, erfolgt auch an der Frakturstelle zunächst eine lokale Zunahme der H-Ionenkonzentration, die eine vermehrte Dissoziation des vorhandenen Ca bedingt und aus dem Knochen der Umgebung Kalk löst. Mit Einsetzen der reparativen Vorgänge geht auch die lokale Acidität wieder zurück, und die Reaktion nähert sich dem Optimum der Phosphatasewirkung und Kalkausfällung, so daß es zur Bildung der ersten Krystallkeime kommen kann. Tritt infolge irgendwelcher Störungen die Rückbildung der lokalen Acidität nicht ein (Infektion, alle Blutergüsse, langdauernder Zerfall zertrümmerten Gewebes, Störung der Blutzirkulation), oder bestehen Stoffwechselstörungen im Sinne einer Acidose (Schwangerschaft), so kann es nicht zur Ausfällung der Kalksalze kommen und die Bruchheilung ist verzögert oder bleibt ganz aus. Auch hier sind weitere Untersuchungen dringend notwendig, die besonders für die Therapie wichtige Aufschlüsse erwarten lassen.

Rachitis, Osteomalacie und Osteoporose stellen sich als allgemeine Stoffwechselstörung dar, bei der die Acidose im Vordergrund steht, durch die wiederum die Störungen der Verkalkung bedingt werden.

Störungen des Kalk- und Phosphatstoffwechsels werden auch bei PERTHESscher Krankheit, Apophysitis calcanei und SCHLATTERscher Krankheit beobachtet.

Bei den zur Gruppe der Epiphysionekrosen gehörenden Krankheiten, bei Arthritis deformans und Skoliose scheinen Kolloidschädigungen und damit bedingte Veränderungen der Knochenelastizität im Vordergrund zu stehen.

Wie beim Knochen sind auch am Knorpel die Materialeigenschaften am besten beim Erwachsenen, am schlechtesten im Greisenalter, und auch an ihm bewirken häufige kleine Belastungen Veränderungen der elastischen Eigenschaften im Sinne einer Materialverschlechterung; und an den einzelnen Gelenkflächen zeigen sich örtliche Unterschiede der elastischen Eigenschaften, die in gesetzmäßigem Zusammenhang mit der funktionellen Belastung stehen.

Die Unterschiede der physikalischen Eigenschaften des Knorpels in den verschiedenen Lebensaltern haben ihre Ursache in dem verschiedenen Wasser- und Salzgehalt.

Die Untersuchungen über die normale Zusammensetzung der Synovia sind noch zu spärlich, um ein sicheres Urteil gewinnen zu lassen, dagegen ist von den rein serösen Gelenkergüssen bekannt, daß ihr Gehalt an diffusiblen Substanzen annähernd dem des Blutes entspricht, Trockensubstanz und Eiweißgehalt geringer, Viscosität etwa 4—5 mal höher ist als die des Serums. Auch die aktuelle Reaktion ist bei nicht entzündlichen Ergüssen der des Blutes gleich.

Bei den entzündlichen Prozessen in Gelenken finden wir die allgemeinen physiko-chemischen Gesetzmäßigkeiten der Entzündungsvorgänge wieder. Infolge des anatomischen Baues der Synovialmembran steht im Vordergrund der klinischen Erscheinungen der Erguß, dessen Entstehung durch das Undichtwerden der Capillaren für Eiweiß und die damit verbundene membranogene Hypoonkie des Capillarblutes zu erklären ist.

Ebenso findet der erhöhte hydrodynamische Druck, unter dem die Exsudate in Gelenken stehen und das beschleunigte Eindringen gelöster Stoffe aus dem Exsudat in das Blut eine Erklärung in der veränderten Membrandurchlässigkeit der Capillarwand, und es lassen sich für die Therapie aus diesen Gesichtspunkten heraus bestimmte Richtlinien gewinnen.

Als Ursache der Arthritis deformans werden nach den bisher vorliegenden Untersuchungen Kolloidveränderungen der Knorpeleiweiße und dadurch bedingte Änderungen der elastischen Eigenschaften erkennbar, durch die dann sekundär die mikroskopisch feststellbaren Veränderungen an den Zellen bedingt werden.

15. Aus dem Gebiet der Magen- und Darmkrankheiten.

Schon seit längerer Zeit hat man physikalisch-chemische Methoden zur Untersuchung des Magensaftes herangezogen. Dadurch, sowie durch gleichzeitige Untersuchungen der Blutveränderungen sind zahlreiche und wichtige Ergebnisse für Physiologie und Pathologie der Magensaft-sekretion und des Verdauungsvorganges und für die Therapie ihrer Störungen erhalten worden. So wertvoll und interessant sie sind, muß auf ihre Darstellung hier doch verzichtet werden, da sie den Rahmen dieses Buches überschreiten würde. Sie betreffen in der Mehrzahl interne Fragen.

Wichtig für den Chirurgen scheinen dagegen die Untersuchungen, die die Veränderungen beim Magengeschwür betreffen.

In jüngster Zeit war es vor allem BÁLINT[1], der sich mit dieser Frage beschäftigte und auf Grund seiner Untersuchungen die Theorie auf-stellte, die Ursache der schlechten Heilungstendenz von Substanz-defekten der Magenschleimhaut (die aus den verschiedensten Ursachen bei jedem Menschen entstehen können) und damit der Entstehung des Ulcus liege in einer Verschiebung der Reaktion der Gewebe und des Blutes nach der sauren Seite, also in einer sog. „sauren Diathese“. Bei so disponierten Patienten entwickele sich das Ulcus mit Vorliebe an den Stellen des Magens, an denen die aus der Anatomie und Funktion des Organs herrührenden mechanischen Wirkungen am meisten zur Geltung kommen.

So ansprechend diese Anschauung erscheint (steht sie doch in ge-wissem Sinn damit in Einklang, daß man mit der SIPPY-Kur therapeu-tische Erfolge erzielt, denn bei ihr wird dem Körper bevorzugt Alkali zugeführt), halten doch die Untersuchungen, auf die sie sich stützt, einer strengen Kritik, besonders in methodischer Beziehung, nicht stand.

Es erscheint daher wünschenswert, auf sie etwas näher einzugehen, besonders auch deshalb, weil sie weitgehende Beachtung gefunden haben und scheinbar im Gegensatz stehen zu der SAUERBRUCH-HERRMANNS-DORFERschen[2] Ernährungstherapie mit säuernder Kost.

BÁLINT findet die aktuelle Reaktion des Blutes beim Ulcuskranken im ganzen saurer als beim Normalen. Auch HOLLER und BLÖCK[3] stellen in einigen Fällen solche Acidität fest.

Die Autoren bedienen sich dabei zur Messung des Blut-p_H der Indi-catorenmethode von HOLLO und WEISS, für die sie eine Fehlerbreite von 0,02 p_H annehmen, obwohl sie sie mit der MICHAELISschen Nitrophe-nol-Indicatorenmethode eichen, deren Fehlerbreite *dieser selbst* mit 0,1 p_H angibt. Die Indicatorenmethode kann aber niemals für das Blut als ausreichend anerkannt werden, feinere Unterschiede erkennen zu lassen[4]. Vor allen Dingen ist auch bei der Methode von HOLLO und WEISS — neben sonst noch möglichen Einwänden — der CO_2-Verlust

---

[1] BÁLINT: Ulcusproben und Säure-Basengleichgewicht. Berlin: Karger 1927.

[2] SAUERBRUCH, HERRMANNSDORFER, GERSON: Münch. med. Wschr. 1926 H. 2, — SAUERBRUCH u. HERRMANNSDORFER: Münch. med. Wschr. 1928, 35. — HERR-MANNSDORFER: Arch. klin. Chir. **138**, 396 (1925) — Dtsch. Z. Chir. **200**, 534 (1927) — Verh. Ges. Verdgskrkh. 1927 — Med. Klin. **1929**, 1235 — Z. ärztl. Fortb. **26**, 580 (1929).

[3] HOLLER u. BLÖCK: Wien. klin. Wschr. **40**, 1249 (1927).

[4] Vgl. HÄBLER u. WEBER: Dtsch. Z. Chir. **209**, 211 (1928) — Biochem. Z. **195**, 364 (1928) — Langes Arch. **156**, 20 (1929). — BECK u. LAUBER: Ebenda **155**, 469 (1929).

nicht ausgeschaltet. Die CO_2-Berücksichtigung ist aber bei Messungen der Blutreaktion unerläßlich.

So haben auch KALTSTEIN und ERDEY-GRUZ[1] bei elektrometrischer Messung mit Chinhydron die Befunde BÁLINTs nicht bestätigen können. Zwar ist auch diese Methode für Blut außerordentlich unsicher[2], doch kann BÁLINTs Antwort[3] den Einwand der genannten Autoren nicht entkräften, da sie außer polemischen Bemerkungen keine neuen Tatsachen bringt. Auch GAVRILA[4] fand mit derselben Technik wie BÁLINT keine Verschiebung der Blutreaktion beim Ulcuskranken.

Doch selbst wenn man von diesen technischen Mängeln absieht, bleibt BÁLINT die Erklärung dafür schuldig, weshalb noch immer ein großer Teil der Ulcuskranken (54,9%) „normale" und 7,7% sogar alkalischere Blutreaktion aufweisen.

BÁLINT stellte weiter fest, daß bei Ulcuskranken die nach intravenöser Injektion von Natr. bicarbonat auftretende Verschiebung der aktuellen Reaktion des Urins nach der alkalischen Seite geringer ist als beim Gesunden. Auch hiergegen ist technisch einzuwenden, daß bei solchen Untersuchungen unbedingt die CO_2-Spannung hätte mit berücksichtigt werden müssen. Bei dem geringen Bicarbonatgehalt des Urins ist ihr Einfluß auf die aktuelle Reaktion noch viel größer als beim Blut[5]. Ferner hat BÁLINT als Ausgangswert die Reaktion des zwischen 8 und 10 Uhr entleerten Urins gesetzt. Nun ist bekannt, daß gerade um diese Zeit ein Alkaliausstrom (oder besser verminderter Säureausstrom) im Urin sich zeigt. Diese Alkaliflut ist beim Achyliker geringer, beim Hyperaciden stärker ausgeprägt als beim Gesunden[6]. So war auch bei BÁLINTs Patienten mit Ulcus ventriculi der Morgenurin im Durchschnitt alkalischer als bei Gesunden, und da die p_H-Verschiebung nach der Bicarbonatinjektion ihre Grenzen hat (bei Berücksichtigung der CO_2 geht sie über den Blutwert überhaupt nicht hinaus), wird verständlich, daß die Differenz bei ihnen geringer ist als beim Normalen. Ferner ist durchaus denkbar, daß infolge des veränderten Tonus des vegetativen Nervensystems, das ja an der Regelung des Säure-Basenhaushaltes wesentlich beteiligt ist, auch die verschiedenen Organe der Ausscheidungsregelung anders in Tätigkeit treten als normalerweise. Es erscheint durchaus möglich, daß durch veränderte Ansprechbarkeit des Atemzentrums auch die Lunge nach der Alkaliinjektion weniger Säure ausscheidet als normal, und somit die Niere gewissermaßen entlastet wird.

Auch darf nicht vergessen werden, daß durch die Magensaftsekretion eine Verarmung des Blutes an sauren Valenzen stattfindet, und die ist ja beim Ulcuskranken zweifellos verändert. Zur genauen Feststellung der „Alkali- (bzw. Säure-)Bilanz" kann die Bestimmung der aktuellen

[1] KALTSTEIN, O., u. T. ERDEY-GRUZ: Z. exper. Med. **62**, 461 (1928).
[2] Siehe C. REIMERS: Z. exper. Med. **67**, 326 (1929).
[3] BÁLINT: Z. exper. Med. **64**, 288 (1929).
[4] GAVRILA, J.: C. r. Soc. Biol. Paris **96**, 1036.
[5] Vgl. BECK u. LAUBER: a. a. O.
[6] Siehe H. SCHULTEN: Münch. Med. Wschr. **1928**, 898.

Reaktion und Titrationsacidität des Urins allein niemals genügen. Alveolare CO_2-Spannung (d. h. CO_2-Ausscheidung durch die Lunge), Alkalireserve und Magensaftmenge und -säuregehalt müssen dabei unbedingt mit berücksichtigt werden, ganz abgesehen von der möglicherweise auch ganz erheblichen Alkaliausscheidung durch den Darm.

Auf die weiteren Untersuchungen soll, um Weitläufigkeit zu vermeiden, nicht näher eingegangen werden, ihnen gegenüber sind sinngemäß die gleichen Einwände zu machen. Nur auf einen Punkt sei noch hingewiesen, in dem sich BÁLINT gewissermaßen selbst widerlegt. Er schreibt, daß er bei zahlreichen Ulcuskranken in der Alkalireserve des Blutes und der alveolaren CO_2-Spannung keine Unterschiede gegen die Norm gefunden habe. Da nun aus diesen beiden Größen die aktuelle Reaktion des Blutes errechnet werden kann (s. Kap. 2), wäre daraus eher zu entnehmen, daß auch sie beim Ulcuskranken normal und nicht nach dem Sauren zu verschoben ist[1].

Um den Zusammenhang zwischen der angeblich sauren Reaktion des Blutes und der Gewebe mit der schlechten Heilungstendenz zu erweisen, spritzte BÁLINT Hunden und Kaninchen saure Phosphatpuffer (p_H 5,0) in Mengen von 3mal täglich 20 bzw. 4 ccm bis zu 4 Wochen lang intravenös ein und fand dann, daß Substanzdefekte im Magen (bei Hunden) und auf der Haut (bei Kaninchen) schlechter heilten als bei unbehandelten Tieren. Dagegen ist einzuwenden, daß die eingebrachten Säuremengen so groß sind, daß eine Allgemeinschädigung des Organismus schwerster Art nicht ausgeschlossen werden kann. Daß schwere Acidose die Heilungstendenz verschlechtert, wissen wir aus den klinischen Erfahrungen beim Zuckerkranken. Die „Umstellung" geht jedenfalls in BÁLINTs Versuchen weit über die Grenzen dessen hinaus, was durch „saure Kost" erreicht wird, und so sind die Versuche, das erscheint nach Ansicht des Verfassers wichtig, auch nicht gegen die SAUERBRUCH-HERRMANNSDORFERsche Ernährungstherapie zu verwerten. BÁLINT erklärt diesen scheinbaren Gegensatz damit, daß durch die Diät eine Verschiebung der Blutreaktion nicht zustande komme. Die Verminderung der Alkalireserve könne nicht als Beweis dafür dienen[2], er bleibt aber den Beweis für eine Acidität des Blutes in seinen Versuchen schuldig. Die ungleich stärkere Säureüberladung des Organismus und die damit sicher verbundene Änderung des Quellungszustandes der Gewebskolloide kann allein schon das verschiedene Ergebnis erklären.

So sehen wir, daß sich gegen BÁLINTs Versuche und gegen die aus ihnen gezogenen Schlüsse gewichtige Einwände erheben lassen. Auch theoretische Erwägungen sprechen gegen ihre Richtigkeit:

Es wird heute wohl von den meisten Autoren anerkannt, daß bei den Ulcuskranken Veränderungen im Tonus des vegetativen Nervensystems

---

[1] Dabei darf nicht vergessen werden, daß die Berechnung des Blut-p_H aus Alkalireserve und alveolarer CO_2-Spannung unter pathologischen Verhältnissen gewisse Unsicherheiten bietet.

[2] Daß eine solche Verschiebung der Reaktion beim Gesunden nach 8 Tage langer saurer Kost, kombiniert mit Gaben von Ammonchlorid, tatsächlich nicht stattfindet, obwohl die Alkalireserve bis zu 30% abgesunken war, konnte der Verfasser in noch unveröffentlichten Versuchen an Studenten erweisen.

im Sinne einer „Vagotonie" bestehen. Dabei ist das Wesentliche nach den Untersuchungen von STAHNKE[1] die vermehrte Säureproduktion im Verein mit der verminderten Entleerungsfähigkeit. Ob diese Vagotonie die primäre Ursache der Erkrankung ist oder nicht, kann für unsere Betrachtung vernachlässigt werden, es genügt die Tatsache, daß sie vorhanden. Nun besteht nach den Untersuchungen von KRAUS und ZONDEK[2], die von vielen Seiten bestätigt und allgemein anerkannt sind, ein Zusammenhang zwischen vegetativem Nervensystem und Elektrolytsystem, der sich in folgendem Schema kurz darstellen läßt:

$$Ca \rightleftarrows Sympathicus \rightleftarrows saure\ Reaktion,$$
$$K \rightleftarrows Vagus \rightleftarrows alkalische\ Reaktion.$$

Und tatsächlich findet sich bei den Vagotonikern eine Alkalose, d. h. Erhöhung der Alkalireserve (und eine relative Lymphocytose[3] und K-Vermehrung). Diese Alkalose bestätigte GAVRILA[4] bei Patienten mit Ulcus ventriculi, LURJE[5] bei Hyperacidität überhaupt, und HERMANNS und SAKR[6] fanden die digestive Erhöhung der Alkalireserve beim Hyperaciden größer als beim Normalen. Die alveolare CO_2-Spannung zeigte dabei entweder ebenfalls eine Erhöhung (Blut-p_H bliebe also gleich) oder sie blieb unverändert (p_H würde alkalisch!). Dabei bestand eine auffällige Übereinstimmung zwischen den Aciditätskurven des Magensaftes und denen der Alkalireserve.

Befunde über eine Acidose, d. h. Verminderung der Alkalireserve beim Ulcuskranken liegen bisher offenbar nicht vor, vielmehr darf man, vorläufig wenigstens, eine Alkalose bei ihnen annehmen. Ob sie Ursache oder Folge der Vagotonie, darüber können die bisherigen Untersuchungen keinen Aufschluß geben.

Auch der Beweis für eine saure Reaktion des Gewebes ist bislang nicht als gegeben zu erachten, vielmehr ist, da nach den Untersuchungen von SCHMIDTMANN und SEKI[7] sich bei Durchspülungsversuchen die Reaktion der Zelle entsprechend der der Durchspülungsflüssigkeit ändert, anzunehmen, daß beim Ulcuskranken die Gewebsreaktion nach der alkalischen Seite verschoben ist.

Auch das Verhalten des Ca und K deutet auf eine Vagotonie hin.

So fanden PENDE[8] und GADALETA[9] Hypocalcämie. STEINITZ[10] fand zwar normale Ca-Werte, aber in der Hälfte der Fälle erhöhten K-Gehalt, REICHE[11] dagegen keine für Ulcus charakteristischen Veränderungen des K- und Ca-Gehaltes.

---

[1] STAHNKE, E.: Arch. klin. Chir. **132**, 1 (1924). — Vgl. auch v. BERGMANN, in Mohr-Stähelins Handb. d. inn. Medizin.

[2] Siehe S. G. ZONDEK: Die Elektrolyte. Berlin 1927.

[3] HOFF, F.: Erg. inn. Med. **33**, 225 (1928). — Vgl. a. Kap. 11.

[4] GAVRILA: a. a. O.

[5] LURJE, H. S.: Arch. Verdgskrkh. **41**, 30 (1927).

[6] HERRMANNS, L., u. J. M. SAKR.: Klin. Wschr. **6**, 1367 (1927).

[7] SCHMIDTMANN, M., u. SEKI: Z. exper. Med. **58**, 340 (1927).

[8] PENDE, zitiert nach GADALETA.

[9] GADALETA, G.: Gazz. internaz. med.-chir. **30**, 409 (1927).

[10] STEINITZ, H.: Arch. Verdgskrkh. **38**, 347 (1926).

[11] REICHE, F.: Med. Klin. **23**, 236 (1927).

Die Ergebnisse sind also im Ganzen noch recht uneinheitlich und es wäre wünschenswert, sie zu erweitern und zu ergänzen. Direkte Messungen am Blut und vor allen Dingen an frischem Operationsmaterial erscheinen möglich und aussichtsreich, nur wird man sich bei der Bewertung der Ergebnisse, besonders der Gewebsmessungen, stets der Grenzen bewußt sein müssen, die uns bislang noch durch die Methodik gesetzt sind.

Man hat die Entstehung des Magengeschwürs auch als peptische Verdauung der Magenwand aufgefaßt, und als Erklärung dafür, daß normalerweise eine solche nicht stattfindet, ein „Antipepsin" in der Magenwand bzw. im Blutserum angenommen, das bei den Ulcuskranken nicht oder nur in vermindertem Maß vorhanden sei[1]. Die Anwesenheit bzw. Menge des „Antipepsin" wurde dabei durch die Hemmung festgestellt, die die Pepsinverdauung in vitro bei Zusatz der jeweilig zu untersuchenden Substanz (Organsaft, Blut) erfährt. Gegen alle diese Untersuchungen wendet SCHMUTZIGER[2] ein, daß bei ihnen die H-Ionenkonzentration und ihre Veränderungen nicht genügend beachtet wurde. Er konnte bei Ausschaltung dieser und ähnlicher möglicher Fehlerquellen niemals ein „Antipepsin" nachweisen und lehnt daher sein Bestehen ab. Er macht mit Recht darauf aufmerksam, daß die Annahme eines spezifischen Antifermentes zur Erklärung des Schutzes der Gewebe gegen Selbstverdauung nicht nötig sei, da deren Alkalität allein schon zu einem solchen Schutz genüge. In der Tat liegt das Wirkungsoptimum des Pepsins bei einer Reaktion von p_H 1,5—2,0 (also entsprechend $^n/_{100}$-HCl) schon bei p_H 3,0 ist kaum noch eine Wirkung zu bemerken (SÖRENSEN[3]). Die Reaktion des Magensaftes liegt in diesem Bereich (p_H 0,8—2,0)[4] und auch auf der Magenoberfläche werden elektrometrisch gleich hohe H-Ionenwerte gefunden[5]. Dagegen findet sich die Reaktion der Schleimhautzellen niemals saurer als p_H 6,7 (M. SCHMIDT-MANN[6]). Sie liegt also weit außerhalb der Grenzen, in denen das Pepsin seine Wirkung entfalten kann, und schon dadurch ist der Schutz gegen die Pepsinverdauung erklärt. Eine Reaktion von p_H 3,0 ist nach unseren bisherigen Kenntnissen mit dem Leben nicht vereinbar, dagegen findet postmortal — da der Säureabtransport zum Blut fehlt — sehr bald eine erhebliche Säuerung des Gewebes statt, so daß verständlich wird, daß bei Leichen im mikroskopischen Bild Zeichen peptischer Verdauung sich finden können (HAUSER), während sie der Chirurg an seinen frischen Resektionspräparaten nicht beobachtet (KONJETZNY). Die physika-

---

[1] Ausführliche Darstellung s. H. KOHLER: Mitt. Grenzgeb. Med. u. Chir. **37**, 87 (1924).

[2] SCHMUTZIGER, P.: Arch. klin. Chir. **146**, 372 (1927).

[3] SÖRENSEN: Biochem. Z. **21**, 131; **22**, 352 (1909). — MICHAELIS u. MENDELSOHN: Ebenda **65**, 1 (1919). — S. a. MICHAELIS: Wasserstoffionenkonzentration. Berlin 1925.

[4] HÖBER, R.: Physik. Chemie der Fette und Gewebe, 5. Aufl., 151. Leipzig 1922.

[5] Noch unveröffentlichte Untersuchungen von C. REIMERS, nach persönlicher Mitteilung des Autors, für die ihm auch an dieser Stelle bestens gedankt sei.

[6] SCHMIDTMANN, M.: Z. exper. Med. **57**, 127 (1927).

lische Chemie vermag also auch hier wieder scheinbar vorhandene Gegensätze zu erklären und zu beseitigen.

Für das Trypsin und „Antitrypsin"[1] gilt sinngemäß das Gleiche, nur daß beim Trypsin das Wirkungsoptimum im alkalischen Gebiet, bei p_H 8,3—9,9 liegt.

Es ist bislang noch nicht geklärt, wodurch die Zellen der Magenschleimhaut so gut gegen die H-Ionen geschützt sind. Die Regelung vom Blut aus vermag allein dafür nicht zu genügen, das wissen wir aus den Untersuchungen über die Entzündung. Die Tatsache aber, daß alle diejenigen Oberflächen der Körperorgane, an denen besonders starke Gefälle und Schwankungen der H-Ionenkonzentration gegenüber dem Blut bestehen (Luftwege, Magendarmkanal, Harnwege, Vagina) mit einer Schleimhaut ausgekleidet, d. h. von einer mehr oder weniger dicken Schleimschicht bedeckt sind, läßt daran denken, daß dieser Schleim einen ganz besonderen, kolloidbedingten Schutz gegen das Eindiffundieren der H-Ionen bietet.

So sehen wir also, daß auf dem Gebiet der Magenerkrankungen noch viele Fragen offen sind, und ein weites und aussichtsreiches Gebiet der physiko-chemischen Bearbeitung besonders durch den Chirurgen harrt.

Wie fruchtbar die Anwendung physiko-chemischer Untersuchungsmethoden für die experimentell klinische Forschung sein kann, haben die Untersuchungen des Verfassers über die Todesursache beim Darmverschluß[2] gezeigt. Bei ihnen waren die Ergebnisse der physiko-chemischen Blutuntersuchungen bestimmend für die Anordnung der Tierexperimente und ermöglichten den Beweis, daß die Todesursache beim Dünndarmverschluß in einer Intoxikation vom Darm her zu erblicken ist. Denn es gelang einerseits, den Tod des Versuchstieres unter dem klinischen Bild und den für Ileus typischen physikalisch-chemischen Veränderungen des Blutes dadurch zu erzeugen, daß in den *unverschlossenen Darm* der Darminhalt anderer an Ileus gestorbener Tiere (oder normaler Darminhalt, der in vitro den Bedingungen zur Giftbildung ausgesetzt war) eingefüllt wurde. Dabei zeigte sich (in Übereinstimmung mit der klinischen Erfahrung, daß die Erscheinungen des Darmverschlusses um so stürmischer sind, und der Tod um so rascher eintritt, je höher der Verschluß sitzt) unter sonst gleichen Bedingungen der Giftwirkung des in vitro vorbehandelten Darminhaltes um so stärker, je höheren Darmabschnitten er entstammte. Andererseits blieben Tiere mit *vollkommen verschlossenem Darm am Leben*, ohne daß klinisch oder im Blut Erscheinungen des Ileus auftraten, wenn durch Ableitung der Duodenalsäfte im ganzen oder von Galle oder Pankreassekret allein die Giftbildung im gestauten Darminhalt vermieden wurde. (Die genannten Untersuchungen sind erst kürzlich abgeschlossen, ihre klinische Auswertung daher noch nicht erfolgt, sie soll in nächster Zeit nachgeholt werden.)

Die „Reflextheorie" war damit zu widerlegen, daß die Tiere, die mit völlig verschlossenem Darm am Leben blieben, per os gewöhnliche Nah-

---

[1] Necheles u. Fernando: J. Biophysics **2**, 30 (1927).

[2] Häbler: Z. exper. Med. **54**, 524 (1926); **62**, 67 (1929); **70**, 153 (1930) — Chir. Kongr. **1929** — Verh. Ges. Verdgskrkh. 7. Tagg. (1927).

rung erhielten und bei ihnen eine, klinisch und autoptisch festgestellte, enorme Aufblähung des Magens und zuführenden Darmes auftrat, ohne daß das Befinden und die Werte des Blutes eine Veränderung erfuhren, oder gar der Tod eintrat.

Die Theorie des Verdurstens in den Darm konnte durch die physiko-chemischen Blutuntersuchungen widerlegt werden. Während beim Tod infolge *Verdurstens* oder infolge des durch Einfüllen hypertonischer Salz-lösungen erzeugten *Wasserverlustes in den Darm* neben dem Anstieg von Eiweißgehalt und Viscosität des Serums, Gefrierpunkt, Zucker und Rest-N und Abfalls des spez. Gewichtes des Gesamtblutes eine *Acidose* im Blut auftritt (kenntlich am Abfall der CO_2-Bindungsfähigkeit des Plasmas und Anstieg der Blutchloride) findet sich beim Darmverschluß eine Alkalose (in dem vom Darm kommenden Pfortaderblut stärker als im

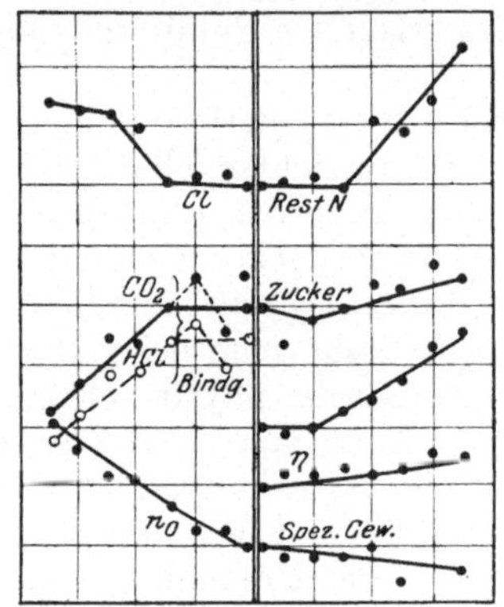

Abb. 47. Durstbild der Blutveränderungen. Abb. 48. Ileus-Typ der Blutveränderungen.
(Nach HÄBLER.) (Nach HÄBLER.)

arteriellen), während die übrigen Veränderungen denen beim Durst in ihrer Richtung entsprechen. Die beigefügten schematischen Darstel-lungen der Blutveränderungen vermögen die Verhältnisse am besten zu veranschaulichen (Abb. 47 u. 48).

Die Ursache der Giftbildung ist in einer Änderung der Reaktions-kinetik des Darminhaltes zu suchen. Sie gibt sich schon darin zu er-kennen, daß beim Hund der Darminhalt stets alkalisch gefunden wird, während normaler Dünndarminhalt bei ihm schwach sauer reagiert (HÄBLER). Sie wird verständlich dadurch, daß der Abtransport der jewei-ligen Reaktionsendprodukte einmal durch den mechanischen Verschluß, zum anderen durch die verminderte Resorption (ENDERLEN und HOTZ[1]) nicht in genügender Weise stattfindet. So werden die Reaktionen in falsche Bahnen geleitet, und es entstehen dadurch und begünstigt durch die vielleicht erleichterte bakterielle Zersetzung sonst nicht vorhandener abnormer Substanzen *Giftstoffe*, deren Übertritt in das Blut die Ursache des Todes wird.

---

[1] ENDERLEN u. HOTZ: Mitt. Grenzgeb. Med. u. Chir. **23**, 755 (1911).

Bei der Kotstauung durch Obstipation liegen die Verhältnisse wesentlich anders, das ist schon daran kenntlich, daß bei ihr stärker gasbildende Prozesse meist fehlen. Vor allen Dingen aber liegt der Ort der Stauung des Inhaltes bei der Obstipation *im Dickdarm*, in dem die chemischen Vorgänge im Darminhalt nur noch minimal sind, und in der Hauptsache nur noch Eindickung des Kotes durch Wasserresorption stattfindet. Die Inhaltsbewegung im Dünndarm erleidet dabei, wie wir aus röntgenologischen Untersuchungen wissen, keine oder nur geringe Verzögerung, daher sind auch Änderungen des Reaktionsablaufes in ihm nicht anzunehmen[1].

Der Unterschied zwischen Dickdarmverschluß und Obstipation besteht darin, daß bei dieser die verzögerte Entleerung der Ingesta durch *vermehrte Antiperistaltik* des Dickdarms bedingt ist, wobei die aus dem Dünndarm kommenden Massen zunächst noch regelrecht abtransportiert werden. Es handelt sich also bei ihr gewissermaßen um eine „falsche Stauung", während beim *Dickdarmverschluß* eine „echte, mechanische Stauung" besteht, die weiterwirkend ihren Einfluß auch auf den Dünndarm und die in seinem Inhalt vor sich gehenden Reaktionen ausübt. So erklärt sich auch, daß beim Dickdarmileus die klinischen Intoxikationserscheinungen nur relativ langsam auftreten und nur ganz gering ausgebildet sind. Es erscheint aussichtsreich, die Veränderungen der Reaktionskinetik bei all diesen Zuständen experimentell zu untersuchen.

Steinige Verhärtungen, wie sie sonst bei pathologischen Zuständen in den Se- und Exkreten verhältnismäßig häufig auftreten, werden im Darm des Menschen nur äußerst selten gefunden. An sich sind Krystalloide und Kolloide, die als „Steinbildner" wirken können, im Darm in genügender Menge, Kolloide sogar mehr als reichlich, vorhanden. Während aber für die Steinbildung Prozesse der Ausfällung Vorbedingung sind, liegt die Gesamtrichtung der Veränderungen im Darm, besonders bei den Kolloiden, gerade in entgegengesetzter Richtung. Selbst wenn bei entzündlichen Erkrankungen der Darmschleimhaut irreversibel ausfallende Eiweißkolloide — die sonst die Steinbildung begünstigen — in die Masse des Darminhaltes hineinkommen, behält die soloide Richtung des Darmchemismus die Oberhand, auch sie werden durch fermentative Umsetzung verflüssigt und die Konkrementbildung bleibt aus. Nur wenn die im Sinne der Kolloidverflüssigung liegende Richtung der Verdauungsarbeit durchbrochen wird kann es ausnahmsweise doch zur Steinbildung kommen. So werden die in gewissen Landbezirken Schottlands auftretenden Darmsteine auf die dort übliche überreichliche Er-

---

[1] Die bei manchen Obstipationen auftretenden „Intoxikationserscheinungen" sind vielleicht dadurch zu erklären, daß in diesen Fällen auch die Dünndarmpassage verzögert ist und damit Reaktionsänderungen und Giftbildung in ihm auftreten. Die röntgenologische Kontrolle der Dünndarmpassage, unter Umständen in Verbindung mit Untersuchung des durch Sondierung gewonnenen Dünndarminhaltes, vermag vielleicht die noch bestehenden Meinungsverschiedenheiten bezüglich des Bestehens der Intoxikation bei der Obstipation zu klären. Auch die physiko-chemische Blutuntersuchung kann dabei von Wert sein.

nährung mit Haferkleienbrot zurückgeführt. In ihnen gibt das zu 15 bis 18% enthaltene Kleberfibrin die organische Gerüstsubstanz ab, als anorganische Substanz ist vor allen Dingen phosphorsaure Ammoniakmagnesia beteiligt. Analog dazu werden bei Pferden, und zwar auffallend oft bei Müllerpferden, die besonders reichlich mit Kleie gefüttert werden, Darmsteine beobachtet. In diesen Fällen gelangt das Kleberfibrin, noch dazu in mechanisch schwer angreifbarer Form, in so großen Mengen in den Darm, daß dessen Säfte nicht mehr in der Lage sind, die Kolloide in soloider Richtung zu verarbeiten. So bleibt ein Teil der angequollenen Fibrinmassen liegen und fügt die gleichzeitig vorhandenen unlösbaren Krystalloide oder anderen Stoffe zu einem einheitlichen Gebilde zusammen, an das sich durch Adsorption oder rein mechanisch weiter folgende, ähnlich unverarbeitete Fibrinmassen anlagern. Dadurch werden die älteren zentralen Teile nach außen abgeschlossen und können nun, geschützt gegen die Fermentwirkung der Darmsäfte, sekundär zum „Stein" verhärten (H. SCHADE[1]).

Entsprechend der Tatsache, daß in der Masse der Kotsteine und bei ihrer Entstehung die Kolloide die Hauptrolle spielen, zeigt ihre Struktur die für Kolloidsteine typische konzentrische Schichtung, die nur in seltenen Fällen von radiärer Krystallstrahlung durchsetzt ist.

Dagegen sind bekanntlich *Kotsteine im Wurmfortsatz* verhältnismäßig häufig. Die Ursache liegt darin, daß sein Inhalt gegen die soloiden Verdauungsprozesse des Darmes weitgehend isoliert ist. So können die üblichen Vorgänge der Steinbildung ungehemmt zur Entwicklung kommen. Auch für die Entstehung eines solchen Steines ist das Auftreten irreversibel ausfallender Kolloide (Fibrin und andere Stoffe) Bedingung. Bei ihrer Anwesenheit kann unter Mitwirkung sonst vorhandener ungelöster Bestandteile die Steinbildung beginnen, im Laufe der Zeit erhärtet das Kolloid und aus der ursprünglich weichen Masse entsteht der eigentliche Stein (H. SCHADE[2]). Da irreversibel ausfallende Kolloide im Wurmfortsatz praktisch ohne Entzündung nicht vorkommen, ist nach der physikochemischen Entstehung in Übereinstimmung mit der klinischen und pathologisch-anatomischen[3] Erfahrung, die Anwesenheit eines harten Kot*steines* ein Beweis für eine frühere Entzündung. Er kann natürlich seinerseits wieder eine Entzündung unterhalten oder schubweise neu hervorrufen.

Dagegen sind nach diesen Überlegungen die bei erstmaliger akuter Appendicitis zu beobachtenden, stets noch breiig-weichen „Kotsteine" nicht als deren *Ursache*, vielmehr als ihre *Folge* zu betrachten. Es scheint, daß man gerade diesem letzten Umstand bislang noch nicht genügend Beachtung geschenkt hat. Genauere anamnestische, klinische und besonders autoptische Erhebungen des Operationsbefundes werden aber den genannten Zusammenhang sicher erkennen lassen.

---

[1] SCHADE, H.: Münch. med. Wschr. **1911**, Nr 14.
[2] SCHADE, H.: a. a. O. — Vgl. auch H. KURU: Virchows Arch. **210**, 440 (1912).
[3] Vgl. L. ASCHOFF: Patholog. Anatomie, 4. Aufl., **2**, 874. Jena 1919.

Kurze Zusammenfassung.

Bei Kranken mit Ulcus ventriculi ist entgegen der Ansicht von BÁLINT, dessen Untersuchungen in methodischer Hinsicht der Kritik nicht standhalten können, eine Störung des Säure-Basenhaushaltes im Sinne einer Alkalose anzunehmen, die, ebenso wie die Verschiebungen des K : Ca-Verhältnisses, einer Vagatonie entspricht. Ob sie Ursache, Symptom oder Folge der Vagotonie und der Ulcuskrankheit ist, darüber kann bislang noch nichts ausgesagt werden.

Die für Vorhandensein bzw. Verminderung des „Antipepsins" und „Antitrypsins" angeführten experimentellen Untersuchungen können in methodischer Hinsicht ebenfalls nicht als genügend angesehen werden.

Mit Hilfe physiko-chemischer und experimenteller Untersuchungen ist der Nachweis erbracht worden, daß die Todesursache beim Darmverschluß in einer Intoxikation mit Giften, die im gestauten Darminhalt sich bilden, zu erblicken ist.

Konkremente im Darmtraktus sind im allgemeinen selten, ihre Entstehung und die Ausbildung der Struktur folgt den allgemein für Konkrementbildungen geltenden physiko-chemischen Gesetzmäßigkeiten.

Die im Wurmfortsatz zu findenden Steine sind eine Folge stattgehabter Entzündungsvorgänge, sie können ihrerseits aber wieder eine Entzündung unterhalten oder schubweise neu hervorrufen.

16. Aus dem Gebiet der Leber- und Gallenkrankheiten.

Physikalisch-chemische Untersuchungen an der erkrankten Leber selbst fehlen zur Zeit noch völlig. Und doch lassen, wie schon H. SCHADE[1] betonte, Messungen der Elastizität und Härte, des Quellungszustandes des Lebergewebes und des Einflusses der Ionenreihen ebenso wie reaktionskinetische Untersuchungen bei Durchspülungsversuchen interessante Ergebnisse erhoffen.

Besonders wünschenswert für den Chirurgen erscheint dem Verfasser die Prüfung der Frage nach dem Einfluß der durch die Operation im allgemeinen bedingten Blut- und Plasmaveränderungen (s. Kap. 8) auf die Beschaffenheit und die Funktion der Leber einerseits und andererseits nach der Beteiligung der Leber an der Beseitigung dieser Störungen der normalen Körperkonstanten. Sie erscheint mit Hilfe der Angiostomiemethode[2] und von Durchspülungsversuchen möglich und aussichtsreich. Die Ergebnisse der Leberfunktionsprüfungen vor und nach Operationen machen einen solchen Einfluß und Beteiligung ebenso wahrscheinlich wie die Tatsache, daß die Leber an fast allen Stoffwechselvorgängen des Körpers wesentlichen Anteil hat. Wünschenswert erscheinen derartige Untersuchungen aber vor allen Dingen

---

[1] SCHADE, H.: Phys. Chem. in der inn. Med., S. 296.

[2] LONDON, S.: Abderhaldens Handb. d. biol. Arbeitsmethoden, Abtlg V, Tl 4, 1921—1950 (1927). — HABERLAND, H. F. O.: Die operative Technik des Tierexperimentes, S. 166. Berlin 1926. — KLEINSCHMIDT, A.: Arch. klin. Chir. **138**, 44 (1925). — HÄBLER: Z. exper. Med. **54**, 524 (1926). — HÄBLER u. WEBER: Biochem. Z. **195**, 364 (1928).

auch deshalb, weil sie vielleicht geeignet sind, uns unter den zahlreichen Funktionsprüfungen der Leber diejenigen zu zeigen, die dem Chirurgen ein Maß für die der Leber und dem Gesamtorganismus durch den operativen Eingriff drohende Gefahr geben können. Gerade in dieser Beziehung klafft noch eine große Lücke.

Wohl sind zahlreiche Funktionsprüfungen ausgearbeitet, die eine Schädigung der Leber erkennen lassen können, doch ist es trotz aller aufgewandten Mühe auch heute nicht oder nur in beschränktem Maß gelungen, für die Leber in gleicher Weise wie für die Niere einen Nachweis des Zusammenhanges von Störungen gewisser Partialfunktionen mit bestimmten Erkrankungen zu erbringen, und auch zur Feststellung der Prognose ist die Leberfunktionsprüfung bisher nur ausnahmsweise geeignet (LEPEHNE[1]).

Es sei daher auf die Anführung aller dieser Prüfungsmethoden verzichtet und auf die zusammenfassende Darstellung von LEPEHNE[1] verwiesen.

Eine wesentliche Förderung hat dagegen die Lehre von der *Gallensteinbildung* durch die physikalische Chemie erfahren.

Die allgemeinen physiko-chemischen Geschehnisse bei der Konkrementbildung sind bereits im Kapitel 11 dargelegt, hier soll auf die Besonderheiten bei der Bildung der Gallensteine näher eingegangen werden[2].

Den Typus der reinen Krystalloidsteine stellen in der Gallenblase diejenigen reinen Cholesterinsteine dar, die, kernlos, auf dem Durchschnitt eine radiärstrahlige Anordnung der Cholesterinkrystalle zeigen. Während ASCHOFF[3] und seine Schüler und H. SCHADE[4] die Entstehung dieser Steine auf reine Stauung *ohne* Entzündung zurückführen, lehnt NAUNYN[5] und später LICHTWITZ[6] die Möglichkeit der Steinbildung ohne Entzündung und Kernbildung ab.

Nach H. SCHADE sind die physiko-chemischen Bedingungen zur Steinbildung zufolge Stauung ohne Entzündung in der Galle gegeben: Das in der Galle vorhandene Cholesterin ist in übersättigtem Zustand vorhanden. Es wird durch die beigemengten Cholate, die als Schutzkolloide wirken, normalerweise in übersättigtem Lösungszustand erhalten. Wenn in einer gestauten Galle, wie die Erfahrung der Chirurgen und Pathologen lehrt, die Konzentration der Cholate sich durch Resorption und Autolyse vermindert, bis schließlich sogar eine wasserhelle, fast cholat-

---

[1] LEPEHNE, G.: Die Leberfunktionsprüfung usw. Abhandl. aus d. Gebiet der Verdauungs- und Stoffwechselkrankheiten **8**, H. 4. Halle 1929.

[2] Siehe auch die zusammenfassende Darstellung von LICHTWITZ: Prinzipien der Konkrementbildung, im Handb. d. norm. u. pathol. Physiol. von BETHE, BERGMANN, EMBDEN u. ELLINGER **4**, B. 4, 592ff. (1929).

[3] ASCHOFF u. BACMEISTER: Die Cholelithiasis. Jena 1909. — BACMEISTER, A.: Erg. inn. Med. **11**, 1 (1913).

[4] SCHADE, H.: Phys. Chemie i. d. inn. Med., S. 299ff., in J. ALEXANDER: Colloid Chemistry, theoretical and applied **2**, 803ff. New York 1928.

[5] NAUNYN, B.: Klinik der Cholelithiasis. Leipzig 1899 — Gallensteine, ihre Entstehung und ihr Bau. Jena 1921 — Versuch einer Übersicht und Ordnung der Gallensteine der Menschen. Jena 1924.

[6] LICHTWITZ: a. a. O.

freie Flüssigkeit verbleibt, so wird die Übersättigung so groß, daß es zur Ausfällung des Cholesterins kommt. Übersättigung und Ausfällung allein genügen aber noch nicht zur Konkrementbildung, es muß die Befähigung zur tropfigen Entmischung des ausfallenden Krystalloids hinzukommen.

Während reines Cholesterin aus wässeriger Cholatlösung bei eintretender Übersättigung sedimentartig ausfällt, bewirkt ein ganz geringer Zusatz fettartiger Substanz (aus Galle extrahiertes Fett, ebenso Olivenöl, Benzol u. a.) zur Cholatlösung, daß die Ausfällung sofort einen ausgeprägt tropfigen Charakter annimmt, wie SCHADE[1] im Reagensglasversuch zeigen konnte. Dabei wachsen die anfänglich mikroskopisch kleinen Tröpfchen durch Zusammenfließen bis zu Kugelgebilden von mehreren Millimeter Durchmesser an. Auch in der einfach gestauten Galle scheidet sich infolge des stets vorhandenen Fettes das Cholesterin in Form tropfiger Entmischung ab, und da fremdartige Beimengungen in solcher einfach gestauter Galle fehlen, ist die Konfluenz der Tröpfchen ungestört. Schon B. NAUNYN[2] hat solche myelinartig weichen Tröpfchen in der menschlichen Galle beobachtet und sie als „Uranlage“ der Gallensteine bezeichnet, und LICHTWITZ[3] hat beschrieben, daß aus einer Lecithin-Cholesterinaufschwemmung das Cholesterin in Myelintropfen ausfällt, und er hat ferner in dem grützigen Inhalt einer Gallenblase die vorhandenen Bilirubinkalkniederschläge mit einem Mantel von hellerer gefällter Masse umgeben gefunden, in der sich teils tropfiges, teils in Tafeln ausgefälltes Cholesterin befand[4]. Endlich konnte H. SCHADE die gleichen Gebilde wie aus der Cholesterin-Cholatlösung auch aus der Galle darstellen. Die Möglichkeit der Ausfällung des Cholesterins aus der Galle in Form tropfiger Entmischung kann also als gesichert gelten und wird auch von LICHTWITZ nicht bestritten.

Während aber H. SCHADE in Übereinstimmung mit ASCHOFF und seiner Schule die Entstehung der weißen, kernlosen Cholesterinsteine nur auf die Ausfällung des Cholesterins aus der gestauten Galle zurückführt, nimmt LICHTWITZ an, daß auch in diesen Steinen ursprünglich ein Bilirubinkalkkern vorhanden war, der später durch sekundäre Umformung verloren ging. Er führt als Beweis für diese These an, daß außer den von ihm beschriebenen multiplen radiär gebauten Cholesterinniederschlägen in der Gallenblasenschleimhaut in der Literatur nichts über ein junges Gebilde erwähnt sei, das keinen braunen Kern enthält, und daß man nie reine Cholesterinsteine mit einem geringeren Durchmesser als 1 cm finde. Daraus sei zu schließen, daß die Bildung sehr schnell verläuft. Zwar sei einleuchtend, daß man den Endzustand eines Steines um so häufiger finde, je schneller die Bildung, und je dauerhafter das Gebilde, aber bei der ungeheuren Zahl von Beobachtungen müsse doch öfter ein junges, kleineres Konkrement dieser Art vorkommen. Es bliebe

---

[1] SCHADE, H.: Münch. med. Wschr. **1909**, 3, 77; **1911**, 723 — Z. exper. Path. u. Ther. 8, 92 (1911) — Kolloidchem. Beih. 1, H. 10/11 (1910).

[2] NAUNYN, B.: Klinik der Cholelithiasis. Leipzig 1892.

[3] LICHTWITZ, L.: Über die Bildung der Harn- und Gallensteine. Berlin 1914.

[4] LICHTWITZ, L.: Prinzipien der Konkrementbildungen, a. a. O. S. 624.

also nur übrig anzunehmen, daß ein fertiger Stein einer gewissen Größe der radiärstrahligen Cholesterinierung verfalle, aber nur dann verfallen könne, wenn er eine gleichmäßig gerundete Oberfläche habe.

Dagegen ist einzuwenden, daß einmal der auf S. 146 wiedergegebene reine Cholesterinstein NAUNYNS nur einen Durchmesser von 7 mm hat (auch wir besitzen in der Würzburger Klinik einen Stein dieser Art von nur 6 mm Durchmesser) und daß gerade bei ihm in den Randpartien noch deutlich die amorphe Zustandsform des Cholesterins zu erkennen ist. Andererseits entstehen nach der Auffassung von SCHADE und ASCHOFF diese Steine ohne Entzündung, sie geben also klinisch gerade in ihrem Anfangsstadium keinen Grund zu chirurgischem Eingreifen und entgehen deshalb der Beobachtung. Es ist ja auch aus der Erfahrung der Pathologie bekannt, daß bei Sektionen Solitärsteine gefunden werden, die niemals klinische Erscheinungen gemacht haben. Vielleicht daß dann, wenn sich die Forderung der Chirurgen nach Frühoperation der

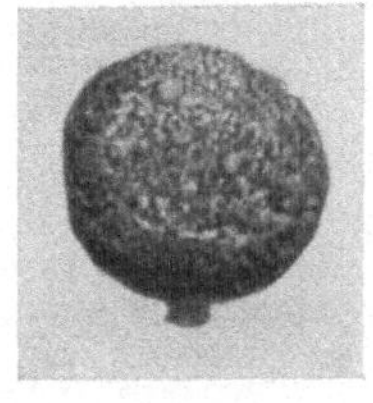 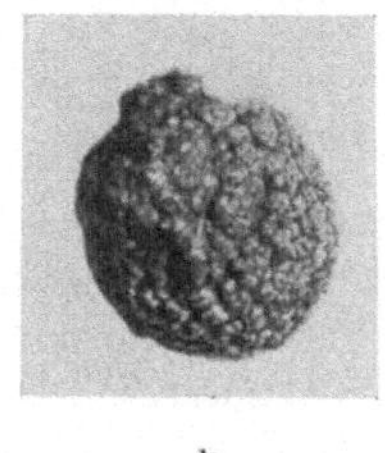 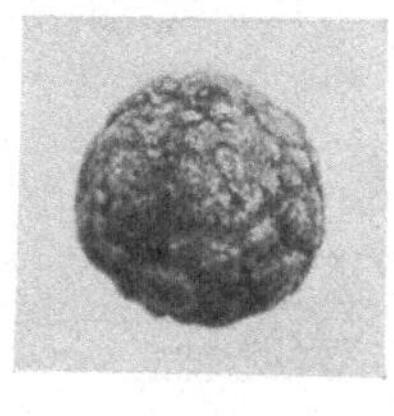

a   b   c

Abb. 49. Oberflächenbilder von reinen Cholesterinsteinen der Galle (Sammlung der Würzburger Klinik). Natürliche Größe. a) feinste sandkornartige, b) gröbere, c) größte Tropfenform.

Cholelithiasis weiter Bahn brechen wird, auch kleinere Cholesterinsteine und jugendliche Gebilde sich finden werden, und es erscheint wünschenswert, die Aufmerksamkeit auf diesen Punkt zu lenken.

Durch die zunehmende Cholatverarmung der gestauten Galle kommen stets weitere Mengen von Cholesterin zur Abscheidung, und auch sie geschieht dank des vorhandenen Fettes in Form tropfiger Entmischung. Da fremdartige Beimengungen in der gestauten Galle fehlen, ist keine Störung für die Konfluenz der Tröpfchen gegeben. Dieser Vorgang der amorphen Ausfällung des Cholesterins (tropfige Entmischung) und der nachträglichen radiären Krystallisation ist bei vielen Gallensteinen (s. a. Abb. 27, S. 146) noch kenntlich und wird auch von LICHTWITZ anerkannt. Auch an den Oberflächenbildern der Steine, wie sie in Abb. 49 wiedergegeben sind, läßt sich das Wachstum der Steine durch Anlagerung von Tröpfchen deutlich erkennen und H. SCHADE beobachtete sogar in einem Fall an der Oberfläche eines Steines die Anlagerung eines großen Tropfens noch weichen, frisch glasigen Cholesterins. Zweifellos werden sich solche Beobachtungen wiederholen lassen, sofern man nur frisch gewonnene Steine daraufhin untersucht, und gerade dazu ist dem Chirurgen bevorzugt Gelegenheit gegeben.

Der amorph-weiche Zustand des Cholesterins ist außerordentlich instabil und geht sehr bald in den krystallinischen über. Schon in den künstlich hergestellten Cholesterintropfen ist diese beginnende Krystallisation kenntlich. Die hinzutretenden Massen fügen sich dann ebenfalls zur einheitlichen radiärstrahligen Anordnung des Gesamtsteines ein.

Die Gesetze für solche Umlagerung auch in fester Masse sind physikalisch-chemisch festgelegt. Die kleineren Krystalle haben eine größere Löslichkeit als die großen, sie sind daher gegenüber den größeren unbeständiger. Infolgedessen lagern sich allmählich durch Diffusion (die auch in festen Körpern, wenn auch in geringem Umfang zur Geltung kommt, vgl. S. 186) die kleinen neu hinzugekommenen Krystalle möglichst an die großen alten an und setzen so die Bauart des Ganzen immer wieder bis zur Oberfläche fort, so daß man in den Cholesterinsteinen der Galle die Radiärstrahlung meist schon bis in die Randschichten durchgeführt findet.

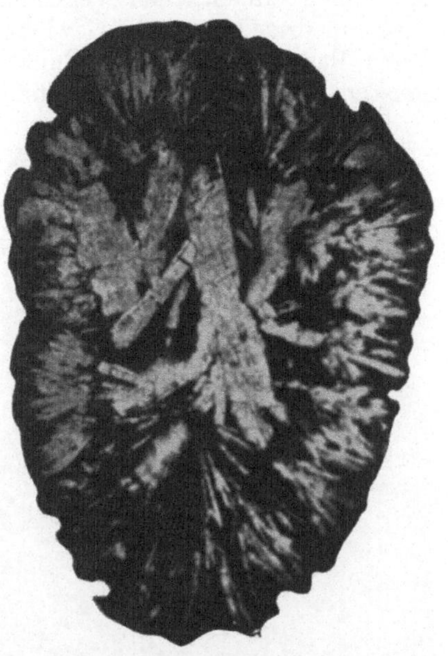

Abb. 50. Reiner Cholesterinstein der Gallenblase. In der Mitte sekundär entstandener, wirrkrystalliner Aufbau, nur an den Rändern zum Teil noch radiärstrahlige Struktur erhalten. (Nach B. Naunyn.)

Doch auch bei dieser Form macht die Entwicklung nicht halt. Mit zunehmendem Alter geht die Aufzehrung der kleineren Krystallformen durch die größeren, beständigeren immer weiter und einige wenige nach der Steinmitte gelegene, d. h. ältere Krystalle gewinnen die Oberhand. Dabei verliert das ursprüngliche Steinzentrum seine Rolle als Ausgangspunkt der Radiärstrahlung und es bleiben in ihm statt dessen grobe Krystallbalken liegen, durcheinander in einer Anordnung, die aus der Konkurrenz der gegenseitigen Aufzehrung resultiert (s. Abb. 50). Die grobbalkige Krystallisierung des Cholesterins greift schließlich auch auf die ursprünglich höckerigen Randmassen über und es resultiert ein Oberflächenbild, wie es die Abb. 51 darstellt.

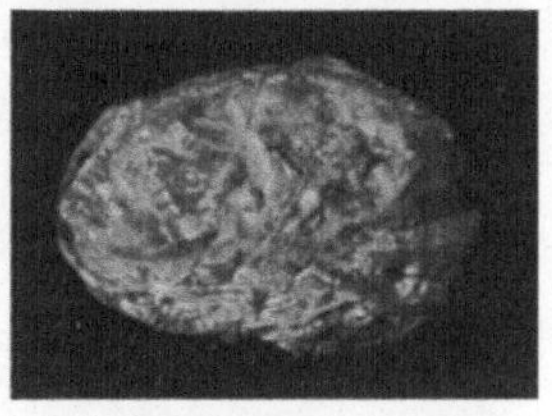

Abb. 51. Grobbalkig-krystallinische Oberfläche eines reinen Cholesterinsteines (Sammlung der Würzburger Klinik). Natürliche Größe.

Die Tatsache, daß die reinen radiärstrahligen Cholesterinsteine immer nur in der Einzahl vorhanden sind, erklärt Lichtwitz damit, daß ein fertiger Stein einer gewissen Größe nur dann der radiären Cholesterinierung verfallen kann, wenn er eine gleichmäßig gerundete Oberfläche hat. Eine solche kann er aber nur dann haben, wenn er in der Einzahl vorkommt. Schade gibt dafür eine andere, ebenso ansprechende

Erklärung: Da die Abscheidung des Cholesterins in Form der tropfigen Entmischung aus der Galle nur langsam erfolgt, ist die Gelegenheit zum völlig einheitlichen Verschmelzen der Tröpfchen gegeben. Das relativ niedrige spezifische Gewicht des Cholesterins führt die abgeschiedenen Massen am höchsten Punkt der Gallenblase zusammen und begünstigt somit weiterhin die Entstehung eines einheitlichen Steines, und

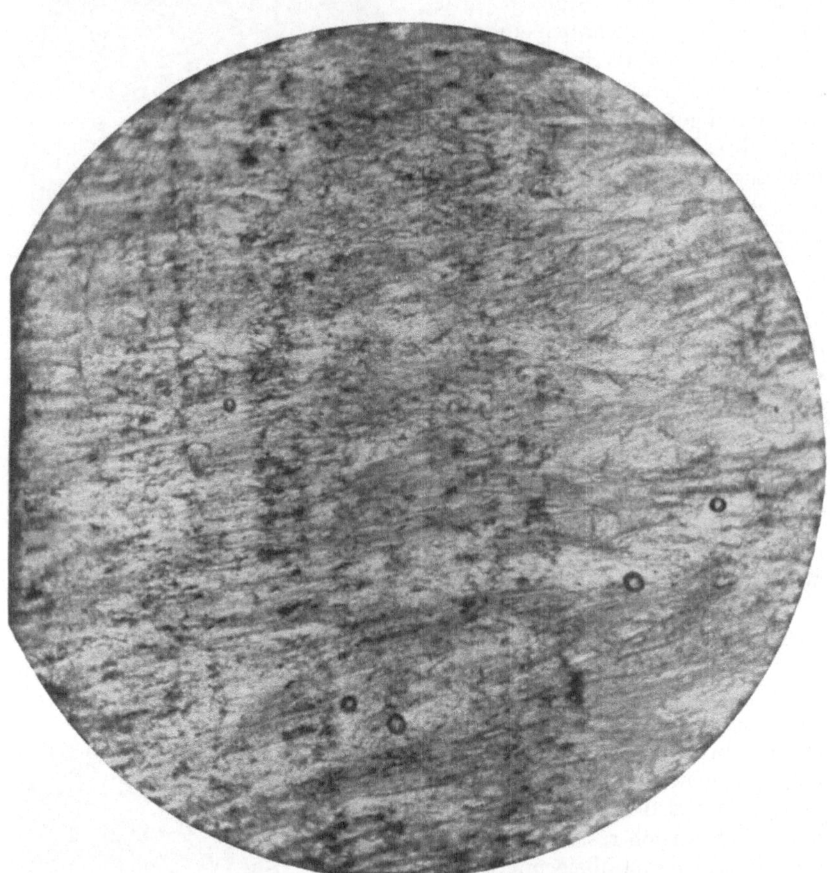

Abb. 52. „Abwanderungslinien" in krystallinem Cholesterinsolitär. (Teilaufnahme eines Steinschnitts.) (Nach Lichtwitz.)

endlich wirkt die Oberflächenanziehung der einmal ausgeschiedenen Massen in gleichem Sinne unterstützend.

Die beschriebene Art der Entwicklung und Formgestaltung der Cholesterinausscheidung in der gestauten Galle kann nur dann zustande kommen, wenn der Flüssigkeitsraum praktisch frei von sonstigen Ausfällungen kolloider oder krystalloider Art ist. Dies ist streng genommen allerdings nie der Fall, vielmehr finden sich in *jeder* Galle gewisse Mengen fremdartiger, absorbierbarer Bestandteile. Sie heben zwar den Prozeß noch nicht auf, bedingen aber, daß auch die als „reine Cholesterinsteine" bezeichneten Gebilde stets gewisse Mengen fremdartiger, adsorbierter Substanz (Eiweißstoffe, Schleim, Bilirubinkalk) enthalten müssen. Diese von den Tröpfchen adsorbierte, meist organische Substanz bleibt auch bei weiterem Wachstum der Tröpfchen erhalten und gibt so auch den „reinsten" Cholesterinsteinen wenigstens in der Andeutung ein „organisches Gerüst", das sich bei geeigneter Methodik der Cholesterinauflösung stets finden läßt (NAUNYN).

Nimmt die Menge solcher adsorbierbaren Stoffe zu, so werden die Adsorptionshüllen der Cholesterinkugeln dichter und stärker und es

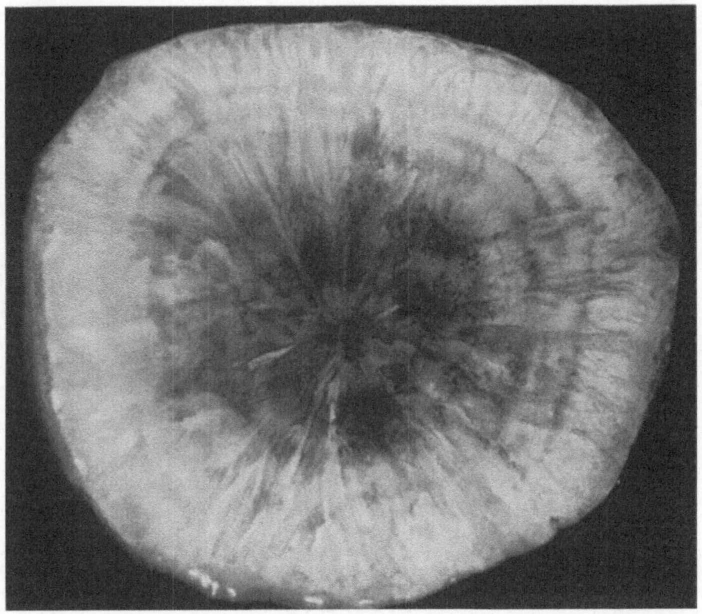

Abb. 53. „Abwanderungsring" an krystallinem Cholesterinsolitär. (Steindurchschnitt.)
(Nach LICHTWITZ.)

wandert mehr adsorbierte Substanz (meist Eiweiß und Bilirubinkalk) in den Stein ein, so daß die einheitliche Ausbildung der Radiärstrahlung mehr und mehr gestört wird und Bilder entstehen, wie sie die beiden Abb. 52 und 53 zeigen. Die radiäre Strahlung wird von konzentrischen Schichten der adsorbierten Substanz durchbrochen. (Auf diese „Abwanderungsringe" wird weiter unten eingegangen werden.)

Im Extrem kann durch die Adsorptionshüllen die Verschmelzung zu einer einheitlichen Masse verhindert werden, und es entstehen bei reiner tropfiger Cholesterinausscheidung statt des „Solitärsteins" multiple, radiärstrahlige Gebilde, die entweder völlig voneinander getrennt bleiben oder doch mehr äußerlich zu einem „Konglomeratstein" verschmelzen, der aus mehreren, in der Krystallform weitgehend selbständig bleibenden Körpern besteht (vgl. Abb. 54).

Auch die häufig in den radiärstrahligen Cholesterinsolitären zu beobachtende, durch Gallenpigment hervorgerufene tiefbraune Färbung
der ganzen Bruchfläche oder des zentralen Anteiles und die unter Umständen schichtweise Ablagerung von Pigment ist nach dieser Auffassung
als durch Adsorption fremdstofflicher Beimengungen bei der Ausfällung
der Cholesterintröpfchen entstanden zu erklären. Daß diese Ablagerung
schichtweise — auf dem Durchschnitt als Ringbildung erscheinend —
auftritt, steht in Einklang damit, daß der gebildete Stein mit seiner
Oberfläche allseitig anziehend auf die weiter ausfallenden Tröpfchen
wirkt, während andererseits die Tatsache, daß diese „Abwanderungsringe" unregelmäßig, nicht rhythmisch, oft nur in ein- oder zweifacher
Ausbildung vorhanden sind, dagegen spricht, sie als Fällungen im Sinne
LIESEGANGscher Ringbildung anzusprechen (s. unten).

Abb. 54. Konglomeratstein mit radiärstrahliger Struktur, an den Seiten Anlagerung von teils
schichtigen, teils radiärstrahligen Cholesterinmassen. (Nach LICHTWITZ.) Wahrscheinlich hat der
Stein so in der Gallenblase gelegen, daß das Ende mit den geschichteten Anlagerungen dem
Duct. cyst. zugekehrt war und dort unter Pressung stand, während das andere Ende keinerlei
Beeinflussung der Ablagerungsform des Cholesterins erfuhr.

Gegenüber diesen bei reiner Stauung entstehenden Steinen stehen die
gemischten *Kolloid-Krystalloidsteine*, an deren Entstehung ein entzündlicher Vorgang beteiligt ist. Analytisch tritt in ihrer Masse der Bilirubinkalk hervor.

In reinster Form sind sie als die sog. „Riesen"- oder „Tonnensteine"
ausgebildet, die meist zu zwei oder drei vorhanden, selten als „Solitäre"
eine ganz beträchtliche Größe erreichen können und oft die ganze Gallenblase ausfüllen. Sie entstehen nach NAUNYN nicht allmählich, sondern
in einigen wenigen, schnell sich abspielenden Schüben. „Es handelt sich
bei ihnen um alte Gallensteinkrankheit mit calculöser Schleimhaut-
erkrankung: der Cysticus war verschlossen und in der Gallenblase war
eingedicktes, kalk- und cholesterinreiches Sekret angesammelt; dann
wurde die Gallenblase wieder der Galle zugängig, und es konnten schnell
so massenhafte Niederschläge von Bilirubinkalk entstehen."

Der Bilirubinkalk ist, ebenso wie das Cholesterin, in reinem Wasser unlöslich; in der normalen Galle wird er durch die Schutzwirkung der Kolloide vor Ausfällung bewahrt. Kommen aber in der Galle Ausfällungen von Eiweißkolloiden zustande, so wird regelmäßig der Bilirubinkalk mitgerissen[1], und das irreversibel ausfallende Kolloid übernimmt es, die mit ausfallenden Krystalloide zur einheitlichen Masse zusammenzufügen. In den Bilirubinkalksteinen finden sich daher stets organische Stoffe (die Eiweiße der entzündlichen Exsudation) in erheblicher Menge. Abgesehen davon, daß in nicht seltenen Fällen diesen Bilirubinkalkkonkrementen jede geordnete Struktur der Masse fehlt, zeigen sie eine mehr oder weniger deutlich ausgeprägte konzentrische Schichtung. Die konzentrische Schichtung ist die charakteristische Struktur der Ausfällung persistierender Kolloide. Sie bleibt in typischer Weise auch dann erhalten, wenn große Mengen krystalloider Nieder-

schläge (wie hier der Bilirubinkalk) mit den Eiweißkolloiden zur Abscheidung kommen.

An dem Aufbau der erwähnten Steine der Gallenblase ist aber auch das Cholesterin mit beteiligt. Solange der Einfluß der Beimengung von organischen Kolloiden nicht allzu groß wird, kommt daher in ihnen immer noch das Bestreben der radiär-

Abb. 55. Kombinierte Kolloid-Krystalloidsteine (Bilirubinkalksteine) der Gallenblase, natürliche Größe. (Sammlung der Würzburger Klinik.)

strahligen Krystallorientierung des Cholesterins bei der Steinformung zur Geltung, und es entstehen konzentrische Schichten, die von radiären Strahlen durchsetzt sind (s. Abb. 55). Je reiner das Cholesterin, desto reiner ist unter sonst gleichen Verhältnissen die Radiärstrahlung, je mehr Kolloid vorhanden, desto deutlicher die konzentrische Schichtung ausgebildet. Dadurch, daß beide Wirkungen in der verschiedensten Weise kombiniert sind, wird die Mannigfaltigkeit der Steinformen ermöglicht.

Eine Sonderstellung unter den kombinierten Kolloid-Krystalloidsteinen der Gallenblase stellen die Schalensteine dar, die als „gewöhnliche Gallensteine" oder „facettierte Steine" (BOYSEN[2]) bezeichnet werden (Abb. 56). Sie sind stets zu mehreren (oft über 100) in einer Gallenblase zu finden und zeigen eine große Mannigfaltigkeit der Größe, Form und Farbe. Zahl und Größe verhalten sich ungefähr umgekehrt proportional. Daraus, daß in der überwiegenden Mehrzahl der Fälle alle Steine einer Gallenblase genau dasselbe Aussehen, dieselbe Form und Farbe, dieselbe Struktur und Härte haben (NAUNYN[3]), kann man schließen, daß alle

[1] SCHADE, H.: Münch. med. Wschr. **1909**, Nr 1, 2.

[2] BOYSEN, J.: Über die Struktur und die Pathogenese der Gallensteine. Berlin 1909.

[3] NAUNYN, B.: Die Gallensteine, ihre Entstehung und ihr Bau. Jena 1921 — Versuch einer Übersicht und Ordnung der Gallensteine des Menschen. Jena 1924.

Abb. 56. „Gewöhnliche Gallensteine". Schalensteine gleichen Alters aus derselben Gallenblase. (Nach LICHTWITZ.)

Steine *gleichzeitig* nach festen Gesetzen entstanden sind, daß also der
Vorgang der Steinbildung meistensteils ein einmaliger war. Diese Tatsache, die bedeutet, daß Anwesenheit von Steinen vor weiterer Steinbildung schützt, erklärt LICHTWITZ damit, daß die Gallenblase einen
Raum enthält, der niemals völlig entleert wird. In diesem, in funktionel-
lem Sinn „toten" Raum, der immer den tiefsten Teil der Gallenblase
einnimmt, sammeln sich infolge ihres größeren spezifischen Gewichtes
die Gallensteine an, so daß später entstehende Kerne den für das Stein-
wachstum günstigen Platz besetzt finden.

Nur in seltenen Fällen finden sich in einer Gallenblase mehrere Gene-
rationen von Steinen (in 20% der Fälle zwei, in 3% drei Generationen,
KLEINSCHMIDT[1]). Verschiedenheit der Größe der Steine zeigt nicht
einen Altersunterschied an, sondern rührt meist von der Größe des
Kernes oder dem Zusammentritt mehrerer Steine zu einem größeren
(Konglomeratstein) her (BOYSEN).

Die gewöhnlichen Gallensteine zeigen die für die gemischten Kolloid-
Krystalloidsteine typische kombinierte Struktur der konzentrischen
Schichtung, vermischt mit radiär-krystallinischer Strahlung. Meist wird
in ihnen ein Kern gefunden, der analytisch vorwiegend aus Eiweißen und
Bilirubinkalk besteht. Diesen Kern umgibt eine ebenfalls aus einem Gemisch von Kolloiden und Krystalloiden bestehende Schale. Unter den
Krystalloiden der Schale steht das Cholesterin im Vordergrund; eine seiner
besonderen Eigenschaften ist es, die gerade diese Art der Steine in der Galle
zu den häufigsten macht: Frisch aus der Lösung ausgefälltes Cholesterin
besitzt, besonders wenn Fett beigemengt ist, hohe plastische Eigenschaften und ist schon bei leichtestem Druck formbar. Ganz besonders ist
es dabei befähigt, wie H. SCHADE[2] im Reagensglasversuch zeigen konnte,
papierdünne und dünnere Schalen zu bilden. Mengen sich dem Cholesterin noch ausgefällte Eiweißkolloide, selbst in kleinsten Mengen bei,
so wird der Zusammenhalt solcher Schalen noch ein vielfach festerer.
Diese Schalen zeigen ein seidenartiges Aussehen und oft auch perl-
mutterähnlichen Glanz als Ausdruck der feingeschichteten planparallelen
Krystallagerung. Die Außenschicht der gewöhnlichen Gallensteine
wird von derartigen Schalen gebildet. Die meist im Cholesterin vorhandenen, seidenartig glänzenden Färbungen werden durch adsorbierte
Gallenfarbstoffe hervorgebracht. Der Druck, der bei frischem Cholesterin
zur Umformung in die typische Schalenform notwendig ist, ist nur ganz
gering. Die schalige Ablagerung des Cholesterins ist die Regel, wenn
viele Steine in der Gallenblase vorhanden sind, so daß sie sich gegenseitig
drücken und reiben, bei Einzelsteinen in der Gallenblase wird sie dagegen nie gefunden.

NAUNYN wendet gegen die Allgemeingültigkeit eines solchen Modus
ein, daß so regelmäßige um den ganzen Stein verlaufende Schichten,
wie sie sich bei Gallensteinen finden, auf diese Weise nicht entstehen
können, erkennt aber andererseits feine und gleichmäßige Schichten, die
sich unter einer Facette finden, als durch Druck entstanden an.

---

[1] KLEINSCHMIDT: Beitr. path. Anat. **72**, 128 (1923).
[2] SCHADE, H.: a. a. O.

Die große Häufigkeit der gewöhnlichen Gallensteine beruht darauf, daß die Bedingungen zu ihrer Bildung gerade durch ein sehr häufiges klinisches Ereignis, die Entzündung der Gallenblase, gegeben werden.

Den Anfang dieser Steine bilden die multiplen Abscheidungen von Eiweißen und Bilirubinkalk, zu deren Entstehung die Entzündung dadurch Gelegenheit gibt, daß sie krankhaft veränderte Eiweißmassen, die bei ihrer Ausfällung den Bilirubinkalk mit sich reißen, in die Galle hineinbringt. So findet der regelmäßig vorhandene Eiweiß-Bilirubinkalk-Kern der gewöhnlichen Gallensteine seine Erklärung. Durch die entzündliche Schwellung der Schleimhaut kommt es zu einer Verengerung des Cysticus (und Choledochus) und durch den Druck der entzündlich vergrößerten Lymphdrüsen wird ebenfalls ein Abflußhindernis für die Blasengalle geschaffen; so entsteht eine oft lange Zeit sich hinziehende Periode der Gallenstauung und damit Verarmung der Galle an Cholaten (teils durch Resorption und Autolyse, teils durch bakterielle Zusetzung). Die Folge dieser Cholatverarmung ist die Cholesterinausfällung, die als zweiter Akt der „Kernbildung" folgt. Da die zuerst entstandenen Eiweiß-Bilirubinkalk-Abscheidungen als multiple Adsorptionszentren funktionieren, kann es nicht zur Ausbildung eines Solitärsteines kommen, sondern jeder der vorhandenen „Kerne" umgibt sich einzeln mit dem ausfallenden Cholesterin (dem sich auch hier wieder mehr oder weniger große Mengen Eiweiß und Bilirubinkalk beimengen). Infolge gegenseitiger Raumbeengung setzen dann beim weiteren Wachsen Druckwirkungen ein und bewirken, daß das Cholesterin zu Schalen umgeformt wird. Läßt die einleitende Entzündung nur wenige Eiweiß-Bilirubinkalk-Bröckel entstehen, so bilden sich bei der nachfolgenden Stauung auch nur wenige (2 oder 3) „*kernhaltige* Cholesterinsteine" aus. In ihnen ist dann, infolge der geringen Gelegenheit zu gegenseitigem Druck, auch die radiärstrahlige Formart der Cholesterinausfällung mehr erhalten. Unter Umständen finden sich beide Arten der Cholesterinstruktur in ein und demselben Stein kombiniert.

LICHTWITZ vertritt die Anschauung, daß für das Zustandekommen der konzentrischen Zeichnung die Anlagerung die kleinere Rolle spiele, und sieht die Ursache dafür in rhythmischen Niederschlagsbildungen nach Art der LIESEGANGschen Ringe. Auch glaubt er, daß in der Mehrzahl der Fälle das Wachstum des Steines nicht durch Apposition neuer Schichten, sondern nachträgliche Cholesterinierung mit rhythmischer Schichtbildung zustande komme, und auch NAUNYN hat schon früher diese Anschauung vertreten. Der „Gallenstein" sei kein Stein, kein fester Körper, sondern ein kompliziert zusammengesetztes Hydrogel, in das das von der umklammernden Schleimhaut gelieferte Cholesterin von allen Seiten aus eindringe (NAUNYN). Es verbleibe dort eine Zeit lang in gelöstem Zustand. Dieses Eindringen von Cholesterin bedeute eine Raumbeanspruchung und stehe vielleicht in kausaler Beziehung zu der Auswanderung des Bilirubinkalkes, zu der die Verflüssigung des Steinkernes die Vorbedingung schaffe (LICHTWITZ). Diese Abwanderung, auf dem Schnitt als Ringbildung kenntlich, trägt nach LICHTWITZ sehr wesentlich zu der Zeichnung des Kernschnittes bei, die als rhythmische Niederschlagsbildung aufzufassen sei.

Gegen die Deutung der Schichten als rhythmische Fällungen im Sinne LIESEGANGscher Ringe wendet H. SCHADE[1] ein:

I. Bei *appositionellem Wachstum* grenzen Schichten, die in ihrer Masse stofflich und strukturell verschieden sind, aneinander. Bei der LIESEGANG*schen Ringbildung* ist die Grundmasse einheitlich, sie wird nur dadurch, daß in gewissen Abständen strichartig fremde Stoffe eingelagert sind, in Einzelabschnitte geteilt.

II. Bei *appositionellem Wachstum* wechselt die Einzeldicke der Schichten regellos; LIESEGANG*sche Ringe* zeigen dagegen einen meist deutlich hervortretenden Rhythmus im Abstand der Einzellinien.

III. *Bei appositionellem Wachstum* tragen die Kolloide resp. Krystalloide der Außenschichten nicht selten in der Strukturart das Zeichen ihrer größeren „Jugendlichkeit"; bei der LIESEGANG*schen Schichtung* ist statt solcher qualitativer Strukturunterschiede oft ein allmähliches Abklingen der Stärke des Niederschlags in den Einzellinien zu finden.

IV. Die Grenzlinien der Schichten bei *appositionellem Wachstum* sind meist völlig scharf, die Linien der LIESEGANG*schen Ringe* dagegen oft einseitig, und zwar dann für alle Linien nach der gleichen Seite hin verwaschen.

V. Das *appositionelle Wachstum* bettet etwa vorhandene gröbere Partikelchen in einer Einzelschicht ein, ohne daß in der Struktur der beiden benachbarten Schichten ein Einfluß bemerkbar zu sein braucht. Bei der LIESEGANG*schen Ringbildung* bringt das Vorhandensein von Hemmungspunkten für die Diffusion eine Verzerrung der Linien in vielen Schichten mit sich.

Die Schichtbildung im Konkrement zeigt immer die für oppositionelles Wachstum typische Eigenschaft. Selbst wenn nachträglich in einem durch appositionelles Wachstum entstandenen Kolloid - Krystalloidkonkrement LIESEGANGsche Ringbildung einsetzt, ist wegen der zahlreichen Diffusionshemmpunkte eine starke Verzerrung der LIESEGANGschen Linien und damit auch eine öftere Durchkreuzung derselben mit den appositionell entstandenen Schichtungslinien unausbleiblich. An den Konkrementen ist ein solcher Befund nicht zu erheben, daher auch ein additives Hinzutreten LIESEGANGscher Ringe nicht anzuerkennen (vgl. auch S. 152 u. 256).

Die Ausbildung der *äußeren Form* der facettierten Steine wird fast ausschließlich in 2 Arten, nämlich Tetraeder und Hexaeder (JUNGKLAUS[2]) angetroffen. Sie erklärt NAUNYN dadurch, daß zunächst zwei kugelige Gallensteinchen in noch weichem Zustand aneinander adhärent werden, und daß sich die Adhäsionsstelle zu einer ebenen Fläche auswächst, die er als „Kontaktfläche" bezeichnet. Legen sich dann an die zunächst noch weichen Außenflächen noch weitere Steine an, so werden auch diese zu Kontaktflächen, und es bildet sich aus der Kugel bei Zusammenlagern von 4 Steinen das Tetraeder und ganz analog auch das Hexaeder.

---

[1] SCHADE, H., in J. ALEXANDER: Colloid Chemistry, theoretical and applied **2**. 843 (1928).

[2] JUNGKLAUS: Inaug.-Dissert. Jena 1909.

Schade dagegen führt die Formbildung auf reine Druckwirkung zurück. Er ließ auf halbfeste, völlig runde Plastilinkugeln den Druck eines gewöhnlichen Gummifingerlinges einwirken und erhielt Formen, die denen der gewöhnlichen Gallensteine außerordentlich ähnlich sind. Es ist gegen diese Formerklärung eingewendet worden, daß die Härte der Gallensteine zu groß sei, als daß der Druck der Gallenblasenwand eine Formung der Steine bewirken könnte. So brachte z. B. Kleinschmidt[1] verschiedenartige Gallensteine aus der noch warmen Blase in ihrer eigenen Galle steril in Gummifingerlinge und setzte sie im Brutschrank wochenlang dem Druck starker Stahlfedern aus, ohne daß jemals auch nur die geringste Deformierung zu erreichen war. Das scheint allerdings gegen die Schadesche Auffassung zu sprechen, doch ist nach Ansicht des Verfassers zu bedenken, daß es sich bei den Kleinschmidtschen Versuchen um fertig ausgebildete Steine handelte und daß bei noch jugendlichen Gebilden eine Formbarkeit durch lang anhaltenden, auch geringen Druck wohl möglich erscheint. Ehe nicht weitere experimentelle Beweise für die eine oder andere Anschauung erbracht werden, muß die Entscheidung wohl noch offen bleiben.

Beim Altern der Steine gehen im Kern weitere Veränderungen vor sich, indem die ausgefällten Kolloide und Krystalloide teils sich verflüssigen oder umkrystallisieren, und indem durch Entquellung der Kolloide Sprünge und Risse entstehen, die oft den Stein bis zum Rande durchsetzen. So werden besonders an den alten Steinen Formen gefunden, die kaum noch oder nur andeutungsweise ihre Entstehungsart erkennen lassen.

Die Frage nach der Bedeutung eines Kernes bei der Steinbildung tritt bei der geschilderten Auffassung insofern in den Hintergrund, als einfache Kolloidausfällung, tropfige Entmischung des Krystalloids und kombinierte Kolloid-Krystalloidausfällung ein Konkrement entstehen lassen kann, ohne daß dazu das Vorhandensein eines fremden Kernes Vorbedingung wäre. Ein Teil der eigenen Niederschlagsmasse, der zeitlich oder sonstwie irgendeinen Vorsprung in der Entwicklung hat, kann ebensogut wie ein fremdartiger Kern zum Ansatzzentrum für die anderen Teile werden. Es ist daher ein prinzipieller Unterschied zwischen „Kern“ und fertiger Steinmasse nicht gegeben.

Die Erklärung dafür, daß bei den gewöhnlichen Gallensteinen die zuerst ausfallenden kolloiden Bilirubinkalkmassen nicht einheitlich zusammentreten und zur Ausbildung eines Solitärs führen, wie bei der Bildung des reinen Cholesterinsteines, ist darin zu suchen, daß diese Massen, spezifisch schwerer oder gleich schwer wie Galle, zunächst längere Zeit im Flüssigkeitsraum suspendiert bleiben und so zu mehrfachen Ansatzzentren werden können.

Im engen Zusammenhang mit der Frage der Kernbildung steht auch die der Bildung der sog. Kombinationssteine. Aschoff und Bacmeister verstehen darunter einen Stein, der von einem anders gearteten Stein umschlossen wird. Es handelt sich also um den Vorgang der Steinbildung

---

[1] Kleinschmidt, K.: Beitr. path. Anat. 72, 142 (1923).

um einen Stein als „Steinkern". Es werden darunter besonders die Steine zusammengefaßt, in denen ein radiärer Cholesterinstein von einer aus Bilirubinkalk und Cholesterin bestehenden Schale umgeben wird (Abb. 57). Aschoff und auch Schade erblicken in ihnen das Dokument einer Entwicklung, die darin besteht, daß in einer Gallenblase, die einen durch Stauung entstandenen Cholesterinstein trug, ein infektiöser Zustand aufgetreten ist, der zur Steinbildung um den Primärstein als Kern, und in manchen Fällen gleichzeitig zur Entwicklung von Herdensteinen, führte. Naunyn erkennt diesen Entstehungsmodus für einen Teil der Steine an, tritt aber dafür ein, daß sie sich auch aus einem gewöhnlichen Stein durch von innen heraus erfolgte Umformung bilden können.

Sicher ist, daß sich bei zahlreichen dieser Steine klinisch die Stadien der Entstehungsart noch nachträglich feststellen lassen. Abb. 29 auf S. 148 gibt ein Beispiel dafür und auch in der Sammlung der Würzburger Klinik findet sich ein Kombinationsstein, der einen radiärstrahligen Cholesterinkern, umschlossen von einem geschichteten Bilirubinkalkmantel, aufweist. Die Anamnese ergab weit zurückliegend einmal vorübergehende Erscheinungen einer Steineinklemmung, dann ein längeres, beschwerdefreies Intervall und erst einige Zeit vor der Operation eine länger dauernde Cholecystitis, die intern behandelt wurde, deren Recidiv aber dann doch zur Operation führte. Es muß also für diesen Stein wenigstens der von Aschoff-Schade geforderte Entstehungsmechanismus anerkannt werden. Die Frage

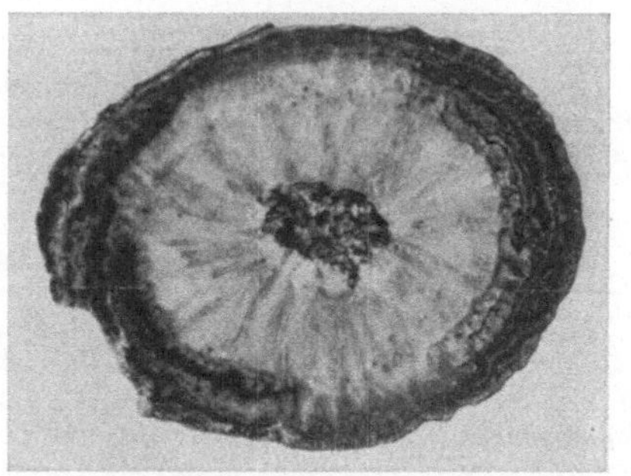

Abb. 57. Kombinationsstein. Radiärkrystalliner Cholesterinstein mit gut erhaltenem Kern. Konzentrisch geschichtete Schale, von radiären Strahlen durchsetzt (nach Lichtwitz). Klinisch ist die Entstehung des Steines so zu denken, daß zunächst eine Periode mäßiger Erfindung mit überwiegender Gallenstauung zur Bildung des „kernhaltigen Cholesterinsteines" führte, und später durch ihn oder accidentell eine Cholecystitis hervorgerufen wurde, die die Abscheidung irreversibel ausfallender Eiweißkolloide bedingte und die „Schale" entstehen ließ.

läßt sich vielleicht weiter klären, wenn man sich daran gewöhnt, bei den kombinierten Steinen noch nachträglich die Anamnese genau zu erforschen, und überhaupt „die Gallensteine als wertvolle, von der Natur geschriebene Dokumente über den Entwicklungsgang des Gallensteinleidens zu betrachten" (H. Schade).

Es sei daher noch eine Tabelle von H. Schade angefügt, die einen Überblick gibt über die Beziehungen zwischen der Formart des Steines und den jeweils zugehörigen klinisch-pathologischen Bedingungen (Tab. 13).

Zum Schluß des Kapitels soll noch auf eine Erscheinung aufmerksam gemacht werden, die für den Chirurgen ganz besonderes Interesse hat, die sog. *cholämischen Blutungen*. Ganz zweifellos sind an ihrem Zustandekommen Veränderungen physiko-chemischer Art in weitestem Maß beteiligt. Worin sie aber bestehen, darüber herrscht zur Zeit noch

Tabelle 13.

Klinischer Zustand der Galle, resp. der Gallenwege	Physiko-chemische Bedingungen der Steinbildung	Als Regel auftretende Steinformung
Aseptische Stauung	Allmähliche Konzentrationsverminderung der Cholate durch Resorption resp. Autolyse: daher langsames Fortschreiten der Cholesterinausfällung bei sonst niederschlagsfreiem Flüssigkeitsraum	Einfacher *radiärstrahliger Cholesterinstein*, einzeln
Aseptische Wunde	Aussickern von zur Gerinnung kommendem Eiweißkolloid: daher Eiweißausfällung mit Adsorption vcn Bilirubinkalk	*Ein- oder mehrschichtiger Eiweiß-Bilirubinkalk-Stein*[1], einzeln oder multipel
Entzündung a) *ohne besonders hervortretende Stauung*	Exsudation von Kalk und von gerinnungsfähigen Eiweißkolloiden: daher Eiweißausfällung mit Adsorption des in vermehrter Menge gebildeten Bilirubinkalkes	*Geschichtete Eiweiß-Bilirubinkalk-Steine,* multipel, seltener einzeln
b) *mit mehr in den Vordergrund tretender Stauung*	Wie vorstehend, doch daneben Konzentrationsverminderung der Cholate durch Resorption oder durch bakterielle Zersetzung: daher Kombinierung des vorigen mit meist ausgeprägter Abscheidung von Cholesterin	*Geschichtete Cholesterin-Eiweiß-Bilirubinkalk-Steine,* multipel, selten einzeln. Meist durch Einwirken von Druck: *Schaliger Bau.* Seltener ohne Druckwirkung: *Schichtig-strahliger Bau*

völlige Unklarheit. Man weiß nur, daß die Gerinnung des Blutes bei den betreffenden Kranken wesentlich verzögert ist. Daß das Eindringen der Galle in das Blut allein die Ursache dieser verzögerten Gerinnung ist, muß abgelehnt werden, denn einmal konnte MORAWITZ[2] nachweisen, daß die Menge der Cholate, die zu solcher Wirkung in vivo und in vitro notwendig sind, zu groß ist, als daß sie mit der Fortdauer des Lebens vereinbar wäre, und zum anderen kommt die hämorrhagische Diathese auch bei Leberschädigungen ohne Ikterus vor (SOEJIMA[3]). Auch die Annahme, daß Kalkverlust allein die Ursache der verzögerten Gerinnung sei, ist nicht mit Sicherheit erwiesen. Zwar fanden BUCHBINDER und KERN[4] bei experimentell erzeugtem Stauungsikterus bei Hunden eine Abnahme des Serumkalkes, SEIFERT[5] dagegen bei einem

---

[1] S. hierzu die Versuche von KRETZ in KREHL-MARCHAND, Handb. d. allg. Pathol. III, **423** (1913).

[2] MORAWITZ u. BIERICH: Arch. f. Path. **56**, 115 (1907).

[3] SOEJIMA: Dtsch. Z. Chir. **212**, 217 (1928).

[4] BUCHBINDER u. KERN: Amer. J. Physiol. **81**, 468 (1927).

[5] SEIFERT, E.: Bruns' Beitr. **145**, 268 (1928).

Ikteruskranken mit beträchtlicher Gerinnungsverzögerung normale Kalkwerte; ebenso konnte ZIMMERMANN[1] keinen Zusammenhang zwischen der Höhe des Blutkalkspiegels und der Blutungsneigung bei Ikteruskranken feststellen, auch hatte eine Erhöhung des Calciumspiegels durch Gaben von Parathyreoidhormon keinen Einfluß auf die Gerinnungszeit des Blutes. SOEJIMA sieht die Ursache der hämorrhagischen Diathese in der Leberschädigung und den dadurch bedingten Stoffwechselstörungen, während SEIFERT[2] in Analogie zu der bei Ableitung der Galle nach außen auftretenden Osteoporose die D-Vitaminverarmung des Körpers und damit bedingte Störung des intermediären Kalkstoffwechsels verantwortlich macht. Er hat daraus die therapeutische Folgerung gezogen, Kranke mit derartiger cholämischer Blutungsneigung mit Höhensonne zu bestrahlen und damit tatsächlich in mehreren Fällen eine Beschleunigung der Blutgerinnung erzielt. Ob diese D-Vitaminverarmung und die dadurch bedingte Änderung des Kalkstoffwechsels das Primäre, oder wie DÜTTMANN[3] annimmt, die vorhandene Acidose als die Ursache der Störung des Kalkstoffwechsels zu betrachten ist, muß dahingestellt bleiben. Weitere Untersuchungen erst können Klarheit schaffen. Sie sind um so mehr erwünscht, als nur durch Erkennen der primären Ursache eine wirklich kausale Therapie möglich ist. Es sei gestattet, darauf hinzuweisen, daß bei allen den mit Kalkstoffwechselstörungen einhergehenden Avitaminosen stets eine Acidose vorhanden ist, daß normaler Gesamt-Ca-Gehalt des Serums durchaus nicht beweist, daß nicht Veränderungen des ionisierten Ca-Anteiles bestehen (s. Kap. 3) und daß auch eine wesentliche Verzögerung der Blutgerinnung in vitro dadurch erreicht werden kann, daß man das Blut sofort beim Ausströmen aus dem Gefäß mit reiner Kohlensäure vermischt, also acidotisch macht.

Zusammenfassung: Zur Zeit fehlen physikalisch-chemische Untersuchungen an der erkrankten Leber noch ebenso wie über die postoperativen Funktionsänderungen.

Dagegen sind die Fragen der Gallensteinbildung weitgehend geklärt.

Die reinen Cholesterinsteine der Galle stellen reine Krystalloidsteine dar, sie entstehen infolge Stauung ohne Entzündung durch intermediär tropfige Entmischung des in übersättigter Lösung vorhandenen Cholesterins. Sie zeigen radiärstrahlige Krystallstruktur und kleinhöckerige Oberfläche. Durch sekundäre Umwandlung im alternden Stein kann wirr-krystalliner Aufbau und grobkalkig-krystalline Oberflächenstruktur entstehen. Adsorptiv angelagerte organische Beimengungen sind in ihnen nicht selten, und auch die oft zu beobachtende braune Verfärbung ist durch adsorptive Beimengung von Gallepigment bei der Ausfällung der Cholesterintröpfchen zu erklären.

Beim Statthaben entzündlicher Prozesse entstehen infolge der Anwesenheit irreversibel ausfallender Kolloide die gemischten Kolloid-Krystalloidsteine, die in reinster Form als Riesen- oder Tonnensteine

---

[1] ZIMMERMANN: Klin. Wschr. **6**, 726 (1927).
[2] SEIFERT, E.: Zbl. Chir. **1929**, 66.
[3] DÜTTMANN, G.: Bruns' Beitr. **139**, 720 (1927).

auftreten. Sie bestehen analytisch neben organischen Stoffen vorwiegend aus Bilirubinkalk, der bei dem Ausfallen der Eiweißkolloide mitgerissen wird. Da die Eiweißkolloide die Aufgabe übernehmen, die ausfallenden Massen zu einem einheitlichen Gebilde zusammenfügen, herrscht in diesen Steinen die für Kolloidkremente typische Struktur der konzentrischen Schichtung vor. Daneben ist an dem Aufbau dieser Steine auch das Cholesterin mit beteiligt, so daß je nach dem Maß der Beteiligung sich die konzentrischen Schichten mehr oder weniger stark von radiärstrahligen Cholesterinkrystallen durchsetzt finden.

Eine Sonderform der gemischten Kolloid-Krystalloidsteine stellen die „gewöhnlichen Gallensteine" oder „facettierten Steine" dar, die stets in der Mehrzahl vorhanden sind. Sie zeigen ebenfalls die für die gemischten Kolloid-Krystalloidsteine typische Struktur der konzentrischen Schichtung, durchsetzt von radiärstrahligen Krystallen. Sie haben meist einen vorwiegend aus Eiweißen und Bilirubinkalk bestehenden „Kern" und eine „Schale", die neben Kolloiden in der Hauptsache aus Cholesterin besteht, das zu solcher Schalenbildung infolge seiner plastischen Eigenschaften besonders befähigt ist. Ihre Entstehung ist so zu erklären, daß zunächst infolge entzündlicher Prozesse multiple Ausscheidungen von Eiweiß-Bilirubinkalk entstehen, die bei der nachfolgenden Gallenstauung als multiple Adsorptionszentren fungieren und sich mit dem ausfallenden Cholesterin umgeben. Sind die Bildungen sehr zahlreich, so kommt es infolge Raumbeengung und gegenseitiger Druckwirkung zur Umformung des Cholesterins in Schalen; sind bei der anfänglichen Entzündung nur wenige Eiweiß-Bilirubinkalkbröckel entstanden, so bilden sich auch nur wenige „kernhaltige" Cholesterinsteine aus, in denen infolge der fehlenden Druckwirkung die radiärstrahlige Formart der Cholesterinausfällung mehr erhalten ist.

Die Deutung der Schichten als rhythmische Fällungen im Sinne LIESEGANGscher Ringbildung ist abzulehnen.

Über die Entstehung der meist tetraedischen oder hexaedrischen Form der gewöhnlichen Gallensteine ist Klarheit bislang noch nicht geschaffen.

Die Anwesenheit eines „Kernes" ist nicht notwendige Vorbedingung der Steinbildung, da einfache Kolloidausfällung, tropfige Entmischung der Krystalloide oder kombinierte Kolloid-Krystalloidausfällung allein ein Konkrement entstehen lassen und ein Teil der eigenen Niederschlagsmasse ebenso wie ein fremdartiger Kern zum Ansatzzentrum werden kann.

Beim Altern der Steine gehen in dessen Masse sekundäre Umformungen vor sich, die die ursprüngliche Struktur vollkommen verwischen können.

Die sog. „Kombinationssteine" verdanken ihre Entstehung zunächst einer Periode reiner Gallenstauung, die einen radiärstrahligen Cholesterinstein entstehen läßt, der bei später auftretenden Entzündungsprozessen von einer aus Eiweiß-Bilirubinkalk bestehenden Schale umschlossen wird. In vielen Fällen ist dieser Entstehungsmodus aus der Krankheitsgeschichte nachzuweisen.

Ob bei den cholaemischen Blutungsneigungen die D-Vitaminverarmung und dadurch bedingten Änderung des Kalkstoffwechsels oder die vorhandene Acidose das Primäre ist, oder eine noch unbekannte Ursache der Störungen besteht, ist bislang noch nicht geklärt.

17. Aus dem Gebiet der Nieren- und Harnkrankheiten.

Wie wir im ersten Abschnitt gesehen, hat die Niere an der Erhaltung der physico-chemischen Körperkonstanten hervorragenden Anteil, indem sie fast überall als das Organ der „Ausscheidungsregulierung" fungiert. So wird verständlich, daß bei Erkrankungen der Niere sich auch Störungen fast aller dieser Konstanten des Blutes einstellen.

Es kann nicht Aufgabe dieser Darstellung sein, auf die interessanten Ergebnisse der physikalisch-chemischen Forschung über Physiologie und Pathologie der Niere einzugehen, hier sollen sie nur soweit in Betracht gezogen werden, als sie den Chirurgen speziell interessieren.

Für ihn ist die wichtigste Frage die nach der Funktionstüchtigkeit der Niere insofern, als er wissen muß, ob sie den durch den operativen Eingriff an sie gestellten erhöhten Anforderungen genügen kann. Jeder operative Eingriff bringt, wie in Kapitel 8 dargetan, Störungen der physico-chemischen Konstanten mit sich; ganz besonders wichtig aber wird die Frage nach der Funktionstüchtigkeit der Niere bei Eingriffen am Harnsystem selbst.

Bei der Harnbereitung leistet die Niere Arbeit entgegen dem osmotischen Druck, denn es wird aus dem Blutserum eine Flüssigkeit zur Abscheidung gebracht, die sowohl in der Gesamtkonzentration wie auch in der Konzentration der Einzelbestandteile ganz erheblich von dem Serum unterschieden ist. Bei reichlicher Flüssigkeitsaufnahme sinkt die Konzentration des Urins bis auf weniger als $\Delta = -0{,}1°$, beim Dursten dagegen wird ein Harn sezerniert, dessen $\Delta = -3{,}5°$ und mehr betragen kann, während der Gefrierpunktswert des Blutes bei beiden Zuständen mit $\Delta = 0{,}56-0{,}58°$ konstant erhalten wird. Der Höchstbetrag der Arbeitsleistung der Niere ist also für Konzentrierung und Diluierung sehr verschieden, bei der Bewertung hochkonzentrierten Urins beträgt der aus der osmotischen Differenz zu errechnende Druckunterschied etwa 40 Atmosphären.

Die Hauptarbeitsbelastung für die Niere stammt aus dem Eiweißstoffwechsel, dessen Endprodukte praktisch nur durch sie ausgeschieden werden, und es ist als eine zweckmäßige Einrichtung des physiologischen Geschehens zu betrachten, daß gerade die Endprodukte des Eiweißstoffwechsels eine speziell diuresesteigernde Wirkung besitzen.

Versagt die Niere in ihrer Tätigkeit, Konzentrationsarbeit, also Arbeit entgegen dem osmotischen Druck, zu leisten, so treten sehr bald Störungen der Serumisotonie in Erscheinung, die am deutlichsten bei der Anurie kenntlich sind. Schon 5—6 Stunden nach experimenteller Ausschaltung der Niere steigt beim Kaninchen der osmotische Druck des Serums von $\Delta\ 0{,}55-0{,}62$ auf $\Delta\ -0{,}65-0{,}75$ an (V. Korányi[1]).

---

[1] v. Korányi: Z. klin. Med. **33**, 1 (1892) — Berl. klin. Wschr. **1899**, Nr 5.

Beim Menschen tritt diese Störung (wahrscheinlich infolge der sehr gut ausgebildeten Binnenregulierung) erst später auf, es besteht, auch in den sonstigen klinischen Erscheinungen, ein stets mehrtägiges „symptomloses Vorstadium" der Anurie. Sobald aber die Reserven der Binnenregulierung erschöpft sind, steigt regelmäßig und ständig fortdauernd der osmotische Druck des Serums auf $\Delta = 0,60—0,75$, ja bis zu $0,88°$ an. (Pässler[1], Brasch[2]).

Der Körper sucht bei solchen Zuständen nach Möglichkeit auch andere Organe zur Mithilfe beim Ausgleich der Störungen heranzuziehen: Steigerung des Blutdruckes, sogar mit akut einsetzender Hypertrophie des Herzens, hilft die Harnabsonderung erhalten und vermehren. Haut (Harnstoffkrystalle auf der Haut), Magen (Erbrechen), Darm (Durchfall und urämische Geschwüre), Speichel und Lungen (urinöser Geruch und Atemluft) werden zur Ausscheidung mit herangezogen. Der Stoffwechsel wird durch Vermittlung des autonomen Nervensystems in Bahnen geleitet, die die osmotische Überladung des Blutes so gering als möglich machen: Der auftretende Ekel gegen feste Speisen (und unter Umständen ihr Entleeren durch Erbrechen) ist ein Mittel der Abwehr gegen weitere Zufuhr osmotisch wirksamer Substanzen. Die Müdigkeit soll körperliche Tätigkeit, besonders der Muskeln, und die damit verbundene Stoffwechselsteigerung verhindern. Der heftige Durst erzwingt Wasserzufuhr und ermöglicht dem Körper durch Ausbildung einer Hydrämie und eines „latenten Ödems" der Gewebe, wenigstens teilweise, einen Ausgleich.

Störungen der Blutisotonie kommen nicht nur bei der Anurie, sondern auch bei anderen Nierenerkrankungen vor. Da aber die Nieren (ebenso wie die übrigen Körperorgane für ihre Funktionen) eine beträchtliche „osmotische Reservekraft" besitzen, wird eine osmotische Hypertonie des Blutes bei sonst physiologischen Bedingungen nur dann gefunden, wenn mehr als die Hälfte des normal vorhandenen Nierengewebes für die Funktion ausgeschaltet ist. Entfernung der einen Niere hat bei normaler Funktion der andern keinen Einfluß auf die Erhaltung der Blutisotonie, wie sie ja auch sonst sich für die üblichen klinischen Untersuchungen nicht bemerkbar macht.

Man hat diese Tatsache für die Entscheidung über die Möglichkeit einer Operation nutzbar gemacht. Es war zuerst Kümmel[3], der auf Grund reicher klinischer Erfahrung auf den Wert der Blutkryoskopie für die Funktionsprobe der Nieren hinwies. Die Arbeitsfähigkeit der Nieren ist als ausreichend und eine Operation als möglich zu betrachten, wenn normale Δ-Werte des Blutes bei einem Nierenkranken gefunden werden. Wird aber ein Blut-Δ von $-0,60°$ und mehr gefunden, so liegt osmotische Insuffizienz der Niere vor, und die Operation ist kontraindiziert. Kümmel ist bei Berücksichtigung dieses Leitsatzes vor unglücklichen Zufällen bewahrt geblieben. Selbst dann, wenn bei der Nephrektomie die zurückbleibende Niere nicht völlig gesund war, ge-

---

[1] Pässler: Dtsch. Arch. klin. Med. **87**, 569 (1906).
[2] Brasch: Dtsch. Arch. klin. Med. **103**, 488 (1911).
[3] Kümmel, H.: Arch. klin. Chir. **67**, 487 (1902); **72**, 1 (1904).

nügte sie doch stets den an sie gestellten Anforderungen. Andere Autoren haben mit der Probe weniger gute Erfahrungen gemacht, und besonders ROVSING[1] hat sie als unzuverlässig und sogar gefährlich verworfen.

Abgesehen davon, daß die kryoskopische Methode gewisse technische Vorsichtsmaßregeln (Entfernung der CO_2, mechanische Rührung) erfordert, ist auch ohne erhebliche Abweichung der osmotischen Blutwerte eine osmotische Inkompensation der Niere sehr wohl möglich, da durch die Tätigkeit der Binnenregulation des Gewebes ein Wassereinstrom in das Blut die osmotische Hypertonie verdecken kann. Derartige Fälle sind durchaus nicht selten. JONES[2] hat daher empfohlen, den Patienten vor der Kryoskopie durch eine gewisse Durstperiode auszutrocknen, da nur so die Niere zur Konzentration gezwungen wird, und nur so sich erkennen läßt, wie weit die Funktionsfähigkeit einer Niere gestört und ob die andere allein fähig ist, die notwendige Ausscheidungsarbeit zu leisten.

Die „kompensierte Hypertonie" läßt sich aber auch ohne diese Vorbereitung durch Bestimmung des Serumeiweißgehaltes erkennen. Mit Hilfe der Refraktometrie ist eine solche Bestimmung leicht ausführbar.

Durchaus nicht bei allen Nierenerkrankungen tritt eine Änderung des osmotischen Druckes im Blut auf. Ähnlich wie bei künstlich durch Injektion hypertonischer Lösungen geschaffene Konzentrationsänderungen kommt es auch bei der Insuffizienz der Nieren zuerst zu einer Änderung in der *chemischen* Zusammensetzung und erst viel später zu Störungen des summarisch-osmotischen Verhaltens. Vor allen Dingen ist es der Reststickstoff (und auch der Harnstoff), der im Blut an Menge zunimmt, ehe der weit nachhaltiger regulierte osmotische Druck des Blutes Veränderungen zeigt. Der normale osmotische Druck wird dann, wenn die genannten Substanzen nicht in genügendem Maße von der Niere ausgeschieden werden können, dadurch aufrecht erhalten, daß andere gelöste Stoffe, vor allen Dingen Elektrolyte und besonders Kochsalz, aus dem Serum entfernt werden. Für eine genaue Feststellung der Nierenfunktion ist daher auch die Bestimmung des Rest-N nicht zu entbehren. Dabei ist allerdings zu beachten, daß Prozesse, die einen vermehrten Eiweißzerfall mit sich bringen (Entzündung und Eiterung, auch Fieber) auch bei normaler Nierenfunktion eine gewisse Erhöhung des Rest-N bedingen können.

Unter Beachtung aller dieser Punkte hat sich nun an der Würzburger Klinik folgende Methode der Nierenfunktionsprüfung in physicochemischer Hinsicht auf das Beste bewährt.

Der Patient wird 2 oder 3 Tage auf normale Kost und Flüssigkeitsaufnahme eingestellt. Besteht Urinverhaltung infolge Prostata-Hypertrophie usw., wird zur Entlastung der Niere ein Dauerkatheter eingelegt. Dann wird, nachdem dem Kranken verboten wurde, während der Nacht zu trinken, morgens nüchtern Blut entnommen, und zwar a) ca. 2 ccm

---

[1] ROVSING: Arch. klin. Chir. **75**, 867 (1905).

[2] JONES, A. E.: J. of Urol. **16**, 206 (1926). — Vgl. auch BERG: Ann. Surg. Mai 1906. — GOLDAMMER: Z. Urol. **1**, 873 (1907).

unter Öl im Zentrifugenglas und b) etwa 20 ccm in einem Gefäß mit Glasperlen, in dem es durch Schütteln defibriniert wird. Das unter Öl aufgefangene Blut wird zentrifugiert und in seinem Serum der Eiweißgehalt (Bestimmung des Brechungsindex mit dem Eintauchrefraktometer nach PULFRICH und Berechnung nach den REISSschen Tabellen) und Rest-N (Mikromethode nach BANG) bestimmt. Das defibrinierte Blut wird zur Entfernung der Kohlensäure 15 Minuten lang mit Luft durchgeperlt und dann im BECKMANNschen Apparat kryoskopiert. Als Normalwerte werden betrachtet:

$$\Delta < 0{,}59^\circ,$$

$$n_D = 57{,}8-65{,}4 \text{ bei } 17{,}5^\circ = 7{,}5-9{,}0\% \text{ Eiweiß},$$

$$\text{Rest-N} = 20-40 \text{ mg}\%.$$

Sind alle drei Werte normal, so ist die Funktion als gut zu bezeichnen und die Operation möglich.

1. $\Delta = -0{,}60^\circ$ und mehr	Insuffizienz
2. Δ normal dabei Eiweiß $< 7{,}5\%$ Rest-N normal	durch Hydrämie „kompensierte osmotische Insuffizienz"
3. Δ bis $0{,}60^\circ$ Rest-N > 60 mg%	Insuffizienz

Alle diese Fälle geben eine absolute Gegenanzeige gegen die Operation.

4. $\Delta < 0{,}60^\circ$ Eiweiß nicht unter 8% Rest-N bis 60 mg%	bedeutet, daß irgendwo im Körper gesteigerter Eiweißzerfall stattfindet. — Operation ist möglich
5. $\Delta < 0{,}60^\circ$ Eiweiß über 8% Rest-N normal	Bedeutet Austrocknung. Operation ist in dringenden Fällen gestattet, besser ist, durch Vorbereitung die Wasserdepots aufzufüllen.

In den Fällen 4 und 5 ist Vorsicht besonders dann geboten, wenn Exstirpation einer Niere in Frage kommt und sie nicht schon so weit zerstört ist, daß ihre Beteiligung an der Urinausscheidung praktisch nicht mehr in Frage kommen kann. In diesem Fall hat man sich durch Funktionsprobe der einzelnen Nieren (Farbstoff, Säureausscheidung, Kryoskopie des Ureterenharns usw.) davon zu überzeugen, daß die verbleibende Niere nicht wesentlich geschädigt ist.

Bei Beachtung dieser Richtlinien in den letzten 4 Jahren bei allen Fällen von Nieren- und Blasenerkrankungen haben wir keine unglücklichen Zufälle zu beklagen gehabt. Die Probe hat sich auch dem üblichen Wasserversuch überlegen gezeigt, insofern als bei schlechtem „Wasserversuch" — besonders bei Prostatahypertrophie — die Radikaloperation auch dann gut vertragen wurde, wenn die Blutuntersuchung ausreichende Funktion erkennen ließ.

War der Wasserversuch genügend, so ergab auch stets die Blutuntersuchung ausreichende Funktion, so daß man für die Praxis mit ihm, der wesentlich einfacher, auskommen wird, und nur in den Fällen die Blutuntersuchung wird ausführen müssen, in denen der Wasserversuch schlechte Werte ergibt, um die doch noch operablen Fälle zu erkennen.

Der „Wasser- und Konzentrationsversuch" soll Aufschluß geben über das Maß der „Akkomodationsbreite" der Nieren. V. Koranyi[1] hat damit die jeweils möglichen höchsten und niedrigsten osmotischen Urinkonzentrationen bezeichnet und festgestellt, daß sie sich normalerweise auf einen Intervall von mehr als 3° Gefrierpunktserniedrigung erstreckt, bei Nierenschädigung dagegen sehr bald mit der Schwere der Erkrankung zunehmend geringer wird. Der Gefrierpunkt des Urins nähert sich dabei mehr und mehr den Werten des Blutes.

Es hat sich gezeigt, daß bei Innehaltung bestimmter Bedingungen an Stelle der Kryoskopie auch die Bestimmung des spezifischen Gewichtes des Urins mit einer für praktische Zwecke genügenden Genauigkeit als Maß für die geleistete Konzentrationsarbeit dienen kann.

Zwar kann die Bestimmung des spezifischen Gewichtes des Urins niemals die Kryoskopie ersetzen, denn das spezifische Gewicht einer Lösung ist abhängig vom *Gewicht* der gelösten Stoffe, der osmotische Druck dagegen eine Funktion der *Zahl* der gelösten Teile (Moleküle + Ionen), ganz gleich, wie groß ihr Gewicht ist. So kann z. B. bei einem gesunden Menschen der Urin bei einem spezifischen Gewicht von 1017 einem Gefrierpunkt von $\Delta = -2{,}72$ und dem gegenüber bei einem spezifischen Gewicht von 1026 nur $\Delta = -1{,}79°$ haben (Lindemann[2]). Wenn man also die summarische Konzentrationsarbeit der Niere exakt bestimmen will, wird man ohne die Kryoskopie nicht auskommen können, für die Praxis aber genügt die Bestimmung des spezifischen Gewichtes. Was im physiko-chemischen Sinne an Exaktheit verloren wird, ist nicht so viel, daß es nicht durch die wesentlich schnellere und leichtere Ausführbarkeit der Probe wettgemacht würde.

Der Wasserversuch wird an der Würzburger Klinik nach der von H. Strauss angegebenen Modifikation der ursprünglich Vollhardschen Probe ausgeführt, bei der an einem Tag der ganze Versuch erledigt wird[3]: Der Kranke bekommt morgens mindestens 1 l Tee, dann wird nach 1, 2 und 4 Stunden Menge und spezifisches Gewicht des Urins bestimmt, darauf Trockenkost verabfolgt und bis zum Abend in zweistündigen Intervallen, sodann bis zu 24 Stunden, wieder Menge und spezifisches Gewicht des Urins gemessen. Für die Beurteilung sind 3 Zahlen wichtig: Die Gesamtmenge der Ausscheidung in den ersten 4 Stunden, das Maximum des spez. Gewichts bei der Konzentration und das Minimum bei der Verdünnung.

Normalerweise wird die aufgenommene Flüssigkeitsmenge von 1 l in den ersten 4 Stunden wieder ausgeschieden. Das Maximum des spezifischen Gewichtes beträgt während der Durstperiode 1025—1030, und die Verdünnung geht bis zu einem spezifischen Gewicht von 1005 und weniger.

Erreicht das spezifische Gewicht den Wert von 1020 nicht und ist die Differenz zwischen Maximum und Minimum < 15, so zeigt das eine schwere Nierenstörung an. Ebenso müssen Nieren, die nicht unter 1006 verdünnen, als schwer geschädigt betrachtet werden. Allerdings muß man zur Beurteilung auch noch die in den ersten 4 Stunden ausgeschie-

---

[1] v. Koranyi u. Richter: Phys. Chem. u. Medizin **2**, 137. Leipzig 1907.
[2] Lindemann: Dtsch. Arch. klin. Med. **65**, 1 (1900).
[3] Vgl. Salomon: Dtsch. med. Wschr. **1925**, 348, 394. — Roedelius: Nierenfunktionsprüfungen. 1923. — Seifert: Z. Urol. **1926**.

dene Flüssigkeitsmenge mit heranziehen, die nicht unter 500 heruntergehen soll. BECHER[1] hat für die Beurteilung eine „Funktionszahl" angegeben, die er dadurch erhält, daß er die Menge des in den ersten 4 Stunden ausgeschiedenen Harnes durch 100 dividiert und dazu die beiden letzten Zahlen des Maximums an spez. Gewicht addiert. Der Idealwert ist 35, doch ist bis zu einer Zahl von 19 herunter die Funktion noch als ausreichend zu betrachten. An der Würzburger Klinik hat sich diese Art der Beurteilung bewährt. (SEIFERT[2].) Andere Autoren[3] sehen die BECHERsche Funktionszahl als nicht ausreichend zur Beurteilung an, so daß sich empfehlen wird, bei niedrigen Werten der Konzentrationsfähigkeit (Maximum des spezifischen Gewichtes) und -breite (Differenz zwischen Maximum und Minimum) besondere Vorsicht walten zu lassen und in zweifelhaften Fällen auch noch andere Funktionsprüfungen anzustellen. Wie schon erwähnt, hat sich uns dafür die physikalischchemische Blutuntersuchung auf das Beste bewährt.

VOLHARD[4] faßt die klinische Bedeutung des Wasserversuches in folgende Regeln zusammen:

Sind Ausscheidungs- und Konzentrationsfähigkeit gut erhalten, so ist Niereninsuffizienz auszuschließen.

Sind beide schlecht, so besteht Niereninsuffizienz, die um so schwerer ist, je weniger die Störungen der Wasserausscheidung durch extrarenale Faktoren (Ödembereitschaft, Herzschwäche) bedingt wird.

Bei guter Konzentrationsfähigkeit und schlechter Wasserausscheidung handelt es sich fast immer um extrarenale Störungen (Austrocknung usw.). Renale Störung der Wasserausscheidung bei guter Konzentrationsfähigkeit kommt — abgesehen von kardialen Störungen — fast nur bei akuter diffuser Glomerulonephritis vor.

Bei schlechter Konzentration allein und vollkommen erhaltenen Wasserausscheidungsvermögen kann Niereninsuffizienz fehlen. Ist dagegen das Wasserabscheidungsvermögen gerade während der ersten 4 Stunden vermindert, so ist ein gewisser Grad von Insuffizienz anzunehmen. Ihre Prognose ist um so besser, je besser die Ausscheidungsfähigkeit, denn von ihr ist abhängig, wie weit die Konzentrationsunfähigkeit durch Polyurie kompensiert werden kann.

Die Schädigung des Konzentrationsvermögen ist also als wichtiges Kriterium der Niereninsuffizienz, das Wasserausscheidungsvermögen als Kriterium der Prognose zu betrachten.

Gerade bei den mit Niereninsuffizienz einhergehenden Fällen von Prostatahypertrophie, die schlechte Konzentration aber gute Ausscheidung zeigen, kann die entlastende Katheterbehandlung sehr bald die Störungen beheben und der Wasserversuch ergibt nach gewisser Zeit ausreichende Werte, so daß die Radikaloperation vorgenommen werden kann.

<hr>

[1] BECHER: Münch. med. Wschr. **1918**, 807.
[2] SEIFERT, E.: Z. Urol. **1926** — Dtsch. Z. Chir. **198**, 372 (1926).
[3] LURZ u. HAMMEL: Dtsch. Z. Chir. **200**, 201 (1927).
[4] VOLHARD, F.: In Mohr-Stähelins Handb. d. inn. Med. **3** II, 1201.

ELFELDT[1]) hat vorgeschlagen, während des Wasserversuches das Verhalten des Blutes kryoskopisch zu verfolgen. So sehr diese Methode für wissenschaftliche Zwecke zu empfehlen ist, da sie ungleich feinere Differenzen erkennen läßt, bedeutet sie doch durch die häufigeren Blutentnahmen eine erhebliche Belastung des Patienten und ist für klinische Zwecke durchaus zu entbehren.

Dagegen läßt sich in Ergänzung der sonstigen Methoden durch kryoskopische Untersuchung des getrennt aufgefangenen Harns beider Nieren während des Wasserversuches eine gute Beurteilung des Grades einseitiger Nierenerkrankung gewinnen. Allerdings ist für einwandfreie Ergebnisse dabei langes, reizloses Liegen der Uretherenkatheter Vorbedingung. Ein Beispiel von ALBARRAN[2] (Abb. 58) mag die Leistungsfähigkeit der Methode erläutern: Die Urine wurden während 7 Stunden getrennt aufgefangen und in den Einzelportionen untersucht.

Neben der Erhaltung der Blutisotonie ist die Niere auch an der *Reaktionsregelung des Blutes* als Organ der „Ausscheidungsregelung" wesentlich beteiligt (s. Kap. 2). Das gibt sich auch im Harn zu erkennen, dessentitrierbarer Säuregehalt und H-Ionenkonzentration außerordentlich wechselt. Titrationsacidität (d. h. die jeweils vorhandene Menge an potentiellen H-Ionen)

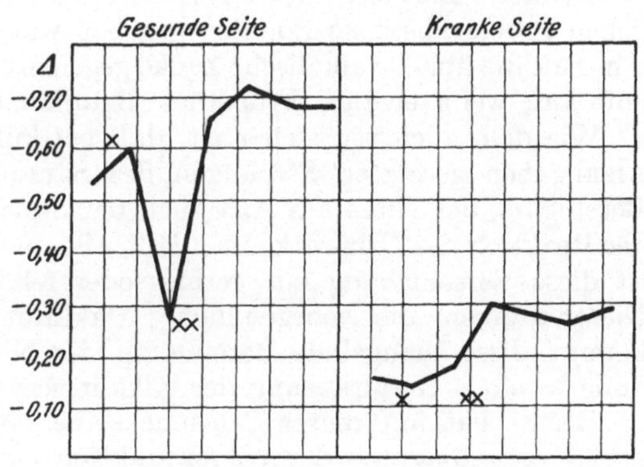

Abb. 58. Vergleichende Kryoskopie beider Harne. Bei × hat Patient getrunken, bei × × hat Patient eine Mahlzeit zu sich genommen.

und Reaktion (= Menge der „aktuellen" H-Ionen[3]) gehen dabei durchaus nicht immer parallel[4].

Beim Gesunden ist der Nachturin meist sauer (ca. p_H 6,0), dann folgt in den ersten Morgenstunden ein Alkalischwerden meist vor oder während des Frühstücks. Eine zweite alkalische Zacke tritt gegen 12 Uhr mittags auf und eine dritte gegen Abend[5]. Dabei ist es ohne Ein-

---

[1] ELFELDT: Mitt. Grenzgeb. Med. u. Chir. **34**, 567 (1922).

[2] ALBARRAN: Exploration des fonctions rénales. Paris 1905.

[3] Bei der Bestimmung der aktuellen Reaktion ist daran zu denken, daß, wie bei allen biologischen Flüssigkeiten, die CO_2-Spannung von Einfluß ist. Das ist besonders für wissenschaftliche Fragen und die Frage der Reaktion des Harnes sofort nach der Absonderung von Bedeutung. Für klinisch praktische Zwecke kann sie unberücksichtigt gelassen werden.

[4] Vgl. H. SCHADE: Phys. Chemie und inn. Med., S. 339 ff.

[5] Nach den Untersuchungen von BECK überschreitet aber physiologischerweise die Reaktion des Urins niemals den Wert des Blutes, sofern man die CO_2-Spannung bei der Messung mit berücksichtigt. Ohne CO_2-Berücksichtigung werden auch alkalischere Werte gefunden.

fluß, ob die betreffende Person ihre gewohnte Arbeit verrichtet oder im Bett liegt (MUSCHAT[1]).

Eine recht umfangreiche Literatur ist darüber entstanden, ob diese Alkaliflut während des Tages mit der Magensaftsekretion in Zusammenhang steht oder nicht. Die eine Gruppe von Autoren, vor allem JANSEN und KARBAUM[2] und HASSELBALCH[3] lehnen diesen Zusammenhang ab. „Die digestive Alkalisation hat ihre Ursache nicht in der Magensaftsekretion, sie tritt während der Darmverdauung auf und wird durch intermediäre Stoffwechselvorgänge bewirkt." (JANSEN und KARBAUM.) Ihnen gegenüber steht die andere Gruppe[4], die einen mehr oder weniger engen Zusammenhang zwischen beiden Größen annimmt, und sich dabei hauptsächlich auf die Untersuchungen an Kranken mit Achylie stützt, bei denen die Schwankungen des Urin-p_H fehlen. Sehr zugunsten dieser letzten Auffassung spricht eine Beobachtung von SCHULTEN[5]. Bei einem „Achyliker" fand sich im Magensaft reichlich HCl, wenn statt des üblichen Probefrühstücks Bouillon gegeben wurde. Während nun bei diesem Pat. die übliche alkalische Zacke gegen Mittag fehlte, trat sie sprunghaft auf, wenn er zum Frühstück Bouillon erhielt.

Wie dem auch sei, sicher ist, daß bei künstlich durch Säure- oder Alkaligaben gesetzten Störungen des Säure-Basenhaushaltes sich die Beteiligung der Niere am Ausgleich der Störungen durch Verschiebung der Reaktion des Urins erkennen läßt. Bei mangelhafter Nierenfunktion ist diese Verschiebung nur gering oder fehlt ganz. Ebenso fehlt bei Nierenkranken die morgendliche Alkaliflut des Harnes. Im Blut kommt diese mangelnde Beteiligung der Niere an der Säureausscheidung in einer Herabsetzung der Alkalireserve zum Ausdruck[6].

REHN[7] hat auf dieser Tatsache seine „Säure-Alkaliausscheidungsprobe" zur Diagnose der Nierenfunktion aufgebaut. Die Technik ist folgende[8]: Am Tage vor der Untersuchung dürfen ebenso wie am Untersuchungstage selbst keine Medikamente gegeben werden (Morphium usw.). Am Untersuchungstag bleibt der Patient morgens nüchtern, der erste Morgenurin wird aufgefangen und seine Reaktion bestimmt, dann erhält der Kranke etwa 200 ccm Wasser oder Malzkaffee ohne Milch und Zucker (nicht Tee oder Bohnenkaffee). Eine Stunde danach Urinuntersuchung. Dann 25 Tropfen verdünnte HCl per os und Urinuntersuchung in halbstündigen Abständen. Beim Gesunden tritt dabei (am stärksten in der ersten halben Stunde) eine deutliche Acidität des Urins

---

[1] MUSCHAT: J. clin. Invest. **2**, 245 (1926).

[2] JANSEN u. KARBAUM: Dtsch. Arch. klin. Med. **153**, 65, 84 (1926).

[3] HASSELBALCH: Biochem. Z. **46**, 403 (1912).

[4] KAUDERS u. PORGES: Dtsch. med. Wschr. **1921**, 1415. — VEIL: Klin. Wschr. **1922**, 2176. — HUBBARD u. MURRFORD: Amer. J. Physiol. **1924**, 207. — BECKMANN, Klin. Wschr. **1922**, 812. — HERRMANNS u. SALACHOW: Dtsch. Arch. klin. Med. **157**, 98 (1927).

[5] SCHULTEN, H.: Münch. med. Wschr. **1928**, 898.

[6] Vgl. H. STRAUB: Erg. inn. Med. **25**, 1 (1920).

[7] REHN, C.: Arch. klin. Chir. **126**, 359 (1923) — Z. Chir. **13**, 230 (1923) — Langenbecks Arch. **133**, 263 (1924); **138**, 502 (1925).

[8] v. PANNEWITZ: Z. urol. Chir. **20**, 19 (1926).

(bis p_H 5,4) auf, die das Maß für die Säureausscheidung gibt. 2 Stunden nach der Salzsäuregabe werden 50 ccm 4proz. $NaHCO_3$-Lösung intravenös injiziert und wiederum in einhalbstündigen Abständen der Urin untersucht. Es zeigt sich dann schon in der ersten halben Stunde (sogar schon nach 5—10 Minuten) ein Umschlag der Reaktion des Urins nach dem Alkalischen, er erreicht Werte zwischen p_H 7,0—8,0. Beim Gesunden beträgt die „Funktionsbreite", d. h. der Unterschied zwischen sauerstem und alkalischstem Wert durchschnittlich 2,0 p_H. Geringere Unterschiede sind ebenso wie ein Fehlen der Säure- oder Alkalizacke als Zeichen einer mangelhaften Funktion zu betrachten[1]. Uns selbst fehlen Erfahrungen über die Zuverlässigkeit der genannten Probe, doch ist sie von zahlreichen Seiten[2] angewandt und ihre Brauchbarkeit bestätigt worden, wenn auch in ihrer Wertschätzung gegenüber den anderen Funktionsprüfungen die Ansichten etwas auseinandergehen. Für den Chirurgen scheint sie dem Verfasser insofern brauchbar, als die nach jeder Operation auftretende Acidose (s. Kap. 8) gerade an die Säureausscheidungsfähigkeit der Niere besondere Anforderungen stellt. Zudem ist die Probe relativ bequem ausführbar und kann auch für beide Nieren getrennt angewandt werden. Noch allerdings scheinen genauere Angaben über das Minimum an Funktionsbreite, das eben noch eine Operation gestattet, zu fehlen. Nur die Erfahrung an größerem Material kann sie geben, sie zu schaffen, auch ohne daß der Einzelne dabei üble Zufälle mit in Kauf nehmen muß, scheint möglich, wenn man neben der Säure-Alkaliprobe zunächst auch noch die anderen Funktionsprüfungen für die Indikationsstellung mit heranzieht.

Auch im Bestand der übrigen Ionen des Serums treten bei Nierenerkrankungen weitgehende Änderungen auf. Vor allen Dingen macht der Organismus dabei ausgiebigen Gebrauch von der schon physiologisch gegebenen „Freiheit der Anionen" (s. Kap. 3 u. 8), so daß eine sehr wechselnde, von der Zufuhr unabhängig bleibende Zusammensetzung der Säureanionen resultiert, die H. STRAUB[3] als „Poikilopikrie" bezeichnet hat. Auch die Na-K-Ca-Isoionie des Serums ist bei Niereninsuffizienz gestört, der Ca-Gehalt ist erniedrigt, der K-Gehalt erhöht[4], doch sprechen normale Serum- Ca- und K-Werte nicht gegen eine Insuffizienz, so daß ihrer Bestimmung, vorläufig wenigstens, praktische Bedeutung nicht zukommt.

Für die Entstehung der *Harnsteine* ist Vorbedingung, daß die anorganischen Stoffe, die an ihr beteiligt sind, im Harn in übersättigter Lösung vorkommen. Diese Bedingung trifft für alle Steinbildner — wenn auch innerhalb der möglichen Verschiedenheiten der Harnreaktion

---

[1] Näheres siehe v. PANNEWITZ: Z. urol. Chir. **15**, 227 (1924); **18**, 125 (1925).
[2] ALLEMANN: Mitt. Grenzgeb. Med. u. Chir. **38**, 391 (1925). — ROSENBERG u. HEUFORS: Klin. Wschr. **7**, 16 (1928). — HEMMERLIN u. PFEFFER: Z. exper. Med. **56**, 748 (1927) — Dtsch. med. Wschr. **53**, 190 (1927). — HEUSS u. LAGEMANN: Zbl. Chir. **54**, 3289 (1927).
[3] STRAUB, H.: Verh. dtsch. Ges. inn. Med. Wiesbaden 1921.
[4] CIPRIANO u. R. MOLFESE: Arch. Sci. med. **49**, 531 (1927). — LEBERMANN, F.: Wien. klin. Wschr. **41**, 695 (1928).

nicht für alle gleichzeitig — unter allen physiologischen Bedingungen der Harnbildung zu. Es ist vor allen Dingen die *kolloidchemische Löslichkeitsbeeinflussung*, die eine solche Übersättigung möglich macht. Ihr gegenüber treten die Gesetze der *echten Löslichkeit*, d. h. der Löslichkeit von Molekülen in rein wäßrigen Lösungen, erheblich zurück. Doch sind sie in ihren Hauptzügen noch immer kenntlich: Da Phosphorsäure eine größere Löslichkeit besitzt als die Phosphate der alkalischen Erden ist ihre Löslichkeit in saurem Harn besser als bei neutraler oder alkalischer Reaktion. Säure verhindert die Ausfällung von Phosphaten und löst ausgefallene Salze wieder auf. Das gleiche gilt, wenn auch weniger ausgeprägt, für den oxalsauren Kalk. Umgekehrt erhöht die alkalische Reaktion die Löslichkeit der Urate, da diese leichter löslich sind als die Harnsäure[1].

Bei der kolloidchemischen Löslichkeitsbeeinflussung sind drei Wege in der Hauptsache erkennbar: Die Harnkolloide erhöhen durch Adsorption die Löslichkeit besonders der am schwersten löslichen Ionen, während die leicht löslichen Salze eine solche Erhöhung nicht zeigen. Dabei ist nicht die Menge, sondern der Dispersitätsgrad und die spezifische Eigenart der Kolloide entscheidend[2].

Die außerordentlich geringe Grenzflächenspannung zwischen Harn und Schleimhautoberfläche verhindert lokale Konzentrationsanreicherung infolge Adsorption, die eine Ausfällung begünstigen würde.

Endlich durchlaufen die Salze des Urins (besonders die Harnsäure und ihre Salze) beim Ausfallen eine kolloide Zwischenstufe, die „tropfige Entmischung" und werden durch den Kolloidschutz des Urins in diesem Zustand verhältnismäßig lange Zeit erhalten. Besonders die Untersuchungen von H. SCHADE[3] haben über die Gesetzmäßigkeiten des Harnsäurekolloids Klarheit geschaffen. Obgleich die Substanz bereits außerhalb des Zustandes der echten Lösung sich in mehr oder weniger großen, anfangs kolloiden, später bis zur mikroskopischen Größe anwachsenden Tröpfchen im Urin befindet, kommt es nicht zur Niederschlagsbildung, sondern die „Lösungen" erweisen sich als äußerst stabil; sie bleiben viele Stunden bis tagelang klar und auch die Impfung mit einem zugehörigen Krystall bewirkt keine Ausfällung. Während die harnsauren Salze im Gebiet ihrer echten Löslichkeit durch H-Ionen gefällt werden, bewirken die H-Ionen bei der im Zustand tropfiger Entmischung befindlichen Harnsäure gerade eine besondere Stabilisierung, und zwar liegt das Optimum dafür mit recht scharfen Grenzen zwischen p_H 5,5—7,0, also gerade derjenigen Reaktionsbreite, die unter physiologischen Bedingungen im Urin vorkommt. Diese Erscheinung ist schon bei rein wässerigen Lösungen zu beobachten, der Kolloidschutz

---

[1] Siehe auch H. SCHADE: Phys. Chem. i. d. inn. Med., S. 349ff.

[2] Vgl. Wo. PAULI u. M. SAMEC: Biochem. Z. **17**, 235 (1909). — BECHOLD u. ZIEGLER: Ebenda **20**, 189 (1909); **24**, 146 (1910). — LICHTWITZ, L.: Hoppe-Seylers Z. **64**, 144 (1910); **72**, 215 (1911) — Kongr. f. inn. Med. **1912**, 487 — Z. exper. Path. u. Ther. **13**, 271 (1913) — Kraus-Brugschs Handb. **1**, 239 (1919) — Z. Urol. **7** (1913).

[3] SCHADE u. BODEN: Hoppe-Seylers Z. **83**, 347 (1913). — SCHADE: Kongr. f. inn. Med., S. 578. Wiesbaden 1914 — Z. klin. Med. **93**, 1 (1922).

des natürlichen Urins und noch mehr des Serums erhöht die Beständigkeit dieses intermediären Zustandes noch um ein Vielfaches. Die Gesetzmäßigkeit dieses intermediären tropfigen Zustandes hat SCHADE[1] ebenfalls für Calciumcarbonat und Calciumoxalat nachgewiesen, sie gilt auch bei den Phosphaten[2].

Bei einfacher Ausfällung aus dem Harn kommt es zum Auftreten von Sediment, d. h. zahlreichen zusammenhanglosen krystallinischen Einzelgebilden. Um Konkremente entstehen zu lassen, müssen die im Kapitel 11 dargelegten Gesetzmäßigkeiten hinzukommen.

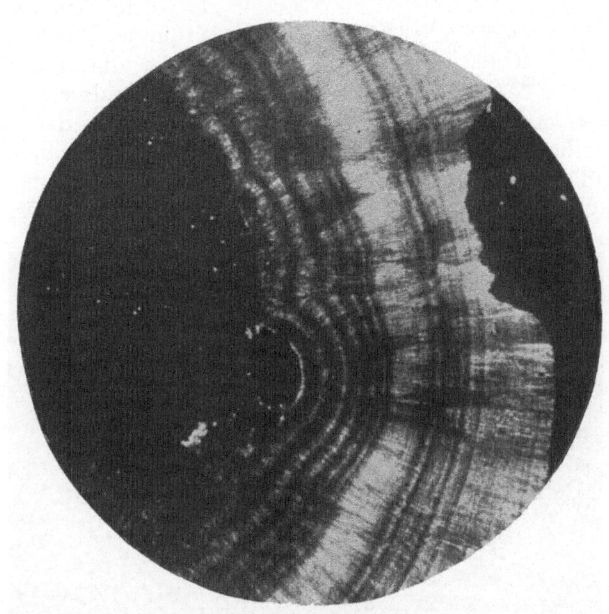

Abb. 59. Schalenstein aus oxalsaurem Kalk bestehend. (Mikroskopische Aufnahme im polarisierten Licht bei gekreuzten Nicols.) (Nach LICHTWITZ.)

Es scheint zweckmäßig, auch die Harnsteine, unberücksichtigt ihrer chemischen Zusammensetzung, nach den physiko-chemischen Vorgängen ihrer Entstehung einzuteilen.

Reine Kolloidsteine mit der für sie typischen Struktur der konzentrischen Schichtung stellen die seltenen Eiweißsteine dar (s. Abb. 26 und 27, S. 146). Es sind hellgraue, runde Gebilde von weicher Konsistenz, die aus Fibrin oder amyloidem Eiweiß bestehen[3].

Den Typus der kombinierten Kolloid-Krystalloidsteine repräsentieren die „gewöhnlichen Blasensteine", die chemisch aus einem „organischen Gerüst" von Eiweißen und Uraten, Oxalat, Phosphat, Cystin

---

[1] SCHADE, H.: Phys. Chemie i. d. inn. Med., S. 353.
[2] SCHMIDT, A. (unter SCHADE): Inaug.-Dissert. Kiel 1922.
[3] LICHTWITZ: Prinzipien der Konkrementbildung. Handb. d. norm. u. path. Physiol. von BETHE, BERGMANN, EMBDEN u. ELLINGER 4 B 4, 672 (1929). — SCHMIDT, M. B.: Zbl. Path. 23, 865 (1912).

oder (beim Menschen seltener) Calciumcarbonat bestehen. Sie zeigen die für diese Steine typische Struktur der konzentrischen Schichtung, durchsetzt von radiärstrahligen Krystallen (s. Abb. 59 u. 60).

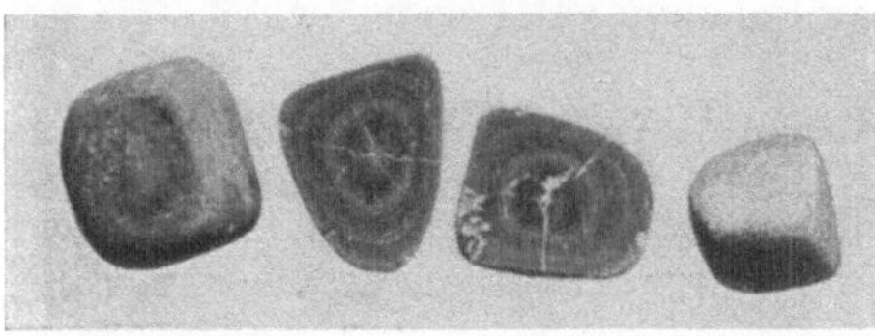

Abb. 60. Multiple kombinierte Kolloid-Krystalloidsteine der Harnblase, in Form und Aufbau den „gewöhnlichen Gallensteinen" sehr ähnlich. (Sammlung der Würzburger Klinik.)

Zu ihrer Bildung ist notwendig, daß sich im Harn abnorme Mengen irreversibel ausfallender Kolloide befinden. Ihre Entstehung ist daher klinisch stets auf entzündliche Vorgänge zurückzuführen. Die Kolloide sind es, die die mitausfallenden Krystalloidmassen zu einem einheitlichen Konkrement zusammenfügen. Je nach der Größe der Kolloidbeteiligung bei der Bildung herrscht in ihnen mehr die für die Kolloidkonkremente typische konzentrische Schichtung oder die den Krystalloiden zugehörige radiärstrahlige Struktur vor. Abb. 61

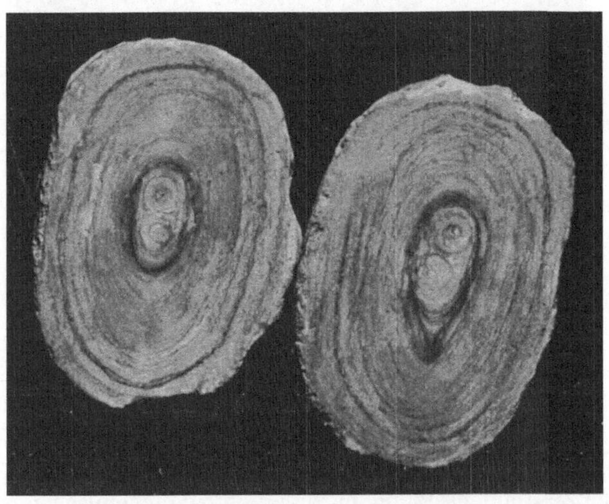

Abb. 61. Kombinierter Kolloid-Krystalloidstein (Calciumcarbonatstein) der Harnblase (Sammlung der Würzburger Klinik). Natürliche Größe.

stellt einen solchen kombinierten Ca-Carbonat-Kolloidstein der Harnblase aus der Sammlung der Würzburger Klinik dar. Er ist insofern wichtig, als seine Struktur als Beweis dafür dienen kann, daß der konzentrische Aufbau nicht als LIESEGANGsche Ringbildung zu betrachten ist. Es gibt in der anorganischen Natur den Harnsteinen in ihrem Bau sehr ähnliche Gebilde, die Brauneisenstein-Oolithe aus Lothringen, deren Entstehung nach den Untersuchungen von H. SCHADE[1] ebenfalls auf

---

[1] SCHADE, H.: Münch. med. Wschr. **1909**, Nr 1, 2 — Kolloid-Z. **4**, 175, 261 (1909) — Phys. Chem. i. d. inn. Med., S. 355ff. Die Angaben wurden von seiten der Mineralogen nachgeprüft und haben volle Anerkennung und Bestätigung gefunden; vgl. C. DOELTER: Handb. d. Mineralogie.

kombinierte Kolloid-Krystalloidausfällung zurückzuführen ist. Sie bestehen in der Hauptsache aus konzentrisch abgelagertem kolloidem Eisenhydroxyd, dem in verschiedener Menge anorganische Krystalloide, besonders Carbonate, beigemengt sind. R. E. Liesegang[1] schreibt über die Struktur dieser Gebilde: „Daß aber für die Bänderung der Oolithe nicht die Theorie der zentripedalen Diffusion von den Achaten übertragen werden darf, das geht ganz unzweifelhaft aus der Struktur von Oolithen mit zwei Zentren hervor. Die ersten Lagen sind hier vollkommen konzentrisch um jeden Kern ausgebildet. Erst die späteren legen sich um beide Kerne. Das ist natürlich nur bei einem zentrifugalen Fortschritt der Bildung (d. h. bei Entstehung der Schichten durch Apposition) möglich.“ Die Abb. 61 läßt erkennen, daß auch bei unserem Stein im Zentrum die Schichten jeden einzelnen Kern umgeben und erst die späteren beide Kerne gleichmäßig umschließen, so daß für ihn zum mindesten die Schichtbildung als durch Apposition entstanden gesichert ist.

Als reine Krystalloidsteine sind diejenigen Harnsäure- und Uratsteine zu betrachten, die schichtenlos sind und in ihren jüngsten Anlagerungen, besonders an der Oberfläche noch die Entstehung aus tropfiger Entmischung erkennen lassen. Sie zeigen sehr häufig, besonders in den Randpartien deutliche Radialstruktur, während diese im Zentrum meist durch sekundäre Umbildung verloren gegangen ist. Die Tatsache, daß bei ihnen die Radiärstrahlung meist nur wenig ausgebildet ist, ist damit zu erklären, daß die Harnsäure in viel geringerem Maße als z. B. das Cholesterin geeignet ist, langstrahlige oder balkige Krystalle zu bilden. Ihre Entstehung infolge tropfiger Entmischung des Krystalloids, zu der nach den erwähnten Untersuchungen von Schade die Harnsäure ganz besonders befähigt ist, läßt sich auch — genau wie bei den reinen Cholesterinsteinen — an dem kleinhöckerigen Bau der Oberfläche erkennen (siehe Abb. 62). Klinisch-physikochemisch ist ihre Entstehung ohne Beteiligung einer Entzündung, d. h. ohne Mitwirkung von abnormen kolloiden Substanzen anzunehmen, und es ist von Bedeutung, daß auch die pathologisch-anatomische Forschung zu der gleichen Annahme ihrer Genese geführt hat (O. Kleinschmidt[2]).

Die Konkrementbildung beim Harnsäureeinfarkt der Neugeborenen ist ein weiteres Beispiel dieser Art.

Die Bezeichnung „reine Krystalloidsteine“ gilt nicht im strengsten Sinne, denn fast immer ist in diesen Gebilden ein, wenn auch minimales „organisches Gerüst“ nachzuweisen (Posner[3], Nakano[4], Kleinschmidt). Auch der nichtentzündliche Harn ist praktisch ja niemals frei von Beimengungen organischer Kolloide, die bei der tropfigen Entmischung des Krystalloids von den ausfallenden Tröpfchen adsorbiert und so mit

---

[1] Liesegang, H.: Kolloid-Z. **12**, 272 (1913).
[2] Kleinschmidt, O.: Die Harnsteine. Berlin 1911.
[3] Posner, C.: Z. klin. Med. **9** (1885); **16** (1889).
[4] Nakano: Atlas der Harnsteine. Leipzig-Wien 1925. — Siehe auch Lichtwitz: a. a. O.

abgelagert werden. (Selbst im gewöhnlichen „Sediment" sind solche organischen Beimengungen [Schleim usw.] nachweisbar.) Die Rolle des „organischen Gerüstes" ist also die gleiche wie bei den reinen Cholesterinsteinen (s. Kap. 16). Sie ist auch hier im wesentlichen nur accidentell, da sich die Steinbildung in gleicher Art ohne jedes Gerüst auch aus rein wässeriger Lösung vollziehen kann. Beteiligt sich das Kolloid

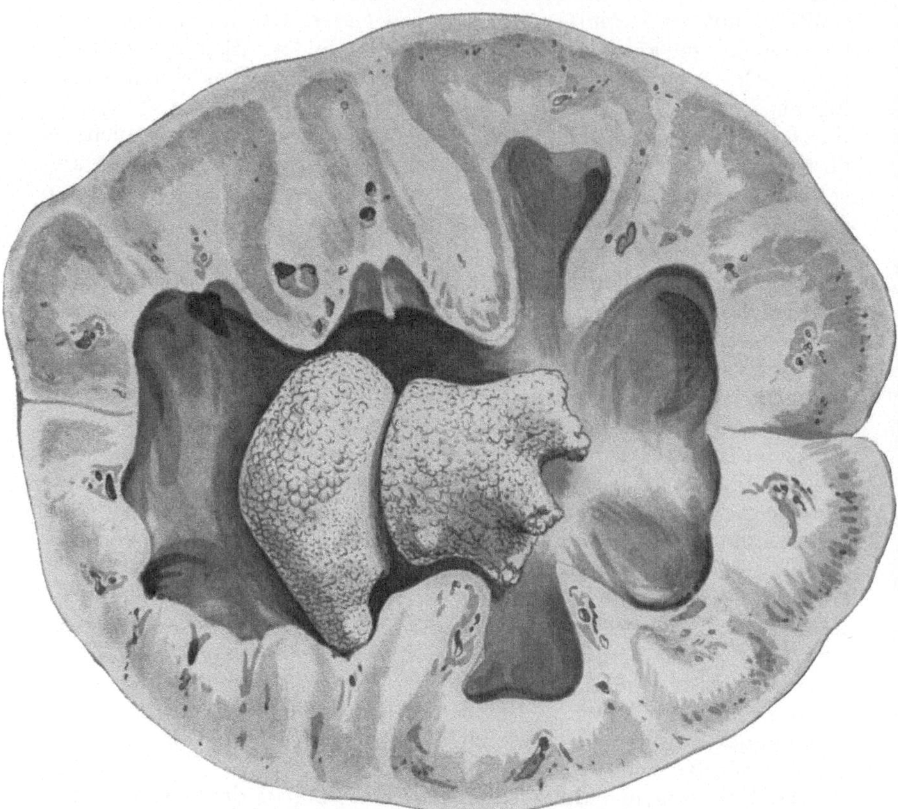

Abb. 62. Nierenbeckenstein. (Nach KLEINSCHMIDT.)

am Steinaufbau, so entsteht immer, mehr oder weniger stark, die dafür typische konzentrische Schichtung.

Die Bedeutung des „Kernes" tritt auch für die Bildung der Harnsteine in den Hintergrund, denn sowohl die tropfige Entmischung wie die gemeinsame Kolloid-Krystalloidausfällung kann ebenso wie reine Kolloid- (Eiweiß-) Gerinnung den „Steinkern" darstellen.

Das Wesen des Kernes liegt, da die gelösten Salze im Urin nur unwesentlich auf einen Krystallkeim reagieren, weniger in seiner stofflichen Eigenschaft als vielmehr darin, daß er einen Ort vermehrter Grenzflächenspannung zum Harn und damit adsorptiver Anreicherung der im übersättigten Zustand befindlichen Krystalloide bildet. Durch solche adsorptive Anreicherung wird die Ausfällung weitgehend begünstigt. Schon jedes Gerinnsel im Harn, jede nekrotische Schleimhautpartie, besonders aber der wachsende Stein kann zu einem solchen Adsorptionszentrum werden, das an Grenzflächenspannung die unzählig vorhandenen Kolloidteilchen — die sich untereinander das Gleichgewicht halten — übertrifft und so Niederschläge „sammelt" und zurückhält, die sonst schadlos den Körper verlassen hätten. Ja selbst eine einfache Luftblase kann in diesem Sinn als „Steinkern" wirken. Die hervorragende Bedeutung von anorganischen Fremdkörpern aller Art als Bildungszentrum eines Steines liegt darin begründet, daß ihre Anwesenheit fast regelmäßig eine Entzündung der Schleimhaut bedingt. Dadurch gelangen abnorme Mengen irreversibel ausfallender (Eiweiß-) Kolloide in den Harn, und die zur Konkremententstehung notwendigen Vorbedingungen werden in weitestem Maß erfüllt. Oder aber es besteht bereits eine entzündliche Affektion der Harnwege, besonders der Blase, und damit die Möglichkeit der Konkrementbildung. Dann schafft z. B. der aus therapeutischen Gründen eingelegte Katheter einen Ort vermehrter Grenzflächenspannung und die Konkrementbildung findet bevorzugt an ihm statt.

Es hat nicht an Versuchen gefehlt, durch geeignete Maßnahmen die Wiederauflösung der Steine zu erreichen. Kolloidfreie Niederschläge sind völlig reversibel löslich, nur erschwert ihre relativ geringe Oberfläche im Vergleich zu den Einzelkrystallen ihre Auflösung wesentlich. Da saure Reaktion die Löslichkeit der Phosphate, alkalische die der Urate begünstigt und ausgefallene Salze wieder löslich macht, wäre also die Wiederauflösung von Steinen möglich, wenn man durch entsprechende Diät — saure bei Phosphat-, alkalische bei Uratsteinen (v. PANNEWITZ[1]) — die Reaktion des Urins möglichst langdauernd umstellt, solange es sich dabei um reine *Krystalloidsteine* handelt.

Sobald aber gemischte Kolloid-Krystalloidsteine vorliegen, muß ein solcher Versuch versagen, vor allen Dingen, wenn es sich, wie meist, um irreversibel ausfallende Kolloide handelt. Dann bietet das umschließende Kolloid der Diffusion des Lösungsmittels zu große Hemmungspunkte, so daß selbst in vitro bei den intravital vorkommenden Säurebereichen praktisch kein Erfolg zu erreichen ist. Dagegen läßt Auflösen des Kolloidgerüstes, z. B. durch Antiformin, diese Steine in vitro sofort zu einem schlammigen Sediment zerfallen. Die gelegentlich zu beobachtenden „angefressenen" Stellen an Steinen bei eitriger Entzündung sind vielleicht auf diese Weise entstanden, indem an ihnen durch Fermentwirkung das Kolloidgerüst teilweise aufgelöst wurde. Bislang scheinen allerdings therapeutische Erfolge in dieser Richtung noch zu fehlen[2]. Wohl aber scheint es angebracht und aussichtsreich, nach chirurgischer Entfernung eines Steines durch geeignete Diätvorschriften im angegebenen Sinne, das Rezidiv zu verhindern oder wenigstens zu erschweren.

---

[1] v. PANNEWITZ: Chir. Kongr. 1929 Arch. klin. Chir. **157**, 80 (1929).
[2] Vgl. H. SCHADE: Med. Klin. **1911**, Nr 15 — Münch. med. Wschr. **1911**, Nr 14.

Zusammenfassung: Eine wichtige Funktion der Niere besteht darin, als Organ der Ausscheidungsregelung für die Erhaltung der osmotischen Isotonie des Blutes zu sorgen. Deshalb finden sich bei allen schweren Nierenerkrankungen auch Störungen der osmotischen Isotonie des Blutes, sie treten dank der guten Binnenregelung und der vikariierenden Mitarbeit anderer Körperorgane auch bei völliger Anurie erst nach einem mehrtägigen „symptomlosen Vorstadium" auf.

Da die Niere über eine beträchtliche „osmotische Reservekraft" verfügt, tritt bei Funktionsstörungen eine osmotische Hypertonie des Blutes erst dann auf, wenn mehr als die Hälfte des normal vorhandenen Nierengewebes für die Funktion ausgeschaltet ist.

Die Bestimmung des osmotischen Druckes des Blutes genügt allein nicht als Nierenfunktionsprobe, da durch Wassereinstrom aus dem Gewebe die osmotische Insuffizienz der Niere verdeckt, „kompensiert" werden kann. Ebenso kann bei mangelnder Fähigkeit der Niere, die Eiweißschlacken auszuscheiden, die osmotische Hypertonie des Blutes dadurch vermieden werden, daß an Stelle dieser „Rest-N-Substanzen" andere gelöste Stoffe ausgeschieden werden. Andererseits braucht ein erhöhter Rest-N-Gehalt nicht Folge einer Funktionsuntüchtigkeit der Niere zu sein, denn Rest-N-Erhöhung kommt auch bei anderen Erkrankungen, die mit vermehrtem Eiweißzerfall einhergehen (Entzündung, Eiterung, Fieber) vor. Zur genauen Prüfung der Funktionstüchtigkeit der Nieren ist daher gleichzeitige Bestimmung von osmotischem Druck, Eiweiß- und Rest-N-Gehalt des Serums notwendig, die bezüglich der Frage der Operationsmöglichkeit gute Anhaltspunkte ergibt.

Die Probe hat sich auch dem üblichen „Wasserversuch" als überlegen erwiesen, indem trotz schlechten Wasserversuches (besonders bei Prostatahypertrophie) die Radikaloperation gut vertragen wurde, wenn die Blutuntersuchung ausreichende Nierenfunktion erkennen ließ.

Bei gutem Wasserverversuch ergab auch stets die Blutuntersuchung ausreichende Funktion.

Die Niere ist weiterhin auch an der Erhaltung der normalen aktuellen Reaktion des Blutes beteiligt. Daher finden sich physiologischerweise erhebliche Schwankungen der Urinreaktion und -titrationsacidität. Auf dieser Tatsache beruht die von REHN ausgearbeitete „Säure-Alkaliausscheidungsprobe" zur Diagnose der Nierenfunktion.

Die Entstehung der Harnsteine folgt den auch für andere Konkremente geltenden physiko-chemischen Gesetzmäßigkeiten. Auch in den Harnwegen finden wir reine Kolloidsteine (die sehr seltenen reinen Eiweißsteine) mit konzentrischer Schichtung; gemischte Kolloid-Krystalloidsteine (die „gewöhnlichen Blasensteine"), die aus einem „organischen Gerüst" von Eiweißen und aus Uraten, Oxalat, Phosphat usw. bestehen und konzentrische Schichtung durchsetzt von radiärer Krystallstrahlung zeigen; und reine Krystalloidsteine (reine Harnsäure- und Uratsteine), die durch intermediär tropfige Entmischung des Harnsäurekolloids entstehen; sie sind meist strukturlos, da die Harnsäure viel weniger als z. B. Cholesterin die Fähigkeit besitzt, langstrahlige oder balkige Krystalle zu bilden. Die letzte Art der Konkremente entsteht klinisch ohne Beteiligung einer Entzündung, während für die übrigen die Mitwirkung abnormer, irreversibel ausfallende Kolloide (d. h. also entzündliche Eiweißexsudation) notwendig ist.

Das Wesen des „Kernes" (Gerinnsel, nekrotische Schleimhaut, Fremdkörper, selbst Luftblasen) bei der Konkrementbildung in den Harnwegen liegt darin, daß er einen Ort vermehrter Grenzflächenspannung zum Harn und damit adsorptiver Anreicherung der in übersättigter Lösung befindlichen Krystalloide darstellt und deren Ausfällung weitgehend begünstigt. Anorganische Fremdkörper bedingen außerdem regelmäßig eine Entzündung der Schleimhaut, durch die irreversibel ausfallende Eiweißkolloide in abnormer Menge in den Harn gelangen, und so die zur Konkrementbildung notwendigen Vorbedingungen weitgehend erfüllt werden.

Die Versuche, durch therapeutische Maßnahmen eine Wiederauflösung des gebildeten Steines zu erreichen, haben bislang noch zu keinem sicheren Ergebnis geführt, doch läßt sich durch Änderung der Urinreaktion mit diätetischen Maßnahmen die Möglichkeit der Steinbildung herabsetzen und so vielleicht nach operativer Entfernung eines Steines das Rezidiv verhindern oder wenigstens erschweren.

Namenverzeichnis.